LE CONSERVATEUR

DE LA VUE.

LE CONSERVATEUR
DE LA VUE,

Troisième Édition, augmentée;

Suivi du Manuel de l'Ingénieur-Opticien;

Contenant 1°. l'Exposition de l'art de fabriquer les Verres de Lunettes et de Microscopes, les Miroirs de Télescopes et plusieurs autres Instrumens d'optique, de physique et d'astronomie; la description des phénomènes de la Fantasmagorie et des moyens de les produire; une Instruction sur l'usage du Cadran solaire horizontal et universel. 2°. Une Dissertation sur le Baromètre, le Thermomètre, les divers Instrumens d'Aréométrie, leur construction et leur usage. 3°. Une Notice sur le monument public, connu sous le nom de Tour de l'Horloge du Palais; un Dictionnaire analytique des termes de sciences employés dans l'Ouvrage; le Catalogue général des Instrumens qui se fabriquent et se vendent chez l'Auteur, avec leurs prix, ainsi qu'une Table des matières.

par Chevallier,

Ingénieur-Opticien de S. A. S. Mgr le Prince de Condé; Membre de la Société Royale Académique des Sciences de Paris, et Chevalier de l'Ordre Royal-Hospitalier-Militaire du Saint-Sépulcre de Jérusalem.

A PARIS,

Chez l'Auteur, tour de l'Horloge du Palais, N° 1, vis-à-vis du Marché aux Fleurs.

1815.

DISCOURS PRÉLIMINAIRE.

Sous l'empire fortuné des Lis, les sciences et les arts doivent, ainsi que l'olivier, refleurir à l'abri des tempêtes. L'artiste et le savant, également étrangers aux orages politiques, ne peuvent cependant s'empêcher de prendre une part active à l'heureux changement qui, après vingt ans de malheurs, vient de rendre à la France ses princes légitimes, et assurer son repos pendant une suite non interrompue de siècles prospères. Les hommes qui consacrent leur vie à l'instruction de leurs semblables, au soulagement de l'humanité, et à la propagation des choses utiles, verront désormais leur longues élucubrations récompensées par le succès, et ne craindront plus de perdre le fruit de leur zèle actif et de leurs soins constans.

Je ne pouvais donc pas choisir une circonstance plus favorable pour offrir au Public la troisième édition d'un ouvrage qu'il a déjà reçu avec bienveillance, et qui m'a mérité tout nouvellement l'honorable faveur d'être nommé Ingénieur-Opticien de son Altesse Sérénissime Monseigneur le prince de Condé.

Cette nouvelle édition du *Conservateur de la Vue* est tellement augmentée que j'ai la confiance de croire qu'elle sera regardée comme un ouvrage entièrement neuf, par les personnes qui la compareront à la première. J'ai conservé de celle-ci tout ce qui m'a paru avoir attiré l'attention du Public, et j'ai ajouté ce qui a été ou l'objet de ses désirs, ou celui des conseils de personnes instruites et bienveillantes. Malgré l'étendue que cet ouvrage a reçue par l'effet de toutes ces additions, je répéterai ici ce que je disais dans l'Avant-propos de la première édition :

« Ce n'est ni pour les savans ni pour
» les artistes que j'ai eu la prétention de
» composer cet ouvrage; ils n'attendaient
» pas mon secours pour étudier les lois
» de l'optique dans les traités qui les éta-
» blissent, ni pour mettre en pratique les
» procédés industrieux par lesquels la
» construction des instrumens d'optique
» a été poussée au plus haut degré de
» perfection.

» Je n'ai eu d'autre dessein que d'offrir
» aux gens du monde ce qui peut les in-
» téresser essentiellement dans tout ce
» qui tient à l'usage, au soulagement et
» à la conservation des yeux. Il m'a suffi,
» pour cela, de rassembler les diverses
» explications que j'ai à donner chaque
» jour au grand nombre de personnes
» qui daignent s'adresser à moi, et qui,
» je l'espère, retrouveront avec plaisir ce
» qui les occupait, traité avec le degré
» plus ou moins grand d'importance que
» lui assigne le développement métho-
» dique et graduel dans lequel j'ai dû
» en présenter l'ensemble. »

Tel était mon plan à l'époque de la publication de ma première édition. Je n'avais pas cru utile d'entrer dans tous les détails de la fabrication des instrumens d'optique; je m'étais réduit à donner seulement ce qui pouvait assurer la confiance du Public dans le choix et dans l'usage des choses dont il a besoin.

« Je crois, disais-je alors, rendre un
» grand service au petit nombre de cons-
» tructeurs habiles, dont les travaux ne
» sont pas toujours appréciés à leur vé-
» ritable valeur. En effet, le vil prix au-
» quel tant de marchands établissent nos
» instrumens, ne séduira plus les per-
» sonnes qui se seront fait une idée exacte
» des soins, du travail et de la longue
» pratique qui peuvent seuls en assurer
» la perfection..... Je ne puis trop le ré-
» péter, disais-je encore, ce n'est point
» un traité qu'il me convenait de créer ;
» ma position, ma vie toute entière, con-
» sacrée aux soins de mon état et au ser-
» vice du public, m'interdisaient cette
» prétention, et me laissaient seulement
» la faculté de mettre à l'usage de tous,

» les résultats de mon expérience journa-
» lière. »

Je suis bien éloigné d'avoir renoncé à ces sentimens; je me plais, au contraire, à les professer encore; et si aujourd'hui, cependant, mon ouvrage se présente sous une forme nouvelle et bien plus volumineuse, c'est que le Public lui-même a exigé davantage de moi. La bienveillance avec laquelle il a reçu mon travail, m'a rendu, il est vrai, plus confiant en mes propres forces; mais, en outre, il m'a été presque fait un reproche d'être resté si souvent en arrière des bornes de la science, en me renfermant dans un cadre trop étroit.

On m'a fait observer que plusieurs ingénieurs et opticiens avaient, avant moi, publié des traités sur l'art de construire les instrumens de physique et d'optique, mais que leurs traités sont déjà bien anciens; que la science a depuis fait des progrès, et introduit des pratiques nouvelles, et qu'il était nécessaire d'en rendre compte. Une des considérations qui m'ont le plus frappé, est celle-ci : Le goût des sciences physiques, m'a-t-on dit, se répand sur tous les points de la France ; l'instruction n'est plus renfermée dans la capitale et dans quelques grandes villes ; les campagnes sont habitées par des cultivateurs pour lesquels l'agriculture n'est plus un métier; et cependant des traités dans lesquels les généralités de la science sont exposées avec profondeur, ne conviennent pas au plus grand nombre; c'est un manuel de l'art qu'il est essentiel de lui offrir. Les diverses manipulations de l'optique, outre leur utilité directe, donnent une occupation qui, loin d'être pénible et fatigante, fournit un amusement;

et de ceux que l'on se permet dans les nombreux loisirs d'une vie passée à la campagne, ou dans des villes peu bruyantes, en est-il beaucoup qui présentent des résultats aussi éminemment utiles?

L'astronome dont non-seulement l'Angleterre, mais la science même s'honore, *Herschel*, engagé musicien dans un régiment d'Hanovriens, au service de la Grande-Bretagne, ajoutait à sa paye par le travail des verres de lunettes et des miroirs de télescopes. La perfection de ses ouvrages lui fit acquérir des protecteurs; il put bientôt cesser de n'être qu'un habile manipulateur; il étudia la science même, et le nom d'*Herschel* durera autant que l'astronomie, autant que la planète qui roule dans l'espace où elle porte ce nom, et l'y inscrit pour jamais.

J'ai donc cru devoir décrire tous les

procédés avec une exactitude minutieuse, et même ne pas négliger l'exposition des calculs les plus nécessaires, parce qu'il serait possible que quelques personnes voulussent pénétrer dans la théorie de l'art. J'ai consacré, en effet, plusieurs pages aux calculs et à l'indication de la marche des rayons lumineux, soit dans la vision, soit dans les miroirs et les instrumens. J'ai fait graver plusieurs planches, afin de rendre le discours plus intelligible.

En m'écartant ainsi de mon premier plan, j'ai cédé aux conseils que l'on m'a donnés, et j'ai satisfait au désir que plusieurs personnes m'ont témoigné de voir mon ouvrage prendre une marche plus étendue. J'ai eu peu d'augmentations à faire à la partie curative, et je me suis renfermé dans les bornes que je m'étais

posées : « Il n'y a rien de minutieux, di-
» sais-je, rien à négliger dans un organe
» tel que celui de la vue; les moindres er-
» reurs deviennent funestes, et des con-
» seils hasardés aggravent souvent le mal
» au lieu de le détruire. » Mon ouvrage
ne dispensera point de demander aux
gens de l'art les moyens curatifs, mais
il mettra à portée de connaître l'instant
où il faut les demander, et sur-tout de
prévenir de graves inconvéniens par de
sages précautions.

Dès la première édition, j'avais cherché à répondre à l'appel que le traducteur
de l'ouvrage de *feu M. Béer, médecin
oculiste de Vienne en Autriche*, avait
fait, en manifestant le désir que quelqu'un
de ceux qui ont le plus d'occasions d'observer les yeux dans tous leurs états, pût
donner un *Petit Manuel d'une utilité*

générale. J'ai donc ajouté dans celle-ci ce que le tems et l'expérience ont pu me faire connaître. Je n'ai pas dû craindre de marcher quelquefois sur les traces de *M. Béer*, dans tout ce que j'avais eu occasion de reconnaître moi-même.

La partie anatomique, qui paraît la plus éloignée de mes travaux ordinaires, est due presqu'en totalité à MM. *Tenon* et *de Wenzel*, soit par l'étude des Mémoires qu'ils ont fait imprimer, soit par la confiance avec laquelle le premier, célèbre anatomiste, et le second, l'un de nos premiers oculistes, m'ont adressé les personnes qui avaient besoin du secours de l'optique, soit enfin par la bienveillance avec laquelle M. Tenon a bien voulu recevoir la communication de mon premier manuscrit, et me donner ses conseils.

Après avoir passé en revue les différentes branches de l'optique, et particulièrement les miroirs et les télescopes, articles fort importans, j'ai cru devoir parler de quelques instrumens curieux de dioptrique, tels que la chambre noire, la lanterne magique et la fantasmagorie, qui n'offre aujourd'hui rien de surprenant que la dextérité qui la met en jeu. En donnant une description détaillée des illusions qu'elle produit, je n'ai pas cru faire tort à personne, puisque les mystères de la fantasmagorie ne présentent rien de plus secret que le mécanisme des verres de la lanterne magique.

J'ai parlé aussi de la chambre claire, instrument dont l'invention est due aux opticiens anglais, et dont la construction est entièrement différente de celle de la chambre obscure, comme on pourra le voir par l'explication détaillée que j'en donne, et par la planche que j'ai consacrée à cet article.

J'ai cru nécessaire de faire entrer dans le corps de cet ouvrage une Instruction sur l'usage des cadrans solaires horizontaux et universels que je construis, et d'y joindre une indication de la latitude des principales villes de l'Europe et de la France, ainsi qu'une Notice sur la déclinaison et l'inclinaison de la boussole. Au moyen de cette instruction, chacun pourra faire usage de ce cadran, et en vérifier l'exactitude.

C'est aussi pour répondre aux différentes questions qui me sont faites chaque jour sur la confection, l'exactitude et les variations des instrumens de météorologie et d'aréométrie, que j'ai donné une dissertation sur ces divers objets. Je me suis particulièrement étendu sur le baromètre et le thermomètre, et je n'ai rien négligé pour rendre ces articles, déjà fort intéressans de leur nature, aussi complets qu'ils pouvaient l'être.

En parlant des instrumens d'aréométrie, j'ai donné au *caféomètre* un peu d'étendue, persuadé que mes lecteurs verraient avec plaisir l'origine et l'histoire du *café*, les révolutions qui s'élevèrent à l'occasion de ce breuvage, et les difficultés qu'on éprouva dans le Levant, lorsqu'on voulut en introduire l'usage. Pour la description de l'instrument et son emploi, j'ai dû consulter l'excellente dissertation qu'a publiée M. Cadet-Devaux, en 1807, et j'ai le soin d'y renvoyer les lecteurs qui désirent connaître tous les détails que ce savant a donnés sur les diverses préparations du café.

Le plus grand obstacle au progrès et à la communication des connaissances utiles, réside particulièrement dans l'étendue et l'obscurité répandue sur toutes les matières : on a presque toujours sacrifié la satisfaction réelle d'éclairer et d'affranchir les esprits à la vaine ostentation du savoir et du langage recherché.

Les dissertations et les applications trop multipliées, en fatigant l'imagination, et partageant la mémoire sur un trop grand nombre d'objets, obscurcissent la perception des vérités élémentaires dont chacun eût saisi rapidement les rapports, si l'on se fût contenté de les établir d'une manière distincte et isolée ; je me suis donc imposé l'obligation de présenter les objets que je traitais d'une manière claire, précise et facile; mais cependant je me suis vu forcé d'employer quelquefois le langage des savans, et les mots consacrés par eux ; c'est pour faciliter l'intelligence, c'est pour éclaircir tous les doutes, c'est pour aider toutes les classes de lecteurs, que j'ai placé à la suite de l'ouvrage un *Dictionnaire analytique* des termes de sciences qui y sont employés, avec le secours duquel chacun pourra lever les difficultés qui l'arrêteraient à la lecture du texte. J'ai eu le soin aussi de faire entrer dans ce dictionnaire divers éclaircissemens que quelques parties traitées dans l'ouvrage semblaient demander encore; et c'est pourquoi l'on y trouvera de nouveaux détails sur les microscopes, les télescopes, les miroirs, les lunettes et autres instrumens d'optique, de catroptique, de dioptrique, etc.

Enfin, après avoir fourni de mon mieux, mais non sans peine, une carrière hérissée de difficultés, j'ai cru pouvoir me reposer un moment, en cédant aux vœux de beaucoup de personnes qui m'ont demandé des renseignemens et des détails historiques sur l'antique monument, dans lequel je fais ma résidence, et où sont établis mes ateliers et magasins. Je n'ai jamais eu l'orgueilleuse prétention de passer pour historien, et chacun pouvait, ainsi que moi, faire des recherches, et en publier le résultat; je crois donc inutile de m'appesantir davantage sur l'incohérence de cet article, qui ne saurait provoquer la censure, et qu'on ne doit regarder que comme un délassement après de longs travaux.

Je ne puis terminer sans offrir le tribut de ma reconnaissance aux réunions scientifiques auxquelles j'ai l'honneur d'appartenir, et qui m'ont offert, dans les

conférences qui les rendent si utiles aux progrès des connaissances, les encouragemens et les avis dont mon zèle avait besoin : ce n'était pas seulement les lumières des confrères éclairés, mais la douce intimité du plus grand nombre d'entre eux qui me soutenaient, m'éclairaient, me corrigeaient même souvent, sans qu'eux-mêmes s'en aperçussent, par les nouvelles idées que leur entretien faisait naître, en fixant mon attention sur des points importans.

Je dois encore des remercîmens aux rédacteurs des journaux qui ont si souvent accueilli mes productions, et annoncé dans leurs feuilles mes nouvelles constructions, tant en optique qu'en météorologie, en même tems qu'ils consacraient les observations de ce dernier genre, que seul, depuis si long-tems, je publie à Paris.

Mais, je le répète encore avec plus de crainte qu'à l'époque où je publiai ma première édition, tant de secours offerts par la bienveillance m'auront-ils suffi pour parcourir sans trop de désavantage la carrière dans laquelle je suis entré, et ne dois-je pas redouter qu'un lecteur, plus curieux de la forme que du fond, ne s'attache à la manière dont j'ai rendu mes idées, plutôt qu'aux idées elles-mêmes? Et faut-il avouer que cette forme extérieure m'a si peu occupé, que l'on trouvera dans le texte beaucoup de ces négligences que sait éviter tout auteur jaloux de ce titre?

Puissent ces fautes être les seules qu'on ait à reprocher à mon ouvrage! puissent de nouveau, par leurs sages avis, les savans et les artistes m'aider à le rendre de plus en plus digne de la confiance dont le public m'honore, et à laquelle seule je dois l'honneur de fournir des instrumens de ma fabrique aux personnes de la famille royale, aux grands de l'Etat et aux Etrangers du plus haut rang! Puissent enfin mes intentions, mon zèle, justifier aux yeux de la critique mon entreprise, et ne pas la rendre indigne du titre honorable qu'a daigné m'accorder S. A. S. Mgr. le prince de Condé!

Nota. Malgré les soins apportés à cette édition, il s'y est glissé plusieurs fautes typographiques qui en dénaturent le texte; je prie mes lecteurs de consulter l'ERRATA avant de lire l'Ouvrage.

LE CONSERVATEUR DE LA VUE.

CHAPITRE PREMIER.

DESCRIPTION DE L'OEIL.

DE tous nos sens, le plus utile, le plus étendu et le plus merveilleux est celui de la vue. C'est lui qui procure à notre cœur les sensations les plus délicieuses, puisqu'il nous fait jouir de l'aspect des personnes qui nous sont chères, et qu'il nous console de leur absence par la peinture fidelle de leurs traits, ou par la lecture des caractères, où sont tracées les vives expressions de leur amitié. D'un autre côté, quelles jouissances n'offre-t-il pas à notre esprit, lorsqu'il nous rend témoins des tableaux magnifiques que nous offre la nature ; et sur-tout lorsque, nous transportant, pour ainsi dire, hors de nous-mêmes, il nous permet d'errer librement dans les vastes champs de l'immensité ! C'est encore par lui que nous pouvons juger des différens rapports que tous les corps peuvent avoir entre eux, tels que leurs grandeurs, leurs formes, leurs couleurs, leurs distances et leurs situations respectives.

C'est à raison de tous ces divers avantages que, dans tous les tems et chez tous les peuples, l'œil a été l'emblème de ce qu'il y avait de plus cher et de plus précieux. C'est aussi pour les augmenter que, depuis Newton, le premier inventeur des lois de l'Optique, jusqu'à nos jours, un grand nombre de profonds Mathématiciens, de Physiciens éclairés et d'Artistes habiles se sont empressés, les uns d'étendre les bornes de la vision; les autres de remédier aux défauts de son organe. C'est de ce dernier objet que nous allons surtout nous occuper, et nous commencerons par la description de l'œil.

L'œil est un globe de 25 millimètres, ou 11 lignes environ de diamètre. Il est placé au dessous du front, dans une cavité osseuse, nommée *orbite*, qui est garnie de graisse pour faciliter et adoucir les mouvemens que lui procurent en tous sens six différens muscles, dont quatre **droits** et **deux obliques**.

Le premier des muscles droits, situé en dessus, est le muscle *releveur* ou *superbe* : il fait remonter l'œil, comme il arrive dans ces instans, où l'âme est fortement exaltée par des idées de grandeur et d'arrogance.

Le second, qui est l'antagoniste du premier, est placé au dessous de l'œil, et remplit les fonctions que désigne son nom *d'abaisseur* ou *d'humble*, nom qui convient à l'humilité qui fait baisser les yeux.

Le troisième, situé latéralement et du côté du nez, se nomme *adducteur*, parce qu'il ramène l'œil vers le nez : On l'appelle aussi *buveur* ou *liseur*, parceque ce muscle produit cet effet, lorsqu'on boit ou qu'on lit.

Son antagoniste, le muscle *abducteur*, est le plus gros des muscles de l'œil : il est fixé à l'angle extérieur ou *canthus*, et y retire l'œil, toutes les fois que le mépris ou le dédain font regarder de côté, ou, comme on dit, de travers. C'est cette raison qui a aussi fait donner à ce muscle le nom de *dédaigneux*.

C'est au moyen de l'action successive de ces quatre muscles que l'œil se meut en rond dans son orbite ; et que, lorsqu'ils agissent tous les quatre à la fois, ils compriment et applatissent le globe de l'œil ; ce qui, comme on le verra plus bas, lui permet de voir de plus loin. Aussi ne sentons-nous jamais nos yeux plus fortement tendus, que lorsque nous nous efforçons de distinguer des objets qui nous échappent par leur distance.

L'attache fixe des quatre muscles droits est au fond de l'orbite autour du trou optique, par lequel le nerf du même nom sort de l'intérieur de la tête.

Les deux autres muscles sont appelés *obliques* ou *trochléateurs*, parce qu'ils agissent diagonalement et comme par des poulies de renvoi.

Le *grand oblique* est attaché, ainsi que les muscles droits, au fond de l'orbite : mais il passe dans un tendon en forme d'anneau, pour venir embrasser la partie postérieure du globe de l'œil; et son action produit ce qu'on appelle les *yeux doux*.

Le *petit oblique* saisit aussi le globe de l'œil par derrière; il s'attache au bas de l'orbite du côté du petit angle extérieur ou *petit canthus*, et il y ramène l'œil dans la colère ou l'indignation.

Il paraît que les muscles obliques sont ceux dont la correspondance d'un œil à l'autre est la moins parfaite, puisque c'est de leur action inégale que provient le regard louche, auquel s'exercent beaucoup trop d'enfans; mais, lorsque ces muscles sont bien égaux et qu'ils agissent ensemble, ils portent en avant le globe de l'œil et le rendent plus convexe : ce qui lui permet de voir plus convenablement les objets qui sont trop près de lui ; effet opposé à celui que nous avons indiqué dans les muscles droits.

A l'extérieur, l'œil est préservé par les deux paupières, dont la supérieure, qui est aussi la plus grande, s'ouvre et se ferme à volonté du haut en bas.

Les deux paupières se rattachent l'une à l'autre, en formant à l'extérieur de la tête un petit angle nommé *petit canthus*, tandis que le plus grand angle, voisin du nez, porte le nom de *grand canthus*.

Deux petits trous, placés dans ce dernier angle, répondent à un même canal lachrymal, conduisant au réceptacle des larmes qui est placé le long du nez, de même que leur source se trouve dans la glande lachrymale placée au petit canthus.

La principale destination des larmes est de tenir l'extérieur de l'œil dans une humidité convenable à tous ses divers mouvemens. Elles deviennent un symptôme de sensibilité, soit douloureuse, soit agréable, par un effet de l'irritabilité, qui rend nos yeux plus prompts que nos autres organes à s'affecter de toutes nos sensations.

Les cils, qui garnissent les paupières, empêchent les petites ordures et les petits insectes ailés de s'introduire dans l'œil ; et c'est à des ménagemens si nécessaires que semblent destinés les mouvemens rapides des paupières, à l'approche du moindre objet qui pourrait affecter l'œil.

Au-dessus, comme premiers remparts, s'élèvent les sourcils, dont le principal effet est d'arrêter les gouttes de sueur qui, dans le fort du travail ou de la marche, ruissèlent avec tant d'abondance.

Les cils, les sourcils, les paupières n'étant que des accessoires de l'œil, les individus, qui en sont privés par diverses causes, n'en jouissent pas moins de l'organe de la vue. Le défaut de paupières est le plus grand, parce que l'œil, resté sans abri, doit se racornir ou se dessécher plus rapidement. On a vu cependant des personnes dormir habituellement les yeux ouverts.

Si nous passons à l'examen du globe lui-même, nous pouvons le faire considérer comme une espèce de coque, formée de trois tuniques ou membranes, qui sont l'épanouissement du nerf optique, et au centre desquelles se placent les différentes substances destinées à rassembler les rayons de lumière, et à les transmettre au nerf optique, dans lequel réside essentiellement l'organe de la vue.

La tunique extérieure, qui est la plus solide, se nomme *cornée*; elle s'étend, en s'amincissant au point de devenir transparente, au-devant de l'œil : la *cornée opaque* du fond de l'œil est distinguée par le nom de *sclérotique*.

La *cornée transparente*, qu'on peut comparer à un verre de montre, forme en avant une saillie qui appartient à une sphère de 17 à 18 millimètres ou à peu près de 8 lignes de diamètre, et dont l'ouverture est d'environ 11 millimètres ou près de 5 lignes. Il résulte de cette saillie que les rayons de lumière sont reçus sur un plus grand nombre de points, et qu'entre la cornée transparente et le reste de l'œil, il se trouve plus de place pour l'humeur aqueuse qui en baigne l'intérieur.

Pour continuer la comparaison du verre de montre, on peut regarder comme l'émail du cadran le blanc de l'œil, nommé par les Anciens *albuginée*, et qui est attaché aux paupières par une membrane fort mince appelée *conjonctive*. Le blanc de l'œil lui-même appartient à la seconde enveloppe du globe, laquelle est garnie, dans tout son intérieur, d'une mucosité noirâtre destinée à prévenir l'éparpillement des rayons de lumière. C'est en raison de cette couleur noirâtre, analogue à celle du raisin noir, que la partie antérieure de cette membrane porte le nom d'*uvée*, tandis qu'on a donné à la partie postérieure le nom de *choroïde*.

L'uvée est formée d'une multitude de fibres très-déliées, disposées du centre à la circonférence, blanches à leurs extrémités, et colorées autour du centre avec une variété exprimée par le nom d'*iris*. Dans quelques yeux, l'iris est bleu ou roux; dans d'autres, il varie du gris vert au gris noir. La couleur rouge ne se trouve que dans les yeux des Albinos, que l'on peut regarder comme une dégradation de l'espèce humaine, et chez qui la vue est si faible que le moindre jour la blesse.

Au centre de l'iris est le trou nommé *pupille* ou *prunelle*, par lequel entrent dans l'œil tous les rayons de lumière.

La prunelle est ordinairement circulaire dans l'homme, quoiqu'on en ait observé qui étaient ovales du haut en bas, ainsi que celle du chat. Elle est susceptible de se resserrer ou de se dilater, suivant le plus ou le moins de jour qui frappe l'œil : son plus petit état, dans les yeux ordinaires, est de 2 millimètres ou un peu moins d'une ligne, et son plus grand écartement est de 5 millimètres ou un peu plus de 2 lignes.

On a remarqué que la célérité des mouvemens de la prunelle était en raison de la vigueur de l'organe, et que la promptitude, avec laquelle

elle peut passer de son plus petit rétrécissement à sa plus grande extension, était plus marquée dans l'enfance que dans les âges plus avancés, dans les bruns que chez les blonds, dans les tempéramens secs que dans les constitutions humides.

C'est ordinairement par la liberté du jeu de la prunelle qu'on reconnaît l'état de santé de l'œil, dont cependant il est imprudent d'abuser, en passant trop rapidement de l'obscurité ou d'un jour faible à une clarté éblouissante.

La pupille établit la communication entre les deux chambres de l'œil, que baigne l'humeur aqueuse, en avant et en arrière de l'iris. Cette humeur est salée, un peu visqueuse et très-transparente. M. Tenon annonce n'en avoir trouvé que 11 centigrammes ou deux grains dans un œil humain, et 393 centigrammes ou 74 grains dans l'œil d'un jeune renard.

Au-dessous et vis-à-vis de la pupille se trouve le *cristallin*, espèce de lentille de la forme de celles des instrumens d'optique, et qu'on a regardée long-tems comme une humeur en état de gelée, renfermée dans une membrane aussi transparente qu'elle, et nommée *Arachnoïde*.

Il est à présent reconnu que le cristallin est une aggrégation de petites lames ou fibres très-minces, pesant à peu près 21 centigrammes ou quatre grains, ayant 5 millimètres ou plus de 2 lignes d'épaisseur, sur 11 millimètres ou 4 à 5 lignes de diamètre, et enveloppée dans une espèce de bourse ou de sac destiné à retenir ce qu'on appelle l'*humeur de Morgnani*, qui baigne toutes les fibres du cristallin en plus ou moins grande abondance, suivant l'âge et la constitution des individus.

Le cristallin repose sur une masse d'une autre substance, également transparente mais plus légère, qu'on appelle *humeur vitrée*. C'est cette humeur qui occupe à elle seule plus des 19 vingtièmes de la capacité du globe de l'œil, et au travers de laquelle passent les rayons de lumière, pour s'arrêter enfin sur la *rétine*.

On a donné ce nom à la membrane intérieure de l'œil, parce qu'elle paraît comme un réseau blanchâtre, composé des fibres les plus délicates du nerf optique. Elle est, si l'on peut s'exprimer ainsi, le rideau de la chambre obscure, sur lequel viennent se peindre tous les objets qui sont en vue de la lentille.

Quelques-uns ont cependant prétendu que la rétine n'était pas l'organe réel de la vue, et que l'impression des rayons lumineux traversait ce réseau, pour se porter jusqu'au feuillet intérieur de la choroïde, qui a reçu le nom de *membrane de Ruysch*, comme ayant été distinguée par cet anatomiste Hollandais, si fameux dans la préparation et l'injection des tissus animaux les plus déliés.

Ce qu'il importe seulement de remarquer, c'est que, comme pour les autres sens, l'impression des objets, une fois arrivée aux fibres les plus déliées du nerf optique, se transmet par lui au centre commun des sensations, dont le cerveau, auquel se rattachent tous les nerfs, paraît être le siége principal.

Les Métaphysiciens argumenteront encore long-temps sur les relations, que les sens établissent entre l'être qui en est doué, et les objets qui lui semblent les plus étrangers.

Le Physicien, dans toutes les parties qu'il étudie, l'Opticien, dans la détermination des effets de la vue, n'ont aucun besoin de s'arrêter sur les causes. Ils marchent d'un pas sûr en ne prononçant que d'après l'expérience, dont les résultats sont bien plus intéressans aux besoins réels de l'homme, que toutes les idées systématiques, qui ne peuvent rien ajouter à aucune de ses facultés.

Pour ne rien laisser à désirer sur la description de l'œil, nous allons passer à la description de l'*œil artificiel*, machine très-propre à démontrer comment s'opère la vision, puisqu'à l'exception des humeurs, dont l'effet est suppléé par un verre lenticulaire, l'œil artificiel ressemble à l'œil humain, tant par sa forme extérieure, que par les parties intérieures qui lui sont essentielles. Voici la description aussi exacte que détaillée qu'on en trouve dans la *Physique du Monde*.

Pour construire l'œil artificiel, on prend deux hémisphères concaves de bois ou de métal qui s'emboîtent l'un dans l'autre, de manière à former un globe. L'un des deux hémisphères est percé à son sommet d'une ouverture circulaire, d'un pouce environ de diamètre. A cette ouverture, on adapte un verre lenticulaire qui fait l'office du cristallin ; l'autre hémisphère a pareillement à son sommet une ouverture circulaire, mais beaucoup plus grande et d'environ 2 pouces de diamètre, à laquelle répond un tuyau de même longueur ; ce tuyau en contient un autre qui est mobile, et qu'on peut par conséquent avancer ou reculer à volonté. Ce dernier tuyau est fermé à l'une des extrémités, celle qui est du côté du globe, par un diaphragme de papier huilé, ou par une glace douce seulement et non polie. C'est sur ce diaphragme que les rayons, qui partent des objets extérieurs, viennent peindre l'image de ces objets. Ces images sont bien terminées et très-distinctes, lorsque le diaphragme, qui représente la rétine, est exactement placé au foyer du verre lenticulaire.

Cette machine, portée par un pied qui en rend l'usage très-commode, doit-être dirigée vers les objets, dont on veut voir l'image peinte sur la glace doucie ou sur le papier huilé qui en tient lieu. L'un ou l'autre est placé à l'ouverture intérieure du tuyau mobile. En regardant par ce tuyau, l'on apperçoit l'image des objets qui sont placés en face du verre lenticulaire. Si cette image ne paraît pas assez distincte, il faut ou retirer, ou enfoncer le tuyau mobile, jusqu'à ce que la représentation soit parfaitement nette; ce qui arrive, comme nous venons de le dire, lorsque le diaphragme est à la distance précise du foyer du verre lenticulaire, qui fait l'office du cristallin de l'œil naturel.

L'on voit donc que la construction ingénieuse de l'œil artificiel rapproche, autant qu'il est possible, cet instrument de l'œil naturel.

Cependant, combien cette machine est éloignée de la perfection de notre organe de la vision! Les propriétés, les usages de ce dernier sont infiniment supérieurs aux propriétés, aux usages de l'instrument de l'Art.

La complication, dans la structure de notre œil, n'est pas une vaine accumulation de moyens. Gardons-nous de penser que le divin Architecte de l'univers pouvait simplifier cette machine, en la laissant aussi utile. Sa sagesse n'a rien omis; elle n'a rien fait en vain; tous les ressorts ont leurs antagonistes; toutes les pièces de chaque organisation ont leurs objets et leurs fins.

Pour nous en assurer en considérant l'œil, il suffit d'observer que ce verre convexe qui, dans l'œil artificiel, remplace le cristallin, paraît bien rassembler en un point tous les rayons qui viennent d'un point de l'objet vers lequel il est tourné, mais que cette réunion n'est exacte qu'en apparence. En effet, on ne peut pas dire qu'elle le soit parfaitement, puisque la figure circulaire qu'on donne au verre, quelque régulière qu'on puisse la rendre, est toujours affectée d'un défaut impossible à éviter, défaut qu'on appelle *aberration de sphéricité*, et qui consiste en ce que les rayons, qui tombent sur les extrémités de cette surface convexe, ne se réunissent pas au même point que ceux qui tombent vers le milieu.

Cette différence, presqu'insensible dans les expériences, où l'on considère l'image tracée sur les diaphragmes, produirait des effets très-sensibles sur les objets perçus par la vision. Les images de ces objets, tracées sur la rétine, seraient moins distinctes, moins bien terminées, moins nettes, à cause des différentes réfractions des différens rayons : ceux-ci se rassembleraient plus ou moins près du cristallin : les objets seraient entourés d'iris. Il est impossible de remédier à cet inconvénient en n'employant qu'un seul corps transparent ; et, pour en préserver seulement jusqu'à un certain point nos lunettes, nous avons eu recours à deux verres qui produisent deux différentes réfractions. Mais, que ce moyen est inférieur en efficacité à ces différentes humeurs, renfermées dans l'organe de l'œil, et dont nous avons fait connaître la nature.

CHAPITRE II.

De la différence des Vues.

SANS entrer encore dans l'explication des règles d'optique, appliquées aux différentes espèces de vues, il suffit pour le moment de savoir que le plus ou le moins de distance, à laquelle se porte la faculté de voir, dépend du plus ou du moins d'applatissement des yeux, quelque bien constitués qu'ils puissent être.

Je dis de plus que, si l'œil est trop bombé ou trop applati, la vision ne peut être que confuse. En effet, l'on sait qu'il doit y avoir une certaine distance de la rétine à la prunelle, telle que les rayons, qui forment la peinture d'un objet, viennent se réunir précisément au fond de l'œil; donc, si l'œil est trop bombé, cette distance est trop grande; la rétine est plus éloignée qu'il ne convient; et, dans ce cas, les rayons, se réunissant entre le cristallin et la rétine, ne parviennent à celle-ci qu'après s'être croisés, et ne peuvent y former qu'une image confuse. Si, au contraire, l'œil est trop applati, la rétine est trop rapprochée du cristallin; et dès-lors les rayons, rencontrant cette membrane avant que d'être réunis, ne produisent encore qu'une image peu distincte.

On nomme *myopes* ou *vues basses*, celles qui, résultant d'un œil très-bombé, ne permettent de distinguer les objets, que lorsqu'ils sont très-près de l'organe.

Ce mot de *myope* vient du grec, et signifie proprement fermer les yeux, ou *cligner*, parce que l'habitude de cligner est propre aux personnes qui ont la vue basse.

Au contraire, les yeux applatis, qui voient mieux de loin que de près, sont désignés par les noms de *vues longues* ou *presbytes*, parce que ce dernier mot signifie en grec *la vieillesse*, qui est l'âge où l'œil ordinairement s'applatit.

J'ai déjà dit que les vues myopes ou presbytes, tenaient uniquement à la conformation de l'œil, et non à la constitution; c'est-à-dire, que ce ne sont pas des maladies : C'est pourquoi il y aurait de graves inconvéniens à forcer cet état.

Les myopes ont l'avantage d'espérer, en ne troublant pas le cours naturel des choses, que leurs yeux, s'applatissant avec le tems, finiront par obtenir une vue naturelle, à l'âge où les vues ordinaires deviennent presbytes. Mais, pour parvenir à cet état, il ne faudrait pas tellement s'abandonner à l'usage des lunettes concaves, que l'on ne fît qu'augmenter la myopie au lieu de la corriger.

On a remarqué que c'était dans les conditions aisées de la société qu'il se trouvait le plus de vues basses, et l'on a justement attribué ce défaut à l'effet d'une éducation, dans le cours de laquelle les yeux se portent habituellement sur des objets rapprochés. Dans les leçons d'écriture, de dessin, de musique, de géographie, et autres, où l'on ne prend pas assez le soin d'obliger les élèves à se tenir à une distance raisonnable de ce qu'ils doivent étudier, l'habitude ne fait qu'augmenter. Il n'est même plus permis d'espérer qu'elle se corrige avec l'âge. Elle se porte au plus haut degré dans les Astronomes, les Naturalistes, les Graveurs et les Horlogers, condamnés, pour ainsi dire, à un usage forcé de la vue et d'une vue artificielle, puisqu'ils sont obligés de se servir continuellement de lentilles à foyer très-court. Je ne citerai que le célèbre *Lalande*, qu'on pouvait regarder comme un des plus infatigables travailleurs, et qui est mort octogénaire, sans que sa vue se soit allongée. Le papier, sur lequel il lisait ou il écrivait, n'était pas à trois centimètres de son œil; et son écriture était si fine, que les vues ordinaires se fatiguaient à la lire.

Ce qui doit sur-tout sembler étonnant, c'est qu'au lieu de prévenir cet abus de jeunesse, tout tend au contraire à le propager. On s'en fait un jeu, un mérite, un agrément du bon ton. C'est à qui, jeune homme ou jeune femme, portera ces lunettes, dont autrefois on aurait rougi : tant est forte la puissance de la vogue, à laquelle on ne craint pas de sacrifier ses intérêts les plus chers!

Que dire de ceux qui, pour échapper au service militaire, tourmentent leurs yeux de la manière la plus cruelle; et, à force de lunettes de plus en plus concaves, martyrisent tellement le globe de leurs yeux, qu'ils finissent par ne pouvoir absolument rien voir, sans les verres du plus court foyer concave? je dis qu'ils martyrisent leurs yeux; car, ce qui, dans les lois de la nature, n'altère nullement la bonne constitution de l'organe, lui porte au contraire un préjudice très-grand, lorsqu'il est ainsi le produit d'efforts continuels. Tous les muscles de l'œil se fatiguent, s'oblitèrent, et ne se trouvent plus en rapport avec les humeurs destinées à en entretenir le jeu. Certes, l'ami de l'humanité doit gémir de pareils excès.

Je ne sais si je dois m'arrêter à une observation qui serait peut-être encore plus affligeante, puisqu'elle s'étendrait sur l'état social en général, sans qu'il y eût de remèdes à y apporter; ce qui la rangerait au nombre de ces paradoxes, que le misanthrope se plaît à chercher, pour être en droit de blâmer quelque chose de plus dans ce que les autres admirent.

C'est que la vue des hommes s'affaiblit de générations en générations, et, sur-tout depuis quelques années, avec une rapidité vraiment effrayante, en raison des habitudes qui nous éloignent de plus en plus de l'état de nature. L'œil semblait n'avoir été donné à l'homme, ainsi qu'aux animaux, que pour apercevoir au loin, sur la surface de la terre, les lieux vers lesquels il voulait se diriger, pour reconnaître à la portée de sa voix les personnes qu'il cherchait, pour distinguer à la distance de sa main les objets qu'il avait besoin de saisir, enfin pour voir parfaitement, avant que de les porter à sa bouche, les alimens qui exigent quelques précautions. Aussi l'œil bien constitué se prête-t-il naturellement et sans effort à ces diverses opérations, sans que les nerfs, qui doivent lui donner ces petites différences de courbure, en souffrent, parce qu'un jeu continuel et toujours varié ne fait que les entretenir.

Mais, à ces besoins naturels, la Société en a ajouté d'autres. Notre vue est devenue par la lecture et l'écriture un instrument de notre intelligence. L'usage en semblait réservé chez nos ayeux aux Savans de profession : nos Peuples modernes lisaient et écrivaient peu. Mais nos dernières générations ont placé cet exercice de la vue dans toutes les relations. L'instruction, le commerce, l'administration, l'amour lui-même et le goût romanesque, tout se rapporte à l'écriture.

Les journaux enfin sont devenus une lecture, que nos événemens politiques et militaires rendent à la majeure partie des hommes d'une nécessité indispensable. Une multitude énorme de pamphlets, imprimés en caractères mutilés et sur le plus détestable papier, et qui se reproduisent sans cesse, ajoutent chaque jour à la fatigue que l'organe a éprouvée la veille.

Par un excès tout contraire, les éditions de

luxe nouvelles ont adopté un blanc de papier, et des caractères dont les traits sont tellement découpés, que ce qui passe pour un chef-d'œuvre est le plus funeste à la vue. Les belles éditions anciennes, dont la tradition s'est conservée dans l'Imprimerie Impériale, n'employaient que des papiers d'un blanc mat, et des caractères, dont les formes arrondies ne causaient point à l'œil ce papillotage qui lui est dangereux.

En laissant donc le misanthrope gémir de ce que, lisant et écrivant trop, nous faisons passer des pères aux enfans l'altération progressive de l'organe de la vue, contentons-nous de désirer que les lois, données à l'imprimerie par un gouvernement qui a reconnu plus d'un abus à y corriger, préviennent aussi les abus physiques qui intéressent de si près l'humanité.

Les vues ordinaires lisent le caractère courant d'impression à dix ou douze pouces de distance.

Les myopes sont obligés d'approcher ce qu'ils veulent lire, d'autant plus près de leurs yeux, que ceux-ci sont plus convexes.

Les presbytes, au contraire, éloignent l'objet en raison de leurs vues plus ou moins longues.

Il en résulte une vue indistincte pour ceux dont les deux yeux ne sont point égaux; et les exemples en sont très-fréquens.

M. Mercier, Membre de l'Institut, auteur du

Tableau de Paris, et de plusieurs autres ouvrages philosophiques, m'a permis de le citer: de l'œil gauche, il ne se sert que d'un verre convexe de 16 pouces, tandis que pour l'œil droit il a besoin d'un verre de 7 pouces : au moyen de ces verres, la portée de ses yeux redevient égale, et il lit à 13 pouces.

On sent bien que, pour ce qui tient aux grandes distances où l'œil peut atteindre, l'état de l'athmosphère et la manière dont les objets sont éclairés apportent de grandes différences. C'est sur-tout, dans une belle matinée d'été, quand les vapeurs ne se sont point encore élevées, ou, dans une belle journée d'hiver, lorsqu'un froid vif ne laisse flotter aucune vapeur, que la vision éloignée a le plus d'étendue.

CHAPITRE III.

Des Vues défectueuses.

Quoiqu'a la rigueur on pût regarder comme maladie de l'œil toute imperfection de l'organe, qui le défigure ou qui en altère les effets, j'ai cru devoir traiter à part celles qui, n'exigeant ni opération ni traitement de l'Oculiste, peuvent être considérées comme vices de conformation.

Le plus commun de tous est l'inégalité de force dans les deux yeux ; car, sans l'exemple déjà cité, où le myopisme se réunit au presbytisme, il est très-ordinaire d'avoir les yeux de portée inégale. Peu de personnes y font attention, par l'habitude qu'elles ont prise de laisser au meilleur la peine de regarder, en permettant au plus faible de se reposer : ce défaut tient essentiellement à une faiblesse d'organe, qui ne fait qu'augmenter à mesure que l'œil, qui en est attaqué, s'accoutume à ne pas remplir ses fonctions ; et il est très-important de les lui rendre en lui donnant peu-à-peu de la lumière, au moyen des verres qui rétablissent pour lui une vision égale à celle de l'autre œil.

On doit surtout étudier cette inégalité dès le moment où l'on prend des lunettes, et proportionner les foyers des deux verres à la portée respective de chaque œil.

C'est à la même inégalité portée à l'excès qu'on peut attribuer le plus grand nombre des vues louches, ainsi nommées d'un vieux mot qui paraît avoir signifié *borgne*, de même que le mot *strabisme* exprime en grec des yeux contrefaits.

En effet, celui des yeux, que sa faiblesse rend tout-à-fait inutile, se porte au hasard sans se tenir dans la direction de l'autre, et c'est ce dont il est facile de se convaincre en bouchant avec la main l'œil le plus fort : car, aussitôt et presqu'involontairement, l'œil égaré revient dans la direction qu'il aurait dû avoir, s'il avait été en jeu en même temps que l'autre.

On a aussi attribué le strabisme à un léger déplacement de l'un des cristallins qui ne se trouverait pas dans l'axe de la vision, ainsi qu'à une irrégularité de conformation dans la cornée.

Il est certain que ces deux causes, dérangeant l'axe de la vision, donneraient de la divergence aux deux yeux : mais alors ces deux yeux verraient à la fois chacun à sa manière, ce qui n'est pas le cas le plus ordinaire des vues louches.

Les yeux louches les moins difformes sont ceux qui semblent se porter l'un et l'autre en dedans. On a vu des Dames avoir de très-beaux yeux qui se rapprochaient ainsi ; et, dans l'ancienne Cour, on donnait à ces yeux le nom d'une des familles qui y tenaient le premier rang ; on les appelait des *yeux à la Montmorency*.

On ne saurait trop s'occuper de ce défaut dès l'enfance ; et, soit en fermant l'œil le plus fort pour obliger l'autre à se fortifier par l'exercice, soit en plaçant une mouche de manière à contrarier la divergence de l'œil faible, accoutumer peu à peu celui-ci à se rapprocher de l'autre.

On peut aussi employer des fomentations spiritueuses d'esprit-de-vin camphré, de baume de Fioraventi, de vapeurs de benjoin, d'encens, etc., pour donner de l'énergie aux muscles de l'œil faible ; mais surtout appliquer l'enfant à des exercices qui provoquent et nécessitent presque l'usage des deux yeux : tels que les jeux de volant, de billard et autres semblables. Enfin, on doit de plus éviter soigneusement qu'il travaille sur des modèles placés de côté, ou que son lit soit frappé latéralement par le jour.

Le strabisme produit quelquefois l'effet de rendre la vue vague et incertaine ; il semble que ni l'un ni l'autre œil n'aient assez de force pour voir. Ce cas pourrait s'expliquer par un défaut de correspondance dans les deux nerfs optiques, qui se trouveraient dans l'impossibilité d'agir ensemble, discordance que l'on a supposée pouvoir être telle que l'on verrait double : mais on peut révoquer en doute ces prétendues vues doubles ; elles auraient tout au plus lieu par moment, soit, lorsqu'on se ferait un jeu de loucher exprès, soit lorsque quelque accident apporterait rapidement un dérangement à l'un des yeux. Bientôt la nature reprend ses droits ;

et, comme toutes nos sensations se corrigent par l'exercice des sens, on doit finir par rapporter au même point les impressions qui seraient portées sur des nerfs disparates. Il existe cependant un cas où l'impression est réellement double : c'est lorsqu'à la suite d'une blessure il s'est ouvert, pour ainsi dire, une seconde pupille, par laquelle les rayons visuels arrivent jusqu'à la rétine ; et l'on sent que ce cas ne peut être ni prévu ni corrigé.

Il est, au contraire, des vues qui ne saisissent que la moitié des objets, c'est-à-dire, dans lesquelles une partie de la rétine, soit le centre, soit un côté, refuse de faire ses fonctions. Dans un mot écrit, par exemple, deux lettres du milieu disparaissent, quoique les premières et les dernières se peignent très-facilement dans la prunelle. Les *hémi-opsies* ou demi-vues sont une goutte sereine imparfaite ou commençante, ou quelquefois sont dues à des vices du cristallin.

Des causes analogues produisent les taches que l'on croit voir sur tous les objets, principalement lorsque ces taches sont fixes ; car, lorsqu'elles paraissent voler comme des mouches ou des fils d'araignées, ou sautiller comme des étincelles, il faut les attribuer à quelque dépérissement partiel des humeurs aqueuses qui remplissent l'œil.

Lorsque la pupille a été offensée de manière à devenir ovale, ou que la cornée a perdu de la régularité de sa forme, l'œil ainsi dérangé ne saisit plus les formes régulières : ce qui est rond paraît ovale ; les carrés s'allongent, etc.

Lorsque quelqu'épanchement de sang a eu lieu dans les chambres de l'œil, ou que la jaunisse en a altéré les humeurs, les objets se colorent en rouge ou en jaune.

Des yeux, très-bien conformés d'ailleurs, mais trop faibles pour supporter la lumière, voient mieux dans le demi-jour et presque dans l'obscurité, qu'à l'éclat du soleil qui les rend larmoyans. Cette sorte de vue, comme celle des oiseaux de nuit, s'appelle *nyctalopie*.

Elle est portée au plus haut degré dans les Albinos, dont nous avons déjà dit que la prunelle était rouge comme celle des lapins blancs.

La plupart des vices de l'œil, dont il est question dans ce chapitre, ne sont point susceptibles de traitement régulier ; c'est à la prudence de l'Oculiste d'empêcher leurs progrès par des moyens doux et proportionnés à l'état de la personne qui en souffre : car, comme ce sont des symptômes de faiblesse, il y aurait à craindre, en les négligeant, qu'on ne perdît totalement la vue.

L'Opticien n'a aucun instrument qui puisse y apporter remède, si ce n'est des lunettes à coque contre le strabisme. Je parlerai dans la suite de ces sortes de lunettes, qu'on nomme vulgairement louchettes.

CHAPITRE IV.

Maladies de l'œil.

Comme ce n'est point ici un traité médical, je ne parlerai des maladies de l'œil que relativement à l'histoire de cet organe, et aux circonstances qui peuvent faire appeler l'Opticien au secours de l'Oculiste : encore ne le ferai-je qu'en avouant que je dois presque tout aux lumières du savant Patriarche des Anatomistes, M. Tenon, Membre de l'Institut, non seulement parce que j'en ai emprunté des excellens mémoires qu'il a publiés sur les maladies de l'œil dont il a fait une étude particulière, mais encore par l'extrême bienveillance avec laquelle il a daigné encourager mon travail, et par les conseils utiles que je dois à sa haute expérience.

L'*atrophie* est l'affaiblissement total de l'organe visuel ; cette maladie est causée par le défaut du suc nourricier, ou par la trop grande dissipation des esprits ; et elle est très-difficile à guérir. On ne saurait y obvier par les remèdes internes : il faut absolument recourir à quelque liqueur spécifique, qui, versée dans cet organe, répare insensiblement l'humidité qu'il a perdue.

Joachim-George Elsaerus dit que cette méthode lui a parfaitement réussi avec un jeune homme qui était naturellement sec, et qui s'était attiré une atrophie par l'usage trop fréquent des femmes, ainsi que par les stimulans dont il s'était servi pour seconder sa passion : car le globe de son œil paraissait avoir diminué, et de plus il était affecté d'une sécheresse accompagnée d'une rougeur douloureuse. Le docteur s'avisa de se servir de l'humeur aqueuse d'une bécasse, qu'il versa dans l'œil du malade, en lui conseillant de ne vivre que de poulets cuits et de chicorée blanche, et surtout de s'abstenir de femmes, ainsi que de remèdes et d'alimens capables d'échauffer. Cette méthode eut tout le succès désiré ; la vue du malade se fortifia en peu de tems, et ses yeux recouvrèrent le suc nourricier qu'ils avaient perdu.

Nous remarquerons ici, 1° qu'on peut, au lieu de l'humeur aqueuse de la bécasse, employer celle des autres animaux à vue perçante ; 2° qu'on doit après la cure, pour ne pas se fatiguer tout-à-coup la vue, faire usage de *con= serves* ou lunettes à verres verts.

La *cataracte* est l'interception des rayons qui, au lieu de se porter jusqu'à la rétine, se trouvent arrêtés par l'épaississement du cristallin lui-même ou des capsules qui le contiennent.

L'épaississement provient d'un engorgement dans les vaisseaux des capsules ou du cristallin, ou de la rigidité que ces parties acquièrent avec l'âge, ou même souvent d'une affection goutteuse. Quelquefois aussi le cristallin se trouve amolli et fondu, de manière à ne former qu'une masse désorganisée qui a les mêmes inconvéniens.

La plus grande partie des aveugles-nés doivent leur malheur à la cataracte.

Dans le reste de la vie, elle se forme petit à petit ; la période la plus commune est de deux à trois ans : on en a observé qui avaient été soixante ans à devenir complètes ; d'autres, qui s'étaient formées en un seul jour et même en quelques minutes.

On reconnaît à l'extérieur les yeux affectés de cataractes, par la couleur que l'on aperçoit derrière la pupille. Cette couleur est d'un blanc sale, tirant sur l'ambre ou le brun, et quelquefois marbrée, selon la nature de la cataracte.

Les causes de cette maladie de l'œil sont trop

peu connues pour qu'on puisse chercher à les prévenir. Il paraît néanmoins que les personnes qui, par état, ont les yeux sur un feu ardent, éprouvent plus souvent le desséchement du cristallin, qu'il ne faut pas confondre avec les ophthalmies, dues au trop grand usage des boissons fortes.

Des coups violens peuvent aussi attaquer le cristallin ; mais alors il est rare qu'il n'y ait pas d'autres parties de l'œil endommagées de manière à ne pas laisser de remède.

Ce remède, lorsque l'œil est bien sain d'ailleurs, est d'extirper le cristallin, ou au moins de le déplacer pour le faire tomber dans le bas de l'œil. Dans l'une comme dans l'autre opération, il faut attendre que la cataracte soit absolument formée ; et c'est à l'expérience de l'Oculiste à déterminer cet instant, pour que l'opération qu'il doit faire ait tout le succès qu'il en peut attendre.

La méthode d'abaissement de la cataracte était connue des anciens ; mais elle a des inconvéniens. En effet, lorsque le cristallin a conservé quelqu'élasticité, il ne cède pas à l'aiguille dont on se sert pour le rabaisser. D'ailleurs, devenant corps étranger dans le bas de l'œil, il peut y occasionner des douleurs qui ne finissent qu'avec la vie. Enfin, on a vu des cristallins venir reprendre à-peu-près leur place, et obliger l'Oculiste à récidiver l'opération.

Les modernes semblent, en conséquence, donner la préférence à l'extirpation de la cataracte, qui paraît avoir été pratiquée par Daviel pour la première fois vers l'an 1740, opération la plus honorable pour l'Oculiste qui y réussit complètement.

Si le succès est rare, c'est qu'il est bien rare aussi de trouver dans l'âge avancé, où ordinairement l'opération devient nécessaire, une organisation assez saine et assez robuste, pour qu'aucun accident étranger à l'opération ne vienne la contrarier.

On sent en effet, d'après la susceptibilité des parties de l'œil, les grands ravages que peut occasionner le moindre vice dans le sang ou dans les humeurs. Nos grands Oculistes ont presque tous une méthode et des instrumens, qui leur sont propres pour l'opération de la cataracte.

Lorsque le cristallin est enlevé ou dérangé de sa place, si l'œil n'a pas perdu en même tems la totalité de l'humeur vitrée, et que dans le pansement la pupille ne se soit pas refermée, il en résulte un œil, auquel il ne manque que ce cristallin, destiné à rompre les rayons visuels pour les porter sur la rétine, effet purement optique, et que les lunettes à cataractes suppléent, en faisant en avant de l'œil ce que le cristallin faisait dans l'intérieur. Nous reviendrons sur les verres à cataractes dans la description des différentes lunettes.

Lorsque l'œil a trop perdu de son humeur vitrée, il en résulte une vision beaucoup plus imparfaite; mais il paraît que, s'il n'y en a eu qu'une légère partie d'écoulée, elle se régénère d'elle-même en peu de tems.

Quant à la fermeture de la pupille, l'oculiste peut y remédier en rétablissant l'ouverture par une incision de l'iris.

Puisque nous en sommes à la maladie de l'œil, qu'on appelle cataracte, et aux différens moyens de la guérir, nous croyons qu'il est à propos d'en citer quelques exemples, qui seront la peinture fidèle des diverses sensations qu'éprouve l'aveugle-né, quand ses yeux reçoivent pour la première fois les rayons de la lumière. Nous nous bornerons à deux exemples, qui suffiront pour remplir notre dessein.

Le premier est tiré des *Transactions philosophiques*, n°. 402, où l'on trouve la guérison de la cataracte, faite par Chesselden, en la personne d'un jeune homme de 13 ans : mais, comme les détails en sont trop diffus, nous nous permettrons de les abréger, toutefois sans rien oublier de ce que ces mêmes détails peuvent avoir de curieux et d'intéressant.

Nous observerons d'abord que ce jeune homme, comme tous les aveugles-nés, n'était pas tellement aveugle, qu'il ne pût distinguer le jour de la nuit; que même la plupart de ces aveugles, à l'aide d'une grande lumière, distinguent les trois couleurs suivantes; le blanc, le noir et le rouge, mais qu'ils ne peuvent pas voir la figure des objets; tel était le cas de ce jeune homme, qui distinguait assez bien les couleurs en plein jour : cependant l'idée qu'il en avait était si foible que, lorsqu'on lui eut abaissé la cataracte, il ne put les reconnaître. Il crut même que ce n'étaient plus les mêmes couleurs qu'il avait connues auparavant sous leurs noms véritables.

Il trouva que le rouge était la plus belle de toutes les couleurs; et, parmi les autres, les plus gaies lui parurent les plus agréables. La première fois qu'il vit le noir, il en fut effrayé; mais, en peu de tems, il s'y accoutuma : cependant, au bout de quelques mois, ayant vu par hasard un nègre, il fut saisi d'horreur à son aspect.

La première fois qu'il jouit de la vue, il s'en fallut de beaucoup qu'il pût porter aucun jugement sur les distances : il croyait que tous les objets touchaient ses yeux, ainsi que tout ce qu'il tâtait touchait sa peau : il pensait que les objets les plus agréables étaient les corps polis et réguliers, quoique d'ailleurs il ne pût former aucun jugement sur leur figure, ni deviner la cause du plaisir qu'il trouvait à les voir. Il ne connaissait aucune figure, et il ne pouvait pas distinguer un corps d'un autre, quoiqu'ils fussent différens de grandeur. Lorsqu'on lui apprenait quels étaient les objets dont le toucher lui avait auparavant indiqué la figure, il se flattait de pouvoir dorénavant les reconnaître : cependant, comme il avait trop d'objets à apprendre, il en oubliait plusieurs; et, comme il le disait, il apprit au commencement à connaître, et il oubliait mille choses en un jour. Je n'en donnerai qu'un exemple ; comme il avait souvent oublié la différence d'un chat à un chien, un jour il n'osa pas la demander : mais, en prenant le chat qu'il connaissait par le toucher, il le regarda fort attentivement : ensuite, le laissant aller, il dit : le chat est ainsi fait ; je le reconnaîtrai une autre fois. Il était fort surpris que les choses, qui lui avaient paru les meilleures, ne parussent pas les plus belles à ses yeux ; et il s'imaginait que les personnes, qu'il avait trouvées les plus agréables au toucher, devaient lui paraître les plus agréables à la vue. On s'était flatté qu'il connaîtrait bientôt ce que représentaient les peintures qu'on lui montrait. Cependant, ce ne fut que deux mois après qu'on lui eut abaissé la cataracte à un œil, qu'il découvrit qu'elles représentaient des corps solides : jusqu'alors il ne les avait considérées que comme des plans diversement colorés. Mais, revenu de son erreur, il ne fut pas moins surpris de voir que ces peintures n'étaient pas sensibles comme les choses qu'elles représentaient : et il fut encore plus étonné, lorsqu'il découvrit que les parties, qui, par le mélange de l'ombre et de la lumière, lui paraissaient rondes et inégales, étaient cependant au toucher aussi planes que les autres; et il demanda quel sens le trompait, ou la vue ou le toucher. Quand on lui montra le portrait en miniature de son père, peint sur la montre de sa mère, il dit qu'il reconnaissait bien l'image de son père; mais il ne pouvait comprendre comment une image si grande pouvait être renfermée dans un espace si petit; et il dit que cela lui semblait aussi impossible, que de faire entrer dans une pinte toute la liqueur contenue dans un tonneau.

Au commencement, il ne pouvait supporter qu'une foible lumière, et ce qu'il voyait lui paraissait extrêmement grand; mais, en voyant des objets plus grands, il conçut que les pre-

miers étaient moindres ; car il était incapable
d'imaginer rien au de-là des limites de ce qu'il
voyait : il savait, disait-il, que la chambre où
il était ne faisait qu'une partie de la maison ;
et cependant il ne pouvait concevoir que toute
la maison dût lui paraître plus grande que la
chambre. Avant qu'on lui eût abaissé la cataracte, il avoit cru que la vue ne lui procurerait
pas un avantage assez considérable pour entreprendre cette opération, à l'exception de la faculté qu'il aurait de lire et d'écrire. Car il croyait
qu'il n'aurait pas plus de plaisir à se promener
dehors, que dans le jardin où il pouvait le faire
tout à son aise ; et de plus il observait qu'étant
aveugle il avait la commodité de pouvoir aller
partout pendant la nuit, ce que ne pouvaient
faire ceux qui jouissaient de la vue. Après
l'opération, il conserva long-tems cet avantage,
et il n'avait aucun besoin de lumière pour parcourir la nuit tous les endroits de sa maison. Il
disait que chaque objet nouveau était un nouveau
plaisir pour lui ; et que ce plaisir était si grand,
qu'il ne pouvait l'exprimer ; aussi ne pouvait-il
cacher sa reconnaissance envers son opérateur.
Pendant long-tems il ne put le voir sans verser
des larmes de joie, et sans lui donner mille
marques de son affection. Lorsque Chesselden
manquait de venir au tems où ce jeune homme

l'attendait, celui-ci en était si vivement pénétré, qu'il ne pouvait s'empêcher de s'en plaindre. Un an après sa guérison, on le conduisit à la ville d'Epsom, d'où il découvrit une vaste campagne, dont la vue lui fit tant de plaisir, qu'il s'écria qu'il venait de connaître une nouvelle manière de voir.

Peu de temps après qu'on lui eut abaissé la cataracte de l'autre œil, il dit que les objets lui parurent d'abord fort grands, mais non pas aussi grands qu'après la première opération. En regardant le même objet des deux yeux, il lui parut double de ce qu'un œil seul le lui représentait, mais il ne lui parut pas répété.

Passons au second exemple, qui est tiré de la gazette littéraire de l'Europe, 21 mars 1764. Il s'agit ici d'un aveugle âgé de vingt ans, que M. Grant a opéré, et voici les circonstances qui suivirent sa guérison, circonstances à peu-près semblables à celles que nous venons de rapporter. Quand, pour la première fois, les yeux du jeune homme furent frappés des rayons de la lumière, il régna sur toute sa personne l'expression d'un ravissement indicible. Comme l'opérateur se tenait devant lui avec ses instrumens à la main, le jeune homme l'examina curieusement de la tête aux pieds. Ensuite il s'examina lui-même, et il semblait comparer sa propre figure avec celle qu'il voyait. Tout lui paraissait semblable de part et d'autre, excepté les mains parce qu'il prenait les instrumens de l'opérateur pour des parties de ses mains. Il essaya de marcher, fit un pas, et parut effrayé de ce qui l'environnait : il ne pouvait concilier les sensations que la vue lui faisait éprouver, avec celles que les mêmes objets avaient fait naître en lui par le moyen du toucher; et il lui fallut du tems pour distinguer et reconnaître les formes, les couleurs et les distances.

Nous terminerons ici les exemples ; mais il est bon de remarquer une circonstance commune à tous les aveugles-nés qu'on vient d'opérer: c'est que, n'ayant jamais eu l'occasion de mouvoir leurs yeux, ils ne savent comment s'y prendre ; et que, dans les commencemens, ils ne peuvent aucunement les diriger vers un objet particulier.

Revenons à présent aux diverses sortes de maladies, dont l'œil peut être attaqué.

La *Goutte sereine* ne présente à l'extérieur aucun signe bien marquant. L'œil reste beau, très-brillant et dans son volume naturel ; aucune de ses parties ne paraît altérée ; les objets vont se peindre comme à l'ordinaire sur la rétine ; mais, comme celle-ci est paralysée dans son tissu nerveux, elle ne communique au nerf optique

que des images confuses : elle n'en communique même plus aucune, lorsque le mal est à son plus haut période.

Aussi les personnes attaquées de goutte sereine soit sur un œil, soit sur les deux yeux, peuvent fixer le soleil, et trouvent une sorte de jouissance dans le jour éclatant, qui fatiguerait un œil non paralysé.

L'Opticien peut bien, tant que la maladie n'est pas complète, favoriser par des verres l'entrée d'un plus grand nombre de rayons dans l'œil, pour que la rétine en puisse transmettre quelques-uns au nerf optique; mais, quand cette rétine est une fois paralysée, tous les secours de l'optique deviennent inutiles.

Ceux mêmes de l'oculiste laissent souvent peu d'espoir. Il ne peut employer que des moyens curatifs très-incertains ; à peine se peut-il flatter, en prenant la maladie dès l'origine, d'en arrêter les progrès, et de rendre l'œil à son état naturel, puisqu'il faudrait pour cela détruire le principe de paralysie qui attaque l'organe le plus délicat, ce que la médecine n'a pu encore faire d'une manière sûre, dans toutes les autres paralysies qui affectent le corps humain; de sorte que, quand les traitemens aidés par la nature ont éloigné le mal, il reste toujours la crainte de le voir renaître, et la nécessité de s'assujétir à un régime diététique, analogue à celui que doivent suivre les personnes menacées de pareille infirmité sur le reste du corps.

L'application de l'électricité et du galvanisme a été suivie de quelques cures. Il est à désirer que de plus nombreuses expériences fassent mieux connaître la meilleure manière d'employer des agens, qui ont tant d'analogie avec le fluide nerveux, et qui doivent par conséquent y produire de si grands effets.

On a conseillé d'extirper l'œil affecté de goutte sereine, pour préserver l'autre œil ; mais on n'a jamais pensé à couper le bras ou la jambe paralysée, pour préserver l'autre : il n'y aurait tout au plus que le cas, où l'œil totalement oblitéré menacerait de se corrompre, qu'il conviendrait de recourir à une opération aussi douloureuse que difficile par tous les dangers qui la suivent.

L'Ophtalmie, ou inflammation de l'œil, est due à l'engorgement des vaisseaux sanguins dans les différentes parties du globe de l'œil. Lorsqu'elle est intérieure, la vision est altérée, et la cure est fort difficile.

A l'extérieur, à moins qu'elle ne soit extrême, elle ne trouble la vue qu'en ce qu'elle rend fort douloureuse l'impression du jour, et qu'elle gêne les mouvemens de la pupille.

Le plus ordinairement l'ophtalmie est accidentelle, et elle n'exige que les traitemens simples employés par la médecine, pour évacuer le sang et en tempérer l'acrimonie. Il ne faut cependant pas perdre de tems à employer ces moyens, parce que l'ophtalmie négligée pourrait attaquer l'œil d'une manière très-dangereuse.

Parmi les causes extérieures de l'ophtalmie, on peut placer l'effet trop vif des rayons de lumière sur l'œil ; il ne faut pourtant pas croire que ce soit la seule cause de cette effrayante ophtalmie, qui fit tant de ravages parmi les Européens, dans les déserts de l'Égypte et de l'Afrique. Il paraît que les sables brûlans de ces contrées, emportés par les vents et disséminés dans l'air, venaient irriter l'œil et s'y insinuer d'une manière très-funeste.

L'Opticien prévient l'effet des rayons du soleil, par des verres verts sans foyer pour les vues ordinaires, ou avec le foyer correspondant aux vues qui se sont plus ou moins allongées : et, pour prémunir l'œil contre les tourbillons de sables, il suffit d'accompagner les mêmes lunettes d'un taffetas, qui les embrasse de tous côtés, et qui ne laisse aucun passage ouvert aux corps étrangers.

Je n'ai rien à dire, comme opticien, des autres affections de l'œil, telles que les *fistules lacrymales*, dans lesquelles presque toujours, à la suite d'autres maladies, les glandes ne jouissent plus du ressort nécessaire pour retenir les larmes : les *taies*, les *albugos*, les *dragons*, les *extravasions d'humeurs* qui défigurent l'œil, et que l'oculiste peut extirper, surtout lorsqu'il est à craindre qu'elles ne s'étendent sur la totalité de l'organe.

Les *charbons* ou *anthrax*, et les *cancers*, qui exigent les soins les plus prompts pour prévenir la perte de l'œil et l'extirpation du globe.

Les *chassies* ou *lippitudes*, qui souvent ne sont que des accidens éphémères dus à un engorgement que les glandes lacrymales éprouvent par un coup d'air ou par une trop grande agitation du sang, ou par d'autres causes qu'il est difficile de prévoir.

Après avoir eu plusieurs occasions de parler de l'extirpation du globe de l'œil, je dois parler aussi des *yeux artificiels* destinés à réparer une difformité si désagréable.

Soit donc que le globe de l'œil ait été extirpé par une main habile, soit que quelqu'accident l'ait fait sortir de son orbite en le détachant des membranes qui le contenaient; après que cet orbite a été soigneusement dégagé de toute espèce d'appendice, il reste une cavité propre à recevoir un globe de même forme; l'oculiste appelle alors à son secours l'émailleur, pour que ce globe artificiel soit incorruptible, et ne porte aucune irritation dans l'espace cicatrisé qu'il doit occuper.

Les anciens se contentaient d'appliquer, en dehors de la paupière, des yeux peints sur une peau très-mince et retenus par une verge de fer ou d'acier qui faisait le tour de la tête.

Ces sortes d'yeux extérieurs avaient l'inconvénient très-désagréable d'être toujours fixes, et de ne présenter aucun jeu des paupières.

Les modernes se sont appliqués à les placer en dedans des paupières ; et pour cela ils les ont construits en émail. Lorsque l'œil n'a été que défiguré et privé de ses facultés, sans qu'il ait été besoin de l'extirper, l'émail est une espèce de calotte creuse en dedans et bombée à l'extérieur.

Lorsque l'œil est totalement extirpé, c'est un globe pareil à celui qu'il remplace, et ménagé de manière à ne pas gêner les glandes lacrymales.

Il est bon de l'enlever tous les soirs, de baigner la place avec des collyres qui préviennent tout séjour d'humeurs et de sérosités, et de laver l'émail lui-même pour qu'il ne conserve aucune impureté.

L'Art de l'émailleur est d'imiter parfaitement les couleurs de l'œil qui reste, et c'est avec plaisir que je cite ici mon confrère, de plusieurs sociétés savantes, M. Hazard-Mirault, demeurant rue Sainte-Appolline, n° 2, comme ayant porté au plus haut degré de perfection la fabrication des yeux d'émail, qui imitent non-seulement les yeux humains dans l'état naturel, mais encore ceux de toute espèce d'animaux qu'il est si intéressant de rétablir avec fidélité, pour donner aux animaux empaillés le dernier degré de vérité. M. Hazard-Mirault excelle encore à représenter toutes les maladies et difformités de l'œil qui servent aux leçons anatomiques.

Nous croyons faire plaisir à nos lecteurs, en leur mettant ici sous les yeux les principaux avantages de son art.

L'art de travailler les émaux à la lampe est, de tous ceux que je connaisse, un des plus agréables et des plus amusans. Il n'existe rien qu'on ne puisse exécuter en émail au moyen du feu de la lampe, et cela en très-peu de tems, et plus ou moins facilement, selon que l'on a une plus grande ou une moindre habitude de manier les émaux, et une connaissance plus ou moins étendue de l'art de modeler.

Son but principal et son plus grand avantage sont de réparer ou plutôt de rendre moins désagréables les ravages des maladies, et les tristes suites des accidens funestes qui n'affectent que trop souvent le plus délicat comme le plus admirable de nos organes, je veux dire celui de la vue.

Il est généralement reconnu que l'émail est la seule matière qui puisse imiter parfaitement l'œil humain; mais cette matière n'est pas la moins ingrate pour celui qui la modèle au feu que pour celui qui peint dessus ; il faut à l'un et à l'autre des connaissances variées et réunies, qui ne supposent pas une instruction ordinaire ; et ils regardent souvent, comme indigne de les occuper, un état manuel dont la fortune ne récompense pas toujours les utiles et pénibles travaux. Telles sont les différentes causes du petit nombre d'artistes dans ces deux genres d'industrie. Si nous y en joignons d'autres qui n'appartiennent qu'à l'Emailleur-Oculiste, le secret, par exemple, qu'il a toujours fait de son talent, le silence qu'exigent de lui et que gardent toujours les personnes qui y ont recours, par un sentiment d'amour-propre, bien pardonnable peut-être, qui les fait rougir d'une infirmité sur laquelle se débitent des plaisanteries toujours aussi cruelles qu'irréfléchies et déplacées, l'on croira facilement que l'on n'a jamais compté plus de trois Emailleurs-Oculistes contemporains.

Il tient à fort peu de circonstances qui peuvent même se réunir, qu'un jour cet art, aussi difficile que les rapports d'intérêt sont disséminés, ne se perde pour long-tems : mais revenons à notre sujet. S'il est vrai que les yeux soient le miroir de l'ame, il l'est de même qu'ils sont le plus bel ornement de la figure humaine ; aussi la moindre irrégularité dans l'un des yeux nuit-elle à la beauté de la tête la plus régulière. L'absense totale d'un seul devient quelquefois une infirmité, dont l'aspect affreux et repoussant détruirait le bonheur de l'être le plus fait pour en jouir, si l'art ne venait tout réparer de manière à s'y méprendre.

N'a-t-on pas quelquefois, et pendant des années entières, connu des personnes munies d'un œil artificiel, sans qu'on s'en fût jamais douté, tant cette imitation est parfaite par la couleur et les mouvemens de l'œil artificiel, conformes en tout à ceux de l'œil sain, de cet œil artificiel qui peut ainsi réparer les suites terribles de l'accident le plus funeste ?

Ce sont tous ces motifs qui nous ont fait annoncer M. Hazard-Mirault comme le premier artiste en ce genre : il a su conserver parmi nous un art dans lequel aucun peuple de l'Europe ne peut nous opposer de rivaux. Il est d'ailleurs de mon devoir de signaler M. Hazard-Mirault comme l'un de ceux qui ont rendu des services sans nombre à l'humanité souffrante. J'ai été plus d'une fois témoin que cet artiste estimable a, sans rétribution, administré les secours de son art à ceux qui se trouvaient sans fortune. Je suis donc persuadé que mes lecteurs me sauront gré de le leur avoir fait connaître, puisque je puis donner à quelques-uns d'entre eux des renseignemens positifs sur un artiste dont la réputation est justement méritée.

CHAPITRE V.

Conservation de l'œil.

S'IL est vrai qu'il soit souvent plus aisé de prévenir les maux que d'y remédier quand ils sont venus, on ne trouvera pas mauvais que je m'étende même un peu minutieusement sur les soins que demande l'œil en état de parfaite santé.

Trop de personnes viennent me consulter sur les inquiétudes que leur donne leur vue et sur les moyens de conservation que l'optique peut leur offrir, pour que je ne sente pas le besoin de réunir des avis généraux qui appartiennent encore plus à la théorie de la vision, considérée sous le rapport de l'optique, qu'à la constitution anatomique et médicale de l'œil.

1° *Graduer le passage de la lumière aux ténèbres, et des ténèbres à la lumière.*

La description de la pupille a fait voir avec quelle promptitude elle se contracte ou se dilate, pour laisser toujours à peu-près la même quantité de lumière sur la rétine ; mais ces mouvemens trop brusques la fatiguent nécessairement. On ne saurait donc trop chercher à les éviter : le mieux qu'on puisse faire pour y parvenir, est de fuir l'obscurité trop profonde et le jour trop éclatant.

Pourquoi la nuit défendre aux moindres rayons de lumière de pénétrer jusqu'à nos yeux ? Des volets trop exactement fermés, des rideaux imperméables au jour, exposent l'œil à se trouver saisi par un contraste très-dangereux, à l'heure où l'on ouvre ces volets ou ces rideaux, heure qui d'ordinaire est celle du grand jour. La nature, plus sage, fait peu de nuits absolues : quelque lueur permet toujours à l'œil de distinguer les objets. L'aurore vient peu à peu ramener le jour, et la clarté du soir diminue de même par degrés, pour laisser le tems aux organes de se proportionner à ces variations.

Pour démontrer encore mieux le danger de coucher dans des lieux trop hermétiquement fermés à la lumière, on pourrait dire que c'est se priver de la libre circulation de l'air, si nécessaire à la santé, et se plonger volontairement dans des cachots, que notre propre respiration méphitise d'une manière effrayante. Ce méphitisme est non seulement nuisible aux poumons, mais encore à la contexture délicate de l'œil, qui a besoin d'être lubréfié par un air pur.

Sans doute il est bon, pour reposer les yeux, que le jour ne les frappe pas directement ; mais il est bon aussi, pour ne pas déranger leur direction, que ce jour n'arrive pas de côté. La meilleure disposition d'une chambre à coucher serait celle où les fenêtres de cette chambre ne seraient, ni exposées aux rayons du soleil levant, ni placées en face des yeux. Alors de simples rideaux verts préviendraient toute impression trop vive ; et, avec la précaution de tenir au réveil quelques instans les yeux détournés, on se préparerait au jour que doit donner l'ouverture des rideaux.

D'après ces réflexions, on doit sentir tout l'avantage des lampes de nuit, qui entretiennent constamment autour des yeux une légère clarté.

Il n'est donc pas un simple objet de luxe, cet usage de vases d'albâtre ou de porcelaine à demi-transparente, dans lesquels on place les bougies de nuit. Elles ne répandent qu'une lueur incertaine, qui ne force pas l'œil à en faire un point fixe de direction ; cependant, il faut encore avoir soin de les poser de manière à ce qu'elles ne frappent l'œil ni directement, ni par le reflet des glaces.

2°. *Proportionner la durée du sommeil au repos nécessaire aux yeux.*

Les uns, par excès de travail ou de plaisir, s'habituent à de longues veilles, et croient que la force de l'âge leur permet de disputer au sommeil des instans qu'ils croiraient perdus dans le repos.

Les autres, par paresse ou par oisiveté, croient n'avoir jamais assez dormi.

Ces deux extrémités sont presqu'également nuisibles à la vue.

Les longues veilles ne donnent pas le tems de reposer les organes, et de rétablir la libre circulation des humeurs qui en entretiennent le jeu; de là résulte par la suite, quelque force qu'on ait cru avoir dans les yeux, une fatigue, une nullité, qu'il est impossible de corriger.

Le long sommeil laisse trop long-tems les organes dans l'inaction, et en relâche tellement les ressorts, qu'au réveil les yeux sont rouges et faibles. Il arrive même souvent que l'excessive chaleur du lit occasionne une pesanteur de tête qui prouve le dérangement réel de l'organisation. Comme j'ai déjà parlé du besoin qu'ont les yeux d'un air pur, je puis, à propos du sommeil, recommander qu'une ou deux fois le jour, en hiver, comme en été, on renouvelle l'air des chambres à coucher, et qu'on le purge de toutes les exhalaisons qui pourraient le corrompre.

Cette précaution regarde non-seulement les fleurs, qui ne répandent dans l'obscurité que des vapeurs délétères, mais encore ces langes salis par les enfans, et dont on laisse leurs berceaux entourés, sans penser qu'on ne les fait sécher qu'aux dépens de la pureté de l'air, qui se charge des émanations les plus dangereuses. On peut en dire autant du coucher même de ces enfans, et des amas de fumier et d'immondices que l'on souffre sous ses fenêtres.

3°. *Ne pas s'exposer à des lumières trop vives.*

Comme la délicatesse de la rétine en fait le principal mérite, il est certain qu'il faut craindre tout éclat qui la fatigue.

Si l'on regarde un seul instant le soleil, la rétine est tellement irritée que l'on conserve pendant plusieurs minutes un disque rayonnant, qui se peint comme une auréole sur tous les objets qu'on regarde, et que souvent l'on conserve encore plus long-temps des taches jaunâtres qui troublent la vue.

C'est ce qui rend si précieux l'usage, introduit depuis quelques années, des lampes à double courant d'air.

Au lieu de trois à quatre bougies ou chandelles dispersées dans une salle, on se sert d'une seule mèche, parce qu'on a trouvé, qu'avec moins de dépense, elle brillait d'un éclat plus flatteur à la vue. Mais aussi toute la lumière est concentrée en un seul point : dans tout le reste de l'espace la clarté est plus ou moins dégradée ; l'obscurité même règne plus ou moins dans tous les points, où le rabat-jour intercepte la direction de la lumière. Dès-lors l'œil, en parcourant la salle, passe à chaque instant de l'obscurité à un plus grand jour, et surtout il est blessé quand il se porte sur la lampe elle-même.

C'est donc tout au plus, dans des salons très-élevés, que ces lampes seraient bonnes, en ayant le soin de les placer assez haut, pour que les yeux ne les rencontrent jamais. Encore en résulteroit-il des effets trop vifs sur les glaces, sur les meubles et sur les boiseries directement exposés à la lumière ; et, en général, une clarté trop vive pour des yeux, qui d'instans en instans peuvent passer dans des lieux moins éclairés, dans des corridors et même à l'extérieur, où ils trouveront une nuit presque totale.

Dans les salles de spectacles, ce faisceau de lumières disposé pour l'agrément de l'orchestre et des premières loges tout au plus, n'est qu'un brasier qu'ont sans cesse devant les yeux les personnes placées plus haut.

En vain a-t-on cherché à remédier à ces inconvéniens par les gazes et les globes demi-transparens qui entourent ces lampes. Si vous les atténuez au point de ne pas jeter plus de lumière que les bougies, il n'existe plus aucune économie, et alors il vaut autant en revenir à distribuer autour de vous les points lumineux qui se corrigent mutuellement, ne donnent nulle part des ombres trop fortes, et imitent bien mieux le jour naturel qui se répand autour de nous, d'une manière à peu-près égale.

Il est des états, où cette lumière très-éclatante devient nécessaire; et douze à quinze ouvriers travaillent ainsi autour d'une simple chandelle, à l'aide de bocaux remplis d'eau, qui fournissent à l'entour d'eux un foyer très-vif, sur l'objet qu'ils ont entre les mains.

C'est un malheur de la société dont il faut gémir, puisque ces ouvriers sont autant de victimes qui sont réduites à sacrifier leur vue à l'appât d'un gain, d'ailleurs trop faible pour subvenir aux frais d'une manière moins dangereuse de s'éclairer.

Mais, dans les usages de la vie, proscrivons, autant qu'il sera possible, ces calculs parcimo-

mieux dès qu'ils attaquent un organe précieux, que nulle fortune ne peut réparer.

Les chandelles ont aussi leur inconvénient, qui résulte de la flamme vacillante qu'elles produisent, pour peu qu'elles ne soient pas mouchées exactement.

Mais, je le répète, l'essentiel pour ménager la vue est de ne se restreindre jamais à un seul luminaire : n'y en eût-il que deux, les ombres se contrarient, et l'œil n'en trouve nulle part d'absolues. Je ne répéterai point qu'elles ne doivent pas frapper la vue, c'est-à-dire, qu'il faut les placer de côté et un peu plus haut que l'œil, en les élevant à mesure qu'elles se consument.

C'est encore aux dangers d'une lumière trop vive qu'il est bon de rapporter quelques précautions, propres à conserver la vue, celle par exemple de ne pas lire le dos tourné au jour, parce qu'alors le blanc du papier se reflète trop vivement dans les yeux. Il en est de même pour les graveurs et les dessinateurs : ils auront soin, autant qu'il sera en leur pouvoir, de ne pas se placer en face du jour, pour que les rayons, renvoyés sur leurs cuivres ou sur leurs dessins, ne soient pas reportés trop vivement sur l'œil. Par la même raison, on doit éviter le jour qui vient d'en bas, comme celui de croisées qui descendent jusqu'au plancher.

L'usage adopté par les peintres indique la manière la plus avantageuse de recevoir la lumière. C'est latéralement et par préférence de l'épaule gauche qu'elle doit venir : alors, quelque vive qu'elle soit, elle ne revient pas frapper l'œil d'une manière irritante.

Le grand éclat des brasiers et des fournaises, auquel sont exposés les Maréchaux, les Fondeurs, les Verriers, les Cuisiniers, peut être corrigé par une fréquente aspersion d'eau fraîche sur les yeux. Sans cette précaution, il n'est que trop ordinaire de voir ces classes d'hommes exposées de très-bonne heure à la perte de la vue.

Il est dangereux aussi, pour peu qu'on ait la vue faible, de s'exposer au soleil, sans avoir un bord de chapeau assez large pour empêcher les rayons de frapper sur les yeux. Ces rebords doivent être doublés de vert. De même, dans les voyages où l'on pourrait être exposé à traverser de longs tapis de neige, ou des sables ardens, il est bon de se couvrir le haut du visage d'un crêpe noir épais.

Il est même certains états de foiblesse de l'œil, qui obligent à éviter ce luxe d'architecture, d'ameublemens, de glaces, d'argenterie, qui, chez les personnes opulentes, multiplient autour d'elles des reflets si éclatans dans les dorures de leurs glaces, de leurs habits, de leurs boiseries, dans les vernis d'un blanc éclatant, dans les vases dont leurs tables sont couvertes.

Et, si l'on peut répondre au moraliste sévère, qui regarde ces jouissances de l'orgueil comme autant d'insultes à la misère du peuple, si l'on peut, dis-je, lui répondre que c'est dans ce luxe même que le pauvre trouve des moyens d'industrie, on n'aura malheureusement rien à répondre à l'ami de l'humanité, qui envisage ces mêmes jouissances sous le rapport des graves inconvéniens qu'elles apportent à la santé.

4°. *Tenir les yeux dans un état constant de propreté, et en extirper tout corps étranger.*

Les humeurs, dont la nature a pourvu nos yeux, sont destinées à en entretenir le jeu libre, et à s'emparer des corps flottans dans l'air, qui pourraient y pénétrer et que retient leur viscosité. On ne saurait apporter trop de soin à les débarrasser de tout ce qui a pu s'y attacher; ce qu'on obtiendra en tenant l'œil dans un état de pureté nécessaire à ses fonctions.

Avant que de se coucher, il est donc important de se laver les yeux, pour ne pas permettre à ces corps étrangers de séjourner sous les paupières. L'on doit employer pour cela l'eau froide la plus pure.

Les eaux séléniteuses, qu'un trop long séjour peut avoir décomposées, seraient plus nuisibles qu'utiles.

L'eau tiède amollit l'œil, et le rend rouge et larmoyant.

L'eau de rivière ou de fontaine lui donne du ressort en le nettoyant : mais ce n'est pas dans ces œillères de verre ou de porcelaine qu'il faut en faire usage; en effet, comme elle y prend presqu'au même instant la température de l'œil, elle perd cette fraîcheur qui est son plus grand avantage.

Une éponge n'est pas moins dangereuse à l'œil, tant par cette même raison que par le frottement qu'elle y occasionne, et par les sédimens qu'elle peut conserver.

Des linges mouillés, renouvellés si on le juge nécessaire, ou une simple aspersion avec les doigts au dessus d'une cuvette, sont la meilleure manière de rafraîchir et de nettoyer les yeux.

Le même soin doit être pris le matin en se levant ; et dans la journée, lorsqu'on a eu les yeux exposés à la poussière, à la sueur, ou à toute autre mal-propreté.

Mais dans tous les cas cet exercice doit être modéré, parce que l'œil ne doit pas être long-tems exposé à un froid trop sensible.

Toute autre liqueur ne doit être employée,

pour baigner les yeux, que d'après l'ordonnance d'un oculiste expérimenté; tant on court le danger d'attaquer, en voulant le soulager, un organe si délicat. On peut même dire que la plus grande propriété des eaux de plantin, de rose, etc., est due à l'eau qu'elles contiennent.

M. Beer conseille cependant en voyage, lorsque la poussière enlevée par un vent brûlant a presque desséché les yeux, de les baigner dans un mélange de 4 onces d'eau de rose, d'un dragme de flegme de gomme arabique, et de 15 gouttes de litharge d'or.

La même eau sera aussi très-convenable aux cardeurs et aux divers ouvriers en laine, dont les yeux sont exposés à ces poussières animales qui peuvent occasionner des inflammations et d'autres accidens fort dangereux.

L'usage de la salive peut encore être regardé comme salutaire, à cause de son analogie avec les autres substances animales; et beaucoup de personnes se trouvent très-bien de passer le doigt, humecté de salive, sur les yeux dès qu'ils les ouvrent le matin.

Quant à tout corps étranger, autre que la poussière, qui s'introduirait dans les paupières, il faut sur-tout éviter de suivre le premier mouvement, qui est de se frotter l'œil; en effet, pour peu que ce corps eût quelque aspérité, on risquerait d'érailler la cornée, et quelquefois de blesser le globe même de l'œil.

On peut commencer par soulever avec le doigt la paupière supérieure, en penchant la tête en avant, et en tenant l'œil le plus fixe que l'on peut. Il en résulte un flux de larmes qui entraîne presque toujours le corps étranger, ou qui du moins le porte vers le grand canthus, d'où l'on peut l'enlever avec le coin de son mouchoir.

Si ce moyen ne suffit pas, on passe légèrement, et à plusieurs reprises, le doigt sur la paupière du dehors au dedans, pour forcer ainsi le corps à gagner la glande lacrymale.

Enfin, si l'on est aidé par quelqu'un, on peut, après avoir soulevé, comme je l'ai dit d'abord, la paupière le plus qu'il est possible, tourner l'œil du côté du nez, et faire passer, entre la paupière et le globe de l'œil, un petit pinceau enduit de crême de lait ou d'eau gommée, en allant du petit canthus au grand.

Si cependant le corps étranger était une parcelle de verre, de fer, ou d'autre matière dure et tranchante, qui se fût déjà fichée dans la tunique de l'œil, il vaudrait mieux recourir à un oculiste ou à un chirurgien, que de risquer en fatiguant l'œil de le blesser réellement. Il faudrait encore y avoir recours, si l'impression de la douleur était assez vive pour empêcher d'ouvrir la paupière.

Lorsque la parcelle est de chaux vive, de vitriol, de poivre, même de tabac ou autre substance corrosive, il faut enduire le pinceau de beurre frais, même en attendant le secours de l'oculiste, pour prévenir l'irritation qui en pourrait résulter; dans ces cas les bains d'eau ne feraient qu'ajouter au mal, en portant l'impression sur un plus grand nombre de points.

Enfin, est-on piqué à l'œil par une guêpe ou par tout autre insecte, il faut avant tout s'assurer si l'éguillon ne serait pas resté dans la piqûre, et alors l'enlever avec de petites pinces; ensuite, s'il y a de l'inflammation, imbiber un papier brouillard d'eau froide, où l'on aura mis quelques grains de sel et quelques gouttes de vinaigre.

5°. *Éviter d'irriter les yeux par le frottement.*

Le premier mouvement de beaucoup de personnes à leur réveil est de se frotter les yeux; il est aisé de sentir les inconvéniens de cette dépression forcée, tant à cause de l'applatissement qu'elle doit à la longue occasionner au globe de l'œil, que parce qu'elle en altère la sensibilité et qu'elle ne peut produire que de l'irritation.

Le plus petit cil, qui se trouverait engagé sous la paupière, suffit pour exciter de l'inflammation.

On a vu des gens perdre la vue par suite de jeux, où, en bouchant les yeux avec une pression trop forte, on les avait désorganisés : ainsi, tandis que les opérations les plus importantes, des incisions très-grandes, et même des amputations faites au globe de l'œil, n'altèrent pas la vue, on voit qu'une légère contusion, une pression inégale la détruit, parce qu'elle dérange toutes les proportions, sans lesquelles l'admirable mécanisme de la vision ne peut avoir lieu.

6°. *Craindre pour les yeux les excès de tout genre.*

J'ai eu trop d'occasions de faire sentir l'extrême délicatesse de l'œil, pour qu'il paraisse étonnant que, plus que toute autre partie du corps, il mérite la citation de ce fameux adage, *rien de trop*. J'ai déjà parlé des excès de la veille et du sommeil ; il est d'autres excès que je n'aurai même pas besoin d'indiquer, tant seraient effrayantes les suites qu'ils entraînent après eux : il me suffit de dire que c'est surtout à l'organe de la vue qu'ils sont funestes : mais peut-être, si la morale ne suffit pas pour en préserver, sera-t-on du moins arrêté par la crainte de perdre d'abord les charmes, ensuite l'usage de ces mêmes yeux, qui ont ouvert la carrière des plaisirs.

Les dangers des excès de table ne sont guère moins connus. Presque tous les buveurs et les grands mangeurs ont les yeux enflammés et bordés de rouge : ils finissent souvent par les perdre. On attribue aux fréquentes ivresses d'opium, que les Turcs se procurent, le grand nombre de cataractes auxquelles ils sont sujets.

Les digestions difficiles ont le grand inconvénient de faire refluer le sang à la tête, surtout dans les tempéramens sanguins : les efforts qui en sont la suite occasionnent souvent dans les yeux des éblouissemens et des nuages, qu'on ne saurait trop prévenir, puisqu'ils peuvent conduire à la perte totale de la vue, et qu'il vaut bien mieux ne pas chercher par des efforts pénibles, à se procurer des évacuations que la médecine indique tant de moyens de faciliter.

L'exercice du cheval, un verre d'eau fraîche après le repas, l'usage des eaux légèrement minérales, enfin les lavemens, deviennent sous ce rapport des procédés optiques qu'il fallait bien rappeler, comme, dans plusieurs autres cas, j'ai fait sentir que les traitemens de l'œil étaient du ressort de la médecine ordinaire.

Je ne dissimulerai pas non plus d'autres excès, quoique d'un genre plus noble : ceux du travail, et surtout du travail sédentaire du cabinet, où, indépendamment de la tension continuelle de l'organe de la vue, toute la machine animale souffre de la privation du mouvement qui lui est si nécessaire.

Il n'est pas jusqu'à la manière de se vêtir dont il ne faille parler ; des habits trop justes, les corsets trop resserrés des femmes ; les cols et les cravattes des hommes, enfin, tout ce qui fait refluer le sang à la tête, est très-dangereux pour la vue.

7°. *Accoutumer de bonne heure les enfans à bien user de leurs yeux.*

C'est surtout dans l'enfance que les moyens préservatifs sont essentiels. L'enfant, semblable à une pâte molle, ne demande qu'à prendre des forces, et il est si aisé de lui en donner, dont il puisse se louer tout le reste de sa vie.

Il faut d'abord, et dès la naissance, placer le berceau, comme je l'ai dit déjà pour les lits, de manière que le jour ne le frappe pas latéralement : il y a moins d'inconvénient à ce qu'il frappe de face, parce qu'il donne par-là l'habitude du regard direct et égal pour les deux yeux.

Éviter cependant, au moyen de rideaux, que le jour ne soit trop vif : car il paraît que l'organe souffre réellement de l'impression de la lumière, et que la plupart des cris des enfans nouveaux-nés sont dus à l'imprudence, avec laquelle on expose au grand jour leurs yeux encore fermés.

Ne pas les passer trop fréquemment d'une chambre trop éclairée dans une chambre qui l'est peu; et, si celle de la mère est tenue quelques jours dans l'obscurité, prendre à peu-près la même précaution pour les autres chambres où on les porte.

Dès qu'ils ont les yeux ouverts, prendre garde qu'ils ne regardent pas plus d'un œil que de l'autre; ne placer, à gauche ou à droite du berceau, ni glace, ni aucun autre objet éclatant qui attire sans cesse leur vue.

A mesure qu'ils avancent en âge, les habituer à ne regarder même leurs joujoux qu'à une distance raisonnable. Ne point fatiguer trop tôt leurs yeux par des écritures, des dessins, des broderies ou d'autres travaux qu'il faille regarder de trop près. Proscrire absolument toute occupation où la tête, retombant sur la poitrine, se trouve dans une position aussi funeste à celle-ci que nuisible pour la vue, qui finirait par devenir myope. Donner à l'organe les occasions de se développer, ainsi que le tems de se fortifier, et d'acquérir la portée naturelle à une vue ordinaire.

Indépendamment des autres avantages que le corps retire des exercices gymnastiques, les jeux de balle, de volant, de billard, donnent à l'œil une grande précision sans exiger de tension fatigante : ils portent les regards au loin sans contrainte ; l'escrime elle-même et l'équitation tiennent la vue dans un exercice continuel et salutaire.

Je le répète, de telles précautions produiront leur effet dans tout le reste de la vie de l'enfant, dont l'organe bien constitué pourra plus long-tems se passer de lunettes, et des autres secours de l'Opticien et de l'Oculiste.

8°. *Précautions à prendre à la suite de la petite vérole.*

Je ne puis quitter les yeux des enfans, sans parler de la maladie qui est pour eux la plus critique, la petite vérole, à la suite de laquelle les yeux éprouvent tant d'accidens.

Aussitôt que la petite vérole commence à paraître, et sans attendre que les paupières soient enflées, le docteur Beer conseille de les bassiner plusieurs fois le jour avec une eau composée de 4 onces d'eau de rose, d'un dragme d'eau de gomme arabique, et de 30 gouttes de *Laudanum* de Sydenham.

Du moment où l'enflure se manifeste, et où les bords des paupières commencent à suinter, on doit les bassiner continuellement, en tâchant de les tenir au moins entre-ouvertes pour continuer l'injection, mais éviter qu'un jour trop grand n'irrite l'œil.

Si cette opération ne suffisait pas pour déterger une humeur trop âcre, il faudrait, avec une seringue d'un canon très-délié, faire des injections du petit canthus au grand, pour repousser l'humeur dans celui-ci, ou on l'essuie avec un léger tampon de linge fin.

Si, la petite vérole tardant à paraître, l'enflure augmentait, et que les yeux fussent douloureux, il faudrait faire prendre chaque jour un ou deux bains chauds, d'une heure, et surtout procurer au malade un air libre, pur, et d'une température un peu chaude, comme la plus favorable au dégagement des paupières.

9°. *Usage modéré de la vue*.

C'est à tous les instans de la vie qu'on se sert de ses yeux ; c'est donc à tous les instans qu'il faut savoir bien s'en servir, et de manière à ne pas se priver, par insouciance ou par présomption, des services que l'on veut en retirer jusqu'à la fin de ses jours.

On aura déjà remarqué, par ce qui précède, beaucoup de ménagemens nécessaires : il en est encore quelques-uns d'importans.

Le moment le plus favorable pour le travail des yeux est le matin, après le repos qu'ils ont pris pendant la nuit; bien entendu que ce ne doit pas être immédiatement en sortant du lit, mais après le court intervalle nécessaire pour ne pas les faire passer rapidement de l'état de repos à celui d'un exercice trop attachant. Le passage se fera doucement, si l'on peut, en se mettant à une fenêtre, avoir devant soi un horizon assez étendu pour y promener ses regards, et procurer à l'organe le développement le plus avantageux, comme le plus naturel.

Il est dangereux de livrer ses yeux à un travail trop attachant, en sortant du repas ou d'un exercice qui a mis le sang en mouvement, tels que sont non-seulement ceux de la chasse, de l'escrime, de la course, d'une marche forcée, mais encore, pour les orateurs sacrés ou profanes, une prédication, une leçon publique ou un plaidoyer dans lesquels ils ont déployé toute leur énergie. La tension soutenue de la vue, dans de telles circonstances, peut produire des épanchemens du sang, qui s'est pour ainsi dire volatilisé, et attaquer la vue jusqu'à la cécité.

Ces instans peuvent être mis à profit par une nature d'occupations qui délassent et occupent la vue sans l'attacher; la revue et l'arrangement de papiers qu'il ne faut qu'entrevoir, de livres, d'estampes, d'objets d'histoire naturelle, tiennent les yeux en activité sans contrainte.

Je citerai encore de nouveau l'exercice modéré du cheval, qui en même tems débarrasse les instestins, et porte naturellement les regards au loin.

Il serait de même très-salutaire à la conservation des yeux de pouvoir suspendre par de semblables relâches, si courts qu'ils fussent, les travaux de longue haleine qui tiennent la vue trop tendue, tels que les calculs, le dessin, les lectures dans des impressions ou des écritures difficiles.

Pourquoi ne pas varier aussi sa position en travaillant? *Les pupitres à la Tronchin* facilitent cette variation.; alternativement assis et debout, l'homme de cabinet prévient les inconvéniens d'une trop longue séance : toute l'habitude de son corps en est moins fatiguée;

la poitrine, la tête, les yeux surtout, changeant de situation, retrouvent dans chacune une nouvelle vigueur. Leurs humeurs ne sont pas exposées à se reporter toujours vers la même partie, et leur jeu en devient plus égal.

N'y eût-il dans ce changement de position que le peu de minutes de relâche qu'il donne à l'œil, ce serait déjà un grand bien. Quelques pas dans la chambre, la possibilité de s'approcher d'une fenêtre pour y rafraîchir ses yeux par un air pur, et, lors même qu'on ne l'ouvrirait pas à chaque fois, pour les récréer en les promenant sur un espace moins borné; ce sont pour la vue des avantages, qui rentrent dans l'économie générale de nos facultés. Elles gagnent toutes à être mises en usage; l'abus seul est nuisible.

Exercer ses yeux en diversifiant leur exercice, c'est entretenir leur vigueur : mais, les forcer trop long-tems de suite à leur plus haut degré de vision, c'est les ruiner et les perdre.

Que dire, par exemple, de ces tours de force par lesquels on prétend lire au clair de la lune ? n'est-ce pas braver la nature, qui ne jette sur la terre cette douce lueur que pour annoncer à l'œil l'heure où il doit se reposer ? Quelle contraction éprouvent toutes les parties de l'organe, avant que de rassembler une quantité de rayons suffisante à une vision toujours imparfaite et certainement inutile, quand elle n'aurait pas le grand inconvénient de procurer des éblouissemens et des irritations !

Le mieux sans doute serait de ne point faire travailler ses yeux à la lumière, mais encore faut-il choisir le travail qui les fatigue le moins.

On a cru remarquer qu'en général l'écriture était moins fatigante que la lecture ; non pas cependant cette écriture soignée qui exige toute l'attention de l'écrivain de profession, mais l'écriture courante de l'auteur qui compose, ou de l'homme d'affaires qui laisse aller sa plume sur le papier, sans s'occuper de la configuration plus ou moins exacte des linéamens : l'œil est alors bien moins tendu que dans une lecture assidue, qui fait passer rapidement devant lui le papillotage fatigant, même par sa régularité, de lignes alternativement noires et blanches.

Je ne rappellerai ici ce que j'ai dit de la typographie vicieuse, que pour faire sentir combien, surtout le soir, elle est préjudiciable à la vue.

Il est pénible de penser au tort qu'on se fait, aux regrets qu'on se prépare pour la plus futile et la plus inutile, je n'ose dire la plus coupable des occupations ; en un mot, par ces longues veilles où, à la clarté perfide et vacillante d'un luminaire défectueux, on dévore des volumes de romans, de vers souvent mal imprimés, et pour l'amour desquels on combat opiniâtrement le sommeil, que les yeux appellent de tous leurs moyens.

Et ce sont des dames, de jeunes personnes, qui s'abandonnent avec tant d'acharnement à un si dangereux usage de ces mêmes yeux, que des intérêts bien chers devraient leur faire ménager. Elles oublient que le charme, attaché à leurs moindres regards, se flétrira rapidement par les rougeurs, les inflammations qu'elles provoquent ainsi ; et que quelques soirées d'une ivresse solitaire leur enlèveront tous leurs droits aux adorations, dont elles n'auront connu que l'illusion.

Puisque je parle des Dames, j'ai encore, pour l'intérêt de leurs yeux, un sacrifice à leur demander. C'est celui de ces voiles flottans sans cesse devant elles, sous lesquels je sais bien qu'une adroite coquetterie cherche autant à piquer la curiosité des adorateurs, qu'à se réserver la jouissance de tourner vers eux leurs regards ; mais la mobilité seule de ces voiles est funeste par le continuel tremblottement qu'il donne au rayon visuel. Rien de plus irritant pour la prunelle, rien de plus contraire à ce calme dont l'œil a besoin pour exercer ses facultés. On pourrait en dire autant du jeu perpétuel de l'éventail ;

la rapidité du développement, qui en fait la grace, fait passer en un instant sur la rétine les couleurs les plus tranchantes, et ne lui présente qu'un spectre confus dont elle est éblouie, tout en s'efforçant en vain d'y saisir quelques traits.

C'est encore une habitude fort dangereuse pour les yeux que de lire en voiture, et même en se promenant ; la perpétuelle agitation du livre que l'on tient à la main produit un tremblottement très-nuisible à la vue.

J'en reviens aux considérations générales.

Le repos de l'œil peut se trouver au spectacle, en évitant le haut des salles, où se portent les miasmes les plus funestes pour les yeux, et les rayons non moins dangereux des lampes. La vue des décorations, le jeu des acteurs, le vague aérien du théâtre, et l'illusion produite par la perspective d'un grand espace, ont presque les avantages de la pleine campagne. Une activité modérée et la justesse de la vision sans fatigue sont, comme je l'ai déjà fait sentir, les avantages du billard.

Enfin, une demi-action de l'organe, équivalant presque au repos, se rencontre dans les jeux de dames, d'échecs, de dominos, de cartes, dans lesquels on n'a physiquement à craindre qu'une trop longue veille, et le prolongement d'une position sédentaire.

10°. *De la faiblesse de la vue.*

Tout ce qui tient à la faiblesse de la vue est nécessairement en raison de la constitution propre de chaque individu ; l'important pour chacun est de saisir le moment de fatigue de l'organe pour le laisser reposer.

Le premier effet de la fatigue est une contraction dans tout l'orbite. Au lieu de la braver, il faut s'arrêter à l'instant, et souvent peu de minutes ; les paupières fermées par intervalles remettent l'œil dans son état naturel.

Si l'on n'a pas écouté ce premier avertissement, la chaleur gagne les paupières ; elles s'appesantissent, se ferment d'elles-mêmes ; les prunelles perdent leur mouvement ; si l'on porte ses yeux au loin, des larmes les remplissent, la tête éprouve un léger mal.

Quand ce mal est poussé à l'excès, les paupières deviennent rouges par l'engorgement des vaisseaux sanguins ; enfin des nuages obscurcissent la vue ; et, si l'on ne ferme à l'instant les paupières, les étourdissemens se font sentir : on voit les objets se teindre des couleurs de l'iris, symptôme de la confusion des rayons visuels, dont le dernier période est de faire mouvoir tous les objets autour de soi, de les renverser, de les faire passer les uns sur les autres, et de les couvrir d'une ombre insupportable.

Les premiers accidens auraient pu être prévenus ; ils peuvent encore s'arrêter, comme je l'ai dit, par une suspension de travaux, par quelques pas dans la chambre, et mieux encore au grand air, dans une promenade dont l'horizon soit étendu.

Les accidens plus graves demandent des bains de pieds à l'eau tiède, et légèrement chargée de sel et de vinaigre.

Quand l'œil est revenu dans son état naturel, il faut profiter de l'avertissement, et redoubler les précautions ordinaires.

Quelquefois on en est quitte pour éprouver, au bout de quelques jours d'un travail soutenu, la nécessité de regarder de plus près. Ce symptôme moins effrayant, n'en rend pas moins indispensables les soins conservateurs, et la modération qui peuvent en empêcher le retour.

On peut ajouter à l'efficacité de l'eau froide, un bain de vapeurs ou de rosée également froide, au moyen d'un instrument publié par le docteur Beer, et que j'ai fait graver d'après lui, avec quelques légers changemens (*Fig.* I.). Le réservoir contient un cylindre d'eau entouré d'un mélange de glace et de sel ammoniac ; et l'ouverture d'un robinet laisse échapper, par un ajutoir percé de trous très-fins, un nuage d'eau froide au-dessus duquel on présente les yeux.

Plus les yeux sont foibles, plus les rafraîchissemens doivent être employés fréquemment, mais à chaque fois par momens très-courts.

Il n'est pas nécessaire de recommander aux yeux foibles d'éviter des clartés trop éblouissantes : d'eux-mêmes ils cherchent l'obscurité; ils s'entourent d'écrans; mais, ce qu'il faut dire, c'est qu'ils ont moins à craindre du grand jour réparti d'une manière égale, que de l'effet trop actif d'un point lumineux, comme la flamme du foyer, d'une lampe, le reflet d'une glace ou d'un corps métallique brillant.

Je termine ces soins préservatifs par l'avis suivant, que je donne au convalescent qui sort d'une maladie grave. Ses yeux ne demandent pas moins de ménagemens que ses jambes et son estomac : ils ont à reprendre progressivement leurs fonctions, et ce serait une grande imprudence que de les fatiguer par la lecture, avant qu'ils aient recouvré leur vigueur.

Nota. *On trouvera dans la suite tout ce qui concerne les services et les inconvéniens, que les lunettes peuvent offrir aux vues faibles.*

CHAPITRE VI.

Sur les premières lois de l'Optique.

Jusqu'à présent on a pu se passer à la rigueur de la connaissance des lois de l'Optique ; mais elle est indispensable et très-utile pour entendre ce qui nous reste à dire; d'un autre côté, nous ne prétendons pas donner ici un ouvrage complet sur cette science : nous nous contenterons donc d'en exposer les principes, qui nous paraîtront nécessaires pour l'intelligence du reste de cet ouvrage.

L'*Optique* est la science qui traite des lois de la lumière et de la vision.

On appelle *rayons* les routes que suit la lumière.

Enfin l'on appelle *milieu* l'espace que la lumière doit traverser.

L'avantage de cette science sur les autres est qu'elle repose sur des faits avérés, qu'on peut déduire tous de l'expérience suivante.

Fermez une chambre assez exactement pour que la lumière ne puisse s'y introduire que par un très-petit trou ; vous verrez tous les objeextérieurs, exposés à ce trou, se peindre avec toutes leurs couleurs, mais un peu affaiblies, sur les murs de la chambre. Les peintures des objets fixes, comme des arbres ou des maisons, resteront fixes : celles des objets mobiles, comme des hommes ou des voitures, paraîtront en mouvement. Il est vrai que tous ces objets paraîtront dans une situation renversée, ce qui provient de ce que les rayons de lumière se croisent en passant par le petit trou. Si le soleil donne sur ce trou, on verra un rayon lumineux qui ira en ligne droite se terminer sur la muraille ou sur le plancher. Si l'on met l'œil sur ce rayon, on verra que l'œil, le trou et le soleil sont situés sur une même ligne droite. Il en sera de même des autres objets peints dans la chambre : enfin, les images des objets reçus sur un même plan seront d'autant plus petites, que ces objets seront plus éloignés du trou. De-là on peut conclure les faits suivans :

1°. La lumière, dans un milieu libre, va toujours en ligne droite.

2°. Un point quelconque d'un objet lumineux peut être vu de tous les lieux auxquels une ligne droite tirée de ce point peut aboutir. En effet, dans la chambre obscure, la peinture d'un objet mobile est toujours visible, tant que l'objet reste exposé au trou.

3°. Donc un point lumineux envoie de la lumière en tout sens ; donc aussi il est le centre d'une sphère de lumière qui s'étend indéfiniment de tous côtés.

4°. Donc, si l'on intercepte par un plan plusieurs de ces rayons de lumière, le point lumineux deviendra le sommet d'une pyramide lumineuse, dont le corps sera formé par l'assemblage de ces rayons, et dont la base sera le plan qui les arrête.

5°. L'image de la surface d'un objet, qui se peint sur la muraille de la chambre obscure, est aussi la base d'une pyramide lumineuse, dont le sommet est au trou de cette chambre. Les prolongemens des rayons, qui forment cette pyramide, en forment une autre semblable et opposée, en se croisant dans le trou qui en est le sommet, et la surface de l'objet en est la base.

6°. Enfin, les particules de la lumière sont extrêmement fines ; car les rayons, qui viennent de chacun des points visibles de tous les objets exposés au trou de la chambre obscure, passent par une ouverture extrêmement petite, sans s'embarrasser sensiblement ni se confondre.

On distingue plusieurs sortes de rayons, tels que les rayons *parallèles*, les rayons *divergens*, et les rayons *convergens*.

Les rayons parallèles sont ceux qui, partant du soleil, des astres ou de tout autre corps très-éloigné, ne présentent point de différence sensible dans leur marche.

Les rayons divergens sont ceux qui, partant d'un même point lumineux L, (fig. 2), vont toujours en s'éloignant les uns des autres. Ainsi LA, La, La', La", sont ce qu'on appelle des *rayons divergens*.

Au contraire, on appelle *rayons convergens* ceux, par exemple, qui, rassemblés par un verre ardent, Vv. (fig. 3), se rapprochent pour se concentrer en un point O.

Lorsque les rayons de lumière rencontrent un obstacle, ils reçoivent une nouvelle direction, soit qu'ils le pénètrent, soit qu'ils ne le pénètrent pas.

Les obstacles, que la lumière ne peut pénétrer, se nomment *Corps opaques* : au contraire ceux qu'elle traverse s'appellent *Corps transparens*.

A la rencontre du corps opaque, il arrive au rayon de lumière ce qui arrive à tout corps élastique, qui en rencontre un autre, c'est d'être renvoyé ou *réfléchi*, sous un angle égal à celui qu'il formait en rencontrant l'obstacle; loi générale de la mécanique, qui s'exprime en ces mots : *l'angle d'incidence est égal à l'angle de réflexion.*

Ainsi, le rayon B O (*fig.* 4) est réfléchi en Ob, sous un angle bOd égal à BOD; de même le rayon CO, qui tombait sous un angle plus petit COD, se réfléchit sous l'angle plus petit cOd : on voit enfin que le rayon perpendiculaire AO se réfléchit sur lui-même selon OA.

Les corps opaques sont brillans ou ternes, selon qu'ils réfléchissent plus ou moins parfaitement les rayons de lumière.

Dans les corps très-brillans, la réflexion est si parfaite que ce ne sont plus eux que nous voyons, mais que ce sont les corps qui leur envoient des rayons; ainsi, le métal très-poli des miroirs, l'argent, l'acier, et sur-tout le mercure placé derrière nos glaces, disparaissent, pour ainsi dire, et ne nous laissent voir que les objets qui s'y peignent.

L'œil (*fig.* 5) qui regarde une glace ne voit que les images *a*, *b*, *c* des corps A, B, C placés sous différens angles, et il les voit au-delà de la glace, dans la direction et à la distance que chacun occupait; seulement il voit, par exemple, *a* à droite de *b*, et *c* à gauche, tandis que c'était A qui était à gauche de B, et C qui était à droite; et, comme l'œil est lui-même à angle droit sur la glace, il se voit seul en face.

Si tous les corps avaient ainsi une réflexion parfaite, ils seraient autant de miroirs qui rendraient les formes, les couleurs et les apparences des corps environnans, tandis que la réflexion imparfaite, ne nous renvoyant que la lueur qui éclaire les corps, nous laisse voir leurs propres formes, couleurs et apparences.

Il en est de même de la transparence. Les corps absolument transparens n'altèrent pas la vue des objets qui sont au-delà : la glace qui recouvre le teint du miroir n'en dérange pas les apparences; une eau très-claire laisse voir les poissons, le sable qui est au fond.

Une transparence moins parfaite, telle que celle d'une gaze, d'une eau, d'un verre même, légèrement colorés, permet de reconnaître au travers toutes les formes et les principales couleurs.

Enfin, une moindre transparence encore, dans l'ivoire très-mince, dans le papier huilé, dans le verre dépoli, laisse seulement pénétrer une lueur incertaine et vague.

Il est moins aisé de saisir dans ce cas la marche du rayon de lumière qui traverse un corps plus ou moins transparent; mais plusieurs expériences prouvent jusqu'à l'évidence que ce rayon éprouve une déviation qu'on nomme *réfraction*.

Une première observation, bien facile à répéter, en donnera une première idée. Mettez sur une table, au fond d'une tymbale d'argent, une pièce d'or; cherchez, en vous éloignant, la distance où le bord de la tymbale vous cachera la moitié de la pièce; faites ensuite remplir la tymbale d'eau, versez assez doucement pour ne pas déranger la pièce, et vous l'apercevrez toute entière.

Il est évident, puisque la pièce et la tymbale sont restées dans la même position, qu'il ne peut y avoir eu de changement que dans le rayon qui apportait à l'œil l'image de la pièce: ce rayon s'est donc dérangé; il s'est brisé, ou pour se servir du terme consacré, il s'est *réfracté*.

P (*fig.* 6) est la pièce au fond du vase : lorsqu'il est vide, le rayon qui part du bord P de la pièce se porte au-dessus de l'œil en O; mais, lorsqu'il y a de l'eau jusqu'en S, le rayon se réfracte en passant de l'eau dans l'air, et vient rechercher l'œil, qui croit voir le même bord de la pièce au point P.

Prenez de même (*fig.* 7) un bloc de verre un peu épais, dont toutes les faces soient bien rectangulaires; posez-le sur une page d'écriture, de manière à ne couvrir que la moitié de chaque ligne d'écriture; vous verrez les moitiés couvertes par le verre s'élever dans l'interligne des moitiés qui ne sont pas couvertes, et s'élever à mesure qu'en vous éloignant vous les verrez plus obliquement.

Tout le monde sait qu'en plongeant dans l'eau un bâton, il paraît brisé à la surface de l'eau; c'est donc à cette surface que s'opère la réfraction de la lumière.

En attendant que nous indiquions la loi générale que suit la réfraction, nous observerons que les réfractions ne produisent pas d'effets sensibles, lorsque la surface que traversent les rayons de lumière est plane, comme une glace, un carreau de vitre, la surface d'un canal, parce qu'alors tous les rayons de lumière l'éprouvant au même degré, la configuration apparente n'est pas altérée.

Mais elles produisent dans l'optique les effets les plus merveilleux, en raison des courbures qu'on donne aux verres, pour forcer les différens rayons qui y arrivent à se réfracter plus ou moins, suivant qu'ils rencontrent le verre plus ou moins loin de son axe.

C'est d'après tout ce qu'on vient de dire, qu'on a divisé tout ce qui regarde la vision et la lumière en trois parties, qui sont *l'optique proprement dite*, *la catoptrique* et *la dioptrique*. L'optique proprement dite traite de la lumière directe; la catoptrique considère la lumière réfléchie, et la dioptrique a pour objet la lumière réfractée. A présent, continuons à examiner les lois que suivent les rayons de lumière.

La loi la plus remarquable est que *la force de la lumière décroît en raison inverse du carré des distances*.

En effet, considérons un des cônes de lumière qui ont leurs sommets aux différens points d'un corps lumineux, au point A, par exemple, (*fig.* 8), et concevons un plan BHC qui coupe ce cône dans un sens, que nous supposerons, pour plus grande simplicité, perpendiculaire à l'axe. Si nous faisons mouvoir ce plan parallèlement à lui-même, en allant du sommet vers la base, il interceptera des cercles DIE, FKG, etc., dont les surfaces iront en croissant dans un rapport donné. Pour déterminer ce rapport, il faut savoir : 1°. que les surfaces des cercles sont entre elles comme les carrés de leurs diamètres ou de leurs rayons ; 2°. que, dans les triangles semblables, les côtés homologues sont proportionnels; donc, si AB est égal à BD, DF, etc., on aura, à cause des parallèles BC, DE, FG, etc., les triangles semblables ABb, ADc, AFd, etc., qui donneront Ab : bB :: Ac, : cD :: Ad : dF, etc., rapports qui, en les élevant au carré, seront encore tous égaux mais; d'un autre côté, les cercles

BHC, DIE, FKG, etc., sont entr'eux comme les carrés de leurs rayons Bb, Dc, Fd, etc : ces mêmes cercles seront donc aussi entr'eux comme les carrés de Ab, Ac, Ad, etc : donc, si l'on prend sur l'axe indéfini AO des parties Ab, bc, cd, etc., égales entre elles et à l'unité, on aura Ab, Ac, Ad, etc., égales à 1, 2, 3, etc., et leurs carrés égaux; à 1, 4, 9, etc., seront donc BHC, DIE, FKG, etc., entre eux, comme 1, 4, 9, etc.; donc le plan interceptera des cercles dont les surfaces iront en croissant, comme les carrés des hauteurs correspondantes de l'axe ; donc, puisque ce plan reçoit toujours un même nombre de rayons, l'intensité de la lumière, dans un espace donné pris sur ce plan, est en raison inverse du carré de la distance.

Supposons maintenant que le plan dont il s'agit soit le cercle de la prunelle de l'œil, on en concluera qu'à mesure que cet œil s'éloigne du corps lumineux, la lumière qu'il en reçoit doit s'affaiblir dans le rapport inverse du carré des distances.

Si l'on conçoit donc que l'œil, placé d'abord à une certaine distance d'un flambeau, s'en écarte ensuite à une distance trois fois plus grande, les rayons qui passaient par la prunelle, dans le premier cas, se répandront sur un espace neuf fois plus grand, d'où il suit que la prunelle en recevra trois fois moins ; donc, si l'on voulait que l'impression faite sur l'œil fût toujours la même, il faudrait remplacer le premier flambeau par un autre dont la lumière fût neuf fois plus forte, c'est-à-dire, répandît sur un même espace neuf fois plus de rayons.

Comme notre but n'est pas de donner un cours complet d'optique, nous ne citerons plus qu'une proposition qui a pour but de faire voir la marche des rayons de lumière dans la chambre obscure ; voici cette proposition.

Si des rayons qui partent d'un point lumineux passent par le trou d'une chambre obscure, et sont reçus sur un plan parallèle à celui du trou, ils formeront sur ce plan une figure semblable à celle du trou, et d'autant plus grande qu'elle sera plus éloignée du trou.

Car alors le point lumineux est le sommet d'une pyramide de lumière, dont les faces sont déterminées par les rayons qui rasent les côtés du trou, et dont la base est la surface du trou lui-même ; au-delà de ce trou, les rayons vont encore en s'écartant de plus en plus au dedans de la chambre obscure; si donc on les reçoit sur un plan parallèle à ce trou, on coupe alors la pyramide ainsi prolongée par un plan parallèle à sa base, et par conséquent la figure lumineuse sera semblable à celle du trou, et d'autant plus grande qu'elle en sera plus éloignée.

Il suit de là que, si l'on présente le plan obliquement au trou, la figure lumineuse doit encore avoir autant de côtés que le trou, mais qu'au lieu de lui être semblable, elle doit être plus ou moins allongée.

Nous avons vu que, dans la catoptrique, la loi des rayons réfléchis était telle que l'angle de réflexion était égal à l'angle d'incidence : voyons ce qui, dans la dioptrique, arrive aux rayons réfractés.

Or, dans ce cas, on a conclu de beaucoup d'expériences :

1°. Que tout rayon de lumière qui passe obliquement d'un milieu dans un autre, de l'air, par exemple, dans l'eau ou dans le verre, éprouve une réfraction d'autant plus forte, qu'il arrive plus obliquement;

2°. Que, par cette réfraction, il se rapproche de la perpendiculaire lorsqu'il passe dans un milieu plus dense, et qu'au contraire, il s'en éloigne lorsqu'il passe dans un milieu moins dense ;

3°. Qu'à obliquité égale, la réfraction est d'autant plus considérable que le milieu est plus dense.

4°. Enfin, que la réfraction du rayon qui passe de l'air dans l'eau est de 3 à 4 à peu près ; et que le rayon, qui passe de l'air dans le verre, subit une réfraction qui est à peu près de 2 à 3.

Cela posé, voyons d'abord ce qui arrive aux rayons du soleil qui sont reçus par un verre à surface sphérique convexe AVB (*fig.* 9).

Il est évident qu'il y aura un seul rayon principal SV, qui se confondra avec l'axe du verre CV, et qui continuera sa direction. Les autres rayons, qu'on peut considérer comme parallèles, puisqu'ils partent d'une distance infinie, seront obligés, en entrant dans le verre en v, v', v", etc., de se rapprocher des rayons sphériques Cv, Cv', Cv", etc., dans le rapport de 2 à 3 : et, comme ces rayons sont d'autant plus inclinés qu'ils s'éloignent davantage du principal, il en résultera un changement plus considérable de direction pour les rayons les plus éloignés.

Une longue expérience, et les calculs des savans, ont appris à ne point employer des rayons trop éloignés du rayon principal, parce que, les petits angles étant réellement proportionnels entre eux, les réfractions qui en résultent sont égales, et permettent aux rayons lumineux de se réunir en un point qu'on nomme foyer.

En continuant donc de nous occuper du verre qui donne des réfractions dans le rapport de 3 à 2, nous conclurons que le foyer f, est placé, par rapport au centre de courbure C, à une distance Cf, qui est les deux-tiers de Vf, ou le double de CV. Le foyer simple d'une surface sphérique convexe est donc à trois demi-diamètres de cette surface.

Si, à présent, nous supposons que le verre (*fig.* 10) soit formé de deux surfaces de même convexité, il en résultera que les rayons qui l'auront traversé éprouveront en sortant une nouvelle réfraction, pareillement dans le rapport de 3 à 2, mais en sens inverse, puisqu'ils passent d'un milieu plus dense dans un plus rare.

Alors les rayons Sv, Sv', Sv", etc., qui en traversant le verre prenaient leurs directions v*u*, v'*u*', v"*u*", etc., sur le point f, se rapprocheront en sortant pour se rejoindre en F, aux deux tiers de Vf ou au double de CV.

C'est-à-dire, que le foyer véritable d'une lentille convexe, est, à très-peu de chose près, le double de son rayon de *courbure* ; je dis à très-peu de chose près, parce qu'il faudrait tenir compte de l'épaisseur de la lentille, qui n'est pas assez considérable pour y avoir égard.

Si nous faisons les mêmes raisonnemens sur les verres concaves, nous verrons (*fig.* 11) que les rayons parallèles, en rencontrant la surface d'un pareil verre, s'éloignent de l'axe, en s'éparpillant comme s'ils étaient partis d'un foyer f, placé à une distance Cf, égale aux deux tiers de Vf, c'est-à-dire, au double de CV.

Et que, si la lentille a ses deux faces concaves (*fig.* 12), ils s'éloignent de nouveau en sortant du verre, comme s'ils avaient pour origine le point F, situé aux deux tiers de Vf, ce qui donne CF égal à CV ; on peut donc regarder comme une propriété générale de toutes les lentilles de verre régulières, c'est-à-dire, dont les deux surfaces ont la même courbure, d'avoir leur foyer à une distance égale au diamètre de cette courbure.

Il faut seulement ne pas confondre la propriété des foyers dans l'un et l'autre cas.

Pour les lentilles convexes, c'est le point où viennent effectivement se réunir les rayons du soleil, comme on le voit dans l'effet des verres ardens qui allument des corps combustibles ; c'est donc un foyer convergent. Pour les lentilles concaves, le foyer n'est qu'un point imaginaire placé en avant de la lentille, et qu'il est important de connaître, pour évaluer positivement l'écartement que prennent les rayons de lumière qui traversent la lentille : c'est un foyer divergent.

Les mêmes règles par lesquelles se déterminent les foyers des lentilles régulières, feront connaître dans le besoin les foyers des lentilles irrégulières, telles que les *plans concaves* ou les *plans convexes*, c'est-à-dire, dont une surface est plane et l'autre est ou concave ou convexe ; les *ménisques* dont les surfaces sont toutes deux ou concaves ou convexes, mais de différentes courbures, etc., etc.

La théorie mathématique de la réfraction s'appliquerait d'une manière plus parfaite à des courbures qui, au lieu d'être sphériques, seraient paraboliques, parce que la parabole est une courbe dont le foyer est absolu, tandis que nous avons vu que dans la sphère, il faut, pour avoir des foyers à peu près exacts, n'employer que de petits arcs : mais, la difficulté, pour ne pas dire l'impossibilité, de donner aux verres d'autres formes régulières que la sphérique, n'a pas permis d'en employer d'autres dans la construction des verres d'optique.

C'est à l'opticien qui les dispose à en tirer le parti le plus avantageux, en prenant, suivant les circonstances, les grandeurs et les foyers que donnent la lumière la plus vive ou la réfraction la plus forte.

L'effet le plus anciennement connu des lentilles ou loupes paraît avoir été de réunir les rayons du soleil, pour allumer des corps combustibles.

Les effets des miroirs concaves sont connus

depuis long-temps. On lit dans l'Histoire que ce fut par leur moyen qu'Archimède mit le feu aux vaisseaux de Marcellus, qui assiégeait Syracuse, sa patrie. Zonatas rapporte aussi que Proclus incendia la flotte des Byzantins. Nous verrons bientôt ce qu'il faut en croire.

L'action des rayons solaires est bien plus énergique que celle de tout corps enflammé ; cependant, à l'aide de deux miroirs concaves et d'un charbon ardent, on peut obtenir des résultats satisfaisans; en effet, supposons qu'un corps enflammé soit situé en présence d'un miroir concave : il enverra vers la surface de ce miroir des rayons qui, après leur réflexion, se réuniront en un foyer commun : mais, outre qu'ils ont beaucoup moins d'énergie que les rayons solaires, il résulte, de leur divergence sensible, que ceux qui tombent très-près de l'axe, sont beaucoup moins condensés dans un espace donné, ce qui ôte au foyer une grande partie de son activité. Mais on peut déterminer leur incidence suivant des directions parallèles, en employant deux miroirs, dont le diamètre soit d'environ 15 pouces ou 40 centimètres, et dont telle soit la courbure, que la distance entre le foyer et la surface réfléchissante soit aussi de près de 15 pouces. On élève ces miroirs verticalement, de manière que leurs concavités se regardent, et on peut les éloigner l'un de l'autre de près de 30 pieds ou 10 à 11 mètres. On place au foyer de l'un un charbon allumé, dont on entretient l'ardeur par un souffle bien égal, que l'on dirige du côté qui est situé vers le miroir. Les rayons, qui tombent sur ce miroir, devenant parallèles après leurs réflexions, rencontrent sous ces mêmes directions la surface de l'autre miroir, où une seconde réflexion les fait concourir au foyer des rayons parallèles, en sorte qu'ils deviennent assez actif pour allumer un morceau d'amadoue, ou des grains de poudre à canon qu'on présente à ce foyer.

Si l'on consulte le livre du P. Kircher, intitulé : *Ars magna lucis et ombræ*, livre X, on verra, pages 884 à 888, 1°. que ce fut lui qui le premier imagina de substituer à un miroir concave plusieurs miroirs plans, tellement disposés, que les rayons du soleil réfléchis sur leur surface convergeassent vers un même point. 2°. Qu'il ne doute pas, d'après Zétzès, que Proclus ne se soit servi de ce moyen pour mettre le feu à la flotte Byzantine. 3°. Enfin, qu'il rejette comme une fable ce que les historiens rapportent d'Archimède : « Car, dit-il, pour » qu'on puisse, au moyen des miroirs concaves » et paraboliques, enflammer un objet quelcon-

» que, il faut trois conditions tellement né-
» cessaires, que, faute d'une seule, on n'y peut
» pas parvenir. La première exige que le miroir
» et le corps combustible soient tous deux fixes
» et immobiles : la seconde veut que le miroir
» et le corps combustible soient à une dis-
» tance ni trop grande, ni trop petite, mais
» telle que le foyer atteigne précisément le
» corps combustible. La troisième enfin de-
» mande que la matière de ce corps soit propre
» à la combustion. Or, je vais prouver qu'au-
» cune de ces conditions n'a eu lieu dans l'em-
» brasement des vaisseaux rapporté par Po-
» lybe... Ainsi, de quelque manière que nous
» combinions ce fait, nous en voyons évidem-
» ment l'impossibilité. »

Cependant ce fait n'a plus rien d'impossible, si l'on suppose qu'Archimède ait employé les actions combinées de plusieurs miroirs plans, idée qui pouvait bien entrer dans la tête de cet homme célèbre par tant d'inventions ingénieuses. Pour moi, ce qui m'étonne dans le père Kircher, c'est qu'il n'ait pas pensé un instant qu'Archimède, au moyen des miroirs plans, avoit pu produire ce que, selon lui, avait produit Proclus, et ce qu'il avait produit lui-même. Si l'on observe de plus qu'il n'accorde même pas entièrement l'histoire de

Proclus, on sentira qu'il avait peut-être l'intention secrète de se faire passer pour le premier inventeur de la combinaison des miroirs plans.

En effet, voici ce qu'il dit à ce sujet : « soient cinq miroirs plans qui soient tellement disposés, que les rayons du soleil réfléchis de chaque miroir se réunissent en un même point situé sur un mur ; il est certain, et l'expérience le prouve, que la lumière et la chaleur réfléchies et rassemblées dans ce point, sont cinq fois plus grandes et plus intenses que la lumière et la chaleur qu'y enverrait un seul miroir, et que cette chaleur est telle que la main pourrait à peine la supporter. Si donc le pouvoir de cinq miroirs est si grand, que ne pourront pas cent ou mille miroirs ainsi disposés ? Certes, la chaleur sera si active, qu'elle pourra brûler tout, et tout réduire en cendres.... »

Beaucoup de Géomètres et de Physiciens ont entrepris depuis une foule d'expériences, qui avaient pour but le même objet : mais tout ce qu'on avait inventé de plus ingénieux jusqu'en 1747, le cède au miroir polygone exécuté la même année au jardin des plantes, d'après l'idée qu'en avoit conçue l'illustre Buffon. En effet, il faut avouer que, non seulement il l'emporte sur tous les autres par la grandeur des effets ; mais qu'il leur est encore supérieur par le génie qui règne dans sa construction. Ce miroir polygone était composé de cent soixante-huit glaces étamées susceptibles de se mouvoir en tout sens, de sorte que l'on était libre de les fixer à différens degrés d'inclinaison. Il résultait de là qu'on pouvait donner à leur ensemble une forme plus ou moins concave, et porter le foyer à des distances plus ou moins grandes. Ce miroir brulait le bois à 200 pieds ou à près de 65 mètres ; il fondait les métaux à 46 pieds ou à peu près à 14 ou 15 mètres ; et Buffon était persuadé que, si l'on multipliait encore plus les glaces, on pourrait produire ces effets à une distance encore plus éloignée.

Aujourd'hui ce n'est plus par l'embrasement des corps combustibles que les verres convexes sont intéressans.

Depuis que, vers la fin du treizième siècle, on a remarqué les services que la réfraction des verres sphériques pouvait rendre à la vue, c'est principalement pour ce but qu'on a cherché à en multiplier les applications.

En effet, pour ne parler d'abord que des verres convexes, il est évident, par la propriété qu'ils ont de rapprocher du foyer des rayons qui n'y seraient pas dirigés, qu'ils procureront à l'œil

7

qui s'en servira une quantité de rayons d'autant plus grande, qu'ils auront une sphéricité plus considérable. Il ne suffit pas cependant de réunir beaucoup de rayons ; il faut encore que ces rayons arrivent à l'œil en faisant un angle propre à la vision distincte.

Le même objet vu de plus loin paraît plus petit, parce qu'il forme dans l'œil un plus petit angle, et cet angle peut diminuer au point que l'objet ne soit plus visible. C'est le moment de placer un verre convexe, qui reçoive les rayons de l'objet, pour les réfracter sous un angle plus fort.

Par une raison inverse, l'œil myope, condamné à ne voir les objets que de fort près, se soulage en se servant de verres concaves, parce que, diminuant les angles, ils lui permettent de s'éloigner de ces objets.

Dans les instrumens composés, nous verrons l'assemblage de plusieurs verres servir à ajouter mutuellement à leurs forces, en recevant des rayons déjà réfractés pour les réfracter encore plus.

L'œil est lui-même un assemblage de diverses pièces d'optique, dont ce qu'on vient de dire peut donner une idée suffisante.

aAa, (*fig.* 13,) est la cornée transparente, servant d'enveloppe à l'humeur aqueuse qui occupe la chambre antérieure de l'œil B, et qui, plus dense que l'air, réfracte les rayons de manière à les réunir vers l'ouverture I i de la prunelle.

Les rayons, après avoir passé par cette ouverture, tombent sur le cristallin C, qui, étant une lentille encore plus dense, les réfracte davantage ; enfin, en quittant le cristallin, ils arrivent par une surface concave dans l'humeur vitrée, dont est remplie la chambre postérieure D, où ils éprouvent la dernière réfraction pour se porter en R sur la rétine.

Comme toutes les parties de l'œil sont douées d'une force musculaire, ils ont la faculté de varier leur forme suivant le besoin.

A l'extérieur, la cornée peut, en s'applatissant, donner une réfraction moins considérable aux rayons qui viennent de plus loin.

A l'intérieur, le cristallin, plus ou moins tendu par les ligamens ciliaires I i, prend une forme plus ou moins convexe ; et la contraction soit de l'uvée E e, soit de la rétine elle-même r R r., permet à l'œil de se prêter aux différens points de vue dont il a besoin : ces différences cependant ne vont guère que du simple au double.

La vue ordinaire lit les mêmes caractères

depuis environ 8 pouces jusqu'à 16, ou de 2 à 4 décimètres ; ce qui donne pour terme moyen un pied ou 3 décimètres.

Le presbyte, qui ne peut lire à moins de 15 pouces ou 4 décim., peut aussi lire à 30 pouces ou 8 décim., et le myope de 5 à 10 pouces, ou de 3 à 6, c'est-à-dire de 13 et demi à 27 cent., ou de 8 à 16, suivant le plus ou le moins de portée naturelle de sa vue.

Cet exposé doit suffire pour faire sentir la nécessité de remédier aux vues trop allongées, par des verres convexes, et aux vues trop courtes par des verres concaves, afin de ramener, dans l'un et dans l'autre cas, soit en plus, soit en moins, la divergence des rayons au degré convenable à chacun.

En effet, puisque, dans l'œil applati du presbyte, les rayons ne sont pas assez réfractés pour répondre au fond de la rétine, les verres convexes, en augmentant la convergence, donnent de la netteté à la vision.

De même, dans l'œil convexe du myope, les rayons qui, trop réfractés, n'arrivent pas jusqu'au fond de la rétine, sont corrigés par le verre concave, dont l'effet est de diminuer la convergence.

CHAPITRE VII.

Choix et travail des Verres.

Après avoir traité des propriétés des verres, nous allons parler de la manière dont il faut les choisir et les travailler : mais, comme nous écrivons pour deux classes de lecteurs, savoir : pour ceux qui, contens d'un léger aperçu, ne veulent qu'effleurer ce qui regarde chaque partie, et pour ceux qui, soit par état, soit par plaisir, veulent s'instruire à fond des procédés de l'art, nous ne présenterons d'abord que les connaissances absolument nécessaires au choix et au travail des verres, et ensuite, revenant sur nos pas, nous entrerons dans quelques détails.

D'après ce que nous avons déjà dit relativement à l'effet que produisent, sur les rayons de lumière, les corps qu'ils traversent, il est aisé de prouver l'importance de bien choisir les verres destinés à réfracter ces rayons.

En effet, si, au lieu d'avoir à traverser une masse de verre bien égale dans toutes ses parties, les rayons de lumière rencontrent, soit des filamens plus ou moins vitrifiés, soit des bulles d'air restées dans le verre, et qu'on appelle *points* ou *bouillons*, il est évident que leur route sera dérangée à chaque variation de la substance; et dès-lors l'effet total, que le verre doit produire par la réunion de tous les rayons, ne donnera plus qu'une image confuse.

C'est en raison de ces inconvéniens qu'il faut préférer les glaces coulées aux glaces soufflées; celles-ci, par la nature même de leur fabrication, ont des ondulations à peu près circulaires, de sorte que les morceaux qu'on en tire sont traversés par des filamens, dont la courbure, répondant au centre du grand morceau, est bien loin de se rapporter au centre de chaque fragment.

Les glaces coulées ont aussi beaucoup moins de bouillons; mais les unes et les autres sont rarement d'un blanc parfait. Suivant que le mélange des matières vitrifiables a été moins bien préparé, elles conservent une teinte, soit de couleur d'eau, soit de jaune. Ce n'est pas qu'une légère teinte, pourvu qu'elle soit égale, nuise à la régularité de la réfraction. On en peut même tirer parti en choisissant, pour les vues faibles et longues, les verres légèrement bleuâtres, qui tempèrent ce que la trop grande quantité de rayons réunis au foyer pourrait avoir de trop brillant à l'œil.

Les teintes qui tirent sur le jaune réparent, dans les verres concaves, le défaut de lumière qui provient de la divergence des rayons.

On sent bien que les inconvéniens seraient encore plus grands, si l'on se servait de verre ordinaire, même de verre blanc. La substance en est moins homogène, et souvent exposée, par un excès d'alkali, à soutirer l'humidité de l'air. Enfin, les verres communs sont plus sujets à se rayer; ce qui est très-contraire à l'égale réunion des rayons, et par conséquent à la vision parfaite.

Après le choix des verres, vient leur fabrication, c'est-à-dire, le moyen de leur donner le degré de courbure nécessaire à l'effet qu'on en attend.

J'ai dit plus haut que la forme sphérique a été préférée à la forme parabolique, parce qu'il est plus aisé de la rendre régulière par des moyens mécaniques; tout ce qui tient au mouvement de rotation s'opère facilement à cause de la similitude de toutes les portions d'une circonférence du cercle ou de la surface d'une sphère.

Un bassin creusé en calotte sphérique, de quelque grandeur qu'il soit, présente à tous ses points la même courbure.

Si donc ce bassin est d'une matière assez dure

pour que le frottement du verre ne puisse l'altérer, ce sera au contraire le verre qui, à force de bras, s'usera jusqu'au point de prendre la même courbure.

On fait des bassins en fer battu ou corroyé; mais les meilleurs sont en cuivre, parce qu'étant déjà fondus dans des moules réguliers, il n'y a plus qu'à les réparer au tour pour en ôter les soufflures.

Les morceaux de glace, destinés à la fabrication des verres, étant d'abord taillés le plus circulairement qu'on peut, et adoucis sur la pierre, sont ensuite cimentés et mastiqués avec soin sur une molette, qui forme une sorte de manche pour la facilité de la main qui doit les travailler.

On commence à dégrossir les verres dans un bassin de fer de la même courbure que le foyer que l'on veut obtenir, et seulement avec du grès qui avance plus vîte le travail.

Mais, pour les terminer, il faut prendre le bassin de cuivre dans lequel on donne ordinairement trois doucins progressifs ; c'est-à-dire, qu'on adoucit d'abord le verre avec de l'émeril un peu gros, et que, lorsque cette première poudre ne mord plus, on en substitue une plus fine pour le second *Doucin* ; et enfin, pour le troisième, la plus menue que l'on puisse se procurer.

Quoiqu'à la rigueur, tous les mouvemens qu'on imprime au verre, dans la molette, appartiennent à la même sphéricité, on est cependant plus sûr de l'atteindre, avec moins de temps perdu et avec plus de régularité, en suivant une marche à peu près constante. Ainsi, dans chaque *doucin*, l'on a soin d'abord de faire mouvoir le verre bien d'aplomb et circulairement au fond du bassin, ensuite par cercles inclinés, et en s'approchant de plus en plus de la circonférence du bassin; et enfin par cercles encore plus inclinés, de manière à faire sortir même une portion du verre hors du bassin.

Cette succession de mouvemens fait passer à peu près en un quart-d'heure, pour les verres de lunettes ordinaires, toutes les portions du verre sur toutes celles du bassin.

Il arrive quelquefois que l'ouvrier, pour avoir trop usé l'une des faces du verre, ne trouve plus assez d'épaisseur pour la courbure de l'autre face. Ce n'est que par beaucoup d'habitude que s'acquiert la précision des mouvemens; et c'est là surtout ce qui augmente le prix de fabrique dans les ateliers, où l'on s'attache plus à faire de bons ouvrages qu'à en faire beaucoup.

Quand les verres ont été totalement adoucis, ils ont encore le poli à recevoir. Cette dernière opération se fait à sec, et toujours dans un bassin de la courbure donnée, et garni d'un papier très-légèrement saupoudré de pierre-ponce et de tripoli de Venise.

Pour les verres destinés aux instrumens les plus précieux de l'optique, et dans la fabrication desquels on ne doit pas épargner le temps, on ne donne presque d'autre pression au verre que le poids d'une molette de plomb. Il est aisé de sentir que, si ce procédé est plus régulier, il est aussi infiniment plus long, par la multiplicité des mouvemens qu'il faut répéter avant d'avoir atteint toutes les irrégularités du verre.

Je ne parle pas ici des moyens grossiers dont se servent les fabricans de lunettes à la douzaine.

Les uns n'ont des bassins que de deux à trois courbures irrégulières ; et, en appuyant plus fortement sur les bords de leurs verres que sur le milieu, ils arrivent à varier la convexité, et à lui donner l'apparence du foyer qu'ils annoncent.

Les autres ne se servent souvent que d'une bande de fer, ou même de bois creusée dans le milieu et recouvert d'un drap ou d'un feutre, saupoudré d'émeril; ils y promènent leurs verres, en les retournant sans cesse pour approcher de la courbure, qu'ils ne peuvent jamais rendre égale dans tous les sens.

Il ne faut donc pas s'étonner si de tels verres

réunissent souvent diverses courbures dont les effets varient.

Tout ce que j'ai dit du dégrossi, du douci et du poli des verres convexes, s'exécute de même pour les verres concaves, mais non dans des bassins; on remplace ces bassins par des calottes qui doivent être faites avec la même régularité.

Dans ce cas, la main de l'ouvrier a besoin d'être encore plus exercée. En effet, si le verre convexe est trop atteint, on peut encore en former des verres d'un plus petit diamètre; mais, dans les verres concaves, le trou qui se forme au milieu les met entièrement hors de service.

Enfin, les faces plates des verres, qu'on veut conserver planes d'un côté, se travaillent de la même manière sur des plaques bien dressées qu'on appelle *rondeaux*.

Passons maintenant aux détails que nous avons promis, en commençant par quelques observations générales.

Il existe beaucoup d'ouvrages, où l'habileté de l'ouvrier peut suppléer à la bonté des instrumens : mais il n'en est pas de même des formes sur lesquelles se font les verres et les miroirs d'optique; car jamais une forme imparfaite, quelqu'attention qu'on ait et quelque peine que l'on se donne, ne pourra faire prendre au miroir une figure parfaite. Si l'on veut donc réussir, il faut commencer par faire la forme la plus exacte qu'il sera possible.

On compte beaucoup de manières de faire des formes : la plupart de ceux qui en ont parlé ont proposé des machines d'une exécution difficile, d'une dépense considérable et d'une réussite assez incertaine. En effet, plus les moyens qu'on emploie sont composés, et plus ils s'écartent aisément de la fin qu'on se propose : d'ailleurs, la moindre variation cause des défauts souvent irrémédiables. Les moyens les plus simples sont donc toujours les plus certains.

C'est sur ce principe qu'est fondée la manière suivante de composer les formes propres au travail des miroirs, manière aussi simple que certaine pour la réussite. Mais avant tout, il faut préparer des arcs de cercle semblables à la convexité des formes qu'on veut faire.

Par arc de cercle, on entend une portion de cercle semblable à la sphère dont on veut que la forme fasse partie ; on pourrait en faire de carton, mais il est plus à propos de les faire avec une petite feuille de cuivre. C'est en appliquant ces arcs aux formes, qu'on juge si elles sont ou trop convexes, ou trop concaves.

L'on se rappellera d'abord que les miroirs concaves réunissent les rayons de lumière au quart du diamètre de la sphère, dont ils font partie. Cela posé, s'il s'agit d'un miroir de 4 centimètres de foyer, il fera partie d'une sphère de 16 centimètres de diamètre ou de 8 centimètres de rayon.

Pour former l'arc de cercle, lorsque, comme dans le cas présent, il fait partie d'un cercle d'un assez petit diamètre, on prend un compas garni d'un ressort et d'un quart de cercle. Au moyen d'un écrou, on l'ouvre et on le ferme autant qu'il est nécessaire. Ensuite on pose une pointe sur un point qui sert de centre; et, avec l'autre pointe qui est tranchante, on décrit et on coupe un arc de cercle sur une feuille de cuivre mince attachée à une table dont la surface est unie ; cet arc se coupe exactement en repassant plusieurs fois la pointe sur la feuille de cuivre, et en l'y appuyant un peu ; par ce moyen, l'on aura deux arcs de cercle d'une sphère de 16 centim. de diamètre, dont l'un sera concave et l'autre convexe.

Mais, si l'arc de cercle fait partie d'une sphère, dont le demi diamètre soit plus grand que l'ouverture des compas ordinaires; si, par exemple, il faisait partie d'une sphère d'un mètre de diamètre, on prendrait une règle d'une longueur convenable ; on l'attacherait par un bout avec un cloud rond, sur lequel elle tournerait comme autour d'un centre : à l'autre bout on attacherait une pointe d'acier tranchante et éloignée du centre d'un demi-mètre de distance ; et, décrivant avec cette pointe un arc de cercle sur la feuille de cuivre jusqu'à ce qu'elle soit tranchée, l'on aura encore deux arcs de cercle, l'un concave et l'autre convexe.

Nous allons maintenant passer au moyen de faire des modèles pour les formes des miroirs de foyers différens; mais, pour fixer les idées, nous en choisirons deux, l'un, que nous appellerons *le Grand Miroir*, de 24 centimètres de foyer et faisant partie d'une sphère d'un mètre de diamètre; l'autre, que nous nommerons *le Petit Miroir*, de quatre centimètres de foyer et faisant partie d'une sphère de 16 centimètres de diamètre, dimensions que nous avons déjà adoptées dans les deux constructions des arcs de cercles.

Voyons à présent le moyen de faire un modèle pour la forme du grand Miroir.

Il faut arrondir un morceau de glace brute d'un doigt d'épaisseur, applani d'un côté, et d'environ 2 décimètres de diamètre. Pour arrondir une glace aussi épaisse, on la pose sur le bord d'une pierre à l'endroit où l'on veut la casser, et l'on abat ce qui excède avec un marteau. Ensuite on l'ajuste proprement en l'équarrissant avec des pinces. On attache ce morceau de glace sur une pierre un peu plus grande et de 3 à 5 centimètres d'épaisseur, afin que la pesanteur lui donne une stabilité suffisante pour le travail.

Si la glace n'est pas applanie, il faut, pour la dresser, y mettre du grès passé par un tamis et mouillé, et l'user avec un morceau de glace plus petit, jusqu'à ce que les deux glaces se touchent également partout.

Alors on prend un morceau de glace arrondi de 8 centim. de diamètre; on jette sur la grande glace du grès tamisé; on le mouille légèrement; et, appuyant glace contre glace, on conduit celle de dessus, qu'on tient à la main par le moyen d'une molette, qui est un morceau de bois rond, de 3 centimèt. d'épaisseur, et attaché avec du mastic; on la conduit, dis-je, de manière qu'à chaque tour de main l'on décrive un cercle, qui passe par le centre de la grande plaque de glace et qui aille finir aux bords de cette même plaque, c'est-à-dire, que le milieu du petit morceau de glace doit passer par le milieu de la plaque de glace inférieure, et passer ensuite vers le bord de cette même plaque, de sorte que tout le morceau de glace supérieur ne déborde l'inférieur que d'environ un demi-pouce. On le conduit ainsi, en avançant insensiblement et le plus régulièrement qu'il est possible, tout autour de la grande plaque de glace afin qu'elle se creuse également; il faut aussi avoir soin de tourner peu à peu sur lui-même le morceau de glace qu'on tient à la main, aussi bien que la grande plaque de glace sur laquelle on travaille et qui sert de bassin.

Lorsque la plaque inférieure commence à se creuser, on y présente de temps à autre l'arc de cercle convexe, l'on creuse jusqu'à ce qu'il s'applique également par-tout; et l'on obtient ainsi un bassin qui fait partie d'une sphère d'un mètre de diamètre.

C'est dans ce bassin qu'il faut faire le modèle convexe pour la forme des miroirs; pour y parvenir, on prend un morceau de glace d'un centimètre d'épaisseur et de 12 centimètres de diamètre : on l'arrondit avec les pinces, et tout autour on forme un bizeau dans un bassin de fer, faisant partie d'une sphère de 25 centim. de diamètre.

Si l'on n'avait pas ce bassin de fer, il faudrait arrondir le morceau de glace le plus proprement qu'on pourrait, et ensuite en adoucir le bord sur du grès un peu tendre; lorsque ce bord sera uni et rond, on le travaillera dans le bassin formé sur la grande plaque de glace, de la même manière qu'on y a travaillé le premier morceau de 8 centim. de diamètre, qui a servi à le creuser. On examinera de tems en tems si le bassin est toujours conforme à l'arc de cercle; s'il n'était pas assez creux, il faudrait le creuser avec le verre de 8 centim.; si au contraire il était trop creux, il faudrait continuer à y travailler avec le grand verre de 12 centim., en faisant des cercles plus grands et qui déborderont davantage la grande plaque. L'on continue à travailler ce verre qui doit servir de modèle, jusqu'à ce qu'il se trouve de la convexité que l'on désire, ce que l'on reconnaîtra, lorsque l'arc de cercle concave s'appliquera partout exactement sur le modèle.

Une fois parvenu à ce point, on adoucira le modèle, d'abord avec du grès, ensuite avec de l'émeril en poudre un peu mouillé; on en remettra par plusieurs fois, jusqu'à ce que les deux morceaux de glace soient bien adoucis et se touchent également partout.

C'est ainsi qu'on pourra obtenir un modèle pour la forme du grand miroir; il s'agit à présent d'en faire un pour la forme du petit miroir.

Comme cette forme doit avoir une grande convexité, et qu'il faudrait employer beaucoup de tems à creuser un verre de cette profondeur, voici une autre manière.

On prend un morceau de plomb de 7 centim. de diamètre, et épais de 2 centim.; on l'arrondit sur le tour en lui donnant 4 centim. de diamètre. On y forme une convexité semblable à l'arc de cercle concave qui fait partie d'une sphère de 16 centim. de diamètre, on l'applique plusieurs fois, et, l'on continue de travailler, jusqu'à ce que l'arc de cercle touche également partout.

On prend ensuite un autre morceau de plomb de 5 à 6 centim. de diamètre que l'on monte aussi sur le tour ; on l'arrondit et l'on y creuse une concavité semblable à l'arc de cercle convexe qu'on y applique plusieurs fois jusqu'à ce qu'enfin ils soient tout-à-fait conformes l'un à l'autre ; alors on prendra le premier morceau de plomb ; et, après l'avoir attaché à une molette avec du mastic, on le couvrira de grès fin et mouillé, on l'appliquera sur la forme concave montée sur le tour, et on les travaillera l'un sur l'autre. Dans cette opération, l'on tournera insensiblement le plomb qu'on tient à la main, en le conduisant vers le centre de la forme, et du centre vers la circonférence. On remettra du grès à plusieurs fois, et l'on continuera jusqu'à ce ce que les deux morceaux de plomb se touchent également partout, et soient bien adoucis ; alors il faudra les laver, y mettre de l'émeril mouillé et les retravailler jusqu'à ce qu'ils paraissent parfaits l'un et l'autre. C'est ainsi qu'on parviendra à se procurer un modèle convexe pour la forme du petit miroir.

Si l'on avait une forme de cuivre concave faisant partie d'une sphère de 16 centim. de diamètre et qui fût exacte, il suffirait d'y travailler un verre de 3 ou même de 4 centim. de diamètre, et l'on aurait promptement le modèle qu'on souhaite.

Si l'on n'avait point de forme de cuivre pour y faire ses modèles, et qu'on ne voulût point perdre le tems nécessaire à les former d'après les préceptes qu'on vient de donner, on n'aurait qu'à faire travailler par quelque ouvrier un verre de 12 centim. de diamètre et d'un centim. d'épaisseur dans un bon bassin faisant partie d'une sphère d'un mètre de diamètre, et un second verre de 4 centim. de diamètre, dans un bassin faisant partie d'une sphère de 16 centim. de diamètre. L'on aurait ainsi, sans peine et sans embarras, les deux modèles nécessaires pour faire les deux formes de cuivre, destinées à la confection du grand et du petit miroirs.

Si l'on ne voulait pas avoir la peine de fondre ces formes, l'on n'aurait qu'à donner les modles à un bon fondeur en cuivre, à qui l'on recommanderait de n'employer pour leur fonte que du cuivre purgé de limaille de fer; mais, comme notre but est de mettre le lecteur en état de tout faire lui même, nous allons donner d'abord la façon de mouler les formes en sable et ensuite celle de fondre le cuivre.

Pour mouler les formes en sable, il faut avoir deux châssis de bois de même grandeur, longs de 32 centim. et larges de 22 à 27; chacun de ces châssis consiste en quatre morceaux de bois emboîtés carrément les uns dans les autres. Le côté du bois intérieur au carré doit être un peu creusé pour retenir le sable; l'un de ces châssis porte sur un côté trois chevilles qui s'élèvent d'environ 3 centim. au-dessus; l'une de ces chevilles est au milieu d'une des traverses de 22 à 27 centim., et les deux autres sont sur les deux traverses de 32 centim. de longueur; à l'autre châssis sont trois trous qui correspondent aux trois chevilles, de sorte que, si l'on applique les deux châssis l'un sur l'autre, ils se trouvent parfaitement joints; les deux traverses, où l'on n'a mis ni trous ni chevilles, sont creusées du côté où elles se touchent, de manière à former une ouverture de 3 centim. de largeur sur 5 à 8 de long; c'est par là que l'on coule la matière.

Il s'agit à présent d'avoir du sable propre à la fonte. Celui dont se servent les fondeurs de Paris est un sable très-fin et de couleur jaune, qui se tire de Fontenay aux Roses. Après l'avoir tamisé, on le mouille légèrement pour que les grains puissent s'unir, on le remue et on le bat avec un morceau de bois fait en forme de palette.

Lorsque le sable est préparé, on prend une planche un peu plus grande que le châssis; on la pose sur une table; on y met le châssis qui n'a point de chevilles, de manière que l'entaille soit sur la planche : on pose les modèles, en sorte que le côté qui doit servir soit en dessus; et, prenant le *ponsif*, c'est-à-dire, un petit sac de toile fine, plein de charbon pilé, on en secoue la poudre sur les modèles : ensuite, à l'aide d'un soufflet, on en tire légèrement ce qui ne s'est point attaché; on couvre les modèles de sable, on l'entasse avec les mains, on le bat avec un maillet; et, lorsque le sable est bien dur et bien entassé, on râcle, avec un morceau de lame d'épée, tout le sable inégal ou qui dépasse le châssis; on en prend de nouveau qu'on répand également partout; on pose dessus une planche égale à la précédente, et l'on enlève le tout ensemble, en le retournant sens dessus dessous; on ôte alors la planche où étaient posés les modèles, et, avec la pointe d'un couteau, on coupe un peu du sable qui est au bord des modèles, en faisant tout autour une espèce de petite gouttière, afin qu'ils quittent le sable aisément et sans qu'il s'égraine. Ensuite on jette de la poudre de charbon en secouant **le** *ponsif*, on enlève le superflu avec un coup de soufflet; l'on pose dessus l'autre châssis, dont l'on fait entrer les chevilles dans les trous du premier; l'on jette de nouveau du sable sur les modèles, on l'entasse, on le bat, on râcle l'excédent et l'on répand encore du sable également. Cela fait, on pose une planche dessus; on retourne les deux châssis en même tems; on donne dessus quelques petits coups de maillet pour ébranler les modèles, et par-là leur faire quitter plus aisément le sable : l'on sépare alors les châssis de 5 à 7 millimètres l'un de l'autre, on donne encore quelques petits coups, et enfin, on les sépare tout à fait. On examine avec attention le moule de dessus, où doit être imprimé le bon côté des modèles; et, s'il s'y trouve quelques endroits défectueux qui se puissent réparer, on met un peu de sable dans ceux où il manque, en mouillant légèrement la place. Si le morceau de sable détaché est un peu gros, on mouille de même l'endroit où il faut le placer; on le remet; et même, s'il le faut, on passe une épingle à travers pour le retenir; ensuite on passe doucement ce châssis sur l'autre, on y jette un peu de sable, on le bat, on râcle le sable qui excède le bois, on en répand de nouveau, on pose une planche dessus, et enfin, comme la première fois, on sépare les châssis l'un de l'autre.

Quand le moule a réussi, on forme un sillon sur le sable d'un des châssis, depuis le creux du moule jusqu'à l'endroit où le bois est entaillé. Ce sillon s'appelle le JET, parce que c'est par-là qu'on jette la matière dans le moule.

Lorsqu'il se trouve plusieurs modèles dans le sable, on fait un jet principal duquel on tire autant d'autres jets qu'il y a de pièces moulées; car chaque pièce doit avoir son jet particulier.

Il faut prendre garde que le sable du jet ne s'égraine; pour cela, on passe les doigts dessus en appuyant, afin de le resserrer.

L'on pourrait avoir des bâtons de la grosseur du doigt et qui seraient tournés. En les posant en même-tems que les modèles, on formerait, par leur moyen, des jets proprement moulés.

Il nous reste à donner les moyens de fondre le cuivre, ce qui exige l'art de construire des fourneaux propres à cet usage.

Comme on employe dans cette fonte de miroirs des matières, dont la fumée est dangereuse, il est important de construire le fourneau en plein air, comme dans un jardin ou sur la terrasse d'une maison.

Après s'être muni de briques à cheminées, on fait un fondement carré de 22 à 27 centim. d'épaisseur, et dont chaque côté ait de 54 à 65 centim. ; ensuite on élève sur ce massif quatre murs de briques d'environ 16 centim. d'épaisseur et de 41 de hauteur, en sorte qu'il se trouve au milieu un espace vide de 27 centim. de largeur. On laisse au bas du fourneau une petite ouverture qui sert à retirer les cendres et qu'on bouche avec une brique. Au-dessus de cette ouverture on met une grille de fer : à l'un des murs on fixe un tuyau de tôle de 16 à 18 millim. de diamètre, dont les deux extrémités seront recourbées, la plus basse pour entrer dans le fourneau, la plus haute pour recevoir un soufflet double ; enfin l'on couvre ce fourneau avec une brique carrée et épaisse de 3 à 5 centim.

Il nous reste à fondre le cuivre, métal qui résiste long-tems à l'action du feu, et qui est de plusieurs sortes. Lorsqu'il est naturel, il est rouge ; mais, lorsqu'il est mêlé avec une pierre qui se nomme *calamite*, il devient jaune et se nomme *laiton* : ce cuivre est excellent pour faire des formes.

Quand on veut fondre le cuivre pour cet objet, on met au bord du fourneau un morceau de brique de 54 millim. d'épaisseur : on y pose le creuset, dont le couvercle doit être fait de façon qu'on puisse aisément l'ôter avec des pinces ; on remplit le fourneau de charbon, que l'on range autour du creuset et même au-dessus, en y mettant des charbons allumés. On laisse le fourneau ouvert par en bas, afin que l'air passe librement et allume le charbon. Quand le creuset et le dedans du fourneau sont tout rouges, on remet du charbon, on ferme le fourneau par en bas, on en couvre le haut, en laissant quelque ouverture, et l'on fait jouer le soufflet; ensuite, avec une cuiller de fer ou des pinces, on met dans le creuset le cuivre, coupé par morceaux; on continue de mettre du charbon, on souffle, et le cuivre se fond assez promptement.

Si l'on mettait le cuivre au feu en même tems que le creuset, ce métal, ne s'échauffant que par degrés, serait très-difficile à fondre, au lieu que le feu le surprend et le fond aisément, lorsqu'on le met dans un creuset tout rouge. Quoique le cuivre soit fondu, il faut le laisser quelque tems en fusion, remettre du charbon et souffler jusqu'à ce qu'il soit aussi liquide que de l'eau; mais surtout on doit bien prendre garde de laisser tomber dans le creuset quelques charbons humides, ou quelques gouttes d'eau; car à l'instant le cuivre jaillirait avec impétuosité, et brûlerait tout ce qu'il rencontrerait.

Pendant que le cuivre fond, on fait allumer du charbon par terre. On pose une partie du moule d'un côté, et l'autre partie de l'autre côté, de sorte qu'elles se soutiennent mutuellement par en haut, et qu'elles couvrent le feu qui les sèche, les échauffe et les met en état de recevoir la matière qu'on doit y couler; mais, avant que d'y jetter cette matière, il faut avec une patte de lièvre nétoyer les deux côtés du moule et le jet, de peur que quelques grains de sable détachés ne gâtent l'ouvrage. Ensuite il faut enfumer les deux parties intérieures du moule, en les passant sur la fumée d'un flambeau de résine, afin que la matière coule aisément partout. On rejoint ensuite ces deux parties; on les met entre deux planches dans une presse que l'on serre; on incline le moule sur le côté dont on veut que le cuivre, en vertu de sa pesanteur, prenne exactement la figure; on écume la matière; on prend le creuset avec les tenailles que l'on fait chauffer de peur qu'il ne casse par le froid; on verse dans le moule la quantité de matière nécessaire pour l'emplir, et on laisse refroidir.

Quand on retire les formes du moule, il faut prendre la plus grande, l'attacher sur une table et creuser dessus un verre arrondi de 8 centim. de diamètre, qui servira dans la suite à finir la forme. Lorsque le verre est creusé, l'on détache la forme; et, avec du grès tamisé, on la travaille dans le grand bassin de verre de 2 décim. de diamètre, de la même manière dont on a travaillé le modèle. On continue à y mettre du grès et à la travailler, jusqu'à ce qu'elle paraisse s'user également partout ; alors on lave la forme et le verre ; et, prenant de l'émeril, on recommence à travailler jusqu'à ce qu'il soit usé : alors on l'ôte avec une éponge, on la lave dans un vaisseau plein d'eau, et l'on réserve cette eau pour en faire l'usage que je dirai dans la suite.

Quand la forme de cuivre paraît également atteinte, on l'attache sur une pierre avec du mastic, on y travaille le verre de 8 centim. avec de l'émeril dont on change à plusieurs reprises, et à la dernière fois on continue avec le même, jusqu'à ce qu'elle soit bien adoucie. C'est alors que l'on voit si la forme est parfaite ; car elle doit être également adoucie partout ; et, en finissant de travailler, la main ne doit rien sentir qui l'arrête. Si l'on sent au contraire quelque résistance en de certains endroits, et que la forme ne paraisse pas également adoucie partout, il faut recommencer à travailler avec le grès, quand le défaut est considérable ; sinon avec le gros émeril, jusqu'à ce que l'on soit parvenu au point de perfection qu'on désire. Si cependant il ne se trouve que 7 à 9 millim. des bords de la forme qui ne s'adoucissent point, on pourra s'en servir ; car elle se perfectionnera en travaillant.

A l'égard de la petite forme de cuivre, après y avoir attaché une molette de 11 à 13 millim. de haut, dont il serait même, si on le pouvait, avantageux de se passer, on la travaillera dans le bassin de plomb où l'on a travaillé le modèle, et l'on continuera jusqu'à ce que la forme soit bien unie, et qu'elle ait pris une figure exactement sphérique. Après avoir employé le grès, on lave le bassin et la forme, et l'on se sert d'émeril dont on change à plusieurs reprises : enfin à la dernière fois on s'en sert jusqu'à ce que la forme soit adoucie. Si elle l'est également partout, c'est une preuve qu'elle est exacte, ce qui se connaîtra encore mieux au premier miroir qu'on fera dessus ; mais, si elle n'est point encore arrivée à cette perfection, l'on sera obligé de creuser un petit verre de 34 millim. de diamètre que l'on travaillera sur la forme, d'abord avec le grès, ensuite avec l'émeril, jusqu'à ce qu'elle s'adoucisse également.

Si l'on est dans le dessein de faire un grand nombre de miroirs, il sera à propos d'avoir deux formes de chaque sorte, dont on perfectionnera une grande et une petite pour achever les miroirs, et dont les deux autres serviront à les ébaucher. Mais, si l'on veut ne faire qu'un petit nombre de miroirs, il suffira d'une grande forme et d'une petite. Il serait encore nécessaire d'avoir plusieurs formes, si, au lieu de fondre les miroirs dans le sable, on voulait les fondre, comme je le dirai dans la suite, dans des moules de cuivre.

Pour faire les modèles des miroirs, il faut prendre un cercle de bois ou de carton de 6 centim. de diamètre et de 1 à 2 centim. de hauteur, le poser sur la forme de 12 centim., l'arrêter fixément avec un fil de fer qui passe en se croisant par-dessus et par-dessous la forme, faire fondre du plomb, et le couler au milieu de ce cercle sur la forme dont il prendra la figure. On mettra ensuite ce morceau de plomb sur le tour pour l'arrondir, en le réduisant à 5 ou 6 centim. du diamètre. Si la concavité est inégale et a quelques défauts, on la creusera de nouveau, en la rendant conforme à l'arc de cercle convexe qui fait partie d'une sphère d'un mètre de diamètre, et l'on fera au milieu un trou de 15 millim. d'ouverture. Lorsque ce côté sera achevé, on le changera, et l'on travaillera l'autre côté qu'on rendra plat. Il faut renfler un peu le modèle vers le milieu de son épaisseur qui doit être de 9 millim., afin qu'en le moulant on puisse aisément le retirer du sable. Il est bon aussi d'avoir deux modèles en plomb, pour que du moins, si en fondant une pièce, elle a quelque défaut, il s'en trouve une de bonne.

Pour faire le modèle du petit miroir, il faut prendre un petit cercle de bois ou de carton, de 23 à 27 millim. de diamètre et de 18 de hauteur, le poser sur la petite forme, l'arrêter avec un fil de fer, qui passe en se croisant par-dessus et par-dessous la forme, faire fondre du plomb, et le couler au milieu de ce cercle sur la forme dont il prendra la figure.

Ensuite on le réduira sur le tour à 18 millim. de diamètre, et on le creusera conformément à l'arc de cercle convexe qui fait partie d'une sphère de 16 centim. de diamètre. Lorsque ce côté sera terminé, on en changera, et l'on fera l'autre côté qu'on réduira à 14 millim. de diamètre. Ce modèle aura 7 à 9 millimètres d'épaisseur.

Comme les petits miroirs manquent plus aisément à la fonte que les grands, il sera bon d'avoir trois petits modèles pour deux grands.

Lorsque les grands et petits modèles seront achevés sur le tour, il faudra les travailler chacun sur sa forme, d'abord avec du grès, ensuite avec de l'émeril, jusqu'à ce qu'ils soient parfaitement adoucis.

Ces modèles se moulent dans le sable, comme on y moule les formes de cuivre. On les range dans un châssis sur une planche, en mettant la surface concave au-dessus. Afin que les miroirs soient percés, on fait des petits cylindres de sable ou de terre grasse, qu'on pétrit et qu'on roule sur une table. On leur donne 27 millim. de longueur sur 13 de diamètre; on les fait sécher à l'air, et ensuite au feu, et on les met dans les ouvertures des modèles; le bout qui excède s'engage dans le sable dont on les couvre. On le bat avec un maillet, afin que la surface du moule soit dure et unie.

Lorsque cette première partie du moule est finie, on pose sur le châssis, après y avoir également répandu un peu de sable, une planche qu'on prend en même tems que celle de dessous, et l'on retourne le tout ensemble. On ôte la planche qui se trouve sur l'autre côté; on coupe avec un couteau le sable autour des modèles jusqu'à 4 à 5 millim. de profondeur, pour qu'ils s'en dégagent plus aisément, lorsqu'on voudra les en retirer, et l'on secoue dessus un ponsif de charbon, afin que les deux parties du moule se puissent séparer, sans que le sable de l'un s'attache à celui de l'autre. Alors on pose le second châssis, on l'emplit de sable, on le bat, on en répand de nouveau, on pose une planche dessus, on retourne le tout, on donne quelques coups de maillet, afin que les modèles s'ébranlent et quittent facilement le sable, on sépare les châssis et l'on ôte les modèles, en prenant garde d'arracher les cylindres qui tiennent dans le sable : enfin on forme le jet.

S'il se trouve quelque défaut dans le moule, surtout du côté de la surface concave des miroirs, il faut le réparer ; si le défaut est considérable, on recommencera à mouler le côté qui n'a pas réussi ; ensuite on laisse sécher à l'air les deux parties du moule. Lorsque l'on est prêt à fondre, on les fait chauffer sur un feu de charbon ; et, avant que de les joindre ensemble, on les passe sur la fumée d'un flambeau de résine ; on les rejoint, on les met entre deux planches au milieu d'une presse bien serrée, et alors il ne reste plus qu'à y couler la matière dont on donnera bientôt la composition.

Comme il arrive très-souvent qu'il se détache quelques grains de sable, qui empêchent la surface des miroirs d'être aussi unie qu'elle devrait l'être, on doit préférer les moules de cuivre aux moules de sable. La matière s'y moule proprement, et l'on évite le temps et la peine de faire des moules à chaque fonte.

On creuse sur le tour, dans un morceau de bois, un enfoncement de 54 millim. de diamètre sur 9 de profondeur, de manière que le diamètre du fond soit de 2 millim. plus petit que celui de l'entrée. On reserve au milieu un petit cylindre de 9 millim. de hauteur, de 15 millim. de diamètre par le haut, et de 16 millim. vers sa base; on donne 7 millim. d'épaisseur à toute la boîte.

Sur le côté de cette boîte, il faut coller une petite pièce de bois de 27 millim. de longueur, de 18 millim. de largeur par le bout qui est attaché à la boîte, de 27 millim. de largeur par l'autre bout, et de 18 millim. d'épaisseur. Il faut de plus que cette pièce soit entaillée de manière que le fond soit de 2 millim. plus étroit.

On donne ce modèle à un fondeur, afin d'avoir une pièce de cuivre qui lui soit semblable ; on travaille ensuite sur le tour le dedans de la boîte seulement, en conservant le fond de 2 millim. plus étroit que l'entrée, et le cylindre de 2 millim. plus étroit vers son extrémité que vers sa base, pour que la pièce qu'on y moulera en puisse aisément sortir. On adoucit avec une lime l'ouverture qui doit faire une sorte d'entonnoir, et l'on abat la partie du cercle qui empêcherait la fonte de couler dans le moule.

Cette boîte doit être appliquée sur une forme semblable à celle sur laquelle on travaille les miroirs, de manière que les bords joignent bien par-tout, et qu'en même temps le cylindre du milieu touche aussi sur la forme. Pour y parvenir aisément, il faut le creuser un peu vers le milieu et en sorte qu'il ne touche pas les bords, et travailler la boîte sur la forme avec un peu d'émeril.

Lorsqu'on veut se servir de ce moule, on y met, avec un pinceau, une couche d'ocre délayée dans de l'eau; et, après l'avoir fait chauffer, on le place dans une presse et l'on y coule la matière; on l'ôte de la presse lorsqu'il est refroidi, et l'on retire la pièce qui y est moulée exactement avec le jet qu'on abat, après avoir donné un coup de lime à l'endroit où l'on veut le séparer.

On fera un moule de cuivre pour les petits miroirs de la même manière que pour les grands, excepté qu'il n'y aura pas de cylindre au milieu, et on se servira d'une petite forme semblable à celle sur laquelle on travaille les petits miroirs.

Jusqu'à présent nous avons donné la manière de faire les formes sur lesquelles on doit travailler les miroirs; nous allons à présent donner la composition de la matière des miroirs, et la manière de les fondre, de les travailler et de les polir.

Quelque peine et quelque soin qu'on prenne en faisant un miroir de métal pour lui donner une forme régulière, et quelque temps qu'on employe à le polir, si la composition de la matière n'est pas bonne, le succès ne répondra pas à l'espérance dont on s'était flatté.

Cette matière doit être dure, cassante comme le verre, pleine et serrée, presque dénuée de pores à sa surface, enfin susceptible d'un poli plus vif que les miroirs de glace et qui se conserve sans se ternir. Or, voici une composition où l'expérience nous a fait voir que toutes ces qualités se trouvent à la fois réunies.

L'on prend 20 onces ou 612 grammes du plus fin cuivre rouge qu'on nomme *cuivre-rosette*, 9 onces ou 275 gr. d'étain d'Angleterre du premier affinage mis en grenailles ; au défaut de cet étain, on prend de celui qui vient des Indes, que l'on nomme *étain en petit chapeau;* et 8 onces ou 245 gr. d'arsenic blanc.

Telle doit être la proportion des matières qui entrent dans la composition des miroirs, et qu'il faut suivre exactement dans les diverses quantités dont on aura besoin.

Comme chaque miroir pèse environ une demi-livre ou 245 gr., on prendra autant de cuivre et d'étain qu'il en faudra pour que le poids de ces deux métaux pèse près d'une livre ou 489 à 490 gr. ; car la fonte leur fait éprouver un déchet considérable ; quant au poids de l'arsenic, il ne doit être compté pour rien ; car, en purifiant les matières, la plus grande partie de ce métal s'évapore en fumée.

Lorsque tout est prêt, on met le feu dans le fourneau où l'on a d'avance posé le creuset ; on l'échauffe par degrés de peur qu'il ne casse ; et, lorsqu'il est tout rouge, on y met le cuivre qu'on a scié ou rompu en morceaux ; on souffle le feu jusqu'à ce qu'il soit fondu ; on ôte l'écume avec une cuiller de fer que l'on a rougie au feu ; on fait fondre l'étain , on le verse dans le creuset avec le cuivre ; on remue le mélange afin que les matières s'incorporent ; alors on sépare l'arsenic en deux ou trois parties; on les enveloppe dans autant de papiers, et on les jette séparément dans le creuset que l'on couvre à chaque fois environ l'espace de deux minutes; ensuite on ôte le couvercle, et, lorsque la matière ne fume plus, on l'écume, on la remue avec la cuiller de fer rougie, on la laisse au feu encore trois à quatre minutes, alors on la retire, on l'écume, on la remue; et, avant qu'elle commence à se refroidir, on la coule dans le moule, qu'il faut incliner du côté de la forme, afin que la matière par sa pesanteur en prenne exactement la figure.

Il faut laisser la matière se refroidir d'elle-même, et ne point remuer les moules lorsqu'elle est encore liquide, ni les ouvrir avant qu'ils soient refroidis, de peur que les miroirs, surpris par l'air froid, ne se cassent ou ne se fendent.

On doit bien prendre garde, comme j'en ai déjà averti, qu'il ne tombe rien de froid ou d'humide dans la fonte : car cette matière, sortant du creuset avec violence, se répandrait de tous côtés ; on doit aussi éviter la fumée de l'arsenic ; il suffira de se mettre au-dessous du vent, pour ne pas être incommodé de cette vapeur pernicieuse.

Nous avons fait observer que l'étain devait être en grenailles. Pour cela, il faut le faire fondre ; et, avant qu'il passe du blanc à d'autres couleurs, le jeter sur un ballet qu'on tiendra au-dessus d'un vase plein d'eau. En passant à travers les brins de ce ballet, il se sépare en petites parties qui tombent dans l'eau et forment de petits grains.

Avant de donner la manière de travailler et de polir les miroirs, nous parlerons de l'émeril et de la potée d'étain qui sont indispensables pour ce double usage.

Lorsqu'on se sert d'émeril ordinaire, il faut avoir soin, à chaque fois que l'on en change, d'essuyer les formes avec une éponge qu'on lave et qu'on exprime dans de l'eau que l'on conserve, et dont voici l'usage.

Versez cette eau dans un vaisseau plus profond que large ; remuez l'eau et la poudre qui est au fond ; laissez-la reposer quelques minutes, pour que les parties les plus grossières se précipitent ; versez doucement le quart de cette eau dans un vaisseau semblable ; remettez de l'eau, remuez-la, laissez-la reposer, et versez-en encore une partie ; continuez la même manœuvre, jusqu'à ce que, la poudre commençant à manquer, l'eau ne soit plus si trouble. Ce qui se trouvera au fond de ce premier vaisseau, sera un émeril très-inégal qui ne sera propre qu'à ébaucher vos ouvrages.

Remuez l'eau du second vaisseau ; laissez-la reposer quelques momens ; versez-en un quart dans un troisième vaisseau ; remettez un peu d'eau, remuez-la encore, laissez-la reposer, versez-en de même, et continuez ainsi tant que l'eau paraîtra trouble ; ce qui restera dans le fond du vaisseau sera un émeril de la première sorte, d'un grain égal. Vous laisserez reposer cette eau jusqu'à ce qu'elle s'éclaircisse ; vous la verserez en inclinant le vaisseau ; et, après avoir fait sécher l'émeril que vous y trouverez, vous en ferez de petites masses.

Remuez l'eau qui sera dans le troisième vaisseau ; et, après l'avoir laissé reposer quelques momens, versez-la dans un quatrième vaisseau ; remettez de nouvelle eau, remuez-la, laissez-la reposer quelques instans ; versez-la encore dans le quatrième vaisseau : ce qui restera dans le trois ième vaisseau, sera un émeril de la seconde sorte, et beaucoup plus fin que le précédent. Lorsque l'eau sera éclaircie, vous la verserez, et vous ferez sécher l'émeril dont vous ferez encore de petites masses.

Le quatrième vaisseau contiendra un émeril plus fin, dont vous laisserez éclaircir l'eau, que vous verserez; vous ferez sécher la poudre qui sera au fond; vous en formerez aussi de petites masses, et vous aurez ainsi trois sortes d'émerils, de plus en plus fins, qui serviront, comme on va l'enseigner, au travail des miroirs. Telle est la manière dont on prépare l'émeril dans la manufacture des glaces.

Passons à la potée d'étain. On appelle de ce nom l'étain calciné au feu, et réduit en matière impalpable. Voici la manière de la faire.

Prenez une livre ou 490 grammes du meilleur étain d'Angleterre; mettez-le dans un creuset que vous fermerez avec un couvercle de même matière, et que vous lutterez tout autour avec de la terre-glaise, où vous mettrez de la bourre et que vous pétrirez; laissez sécher à l'air votre creuset lutté; ensuite vous le mettrez dans le fourneau d'un potier de terre avec ses autres ouvrages de poterie; et vous l'y laisserez jusqu'à ce que tous les vaisseaux soient cuits. Lorsque le fourneau sera refroidi, retirez le creuset; et, en l'ouvrant, vous y trouverez votre étain calciné.

Alors mettez votre potée en poudre dans un vaisseau plein d'eau, remuez-la, laissez-la reposer quelques momens, afin que les parties grossières, en vertu de leur pesanteur, se précipitent au fond. Versez le tiers ou la moitié de cette eau dans un autre vaisseau : remettez encore de l'eau, remuez-la, laissez-la reposer quelques momens ; versez-la encore de la même manière ; et continuez tant que l'eau paraîtra chargée de matière. Ce qui restera dans ce premier vaisseau, sera une potée d'étain inégale, mais celle du second vaisseau sera très-fine et très-épurée. Alors laissez reposer l'eau de ce dernier vaisseau jusqu'à ce qu'elle soit éclaircie, versez-la, et faites sécher la potée que vous trouverez au fond.

Prenez ensuite de cette potée ; mettez-la sur un grand morceau de glace, mouillez-la, et, avec un autre morceau plus petit, broyez-la jusqu'à ce qu'elle soit d'une grande douceur. Enfin laissez-la sécher sur la glace ; mais prenez garde surtout que, dans le lieu où vous l'exposerez, le vent n'y jette des saletés. Ainsi il serait bon de la mettre sécher au soleil dans une chambre fermée, et de tendre un linge au-dessus, pour recevoir ce qui pourrait tomber du plancher; ou bien encore, on pourrait plus promptement l'obtenir en la faisant sécher au feu, avec l'attention d'empêcher les cendres de voler sur la potée. Quand elle sera ainsi préparée, vous l'ôterez de dessus la glace, et vous la serrerez dans une boîte.

Il est bon d'observer que, quand même on achèterait la potée toute faite, il faudrait toujours la laver, la faire sécher et la broyer de la même manière.

Nous avons vu combien est essentielle la composition de la matière des miroirs. La régularité de leur figure, et la vivacité de leur poli le sont encore davantage. Ainsi l'on ne peut prendre trop de précautions pour leur donner une figure parfaitement sphérique en les travaillant, et surtout pour la leur conserver en les polissant : en effet, comme le poli use beaucoup, un miroir peut perdre au poli toute sa perfection, lors même qu'on croit le perfectionner.

Pour donner aux miroirs une figure sphérique, prenez la forme de cuivre de 12 centimètres ; avec du mastic, attachez-la sur un morceau de bois rond, de 5 centim. de hauteur sur 8 centim. de diamètre qui tienne sur une planche de 27 à 32 centim. un peu lourde, afin que la forme soit stable. Travaillez bord votre miroir avec du gros émeril et avec la main sans molette. En effet, comme les molettes sont cause que les bords se travaillent plus que le milieu, et dégénèrent par conséquent de la figure sphérique, elles sont préjudiciables à la perfection des miroirs ; on conduira donc le miroir simplement avec la main, comme nous l'avons déjà enseigné en parlant du travail des formes ; c'est-à-dire, en décrivant des cercles, tels que le centre du miroir passe par le centre de la forme et revienne vers le bord de la même forme, ensorte que le miroir n'excède la forme que d'environ 9 millim. ; et qu'en avançant par degrés, l'on fasse le tour de la forme. De plus, dans cette opération, l'on aura soin de tourner sur eux-mêmes et la forme et le miroir, afin que l'un et l'autre se travaillent également et régulièrement partout.

On continuera avec le même émeril, jusqu'à ce que le miroir ait pris une forme régulière. Cependant, s'il ne restait plus que quelques petits trous qui, par leur profondeur, auraient de la peine à se combler sans user un peu trop du miroir, il vaudrait mieux les laisser que d'aller plus loin ; car il est essentiel de savoir que cette matière n'est bonne que dans sa superficie. Dès qu'on creuse trop avant, on découvre des petits trous d'abord imperceptibles, mais qui augmentent en grosseur à mesure qu'on creuse davantage, et qui finiraient par empêcher le miroir de prendre un beau poli.

L'observation qu'on vient de faire est de la plus grande importance. Il en a coûté bien du travail et de la dépense, avant qu'on ait reconnu que la bonté de cette matière ne consiste que dans une superficie très-mince, et que, plus on avance au de-là, plus elle devient défectueuse. Ce fut en vain qu'on chercha, par une infinité d'expériences, ce qui ne se pouvait trouver qu'en ménageant cette superficie, dont on ne connaissait pas d'abord tout le mérite, et qu'on usait trop avant pour ôter les inégalités qui provenaient de la fonte.

Ces pores, qui inondent l'intérieur de cette matière, naissent de la grande raréfaction qu'elle éprouve à la fonte; car, lorsqu'on la coule dans le moule, c'est la surface du miroir qui se durcit la première. Tant que le dedans du miroir et du jet est liquide, la matière s'entasse: mais, comme le jet est plutôt dur que le dedans du miroir, et que le dehors du miroir est ce qui se durcit d'abord, à mesure que la matière du miroir se refroidit, elle se serre, et forme de petits vides, qui s'agrandissent à proportion qu'on approche du milieu.

Lorsque le miroir, après avoir pris la figure

de la forme, commencera à s'adoucir au moyen du gros émeril, vous le laverez ainsi que la forme ; et, prenant un morceau d'émeril de la première sorte, après l'avoir un peu mouillé d'un côté, vous en frotterez légèrement votre forme, car il faut à chaque fois fort peu d'émeril; et vous continuerez à travailler jusqu'à ce que l'émeril soit usé : alors vous essuierez votre forme et votre miroir, et vous en remettrez une seconde et une troisième fois, en employant environ une demi-heure à ce travail.

Vous prendrez ensuite de l'émeril de la seconde sorte, après avoir lavé le miroir et la forme ; vous en remettrez une seconde fois, et vous continuerez ainsi pendant une demi-heure à adoucir votre miroir.

Enfin vous prendrez de l'émeril de la troisième sorte, sur lequel vous passerez un verre qui aura la figure de votre forme, et que vous réserverez pour cet usage, afin qu'il ne s'y trouve pas de grains capables de rayer : vous laverez encore une fois le miroir, surtout l'ouverture du milieu; ensuite vous le remettrez précisément sur le même endroit où il étoit ; vous continuerez, en jettant de tems en tems quelques gouttes d'eau, à l'adoucir pendant un bon quart-d'heure; et votre miroir sera enfin en état d'être poli.

Nous ferons ici une remarque essentielle,

c'est que, plus un miroir est adouci, plus il reçoit facilement le poli, et moins la figure est sujette à se perdre.

Il ne faut donc pas épargner le tems pour l'adoucir. Car on serait une demi-journée à polir un miroir mal adouci, qui ne vaudra peut-être rien, tandis que, s'il est bien adouci, il sera poli dans l'espace d'une demi-heure.

Passons maintenant à la manière de polir le miroir.

Quand on aura fini de l'adoucir, on le lavera dans l'eau en le frottant avec de petites brosses, de peur qu'il ne reste de l'émeril qui pourrait le rayer, quand on le polirait. On nettoyera surtout l'ouverture du milieu, et on lavera aussi la forme de cuivre.

Alors on prendra une feuille de beau papier uni et bien net, mais le moins collé qu'il sera possible; on choisira l'endroit du papier qui, en le mirant au grand jour, paraîtra le plus égal et le plus propre : on y coupera de biais une bande de 16 centimètres de long sur 7 centim. de large : je dis de biais, afin que toutes les rayes du papier traversent obliquement la bande. On posera ce papier sur un morceau de glace; et, avec le dos d'un canif, on cherchera les endroits qui seront raboteux, et on les redressera avec le tranchant le plus légèrement qu'il sera possible; lorsqu'on sentira quelques petites pierres, on les ôtera avec grand soin et sans déchirer le papier. Quand il paraîtra nettoyé, et qu'en posant partout le dos du canif, on ne sentira rien qui résiste, on prendra un petit verre plat de 2 à 3 centim. de diamètre, on le posera sur le papier étendu sur le grand morceau de glace; et, en appuyant, l'on sentira facilement tout ce qu'il y aura à ôter dans le papier.

Alors on prendra de l'empois qu'on mettra dans un linge fin; et, après l'en avoir exprimé, on en étendra un peu avec le doigt sur la bande de papier; l'on posera ce papier sur la forme, de manière qu'une des grandes raies qui le traversent se trouve sur le milieu. On passera le doigt dessus afin qu'il s'y attache, et qu'il ne s'insinue dessous aucune bulle d'air. Si cela par hazard arrivait, on leverait par un bout le papier jusqu'au milieu; et, coulant le doigt par dessus le milieu vers le bord, on l'appliquerait de nouveau; ensuite, relevant de même l'autre côté jusqu'au milieu, et y passant, le doigt de la même maniere on le recollerait : Enfin l'on arrêtera les deux bouts de papier sur le bois qui porte la forme.

Il est bon après cela de passer doucement sur le papier collé le verre qui a servi à écraser l'émeril, après l'avoir lavé et essuyé pour qu'il soit uni. On le laisse, jusqu'à ce qu'il soit sec, exposé à l'air dans un endroit où il n'y puisse rien tomber de nuisible. Alors on passe encore dessus le dos du canif, et l'on examine si rien ne résiste, de peur que quelque petit grès, resté dans l'empois, ne raye le miroir à travers le papier. Enfin l'on prend un autre verre de 5 à 6 centim. de diamètre, que l'on doit avoir creusé sur la forme avant que de faire le miroir. Il faut avoir soin de le repasser sur cette forme avec un peu de grès sec et passé par un tamis fin, à l'avant-dernière fois qu'on met du gros émeril, afin que le verre ait absolument la même concavité que le miroir qu'on travaille, et en même tems que la forme puisse s'adoucir par le dernier gros émeril qu'on emploie et par les sortes suivantes. On lavera ce verre qui doit être rude à peu-près comme une lime fine, on l'essuiera et on le passera plusieurs fois en long et en appuyant sur le papier, afin d'user toutes les inégalités qui s'y trouveront et de lui donner une figure semblable à la forme sur laquelle il est collé; on prendra garde surtout de ne pas user plus le milieu du papier que les bords; ensuite on passera dessus le dos du canif et le verre qui est adouci, pour voir s'il ne se trouverait rien qui fût capable de rayer; enfin, on repassera le verre rude une dernière fois.

Le papier étant ainsi apprêté, on prend une

pincée de potée d'étain préparée comme on l'a enseigné ; on l'étend également avec le doigt ; et, après avoir mis quelques gouttes d'huile d'olive sur le verre adouci, on le passe sur la bande de papier, jusqu'à ce que la potée soit également répandue sur toute la surface. Alors on pose dessus le miroir, après y avoir mis un peu d'huile; et, sans se servir de molette, on le tient avec les deux mains, on le pousse en avant et on le retire à soi en appuyant, et surtout en ayant soin de le tourner de moment à autre, afin qu'il se polisse également; et l'on remet de la potée sans huile; en effet, pour effacer les raies du miroir et lui donner un poli vif, le papier et la potée doivent aussi se polir et devenir luisans, ce qu'empêcherait l'huile si l'on en remettait. Quand le miroir a été bien adouci, il est poli en moins d'une demi-heure. Lorsque toutes les raies sont effacées, et que le poli paraît partout égal et d'une grande vivacité, on l'essuie avec un morceau de chamois. S'il reste quelques raies légères, on n'a plus, pour les faire disparaître, qu'à frotter le miroir avec ce chamois en appuyant le doigt dessus, et en le conduisant également partout. Si les raies étaient un peu profondes, il vaudrait mieux les laisser que de gâter la figure du miroir, en le frottant trop long-temps. Après l'avoir bien essuyé avec un chamois bien propre, on prendra de l'esprit de vin où l'on trempera du coton bien nétoyé, afin qu'il ne s'y trouve rien qui puisse rayer le miroir; on le nétoyera jusqu'à ce qu'il ne paraisse plus gras; et, après l'avoir essuyé avec du coton, il se trouvera enfin achevé.

Pour le conserver jusqu'à ce qu'on puisse le mettre en place, on le déposera dans une tasse de porcelaine ou de fayence que l'on couvrira d'un morceau de glace; avec cette précaution, ni la poussière ni la fumée ne pourront le gâter.

Pour réussir aisément à polir un miroir; il faut que le papier ne soit ni trop gras ni trop sec; s'il est trop gras, la potée d'étain ne s'y attache pas suffisamment; s'il est trop sec, le miroir ne prend pas un poli égal, pour peu qu'on ait un peu trop usé la première surface qui est très-mince, et seule capable de recevoir un beau poli. On remarque souvent dans les miroirs de petites places qui, vues sous un certain jour, paraissent les unes plus profondes, les autres plus élevées. Plusieurs mêmes sont d'un poli plus vif que les autres : de tels miroirs ne forment que des images confuses.

Ce défaut vient vraisemblablement de ce que l'on commence à découvrir des endroits qui sont remplis d'une infinité de petits pores qui échappent à la vue, mais qui dans ces endroits rendent la matière plus facile à s'user au poli et moins propre à réfléchir vivement la lumière. Plus on aura usé de la première surface d'un miroir, plus il se trouvera de ces places qui ne prennent pas un poli vif ; on ne peut donc prendre trop de précautions pour conserver au papier un degré de molesse suffisant pour que le miroir se polisse promptement et que les parties où sont les pores, et qui par cela même sont les plus tendres, ne s'enfoncent pas plus que les autres. Il faut encore avoir soin de mettre sur le papier une quantité suffisante de potée d'étain ; le miroir en sera plutôt poli et en recevra une surface plus parfaite.

Le défaut dont on vient de parler est presque imperceptible et très-difficile à découvrir : on s'imaginerait plutôt que le miroir aurait perdu sa figure. Alors le seul parti à prendre est d'ôter le papier, d'adoucir une seconde fois le miroir avec un peu d'émeril de la troisième sorte, écrasé et bien usé auparavant avec le verre, de coller un nouveau papier, et de le polir avec les précautions qu'on vient de prescrire, pourvu toutefois qu'il n'ait pas été trop usé en le travaillant : car, si les places qui ne prennent pas un poli si vif dominent et sont en grande quantité, il est inutile de le recommencer, il faut le refondre.

Quant au petit miroir, après y avoir soudé à l'étain un morceau de cuivre épais de 4 à 5 millim. qui servira pour le monter, il faut le travailler et le polir absolument de la même manière.

Si nous nous sommes étendus un peu longuement sur la façon de composer les miroirs métalliques, c'est que l'oubli de la moindre circonstance dans cette partie peut être très-préjudiciable. Nous serons beaucoup plus courts sur l'article des verres différens, dont nous allons nous occuper.

Voici la marche que nous suivrons : nous parlerons d'abord de l'art de faire et de polir les grands verres objectifs, ensuite de travailler et polir les verres oculaires ; enfin, de faire les lentilles : ce qui comprend tous les verres qui ont rapport aux télescopes, aux lunettes et aux microscopes. Parlons d'abord des verres objectifs.

Entre les diverses méthodes que les différens Auteurs qui ont écrit sur cette matière donnent pour faire les formes, et travailler les verres, les uns exigent des machines aussi dispendieuses que difficiles à construire ; les autres prescrivent un travail aussi long qu'incertain. La méthode qu'on va exposer n'a aucun de ces inconvéniens : elle est aussi simple que sûre, et en même temps d'une exécution si prompte, que le verre et la forme se travaillent en même temps. Mais, comme la bonté d'un verre objectif dépend non-seulement du travail, mais encore de la matière, il faut commencer par connaître, pour être en état de les éviter, tous les défauts qui peuvent se rencontrer dans cette matière; car il est rare de trouver un morceau de glace qui en soit tout-à-fait exempt, surtout s'il est un peu grand. On y trouve en abondance *des points, des larmes, des filets*. Nous avons vu une glace plate des deux côtés, qui, comme un verre objectif, réunissait les rayons de lumière à une fort grande distance. C'était une larme qui s'y trouvait, c'est-à-dire, une partie de matière plus dure que celle qui l'environnait, et qui avait une figure convexe, à peu-près comme le cristallin de l'œil au milieu de l'humeur aqueuse.

Les points se forment lorsque la matière, qui est toute rouge en sortant du fourneau, est exposée à l'air froid; sa superficie se refroidit la première, se resserre et se durcit pendant que le milieu est liquide : comme cette matière intérieure occupe plus de place lorsqu'elle est raréfiée, que lorsqu'elle est refroidie, elle laisse des petits vides remplis seulement d'une matière très-subtile, et qui forment ce qu'on nomme des points.

Lorsque la glace a été soufflée et aplatie ensuite, les points sont longs, au lieu qu'ils sont ronds lorsque la glace a été coulée. Les grandes glaces sont coulées sur des tables, et cette sorte de glace est la meilleure pour les verres.

Les larmes qui se trouvent dans la glace étant plus dures que le reste, elles détournent les rayons; et souvent, lorsque leur figure est convexe elles les rassemblent en de certains points. Les filets, qui sont aussi d'une matière plus dure que le reste, sont également dangereux.

Il existe encore un défaut, qui consiste en ce que souvent une plaque de glace est composée de plusieurs tables ; il provient de ce que les ouvriers, lorsque la glace est un peu grande, prennent de la matière à plusieurs reprises pour la composer.

Pour éviter tous ces défauts dans un morceau de glace, voici la manière qui nous a paru la meilleure et la plus facile. Il faut avoir un miroir concave d'un foyer un peu long, poser sur ce miroir la glace qu'on veut éprouver, tenir une lumière à la main dans un lieu obscur, et se reculer en regardant la lumière dans le miroir, jusqu'à ce que tout le miroir et la glace qui est dessus soient tellement éclairés, qu'ils paraissent tout en feu ; alors on reconnaîtra tous les défauts de la glace ; on y verra facilement les larmes, les points, les filets, les fibres, les tables; il sera donc aisé de prendre, dans une plaque de glace un peu grande, l'endroit qui sera le meilleur. Pour le couper, on fera un trait dessus avec une pointe de diamant; et, en donnant quelques petits coups, les morceaux se sépareront,

Voyons maintenant la manière de donner au verre objectif et à la forme une figure sphérique.

Après avoir choisi un morceau de glace d'une grandeur convenable, vous l'arrondirez avec les pinces; ensuite, vous en userez les bords dans un bassin de fer un peu creux pour qu'ils soient bien terminés, vous prendrez une plaque de glace des plus épaisses, et au moins d'un tiers plus grande que le verre que vous voulez travailler; par exemple, si le verre doit avoir 108 millimètres de diamètre, la plaque qui doit servir de bassin, en aura 162 de diamètre. Vous la fixerez sur un modèle de bois avec du mastic; vous creuserez cette plaque, et un verre plus petit que l'objectif que vous voulez travailler, avec du grès sec; de sorte qu'en appliquant un arc de cercle dont le rayon soit de la longueur du foyer du verre que vous voulez faire, vous trouverez qu'il touche également partout. Prenant alors la glace que vous aurez choisie pour faire l'objectif, vous la travaillerez

dans ce bassin, d'abord avec du grès, ensuite
vous l'adoucirez; enfin vous la frotterez sans grès
contre le bassin, afin de la rendre luisante,
pour que les rayons de lumière puissent passer à
travers et que l'on reconnaisse un peu les objets;
car alors, en y ajoutant un verre d'un foyer connu,
et les exposant au soleil, vous aurez un nouveau
foyer moindre que celui du verre déjà connu.
Si vous vous appercevez qu'il est plus long ou
plus court que vous le désirez, vous continuerez
à creuser ou redresser le bassin jusqu'à ce que
vous ayez atteint à peu près le point que vous
demandez. Il vaut mieux que le foyer soit trop
long, parce qu'en travaillant le second côté, le
bassin se creusera encore, et par conséquent
le foyer se raccourcira. C'est dans ce bassin
que vous travaillerez votre objectif, d'abord avec
du grès sec, mais sans employer les molettes
qui, usant plus les bords que le milieu, feraient
perdre au verre la figure sphérique; ensuite avec
du gros émeril mouillé, jusqu'à ce que les trous
du grès soient effacés. Mais surtout ayez soin
en travaillant, soit au grès, soit à l'émeril,
de remarquer le côté du verre qui se trouvera
le plus épais; et c'est à quoi vous parviendrez
facilement en mesurant l'épaisseur des bords
entre les pointes d'un compas courbe : car,
après avoir pris au juste l'épaisseur d'un côté, à

4 ou 5 millim. de distance du bord, il est aisé, en présentant cette même ouverture à d'autres côtés, de remarquer si c'est à la même distance du bord que les pointes du compas s'arrêtent. Si les pointes peuvent embrasser l'épaisseur du verre jusqu'à 6 ou 7 millim. de distance du bord, c'est une marque que ce côté est plus mince que celui par où vous avez commencé; alors il faudra, en travaillant, appuyer un peu plus sur le côté plus épais. Si au contraire les pointes ne peuvent embrasser le verre qu'à 2 ou 3 millim. du bord, ce sera un indice que ce côté sera plus épais que le côté opposé, et il faudra appuyer dessus davantage. On continuera de la sorte cet examen, jusqu'à ce que les pointes du compas s'arrêtent partout à une égale distance du bord; ce qui prouvera que le verre est partout d'égale épaisseur. Sans cela, quelque exact que soit le travail de votre verre, et quelque parfaite qu'en soit la matière, il ne pourra pas réussir, s'il est d'inégale épaisseur, et si sa plus grande convexité n'est pas précisément au milieu.

Il faudra observer pour les verres la même manière qu'on a déjà prescrite pour les miroirs; c'est-à-dire, qu'il faudra conduire le verre de manière que son centre décrive des cercles qui passent tous vers les bords et ensuite vers le centre du bassin, en ayant soin d'avancer insensiblement tout autour, de tourner le verre peu à peu sur lui-même, et de changer de tems en tems le côté de la forme qu'on a devant soi, afin que le verre soit partout également travaillé.

Après le gros émeril, vous prendrez des trois autres sortes d'émeril dont nous avons parlé; vous travaillerez avec la première sorte une heure de tems, et une demi-heure avec chacune des deux autres. Chaque fois que vous changerez de sorte, vous laverez bien le verre et la forme; ensuite vous remettrez quatre ou cinq fois du nouvel émeril, après avoir essuyé avec une éponge celui qui est usé. A la dernière fois où vous mettrez du troisième émeril, il faudra travailler un quart-d'heure avec le même; ensuite enlever le verre, le bien laver, le poser sur le même endroit où il était de peur de rencontrer, en le posant ailleurs, quelques grains d'émeril capables de le rayer; ôter avec le doigt l'émeril qui se trouve autour de la forme, jusqu'à 27 millim. de distance du bord, et continuer le travail en jetant de tems à autre quelques gouttes d'eau sur la forme, pour que l'émeril reste toujours humide. Plus vous emploierez de tems à ce dernier travail, et mieux votre verre sera poli. S'il s'y trouve encore trop d'émeril, vous pourrez en ôter; lorsqu'un peu d'émeril, pris sur la forme et mis sur un morceau de glace, sera sec, vous paraîtra blanc et réduit en une poudre impalpable, vous cesserez d'adoucir. Afin de pouvoir ôter votre verre sans le rayer, vous mouillerez un peu plus la forme ; enfin vous la laverez aussi bien que le verre, qui se trouvera en état d'être poli.

Nous finirons cet article par cette observation importante : si, en travaillant et en adoucissant un verre objectif, on lui fait décrire de trop grands cercles et qu'il déborde trop sur la forme, il ne se polit pas également par-tout, mais seulement vers le milieu ; si, au contraire, on lui fait décrire de trop petits cercles et qu'il ne déborde point assez sur la forme, il commence à se polir seulement vers les bords. Le rapport du diamètre d'un verre au diamètre du bassin étant de 3 à 5, le verre doit déborder un peu moins que du tiers de son diamètre. Voyons à présent comment on polit les verres objectifs.

Vous prendrez une bande de beau papier, mais le moins collé qu'il sera possible ; et, après l'avoir nétoyé comme on a prescrit de le faire à l'article des miroirs, vous le collerez sur la forme, et vous le laisserez sécher à l'air dans un lieu où il ne tombe pas de poussière ; ensuite vous prendrez un morceau de verre arrondi, de 41 à 54 millim. de diamètre, vous l'userez avec du grès sur un morceau de glace platte, jusqu'à ce qu'il devienne très-rude ; vous le déborderez dans un bassin un peu creux avec du grès sec, afin que le bord devienne rude à son tour ; et, après l'avoir lavé et essuyé, vous le passerez à plusieurs reprises sur le papier, et ses bords l'useront également par-tout. Lorsque le papier sera bien uni, vous prendrez du tripoli de Venise le plus léger et le plus doux qu'il sera possible de trouver ; vous ratisserez légèrement cette pierre, et vous en répandrez la poudre sur votre papier ; si le tripoli est bien doux, en passant la pierre sur le papier elle se réduira en poudre ; vous étendrez cette poudre sur la forme avec un morceau de papier ; et, après avoir soufflé celle qui ne se sera point attachée au papier, vous conduirez dessus, et en long, votre verre, en appuyant d'abord légèrement et ensuite avec force ; vous remettrez du tripoli par 4 à 5 fois ; et, après une heure ou deux tout au plus, votre verre sera poli ; mais à la dernière fois vous le travaillerez au moins une demi-heure avec le même tripoli.

Nous observerons ici que le tripoli de Venise est une espèce de craie de couleur jaunâtre : on en trouve chez les gros épiciers et les lapidaires. Ce tripoli donne une vivacité admirable aux verres ; la potée d'étain polit aussi passablement ; mais elle est inférieure au tripoli pour les verres. Pour le rendre plus doux, on le met en poudre, on le broye sur une glace avec une autre plus petite, en le mouillant un peu, et ensuite on le remet en masse.

Si votre objectif est large et mince, il pourrait plier en appuyant dessus; alors il faut attacher sur ce verre un autre verre un peu épais avec du mastic, composé de poix noire fondue sur le feu, et mêlée avec de la cendre passée par un tamis; mais, afin de séparer plus aisément ces deux verres l'un de l'autre, collez sur votre objectif un morceau de papier; et, après qu'il sera sec, chauffez votre verre, de peur qu'il ne casse, étendez-y du mastic presque liquide, et appliquez-y votre autre verre; lorsqu'il faudra les séparer, vous ferez chauffer doucement les deux verres, jusqu'à ce que le mastic devienne un peu liquide, vous les séparerez; et, avec un couteau chauffé au feu, vous enleverez le mastic qui sera sur le papier; ensuite vous mettrez le verre dans l'eau, et le papier se décollera aisément.

Il s'agit à présent de travailler le verre par son autre côté; avant tout, il faut s'assurer s'il est d'égale épaisseur tout autour des bords; pour cela, présentez au soleil le côté plat du verre, et mettez un carton entre ce verre et le soleil, de manière que ses rayons tombent sur le verre et soient réfléchis sur le carton : car ce verre les réfléchira à la 6ᵉ partie du diamètre de la sphère dont il fait partie, comme un miroir concave les réfléchirait au quart du diamètre de sa sphère ; éloignez ou rapprochez le carton jusqu'à ce qu'il soit au foyer. Si le verre est d'égale épaisseur tout autour, vous verrez peinte dessus l'image du soleil, au milieu d'un grand cercle beaucoup moins éclairé : cette image est formée par le fond du verre déjà travaillé, et le grand cercle lumineux est formé par le côté plat de ce même verre. Si au contraire l'image du soleil est plus près d'un côté, c'est une marque que le verre n'est pas d'une égale épaisseur. Alors il faut remarquer le côté où l'image du soleil est plus voisine du bord du cercle éclairé ; si c'est du côté gauche, c'est aussi du côté gauche que le verre est trop épais ; pour vous en convaincre, vous n'avez qu'à porter le doigt sur le verre, et l'ombre paraîtra du même côté sur le cercle lumineux ; par ce moyen vous connaîtrez precisément sur le verre l'endroit le plus épais, et vous aurez soin de l'y marquer.

Vous collerez, sur le côté travaillé de votre verre, un morceau de papier ; et, lorsqu'il sera sec, vous marquerez avec de l'encre l'endroit qui sera le plus épais. Ensuite vous travaillerez le second côté sur la forme du verre, de la même manière que vous avez travaillé le premier ; vous appuierez un peu plus sur le côté le plus épais, et vous examinerez, avec un compas recourbé, s'il ne devient pas plus mince que le côté opposé. Lorsque les bords seront d'une égale épaisseur, vous tournerez de momens à autres le verre dans votre main, en travaillant tout autour de la forme ; vous la changerez aussi de tems en tems de côté. Enfin, vous adoucirez votre verre avec les mêmes précautions qu'on a prescrites pour l'autre côté. Ensuite vous collerez un papier bien nétoyé dans le bassin, vous l'unirez partout avec le petit verre, et vous polirez votre objectif avec le tripoli.

Si votre verre est un peu mince relativement à sa grandeur, de peur qu'il ne plie, vous attacherez dessus un morceau de glace, pour faire le second côté. Lorsque vous voudrez faire des verres de 10 à 15 mètres de foyer, il sera inutile de creuser la grande plaque avec un autre verre ; il suffira de travailler d'abord dessus avec votre verre objectif ; la plaque se creusera suffisamment d'elle-même en travaillant. Vous donnerez au verre objectif 27 à 54 millimètres de plus qu'il n'en faudra pour son ouverture.

Si vous voulez avoir des objectifs d'un foyer déterminé, vous prendrez un bassin de glace où vous aurez fait un verre d'un foyer qui vous conviendra ; vous l'arrondirez exactement, et vous y ferez un biseau dans un bassin de fer. Vous le donnerez à un fondeur pour fondre en cuivre un bassin semblable à ce modèle. En y travaillant long-temps un morceau de verre, il se perfectionnera. Vous donnerez à vos bassins un tiers de diamètre de plus qu'aux verres objectifs, ou le double tout au plus. Si vous voulez un objectif de 26 décim. de foyer, il faut lui donner 54 à 75 millim. de diamètre, et à votre bassin environ 95 à 108 millim. Si ce sont des verres de 65 à 97 centim. de foyer, comme c'est un diamètre de 27 à 40 millim. qui leur convient, il sera bon de donner le double, c'est-à-dire 54 ou 81 millim. au bassin. Les modèles se feront aussi avec un morceau de glace, et ensuite on fondra en cuivre des bassins semblables.

Si les grands verres objectifs se travaillent en même tems que leurs formes, il n'en est pas de même des verres oculaires et des lentilles. Comme leurs formes sont beaucoup plus sujettes à changer, elles doivent être d'une matière dure et qui puisse conserver sa figure ; il faut donc commencer par donner la façon de les faire.

Pour faire ces formes, on prend un morceau de plomb fondu, de la grandeur dont on veut faire le modèle; on l'arrondit et on le rend plat des deux côtés, en lui laissant suffisamment d'épaisseur pour la concavité de la forme; on attache ce morceau de plomb sur le tour; et, après avoir fait un arc de cercle dont le demi-diamètre soit semblable au foyer des verres qu'on veut faire, on creuse le plomb jusqu'à ce que cet arc s'y applique également partout. S'il s'agit de petites formes de 27 à 40 millimètres, il faut leur donner presque une demi-sphère : si elles sont plus grandes, un tiers ou un quart de sphère suffira. Il faut ensuite tourner un morceau de plomb convexe, semblable à la forme, en y appliquant un arc de cercle concave; après que ce plomb sera tourné, on l'attachera à une molette, on le couvrira de grès mouillé, et on le présentera au bassin monté sur son mandrin; on fera mouvoir le tour, on conduira le plomb attaché à la molette, comme si l'on faisait un verre; et, en peu de tems, l'on aura une forme concave et une forme convexe, qui serviront de modèles pour en fondre de semblables en cuivre. On pourrait encore, pour faire ces modèles, au lieu de plomb, se servir de quelque pierre tendre, de craie, par exemple. Lorsqu'on aura les deux pièces en cuivre, on montera la forme concave sur le tour et la forme convexe sur une molette, et on les travaillera d'abord avec du grès, ensuite avec de l'émeril, de la même manière que les modèles, jusqu'à ce que les surfaces soient bien unies et s'adoucissent également, et l'on aura deux formes en cuivre, l'une pour faire les verres convexes, et l'autre pour faire les verres concaves.

Il faudra construire, d'après ces principes, des bassins qui fassent partie de sphères dont les diamètres soient proportionnés aux foyers des verres qu'on veut avoir Si l'on veut en avoir de différens foyers, il faut avoir des bassins qui fassent partie de sphères de 27, 41, 54, 81, 108, 162, 217 millim. de diamètre. Lorsqu'on ne trouve pas un bassin propre à faire un verre du foyer qu'on souhaite, on choisit deux bassins différens, et l'on y travaille chaque côté du verre, afin d'avoir un foyer approchant de celui qu'on veut.

Si l'on connaît exactement le diamètre de chacun des bassins, la règle de trois qui suit donnera le foyer du verre qu'on y veut travailler : la somme des deux diamètres des bassins est, à l'un des diamètres, comme l'autre est à un quatrième terme, qui sera le foyer cherché ; par exemple, si le diamètre de la sphère dont un bassin fait partie est de 13 millim. et demi, et si le diamètre de la sphère dont l'autre bassin fait partie est de 27 millim., la somme des deux diamètres sera de 40 et demi ; alors, on fera cette proportion : 40 1/2 : 13 1/2 :: 27 ou 81 : 27 :: 27 est au foyer qu'on cherche : alors multipliant les deux moyens 27 et 27 l'un par l'autre, et divisant leur produit 729 par l'extrême connu 81, on aura pour quotient 9, qui sera le nombre de millim. du foyer du verre.

Pour les microscopes, on fera des bassins de 7, 9, 11 millim. de diamètre, en les tournant sur un morceau de cuivre et sans se servir de modèle. Lorsque les bassins n'auront que 2 à 4 millimètres de diamètre, on les fera en enfonçant avec un coup de marteau, sur une plaque de cuivre assez épaisse, un morceau d'acier, auquel on aura donné par un bout une figure sphérique. Ce morceau d'acier aura 54 à 81 millim. de longueur, et au milieu il y aura une virole. Le bout, de figure sphérique, sera posé sur le creux de la forme qu'on veut achever ; l'autre bout, terminé en pointe, entrera dans un morceau de fer creusé, que l'on tiendra d'une main en appuyant, pendant que l'autre main, munie d'un archet, fera tourner la virole, et en même tems le morceau d'acier qui la porte ; l'on mettra de l'émeril à plusieurs fois, et l'on continuera de travailler jusqu'à ce que la forme soit finie. De toutes ces formes, il ne faudra qu'en avoir deux qui soient semblables; encore n'en faudra-t-il qu'une qui soit régulièrement travaillée; l'autre servira à ébaucher les verres au sortir de la fonte. Si ces formes, propres à ébaucher l'ouvrage, étaient du métal dont on fait les cloches, elles résisteraient davantage. Ce métal est composé de cinq parties de cuivre alliées à une partie d'étain.

Quand on veut travailler les verres oculaires, il faut choisir un morceau de glace qui ait une épaisseur convenable au verre qu'on veut faire, et où, s'il est possible, il ne se trouve ni points ni autres défauts; on lui donne un diamètre suffisant, on l'attache sur une molette très-basse, et, si l'on peut s'en passer, cela n'en sera que plus avantageux : ensuite on le travaillera dans le bassin à ébaucher. Afin d'aller plus vite, on pourra avoir un tuyau de fer blanc de la grosseur de la molette, qu'on y fera entrer par un bout; à l'autre bout sera attaché un morceau de bois terminé par une pointe de fer; on fera entrer cette pointe dans un bout de tuyau, dont le fond sera aussi terminé par une pointe qu'on tiendra d'une main, tandis que, de l'autre on fera tourner avec un archet le tuyau, et par conséquent la molette qui s'y trouve attachée; on mettra par plusieurs fois du grès nouveau dans le bassin, et en peu de tems le verre aura une figure grossière.

Alors, après l'avoir ôté du tuyau, on le travaillera à la main, dans le bassin qui est régulier, avec du grès tamisé, jusqu'à ce qu'il ait pris la forme du bassin ; on lavera le verre, et avec le doigt on ôtera le gros grès qui sera sur le bord, et l'on continuera à l'adoucir avec le même grès, jusqu'à ce que tous les trous du grès soient effacés. On lavera encore le verre, pour ôter tout ce qui pourrait le rayer, et on l'achevera avec le même grès usé, jusqu'à ce qu'il soit réduit en poudre impalpable : mais surtout il ne faut pas épargner le tems à le bien adoucir ; car il en sera plutôt poli et par conséquent meilleur. Lorsque le verre sera très-petit, on pourra le faire à l'archet ; mais il ne sera pas si parfait qu'à la main.

Le défaut de tous les oculaires communs est de n'être pas polis dans leurs bassins ; on les polit sur un morceau de feutre avec de la potée rouge, ou sur un morceau de buffle avec de la potée d'étain mouillée ; or, comment un tel verre pourrait-il être bon ? Il faudrait que toutes ses parties se polissent en même tems et également, au lieu qu'on les polit les unes après les autres, qu'elles portent inégalement sur le polissoir, et que par conséquent elles ne peuvent former qu'une figure irrégulière.

Lorsqu'on veut avoir un bon oculaire, il faut

prendre un morceau de papier bien nétoyé, le découper de manière qu'en le présentant dans le bassin il le couvre entièrement, et qu'en même tems les bords du papier découpé ne s'élèvent point les uns sur les autres, mais qu'ils se joignent seulement. On collera ce papier dans le bassin; et, lorsqu'il sera sec, on prendra un verre travaillé avec du gros grès dans ce même bassin, on usera le papier avec ce verre rude afin que sa surface soit égale : ensuite on le couvrira de tripoli; on mettra le bassin sur le tour, et, y appliquant avec la main le verre attaché sur sa molette, en peu de tems il sera poli, et il aura conservé la régularité de sa forme.

Si l'on voulait le polir sans se servir du tour, l'on collerait dans le bassin une bande de papier découpé des deux côtés, qu'on rendrait bien égale au moyen d'un verre brute; et, après y avoir mis du tripoli, l'on polirait le verre en le conduisant en long sur la bande de papier.

Lorsqu'on aura travaillé le premier côté du verre, on mettra ce verre entre les doigts et le pouce de la main gauche, de manière que la molette pose par l'autre bout dans le creux de la main; on donnera un petit coup de maillet sur la molette près du verre, et il se détachera. Ensuite on l'arrêtera par l'autre côté sur la molette, et on le travaillera de la même manière.

Telle est la méthode qu'il faut suivre pour travailler et polir les oculaires en conservant leur figure.

Si l'on veut agir d'une manière très-expéditive, on n'aura qu'à mettre, dans un bassin un peu plus grand que celui où l'on aura travaillé le verre, un morceau de feutre de chapeau, couvert de potée rouge ou de potée d'étain mouillée, et le tenir arrêté d'une main, tandis que de l'autre on y polira le verre, en appuyant fortement et en le faisant circuler sur lui-même : cela suffira pour avoir, en peu de tems, un verre bien poli.

Lorsqu'il s'agit de petites lentilles, il faut pétrir un peu de papier, y imprimer la figure de la lentille ; et, lorsqu'il sera sec, y mettre du tripoli, et y polir la lentille à la main ou même à l'archet.

Lorsqu'elles seront très-petites, on en imprimera la figure dans un morceau de carton, et on les polira avec du tripoli, ou bien dans un morceau de bois blanc avec de la potée d'étain mouillée.

Nous finirons l'article sur les verres oculaires par une observation importante. C'est que, si l'on veut que ces sortes de verres ne se colorent pas, il ne faut leur donner d'ouverture qu'environ la douzième partie de la sphère à laquelle ils appartiennent. Ainsi, comme les bords ne peuvent pas servir, leur diamètre sera environ la neuvième partie de cette même sphère. Passons maintenant à la manière de travailler les verres concaves.

En donnant la manière de faire les formes concaves, nous avons donné celle de faire les formes convexes. Il faut encore avoir trois à quatre boules de fer de différens diamètres, comme de 13, 27 et 41 millim., au travers desquelles passera une tige de fer, où sera attachée une virole. Cette tige de fer sera terminée en pointe par les deux bouts, et tournera dans deux petits trous faits à deux supports de fer attachés à une table ou à un mur; ensuite on mouille l'une de ces boules de fer, on la couvre de grès, et, la faisant tourner avec l'archet au moyen de la virole, on y présente le verre qu'on veut creuser, attaché à une molette. Lorsqu'il est suffisamment creusé, on le travaille avec le grès sur la forme convexe qu'on a choisie, de la même manière qu'on le fait pour le verre oculaire. Lorsqu'il est bien adouci, après avoir lavé le verre et la forme, on y cole une petite bande de papier nétoyé que l'on couvre de tripoli, et on y polit le verre, en le conduisant en long, comme on a vu que se polissaient les grands verres.

On pourrait encore, au lieu de papier, coller sur la forme un morceau d'étoffe de laine très-fine, ou un morceau de toile un peu élimée, et y polir le verre avec de la potée d'étain ou de la potée rouge, telle que celle qu'on emploie dans les manufactures des glaces ; mais on doit préférer le papier, ensuite le tripoli.

Je terminerai ce chapitre en donnant le moyen de faire très-promptement des lentilles de microscopes d'un demi, d'un et même de deux millimètres de foyer. Pour y parvenir, il faut rompre de la glace en petites parties, mouiller la pointe d'une aiguille, et en enlever un petit morceau, que l'on approche peu à peu de la flamme d'une lampe : cette flamme, qu'on souffle avec un chalumeau de cuivre recourbé, s'anime jusqu'à fondre la glace, qui prend dans le même instant une figure sphérique. Il se trouve de ces lentilles qui sont excellentes.

Il faut enfermer ces lentilles entre deux plaques de plomb très-minces, percées avec une épingle, en mettant vis-à-vis les trous les endroits les plus parfaits de la lentille.

Tout ce que nous venons de dire sur l'art de fondre, doucir et polir les miroirs de télescopes, n'est que pour les amateurs qui veulent confectionner eux-mêmes ces sortes d'instrumens.

J'ose espérer que les artistes ne me sauront pas mauvais gré de donner des conseils à ces amateurs estimables, qui, maîtres de leur tems et d'une fortune considérable, emploient celle-ci à les établir eux-mêmes, et profitent de celui-là pour perfectionner les instrumens, et donner à ceux qui les font d'excellens conseils. On sait que le savant Rochon, membre de l'Institut, a rendu des services importans aux sciences, aux savans, et surtout aux opticiens. C'est à l'aide de sa haute expérience qu'il a inventé et perfectionné un grand nombre d'instrumens : nous parlerons dans la suite des plus importans.

En parlant de la manière de polir les miroirs de télescopes, nous avons indiqué pour cet usage du papier très-fin : mais ce n'est pas là l'unique façon qu'on puisse employer. Nous polissons aussi sur de la soie, fixée sur la forme, à l'aide d'une très-légère couche de térébenthine, en nous servant de potée d'étain mouillée ; nous employons aussi de la poix très-fine, sur laquelle nous polissons avec la potée dont on vient de parler.

Ce n'est que pour l'amusement de ces mêmes amateurs que nous avons donné la manière si prompte de fabriquer les lentilles, en les fondant à la bougie : car, s'il s'agissait d'instrumens soignés, ces sortes de lentilles ne pourraient leur convenir. Il est vrai que, dans nos ateliers, nous fabriquons à la fois plusieurs de nos oculaires et de nos lentilles; mais il nous arrive aussi d'en mettre quelques-uns au rebut, parce que le mastic qui sert à les fixer s'échauffe quelquefois d'une manière inégale.

CHAPITRE VIII.

Des foyers des verres.

Le foyer des verres, dont les deux faces ont la même convexité, se trouve, comme on l'a dit précédemment, au-delà du centre de courbure, et à une distance égale au diamètre de cette courbure.

Plus ce foyer est éloigné, moins les rayons sont dérangés de leur parallélisme; à mesure qu'il se rapproche, les rayons diffèrent davantage de ce parallélisme, et il en résulte, dans les verres convexes, des images de plus en plus grossies; et, dans les verres concaves, des images de plus en plus diminuées.

On se rendra bien aisément compte de ce phénomène, en faisant attention que la grandeur apparente d'un objet se juge, toutes choses égales d'ailleurs, par l'angle que forment les rayons visuels qui partent des deux extrémités.

Soient par exemple en face de l'œil O, (*fig.* 14), un flacon F de 2 décimètres de haut, à une distance d'un mètre, un homme H de 16 décim. à une distance de 8 mètres, et un arbre A de 120 décim. à une distance de 60 mètres, il est évident que ces objets, qui sont dans la direction des côtés d'un même angle, se couvriront exactement, et auront par conséquent la même hauteur apparente. Ce ne sera que l'habitude et la comparaison des objets environnans qui feront juger de leurs grandeurs réelles.

Donc toutes les fois qu'un verre d'optique réfractera les rayons, il fera paraître les objets plus grands en proportion du plus grand écartement de ces rayons. Le verre convexe Vv, (*fig.* 15), au lieu de la grandeur Hh de l'homme placé en H, présentera la grandeur H h' proportionnée à la plus grande convergence des rayons O R, O r ; et, comme nous avons l'habitude de juger de la distance d'un homme par la grandeur réelle que nous lui connaissons, nous croirons que, puisqu'il nous paraît plus grand, c'est qu'il est rapproché de nous à la distance O K, où à la vue simple il aurait cette grandeur apparente K k.

Cet exemple peut suffire pour donner une idée de tous les effets des verres de lunettes, soit comme grossissant, soit comme rapprochant les objets, tant dans les loupes et les lunettes simples, que dans les lunettes composées de plusieurs verres et dans les microscopes.

L'effet inverse, produit par les verres concaves, fait paraître les objets plus petits, et par conséquent plus éloignés.

Mais, dans l'un et l'autre cas, il se produit un autre phénomène; c'est que, l'objet n'étant toujours éclairé que par la même quantité de lumière, l'apparence ne peut en être augmentée sans qu'il y ait moins de lumière sur chaque partie; aussi les objets paraissent-ils moins brillans qu'après la vue simple dans les verres convexes, et plus brillans dans les verres concaves.

C'est-là un des grands obstacles au perfectionnement des lunettes composées, puisque, sans parler de la perte de lumière qu'éprouvent nécessairement les rayons en traversant plusieurs verres, il suffit d'amplifier, c'est-à-dire, d'augmenter 12 à 15 fois l'apparence d'un objet pour le rendre 12 fois 12 fois, ou 15 fois 15 fois moins brillant; sans cela il n'y aurait pas de bornes à la combinaison des verres, et on pourrait en préparer qui, grossissant 40,000 fois, feraient distinguer des êtres de la grandeur d'un homme dans la lune, si en même tems on ne rendait l'objet 40,000 fois 40,000 ou 1600 millions de fois plus obscur.

Il faut cependant convenir que la dégradation

de la lumière n'est pas aussi considérable que semblerait l'annoncer ce calcul, parce que, les verres étant plus grands que l'œil, ils rassemblent une plus grande quantité de rayons lumineux ; de plus, cette déperdition est d'autant moindre que le verre est plus pur, ce qui est le principal avantage des verres en flint-glass ou en caillou de Brésil.

Revenons-en au simple effet de l'agrandissement des angles par les verres convexes.

Les moins convexes des verres qu'on emploie comme lunettes, sont de 80 pouces ou 217 centim. de foyer ; ce sont celles qu'on doit appeler premières conserves, et qui sont destinées à corriger la très-petite déperdition de facultés que l'œil éprouve.

Viennent ensuite les verres de 72, 60, 48, 36, et 30 pouces ou 1949, 1624, 1299, 975 et 812 millim. de foyers, qui portent encore le nom de conserves, parce que leur effet grossissant est peu sensible, et qu'on les emploie plutôt comme moyen conservateur que comme secours nécessaire. Les personnes qui s'en servent pourraient, à la rigueur, s'en passer, et lire ou écrire, surtout à un jour ordinaire, sans une trop grande fatigue.

C'est à 24 pouces ou 65 centim. de foyer qu'on peut déterminer le premier degré des lunettes proprement dites, quoique, pour flatter un reste d'amour-propre, on les regarde encore comme des conserves.

Au-dessus de ce foyer, c'est à-peu-près de 2 pouces en 2 pouces, ou de 54 en 54 millim., qu'on dispose les lunettes, qui sont alors de 24, 22, 20, 18, 16, 14 et 12 pouces, ou de 650, 596, 542, 487, 433, 379 et 325 millim.

Mais ensuite, c'est de pouce en pouce, depuis 11 jusqu'à 6, ou de 27 en 27 millim., depuis 298 jusqu'à 162; enfin de demi-pouce en demi-pouce, jusqu'à 4 et même 3 pouces et demi, ou de 13 en 13 millim., jusqu'à 108 et même 95 : ce qui forme en tout 21 à 22 forces de verres usuels, sans parler de ceux qui sont destinés aux yeux opérés de cataractes, et dont les foyers sont encore plus courts.

Dans les lunettes concaves, on gradue de même les verres; on donne 80 pouces ou 217 centim. aux vues à peine attaquées de myopie, qui, par l'usage même de ces lunettes, autant que par le progrès de l'âge, se rétablissent dans l'état naturel de la vision.

Les foyers plus courts se proportionnent à l'état de l'œil, et il faut remarquer qu'il n'en est pas des vues courtes comme des vues longues : pour celles-ci, à moins de phénomènes assez rares, les foyers ont besoin d'être diminués à mesure que l'on avance en âge, tandis que, dans les vues courtes, l'âge demande des foyers de plus en plus longs, ce qui dépend, comme je l'ai déjà fait pressentir, de l'applatissement auquel l'œil est sujet pendant toute la durée de la vie.

Indépendamment de la longueur du foyer, il est encore essentiel, pour la vision parfaite, d'observer la distance à laquelle les lunettes sont placées en avant des yeux : cette distance variant de 9 à 17 millimètres, ou d'environ 4 à 8 lignes, on fait en même tems varier le grossissement de la lunette. D'ailleurs, placés trop près de l'œil, les verres ne lui servent plus que par les points qui environnent le centre, et tous les rayons, qui frappent sur le tour du verre, ou sont perdus, ou ne donnent que des pénombres mal formées.

Rien n'est plus aisé, au milieu d'un magasin bien assorti, que de choisir le foyer le plus convenable. Il est plus difficile de faire par écrit la demande des verres dont on a besoin : tous les individus ne sont point accoutumés à mettre une assez grande précision dans leurs observations pour éclairer l'opticien.

On pourra cependant annoncer à quelle distance de l'œil il faut reculer le papier, pour lire le plus facilement possible, soit avec les yeux, soit avec des lunettes, pourvu qu'on puisse compter sur le véritable foyer de celles-ci.

Ces données suffiront au moins pour un premier choix approximatif; et il ne faudrait plus qu'indiquer si les lunettes envoyées obligent à lire de trop loin ou de trop près, pour mettre l'opticien à portée d'en choisir d'exactes.

Il sera bon, dans ces indications, de désigner le livre sur lequel on se sera essayé à lire, en prenant de préférence des ouvrages connus, tels que l'Encyclopédie, le Voltaire de Beaumarchais, etc.; et, à défaut d'instrumens bien divisés pour évaluer l'intervalle, envoyer un bout de fil, dont on se sera servi pour déterminer la distance de l'œil au livre.

Enfin, pour compléter l'opération, il faudra la répéter ensuite isolément sur chacun des yeux, dont nous avons vu que très-souvent la force est inégale.

CHAPITRE IX.

Des verres de couleurs.

Je ne parle plus ici simplement des verres dont la fabrication a légèrement teint la substance; il s'agit des verres réellement colorés en vert, en bleu et en jaune.

La couleur, quelle qu'elle soit, ne change rien à l'effet optique, quant à la grandeur des angles, et par conséquent au choix du foyer; elle ne peut être considérée que comme un correctif, dont peuvent avoir besoin des yeux trop sensibles à la clarté du jour.

Ainsi, avec une vue bien proportionnée, dans laquelle la réfraction s'opère régulièrement, et que par conséquent il y aurait du danger à contrarier par l'usage des foyers plus ou moins courts, il peut être bon de se servir de verres plans de couleur.

On voit même, par une prétention ridicule à suivre la mode, des personnes s'armer de lunettes planes en verres blancs : c'est un grand tort, puisque, quelque parfaits que soient ces verres, ils ne peuvent être sans quelques-unes de ces imperfections qui contrarient les rayons visuels, et qui par cela seul fatiguent l'organe : cette folie doit être blâmée ; tandis qu'on peut conseiller aux vues trop irritables des verres blancs colorés, qui interceptent la trop grande quantité de rayons dont l'œil serait offensé.

Le choix de la couleur est à-peu-près facultatif; le jaune est le moins employé, parce qu'il semble plutôt produire des effets rayonnans, que tempérer la lumière.

Le bleu pâle est une couleur plus favorable;

c'est celle que le reflet d'un beau ciel, la clarté silencieuse de la lune, donnent à tout l'horizon dans l'absence du soleil. Les yeux qui s'en servent sont, pour ainsi dire, rafraîchis, et éprouvent très-peu de contraste lorsqu'ils quittent la lunette ainsi colorée.

Mais c'est surtout le vert qui, par sa nature, semble le plus ami de la vue : c'est la couleur dont la nature entière se pare dans ses beaux jours, et sur laquelle l'œil se repose avec plus de plaisir ; aussi les lunettes vertes sont-elles les plus employées : elles sont même nécessaires, comme nous l'avons dit, dans les voyages, au milieu de sables ardens ou d'une neige éclatante.

C'est pour faire jouir de ces tempéramens salutaires aux yeux de différentes forces, que l'on dispose des lunettes de différens foyers, avec les verres de couleur ; mais, comme beaucoup de personnes n'en éprouvent le besoin que dans un jour trop vif, il est plus ordinaire d'employer des lunettes en verre blanc du foyer qui leur convient, et d'y adapter, pour accessoires, les verres colorés, ainsi que nous le verrons dans un des chapitres suivans.

Le choix des teintes variant à l'infini, il est de la prudence de l'opticien d'en faire faire l'essai aux personnes qui veulent s'en servir, de manière à ne donner à chacune que le juste degré de transparence qui lui convient.

CHAPITRE X.

Inconvéniens des lunettes défectueuses.

Je ne puis ici que récapituler à-peu-près ce qui est disséminé dans les précédens chapitres ; mais il m'a semblé essentiel de le faire, pour éloigner les reproches trop fréquens que l'on fait en général aux opticiens, sans penser qu'il serait juste de ne les adresser qu'aux marchands de lunettes qui usurpent ce nom.

La personne qui a placé sa confiance en des hommes vraiment instruits dans l'optique, n'a pas besoin d'avis, puisqu'elle ne reçoit que des lunettes bien proportionnées à l'état de ses yeux. Mais, comme ces véritables opticiens ne se trouvent malheureusement pas en beaucoup d'endroits ; que, même dans les plus grandes villes, ils sont bien moins nombreux que les fabricans à la grosse ; que d'ailleurs, il faut le dire, le prix de leurs lunettes, proportionné aux soins qu'ils y apportent, en éloigne beaucoup d'acquéreurs ; on ne saurait trop se rendre compte des principaux inconvéniens que peuvent présenter les lunettes communes.

1° *Irrégularité de courbure* ; d'où résultent des réfractions imparfaites, très-fatigantes, et même très-nuisibles à la vue, non-seulement en ce qu'elles portent les rayons partis du même objet sur différens points de la rétine, et par conséquent produisent des images confuses ; mais encore parce que, s'il était possible que l'œil se façonnât à cette vision imparfaite, il souffrirait toutes les fois que, voulant regarder sans lunettes, il recevrait des rayons réguliers. D'ailleurs, le moindre dérangement du verre dans sa monture reporterait aussitôt d'un point à l'autre toute l'irrégularité, tandis que, dans le verre absolument sphérique, ce dérangement est absolument indifférent, puisque toutes les courbures sont pareilles.

L'irrégularité de courbure tient souvent, dans les verres convexes, à ce que leur plus grande convexité n'est pas exactement au centre ; il tient encore à ce que l'une et l'autre de ses faces n'ont pas la même convexité : inconvénient qui deviendrait encore plus grand, si ces deux convexités, fussent-elles égales, n'avaient pas leurs deux sommets dans le même axe.

2° *Inégalité des foyers*. Je ne parle que des

yeux égaux, qui par conséquent ont besoin de réfractions semblables ; ce qui ne peut se trouver dans des verres donnés au hasard, et dont quelquefois les foyers diffèrent de plusieurs pouces, tout en portant le même numero. L'usage de ces lunettes finirait par rendre effectivement dissemblables des yeux qui ne le seraient pas.

C'est sur-tout lorsqu'un des verres de lunettes a besoin d'être remplacé, qu'il est essentiel de le faire dans un magasin assorti de tous les foyers réguliers, et de bien observer la portée de celui que l'on substitue à l'ancien.

D'après ce que nous avons dit, cette égalité de foyer se reconnaîtra, en recevant les rayons du soleil, et sur le verre que l'on a conservé et sur celui que l'on veut assortir. Le point lumineux des rayons du soleil réunis doit être exactement à la même distance pour l'un comme pour l'autre.

Un opticien, qui connaît son art, n'a besoin que d'un fragment de l'ancien verre, pour évaluer le foyer du verre remplaçant ; et, s'il s'aperçoit que la courbure est irrégulière, il conseille à la personne de reprendre deux verres réguliers, plutôt que de s'en tenir à celui qui lui reste, avec la certitude d'avoir toujours des lunettes défectueuses.

3° *Inégalité de teinte.* Il en est absolument de même que pour l'inégalité des foyers. Le plus petit fragment du verre à remplacer suffit pour connaître la teinte que présentait l'ancien verre; et l'on sent combien il est essentiel que des images destinées à ne présenter qu'une seule impression aux nerfs optiques, ne leur arrivent pas par des transparences différentes l'une de l'autre.

4° *Disproportion du foyer.* Tout foyer, mal choisi par rapport à la vue, la fatigue beaucoup plus qu'il ne lui sert; on ne saurait apporter trop d'attention à saisir ce qui convient à l'œil. Souvent on se presse trop de prendre des lunettes: j'ai éloigné beaucoup de personnes de cette précipitation, en leur faisant remarquer qu'avec les plus faibles conserves, elles ne pourraient lire qu'en approchant outre mesure le papier de leurs yeux.

C'est par un excès contraire que d'autres luttent long-tems contre les premiers affaiblissemens de l'organe, et, plutôt que de prendre des lunettes, causent aux muscles de l'œil une contraction d'autant plus fâcheuse, que j'ai plus d'une fois reconnu l'impossibilité de trouver ensuite des lunettes qui pussent rétablir la vision distraite.

En même-tems, comme je conseillerai de ne

pas balancer à prendre, à chaque portée de foyer que l'âge amène, celui qui convient le mieux, j'engagerai à ne point se hâter de changer de foyer, avant que l'on n'en sente le véritable besoin : alors il sera prudent d'y arriver progressivement, en ne se servant, dans les commencemens, du foyer le plus fort que le soir, ou pour des ouvrages qui exigent la plus grande tension de l'œil.

J'en reviendrai toujours à donner, pour mesure de ces besoins de l'œil, la distance de 12 à 15 pouces, ou de 32 à 41 centim., à laquelle on doit lire habituellement. Les lunettes sont trop faibles, si on a besoin de s'éloigner à 16, 18 ou 20 pouces ou 43, 49 ou 54 centim. : elles sont trop fortes, si elles obligent de s'approcher à 8 ou 10 pouces ou à 22 ou 27 centimètres.

5° *Faux écartement des verres*. L'axe de chaque verre devant correspondre à l'axe de l'œil, il est essentiel d'en proportionner l'écartement à celui des deux yeux, qui n'est pas exactement le même dans tous les individus; sans quoi les deux axes des yeux contracteraient un rapprochement ou un écartement qui les feraient loucher.

6° *Imperfection même des verres*, soit par les filamens et les bouillons dont ils peuvent être remplis, soit par les mauvaises teintes dont ils peuvent être colorés, soit par le défaut de vitrification qui les rend trop susceptibles de recevoir l'humidité de l'air : imperfections qui toutes sont trop contraires aux effets de la réfraction, pour les négliger sans les plus graves inconvéniens.

Les plus légères de ces imperfections suffiraient pour fatiguer l'œil. Combien ne doit-on donc pas s'étonner qu'avec tant de motifs de ménager un organe à la fois si important et si délicat, il y ait si peu de personnes qui y fassent attention ! Le modique intérêt d'un prix un peu plus bas livre les yeux à la réunion de ces imperfections, sans penser qu'ensuite les plus grandes dépenses ne pourront rétablir ce qu'ils auront perdu.

Sans doute l'opticien, jaloux de remplir ses devoirs, est obligé de tenir ses prix de fabrique plus élevés : il se sert de substances plus choisies, d'ouvriers plus exercés ; il exige d'eux un travail plus soigné, plus long ; il leur fait recommencer ce qui n'a pas atteint la perfection nécessaire ; il a des ateliers plus chers, des avances plus considérables, des magasins plus assortis, et par conséquent des rentrées plus longues. Il lui est donc impossible d'abaisser son prix à celui du journalier, qui débite à mesure qu'il fabrique, et qui ne rebute ni ne perfectionne jamais rien.

Si, dans les arts de luxe, on regarde si peu à la dépense des objets absolument de fantaisie, pourquoi balancerait-on à apprécier ce que valent des travaux qui tiennent de si près aux premières jouissances, et dont on a un si grand intérêt à chercher la perfection? Cette perfection n'est ni idéale ni douteuse; elle est positive. Les objets de comparaison sont à côté; et, indépendamment de la réputation de l'opticien auquel on s'adresse, on peut devant lui-même reconnaître, calculer, le compas à la main, l'exactitude de ses instrumens. C'était pour ramener l'attention publique sur l'importance de ces précautions conservatrices de la vue, que je fis insérer dans les journaux, en 1807, une lettre qui se trouvera à la suite de cet ouvrage, dont elle annonçait dès-lors le projet.

CHAPITRE XI.

Des Monocles et des Binocles.

On donne les noms de *monocles* et de *binocles* à ces lunettes à un ou deux verres, qui se tiennent à la main, et qu'on approche de l'œil au moment de s'en servir.

Tout ce que nous avons dit sur la fabrication, le foyer et le choix des verres, s'applique à ces instrumens, qui sont préférés par les personnes dont la vue n'a besoin que d'être aidée momentanément.

Il faut éviter de s'en servir habituellement pour lire ou pour écrire ; car, comme nous avons vu la nécessité de placer le centre des verres en face des yeux, il est évident que le seul battement du poulx suffisant pour déranger le placement, l'œil ne reçoit que des rayons vacillans et correspondans à différens points du verre : ce qui le fatigue d'une manière très-désagréable. Il serait donc à souhaiter que les Horlogers et les Graveurs, qui se servent de loupes, qu'on peut regarder comme de très-forts monocles, fixassent ces loupes à leurs fronts, au lieu d'y venir appliquer leur œil, sans être sûrs de conserver constamment le même axe de vision.

De même les personnes qui, répugnant à l'usage des lunettes, se servent d'un très-large verre convexe pour lire, ont à craindre les réfractions inégales, qu'à chaque mouvement de l'une ou de l'autre de leurs mains, produisent les différens points du verre.

Nous l'avons déjà trop répété, l'organe de la vue est le plus délicat de tous : son importance ne doit faire négliger aucun des ménagemens dont il a besoin.

Ces monocles et ces binocles se garnissent de verres concaves ou convexes, suivant les vues auxquelles ils sont destinés, et se montent en écaille, en nacre, en argent ou en or, soit à simple pivot, soit à ressort, soit à repoussoir. Les monocles peuvent aussi être disposés pour être portés en bague ou en collier.

CHAPITRE XII.

Montures des Lunettes.

Les lunettes simples, dites *lunettes à nez*, montées en cuir, en écaille, en argent ou en or, ne sont plus guère en usage que pour les personnes qui en avaient contracté l'habitude avant l'invention des nouvelles montures.

Elles ont le désagrément de gêner la respiration, de marquer le nez, de s'en échapper aisément, et sur-tout de ne pas se placer aussi constamment qu'il le faudrait pour la vraie distance du foyer.

Les montures en cuir sont, il est vrai, moins

chères ; mais l'humidité ou la sécheresse les détériore, et souvent laisse tomber le verre ; d'ailleurs, étant sujettes à se cambrer, elles dérangent l'axe de vision. On avait d'abord imaginé de suspendre les lunettes à une branche, qui se passait sous les cheveux du front; mais ces lunettes dérangeaient les anciennes coëffures, et elles ne seraient plus applicables aux nouvelles.

Les premières lunettes à branches ont été faites à branches simples ; c'est ce que l'on appelle *lunettes à tempes* : elles ne servent plus guères qu'aux dames, dont les autres montures dérangeraient la coëffure : on a reconnu qu'elles serraient trop les tempes.

C'est ce qui a fait établir des lunettes en écaille à branches fourchues, garnies de velours, qui par leur légèreté et leur élasticité n'ont aucun de ces inconvéniens. Seulement leur prix et leur fragilité ne les mettent pas à la portée de tout le monde.

Les lunettes qui sont actuellement le plus en usage, sont les lunettes à doubles branches, soit à charnières, soit à pivot, soit à coulisse : on en fait également en acier, en écaille, en argent ou en or ; les pivots permettent à la double branche de se replier derrière les oreilles, et pour les hommes de ne point gêner sous le chapeau.

C'est à ces lunettes à branches, soit simples, soit composées, que l'on adapte des doubles verres plans de couleur au moyen de charnières, pour ne s'en servir que dans les momens de grand jour ; j'en ai fait graver deux modèles que j'ai le premier établis à Paris.

Dans celles de la figure 18, les verres de couleur se replient sur les deux tempes; dans celles de la figure 19, ils remontent en forme de garde-vue ; position qui les rend utiles, lorsque l'éclat d'un trop grand jour vient d'assez haut pour permettre de regarder en face.

On voit dans cette dernière figure la forme ovale des verres, plus agréable en ce qu'ils se dessinent sur la configuration même des yeux. Leur effet est absolument égal à celui des verres ronds, dans lesquels l'œil ne reçoit pas les rayons qui frappent trop haut ou trop bas ; mais aussi il faut beaucoup plus de soin pour les monter, puisque, si l'ovale n'est pas bien proportionné à la distance que doivent conserver les deux centres, et n'est pas à une hauteur convenable par rapport à l'œil, la vision ne se trouve plus exacte.

Les lunettes de la figure 20, dites *besicles à la Franklin*, ont le mérite de réunir deux segmens de verres de foyers différens. Je puis les donner comme de moi, puisque je n'ai jamais eu entre les mains celles dont se servait cet illustre physicien : elles ont été annoncées dans la Gazette de Santé de juin 1806 ; et, pour conserver la date de cette fabrication, je joindrai à la fin de cet ouvrage l'article tout entier, quoiqu'il contienne à mon égard des éloges trop flatteurs.

Au moyen de ces lunettes, on peut, par le foyer le plus court, lire et écrire ; et, par le foyer le plus long, regarder au loin.

La monture en X permet de les retourner du haut en bas au besoin, ce qui serait un inconvénient dans les lunettes, dont les verres doivent correspondre à la différente force des deux yeux.

Aussi cette monture en X ne doit être employée que par les personnes qui ont les deux yeux égaux, et qui trouvent plus commode de placer leurs lunettes, sans avoir à penser au haut ou au bas de la monture.

On peut cependant se servir de monture en X en en variant un peu la forme, lorsque l'écartement des yeux ne permet pas de placer les verres de manière à ce que les deux ronds des lunettes reposent sur les deux côtés du nez ; alors la traverse se proportionne à la hauteur du nez où il convient de placer les lunettes, pour que les centres répondent à celui des yeux.

C'est pour ne pas rester incertain sur cet

écartement, que j'ai inventé deux instrumens propres à remplir le même objet.

Les lunettes (*fig.* 21) ont, au centre de la monture, un écrou qui permet aux deux verres de prendre l'écartement convenable. Je les fais passer aux personnes absentes, pour qu'elles me les renvoient au point qu'elles déterminent elles-mêmes, et sur lequel j'établis les lunettes qu'elles me demandent.

Le binocle (*fig.* 22) me sert dans mon magasin pour une indication pareille; il porte au bas d'une des branches une espèce de cadran, sur les degrés duquel vient se reposer le bas de l'autre branche; ce qui détermine l'écartement que je dois donner aux lunettes. L'annonce, qui en a été insérée dans le Moniteur en 1806, se retrouve aussi à la fin de l'ouvrage.

J'y joindrai celle des lunettes à double foyer, qui se trouve dans la Gazette de Santé du mois d'avril 1807.

J'ai eu principalement pour but, en construisant ces lunettes (*fig.* 23), de mettre chacun à portée d'étudier la différence de foyer de ses deux yeux.

Ces lunettes étant composées de deux verres, à-peu-près comme les lunettes de spectacle, on peut, en les allongeant plus ou moins, chercher soi-même le point de la vision la plus claire.

Je n'ai cependant jamais dû les regarder comme un instrument usuel, puisque les vues ordinaires, une fois le foyer déterminé, trouvent aisément des verres simples qui produisent le même effet. Elles seraient donc seulement applicables, au moyen des verres concaves, aux vues excessivement myopes, qui, par la combinaison des verres, pourront voir les objets à une distance et dans une grandeur convenables.

CHAPITRE XIII.

Des Lunettes de Spectacles.

Les lunettes, dites de *spectacles*, sont d'un usage trop journalier pour ne pas être regardées comme le complément des lunettes ordinaires; je ne puis donc me dispenser d'en parler avant que de donner la description des lunettes de longue vue, et des télescopes ou des autres instrumens d'optique qui n'intéressent essentiellement ni la conservation de la vue, ni les secours dont elle a besoin dans son exercice habituel.

Je dis que les lunettes de spectacles sont le complément des lunettes ordinaires, parce qu'elles sont destinées à voir, dans l'intérieur d'une salle, ou à des distances très-bornées, les objets qui échapperaient à une vue faible. Leurs effets sont produits par deux verres, l'un convexe et large, nommé *objectif*, sur lequel viennent tomber les rayons envoyés par les objets; l'autre concave et plus petit, nommé *oculaire*, qui transmet ces rayons à l'œil sous l'angle qui lui convient.

On attribue au hasard l'invention des lunettes d'approche. Jacques Métius ou Metzu, de la ville d'Alkmaër en Hollande, suivant les uns; et, suivant d'autres, quelques années auparavant, en 1609, Zacharie *Jansen* ou *Jean Lippersheim* de Middelbourg, s'occupait à fabriquer des miroirs et des verres ardens; les verres imparfaits étaient jetés de côté: ses enfans s'en amusaient; et, tout en jouant, se récrièrent un jour sur l'effet que le hasard leur offrit. L'opticien répéta l'observation, il étudia cette combinaison des verres, en les adaptant à des tuyaux qui lui permettaient de les éloigner ou de les rapprocher à volonté : de-là vint la construction des lunettes, dont on peut se rendre compte en se rappelant les résultats déjà connus de la réfraction des rayons.

Pour ne nous occuper que des lunettes de spectacle, supposons qu'un verre convexe AB.

(Fig. 16.) de deux pouces ou 54 millim. de foyer, recoive les rayons envoyés par une flèche MN, il est évident que ces rayons, après avoir traversé le verre, se resserreront les uns sur les autres, en formant des angles plus grands, comme dans les lunettes simples, et en se croisant en O, à peu-près à la distance du foyer des rayons parallèles.

Avant ce point, les images que l'œil recevrait lui présenteraient des apparences d'autant plus grandes qu'elles s'approcheraient plus du foyer; mais elles seraient confuses, en raison du croisement des rayons partis des différens points de l'objet : on remédie à ce croisement, et l'on donne aux rayons le parallélisme dont ils ont besoin pour se peindre nettement dans l'œil, en adaptant, un peu avant le foyer, un verre CD, double concave, d'un foyer très court. En effet, la propriété du verre concave étant d'écarter les rayons, si on place, par exemple, un verre de 18 lignes ou 41 millim. de foyer, 18 lignes en avant du point où tous les autres rayons devaient se réunir, il en résulte nécessairement que la convergence de ces rayons cesse, et qu'ils prennent une marche parallèle, sans rien altérer de la grandeur de l'angle sous lequel ils venaient frapper l'œil.

Le verre convexe de l'objectif de ces lunettes est ordinairement très-large, parce qu'on cherche sur-tout à donner le plus possible de lumière et à embrasser beaucoup d'objets : mais, comme les rayons qui frappent sur le bord d'un verre d'une certaine étendue éprouvent des réfractions prismatiques, le défaut des lunettes ordinaires est de former des iris, c'est-à-dire, de donner aux bords des objets les couleurs de l'arc-en-ciel. Cet accident se diminue, en plaçant dans l'intérieur un diaphragme, ou espèce d'anneau, qui ne laisse parvenir à l'oculaire que les rayons les plus régulièrement réfractés. La lunette, il est vrai, perd un peu de son brillant, mais les objets en sont plus nets.

Nous verrons, dans le chapitre suivant, les moyens d'arriver à des verres achromatiques, ou sans couleur ; mais, même en se servant de ces verres achromatiques, il est impossible de donner une grande portée à une lunette à deux verres, l'un convexe et l'autre concave ; le pouvoir amplifiant n'étant en effet que dans le seul verre convexe, on ne pourrait en augmenter l'effet qu'en forçant les rayons à devenir si convergens, que, pour leur rendre ensuite le paralélisme nécessaire à la vision distincte, il faudrait un oculaire d'un foyer excessivement court, et par conséquent d'un diamètre si petit, qu'il ne transmettrait à l'œil que la quantité de lumière nécessaire pour distinguer ces objets.

Quoique les effets de la lunette de spectacle ne soient pas sujets à de grandes variations, il est cependant nécessaire de pouvoir en proportionner le jeu, tant au plus ou au moins de distance des objets, qu'à la portée de la vue des différentes personnes qui peuvent s'en servir; c'est pour cela qu'elles ont au moins un tirage, et quelquefois quatre ou cinq, et même sept, qui permettent d'écarter ou de rapprocher l'un de l'autre l'oculaire et l'objectif.

Ce nombre de tirages est par lui-même indifférent; plus il y en a, plus la lunette peut être plate et moins embarrassante dans la poche : mais aussi plus la confection en est difficile, pour éviter le vacillement et le dérangement des centres des verres.

CHAPITRE XIV.

Des Verres achromatiques.

Je viens de dire, en parlant des lunettes de spectacles, que les objectifs d'une certaine étendue avaient l'inconvénient de présenter les couleurs de l'iris ou de l'arc-en-ciel autour des objets;

cela vient d'une propriété de la lumière, qui est de se décomposer en ce qu'on appelle les *sept couleurs du prisme*, toutes les fois qu'elle rencontre obliquement une surface réfrangible. Tant que l'obliquité est peu considérable, la décomposition, ou, si je puis me servir de ce terme, l'éparpillement des rayons n'est pas sensible; mais, dès que l'obliquité est forte, le rayon s'écarte tellement, qu'il y a neuf degrés de différence entre le rayon rouge, qui est le moins réfrangible, et le rayon violet qui l'est le plus ; de sorte que ces deux couleurs dominent, la première sur un bord de chaque image, et la dernière sur le bord opposé.

Depuis Newton, cette propriété de la lumière a désespéré tous les opticiens, en les empêchant d'employer des verres d'une aussi grande étendue qu'ils en avaient besoin, pour construire des instrumens optiques d'une grande force.

Ce fut Euler qui, en 1747, aborda la question sous sa véritable face; il conçut l'idée de se servir précisément de cette différence de réfrangibilité des rayons de lumière, pour les forcer à se réunir après s'être éparpillés.

Bientôt le célèbre Dollond, après avoir observé avec soin quelles étaient les natures de verres qui donnaient les réfractions les plus dissemblables, parvint à combiner, de la manière la plus heureuse, dans des lentilles composées de plusieurs verres, les réfractions que chacun d'eux produisait en raison de sa courbure, et celles qui résultaient du plus ou du moins de densité.

Le verre commun, ainsi que le crown-glass, espèce de verre d'Angleterre un peu coloré de vert, donne une réfraction moyenne d'environ 2 à 3, ou plus exactement de 20 à 31.

Le Flint-glass (1), ou verre de roche, en produit une de 5 à 8.

―――――――――――――――――

(1) Ce verre ou cristal d'Angleterre n'a encore été fabriqué que par les Anglais ; il y a même lieu de douter qu'ils aient conservé les procédés exacts de la fabrication de ce cristal, puisque, même chez eux, on n'en trouve plus de morceaux d'une certaine étendue ; ce qui en augmente d'autant plus le prix, qu'ils cherchent à faire entendre que la minière du sable employé à la vitrification du Flint-glass était perdue.

Plusieurs essais ont été tentés en France depuis quelques années. L'Institut a déjà approuvé un cristal qui paraîtrait même préférable au Flint-glass, et à la fabrication duquel il ne manque plus que des capitalistes pour enlever encore cette branche importante de commerce à nos éternels rivaux.

M. Dartigues, savant chimiste et propriétaire d'une manufacture considérable, fabrique, depuis la première édition de cet ouvrage, du Flint-glass supérieur à celui des Anglais. M. de Fougerais, membre du Corps-législatif, en fait également fabriquer, dont j'ai construit d'excellentes lunettes.

En étudiant ensuite, ce qui résultait de cette différente force réfractive, par rapport à l'éparpillement des 7 couleurs qui composent le rayon de lumière, on a reconnu que le *maximum* de différence du rayon rouge au rayon violet était, dans le verre commun, de 37 minutes et demie, et dans le Flingt-glass, de 52 minutes et demie.

Au moyen de ces observations, l'opticien ajuste l'un sur l'autre, et sans intervalle, un verre de chacune des subtances; à l'extérieur, il place le verre le moins réfringent, et lui donne plus de convexité en dehors qu'en dedans; à l'intérieur, il place le verre le plus réfringent, concave du côté qui s'adapte au premier verre, et à peu-près plan sur son autre face.

Voyez (figure 17) les deux verres séparés en A et B, et réunis pour ne former qu'un seul objectif C.

Dans cet objectif, le foyer de la convexité extérieure se trouvant plus court que le foyer de la concavité, dans le rapport nécessaire pour tirer parti de la plus grande force réfractive du Flint-glass, les rayons en sortent sans conserver de couleurs étrangères à celles des objets; ce qu'exprime le mot *achromatique*.

L'Opticien peut donc donner plus de champ à ses lunettes sans craindre les iris, et dès-lors rassembler assez de rayons pour que les images en grossissant ne perdent pas leur clarté au point de cesser d'être visibles.

Aussi la perfection des lunettes achromatiques est telle, qu'avec un foyer de 3 pieds et demi ou de 114 centim. on peut atteindre le grossissement de 150, qu'exigerait une lunette simple de 60 pieds ou de 19 mètres et demi.

CHAPITRE XV.

Des Miroirs des Anciens.

Nous venons de parcourir les différens objets que nous avons crus nécessaires pour l'utilité et l'instruction de ceux de nos lecteurs qui attachent une juste importance à la conservation de leur vue; mais, en faveur de ceux qui veulent approfondir la matière qui nous occupe, nous allons passer en revue plusieurs articles importans, que jusqu'ici nous n'avons pu traiter aussi longuement qu'ils le méritaient.

Comme, dans ce qui reste à dire, nous aurons quelquefois besoin de rapporter les expériences, les principes et les raisonnemens des divers savans qui se sont occupés des différentes branches de l'optique, nous avertissons d'avance que, pour ne pas hérisser notre ouvrage de citations, nous les supprimerons toutes.

Il est naturel de commencer ici par ce qu'on a de plus certain sur l'antiquité des miroirs.

Les premiers miroirs artificiels furent de métal : Cicéron en attribue l'invention au premier Esculape ; mais, d'après le verset 8 du chapitre 38 de l'Exode, les miroirs seraient d'une antiquité encore plus constatée ; car il y est dit que Moïse, ayant fait fondre les miroirs des femmes, qui servaient à l'entrée du tabernacle, en fit construire un bassin d'airain muni de sa base.

L'airain ne fut pas le seul métal dont on fit les miroirs ; on y employa aussi l'étain et le fer bruni ; l'on en fabriqua depuis qui étaient un mélange d'airain et d'étain. Ceux qu'on fit à Brindes passèrent long-tems pour les meilleurs de cette dernière espèce ; mais on donna ensuite la préférence aux miroirs d'argent, dont Praxitèle, contemporain du grand Pompée, fut l'inventeur.

Plusieurs poètes, et même de graves jurisconsultes, s'accordent à donner aux miroirs une place importante dans la toilette des femmes. Cependant il fallait que, du tems d'Homère, ils n'en fussent pas une pièce bien distinguée, puisqu'il n'en parle pas dans sa description de la toilette de Junon, où il a pris plaisir à rassembler tout ce qui contribuait à la parure la plus recherchée.

Le luxe ne négligea pas d'embellir les miroirs : il y prodigua l'or, l'argent, les pierreries, et en fit par-là des bijoux d'un grand prix. Sénèque dit qu'on en voyait dont la valeur surpassait la dot que le Sénat avait assignée des deniers publics à la fille de Cn. Scipion, dot qui montait à 11000 as, ce qui revient, selon l'évaluation la plus commune, à 550 francs de notre monnaie.

On ornait de miroirs les murs des appartemens; on en incrustait les plats ou les bassins dans lesquels on servait les viandes sur la table; on en revêtait les tasses et les gobelets, qui multipliaient ainsi l'image des convives, et que Pline appelait un *peuple d'images*.

Quant à leur forme, il paraît qu'elle était ronde ou ovale. En 1647, on découvrit à Nimègues un tombeau où se trouva un miroir d'acier ou de fer pur, de forme orbiculaire, dont le diamètre était de 5 pouces romains. Le revers en était concave, et couvert de feuilles d'argent avec quelques ornemens.

Le métal fut long-tems la seule matière employée pour les miroirs. Il est pourtant incontestable que le verre fut connu des tems les plus reculés; le hasard le fit découvrir environ mille ans avant l'Ère chrétienne. Pline dit que des marchands de nitre, qui traversaient la Phénicie, s'étant arrêtés sur les bords du fleuve Bélus pour y faire cuire leurs viandes, mirent, au défaut de pierres, des morceaux de nitre pour soutenir leurs vases, et que ce nitre, mêlé avec le sable, ayant été embrâsé par le feu, se fondit et forma une liqueur transparente et claire qui se figea, et donna la première idée du verre.

Il est d'autant plus étonnant que les anciens n'aient pas connu l'art de rendre les verres propres à la représentation des objets, en appliquant l'étain derrière les glaces, que les progrès de la découverte du verre furent chez eux poussés fort loin. Quels beaux ouvrages ne fit-on pas avec cette matière ! Quelle magnificence que celle du théâtre de M. Scaurus, dont le second étage était entièrement incrusté de verre ! Quoi de plus superbe, selon le récit de St.-Clément d'Alexandrie, que ces colonnes de verre d'une grandeur et d'une grosseur extraordinaires, qui ornaient le temple de l'Isle d'Aradus !

Il n'est pas moins surprenant que les anciens, qui connaissaient l'usage du cristal, plus propre encore que le verre à être employé dans la fabrication des miroirs, ne s'en soient pas servis pour cet objet.

On ignore le tems où les anciens commencèrent à faire des miroirs de verre; l'on sait seulement que ce fut des verreries de Sidon que sortirent les premiers miroirs de cette matière. On y travaillait très-bien le verre, et l'on en faisait de fort beaux ouvrages, qu'on polissait au tour, et qu'on ornait de figures et d'ornemens en plat et en relief, comme on aurait pu le faire sur des vases d'or ou d'argent.

Les anciens avaient encore connu une sorte de miroir, qui était d'un verre appelé par Pline *verre obsidien* du nom d'*Obsidius*, qui l'avait découvert en Éthiopie; mais on ne peut lui donner qu'improprement le nom de verre; la matière qu'on y employait était noire comme le jais, et ne rendait que des images très-imparfaites.

Il ne faut pas confondre les miroirs des anciens avec la *pierre spéculaire*. Cette pierre était d'une nature toute différente, et s'employait à un tout autre usage. On ne lui donnait le nom de *spéculaire* qu'à cause de sa transparence. C'était une sorte de pierre blanche et transparente qui se coupait par feuilles, mais qui ne résistait pas au feu : ce qui doit la distinguer du talc, qui a bien la blancheur et la transparence, mais qui résiste à un feu violent.

On doit rapporter au tems de Sénèque l'origine et l'usage des pierres spéculaires ; il en rend un témoignage formel. Les Romains s'en servaient pour garnir leurs fenêtres, comme nous y employons le verre, et sur-tout dans les salles à manger pendant l'hiver, afin de se garantir des pluies et des orages de cette saison. Ils s'en servaient aussi pour les litières des dames, comme nous mettons des glaces à nos carrosses ; et pour les ruches, afin d'y pouvoir considérer l'ingénieux travail des abeilles. En un mot, l'usage des pierres spéculaires était si général, que beaucoup d'ouvriers n'avaient pas d'autre profession que celle de les tailler et de les mettre en place.

Les anciens connaissaient encore une autre pierre appelée *Pheugite*, et qui ne le cédait pas en transparence à la pierre spéculaire ; on la tirait de la Cappadoce ; elle était blanche, et avait la dureté du marbre. L'usage en commença du tems de Néron, qui s'en servit pour construire le temple de la Fortune, renfermé dans l'enceinte immense de ce riche palais, qu'il appela la *Maison dorée*. Ces pierres répandaient une lumière éclatante, et telle, selon les termes de Pline, que le jour y était plutôt renfermé qu'introduit.

CHAPITRE XVI.

Des Miroirs ardens.

Les miroirs ardens sont le premier objet dont nous allons nous occuper. On a vu déjà que plusieurs savans en avaient révoqué en doute les effets surprenans : pour peu qu'on y réfléchisse, il paraîtra singulier que les hommes, si avides du merveilleux qu'ils l'admettent souvent contre toute apparence et toute possibilité, se prêtent si difficilement aux faits historiques les mieux constatés, lorsqu'ils ne rentrent pas dans la sphère très-bornée de leurs connaissances. Tel a été le sort des miroirs ardens, dont Archimède se servit pour brûler la flotte des Romains. Ce fait, rapporté par plusieurs historiens, cru sans interruption pendant quinze ou seize siècles, a été ensuite non seulement contesté, mais même traité nettement de fable par l'illustre Descartes, et depuis par les physiciens du siècle dernier; et il faut avouer, qu'avec les principes ordinaires de la dioptrique, Descartes et ces physiciens étaient excusables de ne pas trouver possibles les miroirs d'Archimède.

Il n'existait qu'une manière de prouver ce fait, nié si long-tems par d'illustres savans : c'était de construire des miroirs capables de produire le même effet que celui d'Archimède ; et c'est en quoi Buffon a parfaitement réussi. Tâchons de donner une légère idée de la route par laquelle il est arrivé à cette découverte.

Il était déjà bien reconnu, que les miroirs ardens ordinaires étaient insuffisans pour brûler à de très-grandes distances. Pour produire un tel effet, il faudrait leur donner une grandeur immense, et il serait extrêmement difficile, pour ne pas dire impossible, de leur donner exactement la courbure presqu'insensible qu'ils devraient avoir ; mais de plus, il y avait encore une autre raison qui les aurait rendus complettement inutiles, quand on aurait pu les travailler avec autant d'exactitude que de précision.

On regarde ordinairement comme physiquement parallèles, les rayons qui tombent du soleil sur un miroir ardent.

Il s'en faut cependant de beaucoup que ce parallélisme existe dans la nature ; il faudrait, pour cela, que le soleil n'eût aucun diamètre sensible ; alors, à cause de sa distance immense, ses rayons, tombant sur le disque d'un miroir, ne feraient qu'un angle insensible, et pourraient être regardés comme parallèles : mais le diamètre du soleil occupe dans le ciel un espace à peu-près d'un demi-degré ; les rayons, qui partent de ses deux extrémités, tombent donc sur le miroir avec une inclinaison d'un demi-dégré ; par conséquent, au lieu de se rassembler au même point après avoir été réfléchis, ils iront en s'écartant d'un angle pareil ; et c'est une des raisons pour lesquelles le foyer d'un miroir un peu grand n'est pas un point physique, mais a toujours une certaine étendue. Tant que le foyer du miroir n'est qu'à une médiocre distance, cet écartement des rayons est moindre que la convergence que leur donne le miroir ; et, le foyer étant par conséquent beaucoup moindre que sa surface, les rayons y sont assez rassemblés pour brûler ; mais, si l'on augmentait la longueur du foyer, alors l'écartement des rayons devenant plus sensible, la force du foyer diminuerait ; de sorte que, si on le supposait placé à une telle distance que le diamètre du miroir ne fût vu de ce point que sous un angle d'un demi-dégré, la convergence donnée aux rayons par le miroir étant égale à la divergence causée par la largeur du diamètre du soleil, le foyer ne ferait pas plus d'effet que si les rayons y avaient été renvoyés par un miroir plan.

C'est encore par la même raison que l'image du soleil, renvoyée par une glace plane, et qui, reçue à une petite distance, est de même figure que la glace, devient en s'éloignant de moins en moins semblable à cette glace, et finit par être parfaitement ronde, quelque figure qu'on donne au miroir. Chaque point physique du miroir renvoie une image entière du soleil, et tous ces disques forment l'image lumineuse : comme ils n'ont tous qu'un diamètre de 32 minutes, les derniers, ceux qui sont réfléchis par les extrémités de la glace, ne débordent les autres que de peu de chose, lorsque l'image est reçue de près ; mais, à mesure qu'on s'éloigne, ce peu augmente et parvient au point d'absorber absolument toute la figure de la glace. Il arrive à ces rayons réfléchis ce qui arrive aux rayons directs du soleil, admis par un trou d'une figure quelconque, dans une chambre obscure ; tant qu'on les reçoit à une distance moindre que celle à laquelle le trou paraîtrait sous un angle égal au diamètre du soleil, ils représentent la figure de cette ouverture plus ou moins distincte, selon qu'ils en sont reçus plus ou moins près ; mais, passé cette distance, ils ne représentent plus que la figure du soleil.

Toute cette théorie fait voir évidemment que des miroirs sphériques et d'une seule pièce n'ont jamais pu produire l'effet qu'on attribue à ceux dont se servit Archimède; et, comme probablement ce grand mathématicien avait fait toutes les réflexions nécessaires sur une entreprise de cette nature, il est à croire qu'il avait employé une autre méthode, et qu'il s'était servi de miroirs plans; c'est aussi le parti qu'a pris M. de Buffon.

Le premier pas à faire dans cette recherche, était de s'assurer de ce que les miroirs de glace étamée faisaient perdre de force à la lumière en la réfléchissant; nous disons, les miroirs de glace étamée, parce que les expériences ont fait voir qu'ils réfléchissent plus puissamment la lumière que les miroirs de métal les mieux faits et les plus polis. Pour examiner donc leur effet, M. de Buffon fit tomber dans un endroit obscur un trait de la lumière directe du soleil; il reçut ensuite le même trait sur une glace, et le porta à 4 ou 5 pieds, ou à 13 ou 16 décim. On conçoit aisément que la lumière avait été affaiblie par cette réflexion; et, en effet, il fallut la lumière réfléchie par deux miroirs, pour égaler la vivacité de la lumière directe. La réflexion ne fait donc perdre, à la lumière du soleil, qu'environ la moitié de sa force; et cette même lumière réfléchie peut, suivant les expériences, être transportée à des distances très-grandes, comme de deux ou trois cents pieds, ou de 65 mètres à 97 mètres et demi, et n'en perdre qu'une très-petite partie.

Des expériences à peu-près semblables furent faites sur la lumière des bougies, : M. de Buffon, s'étant placé dans un lieu obscur, y fit entrer la lumière d'une bougie allumée dans une chambre voisine; et, tenant un livre à la main, il fit approcher la bougie jusqu'à ce que la lumière fût suffisante, pour bien distinguer les caractères du livre; et la distance de ce livre à la bougie se trouva de 24 pieds ou 78 décimètres. Il essaya ensuite de lire le même livre avec la lumière de la même bougie réfléchie par une glace, et il fallut la rapprocher jusqu'à quinze pieds ou 49 décimètres. La diminution de la lumière d'une bougie par la réflexion est donc dans le rapport inverse de ces nombres; et la lumière directe de deux bougies doit éclairer à peu-près autant que la lumière réfléchie de cinq.

La difficulté que pouvait causer l'incertitude de la force de la lumière réfléchie à de très-grandes distances, étant écartée, il y en avait encore une autre plus grande, qui s'élevait contre la possibilité du miroir d'Archimède. Le miroir ardent de l'Académie avait un foyer d'environ quatre lignes ou 1 centimètre, et un diamètre de trois pieds ou 98 centimètres ; pour en construire un qui brûlât également à 240 pieds ou près de 78 mètres, il aurait donc fallu mettre le même rapport entre les diamètres du foyer et du miroir; or, il est démontré que le diamètre du foyer ne peut, à cette distance, être moindre que deux pieds ou 65 centim. : si donc on cherche le diamètre du miroir, suivant les règles ordinaires, on le trouvera de 216 pieds ou de près de 70 mètres, grandeur énorme, qui rend le miroir impossible, et Descartes bien excusable de l'avoir jugé tel.

Il est vrai que le miroir de l'Académie brûlait assez vivement pour fondre l'or ; mais, réduit, par des zones de papier qui en couvraient une partie, à la seule grandeur nécessaire pour enflammer du bois sec, il avait encore 5 pouces ou 13 centimètres et demi de diamètre; ce qui donne pour le miroir qui enflammerait le bois à 240 pieds ou près de 78 mètres, un diamètre de 30 pieds ou de 9 mètres trois-quarts, moins grand à la vérité que le premier, mais qui ne rend guère la construction du miroir plus praticable.

Il est certain qu'en estimant la chaleur mathématiquement, les raisonnemens que nous venons de rapporter sont sans replique. Les foyers de même longueur doivent avoir une force proportionnelle aux diamètres des miroirs; et, à égale intensité de lumière, un petit foyer doit brûler autant qu'un grand; et réciproquement un grand foyer ne doit pas brûler plus qu'un très-petit, qui aura un même rapport avec le diamètre de son miroir : mais la chaleur a-t-elle été assujettie réellement aux lois qu'il a plu aux géomètres de lui imposer? et les effets qu'elle produit doivent-ils être toujours d'accord avec le calcul qui résulte de ces principes? c'est ce que nous ne pourrions assurer sans témérité. On n'a que trop d'exemples dans la physique du peu de succès du calcul mathématique, mal à propos employé, où l'on n'aurait dû consulter que l'expérience et l'observation.

C'était en effet le seul parti qui restât à prendre à M. de Buffon, et l'expérience décida nettement contre le calcul; un verre ardent de 32 pouces ou 87 centim. de diamètre a son foyer de 8 lignes ou 18 millim. de largeur à la distance de 6 pieds ou 195 centim., et ce foyer fond le cuivre en moins d'une minute. Suivant le calcul dioptrique, un verre de 32 lignes ou 87 centim. de diamètre, dont le foyer sera de deux tiers de lignes ou 1 millim. et demi, à la distance de 6 pouces ou 162 millim., devrait fondre en même tems le cuivre dans l'étendue de son foyer :

or, c'est ce qui n'est jamais arrivé; à peine ce petit foyer pourrait-il lui communiquer une médiocre chaleur.

Pour peu qu'on y veuille faire attention, il sera aisé de trouver la raison de cette différence; la chaleur se communique de proche en proche, et la petite quantité de matière échauffée par un petit foyer, a bientôt transmis la sienne aux parties qui l'environnent; un foyer d'une ligne ou de 2 millim., qu'on fera tomber sur le milieu d'un écu, partagera sa chaleur à toutes les parties de cet écu qui n'en sera que très-peu échauffé, au lieu que, si l'on fait tomber dessus un foyer d'une égale intensité, mais plus grand et qui le couvre entièrement, non seulement il n'y aura point de chaleur perdue, mais le point du milieu, profitant de celle des autres, sera bientôt disposé à se fondre.

Ces expériences ayant donc appris à M. de Buffon que le miroir qu'il se proposait de faire construire, pouvait n'être pas aussi grand que le calcul semblait l'exiger, il résolut d'en tenter l'exécution, et le fit construire tel, à peu près, que nous allons le décrire.

Il était composé de 168 glaces étamées, chacune de 6 pouces sur 8, ou de 162 millim. sur 217, éloignées d'environ 4 lignes ou 9 millim., et portées sur une monture qui pouvait se mouvoir en tout sens : chacune des glaces avait sa monture à part, qui lui permettait aussi un mouvement en tout sens, indépendant de celui des autres et de celui de toute la machine. Au moyen de ce mouvement, on pouvait faire tomber sur le même point les 168 images, et brûler à plusieurs distances. Il y avait entre chaque glace un intervalle de quatre lignes ou 9 millim., qui servait non seulement à laisser de la liberté à ce mouvement, mais encore à donner à celui qui opérait le moyen de voir l'endroit où il conduisait les images.

Il faut environ une demi-heure pour faire coïncider les images au même point ; alors le miroir est monté pour cette distance, et l'usage en est aussi prompt que celui des autres miroirs ; mais il a sur eux l'avantage de brûler en haut, en bas, et horizontalement. Si on veut porter le foyer à une autre distance, il n'y a qu'à répéter la même opération, et une autre demi-heure suffit pour cela.

Il y a un grand choix à faire dans les glaces dont on se sert : on doit rejeter toutes celles qui ne donnent pas une image ronde et bien terminée ; elles ne feraient que troubler l'action des autres ; malheureusement, celles-ci font le plus grand nombre ; et les 168 glaces du miroir de M. de Buffon ont été choisies entre plus de

500. Voici présentement le résultat des expériences.

Une planche de hêtre goudronnée a été allumée à 66 pieds de distance ou près de 21 mètres et demi, avec 40 glaces seulement, et quoique le miroir, qui n'était pas encore monté sur son pied, fût dans une situation peu avantageuse.

Avec 98 glaces on a mis le feu à une planche goudronnée et soufrée, placée à 126 pieds ou près de 41 mètres de distance.

On a produit une légère inflammation sur une planche couverte de laine hachée, mise à 138 pieds ou près de 45 mètres de distance, en employant 112 glaces, et quoique le soleil ne fût pas bien net.

Le soleil étant fort pâle et couvert de vapeurs, on a fait fumer, avec 154 glaces, une planche goudronnée, à 150 pieds ou 48 mètres trois-quarts de distance, et il y a tout lieu de penser qu'elle se serait enflammée, si le soleil n'avait pas disparu.

Par un soleil encore plus faible, on a enflammé en une minute et demie, à la même distance, et avec le même nombre de glaces, des copeaux de sapin soufrés et mêlés de charbon.

Le soleil étant plus net, on a très-promptement embrasé à la même distance une planche de sapin goudronnée, avec 128 glaces seulement, et le feu a pris dans toute l'étendue du foyer, qui avait environ 16 pouces ou 43 centimètres de diamètre à cette distance ; on a ensuite porté le feu à la même distance, sur une planche de hêtre goudronnée en partie, et couverte de laine hachée en quelques endroits ; l'inflammation a commencé par les endroits de la planche qui étaient découverts ; on avait employé 148 glaces, et le feu était si violent, qu'il a fallu plonger la planche dans l'eau pour l'éteindre.

Enfin le foyer ayant été racourci jusqu'à la distance de 20 pieds ou 6 mètres et demi, avec 12 glaces on a enflammé des matières aisément combustibles ; avec 21 on a mis le feu à une planche de hêtre qui avait déjà été brûlée en partie ; avec 45, on a fondu un flacon d'étain qui pesait 6 livres ou près de 3 kilogrammes ; avec 117, on a fondu des morceaux d'argent minces, et rougi une plaque de tôle ; et il y a lieu de croire que, si on employait toutes les glaces du miroir, on fondrait les métaux à 50 pieds ou 16 mètres et un quart aussi aisément qu'à 20 ou 6 mètres et demi ; et, comme le foyer du miroir est à cette distance de 6 à 7 pouces ou de 16 à 19 centim., on pourra faire, par son moyen, des épreuves en grand sur les métaux, ce qu'il n'était pas possible de faire avec les miroirs ordinaires, dont le foyer est cent fois plus petit.

Les expériences que nous venons de rapporter, ont été faites par un soleil de printems et très-faible : si donc on a pu dans cette circonstance brûler à 150 pieds ou 48 mètres 3 quarts, il y a tout lieu de croire que, par un soleil d'été bien net, on brûlerait à 200 pieds ou près de 65 mètres, et qu'avec trois miroirs semblables, on porterait le feu à 400 pieds ou près de 130 mètres, et peut-être plus loin.

Il ne faut cependant pas s'imaginer qu'on puisse brûler par ce moyen à telle distance qu'on le voudra; tout a des bornes dans la nature. Pour brûler seulement à une demi-lieue, il faudrait un miroir deux mille fois plus grand que celui qu'on a employé : on sent assez qu'il serait ridicule d'en entreprendre l'éxécution; aussi M. de Buffon crut-il qu'on ne pourrait guère porter le foyer d'un miroir de cette espèce au-delà de 8 à 900 pieds ou de 260 mètres à 292 mètres et demi, tout au plus.

Cette découverte a procuré plusieurs avantages à la physique et aux arts. Indépendamment de l'avantage qu'ont eu les nouveaux miroirs de brûler en bas, au lieu que les miroirs ordinaires portent toujours la pointe du cône brûlant en haut, ce qui rend l'opération de soutenir les matières qu'on veut y exposer très-difficile, ils ont encore celui de donner tel dégré de chaleur qu'on veut; si l'on reçoit, sur un miroir concave d'un pid carré de surface, la réflexion de 154 glaces, la chaleur du foyer sera douze fois plus grande que celle qu'il produirait naturellement; on sent assez combien cet énorme degré de feu, jusqu'alors inconnu, a dû procurer d'avantages dans de certaines occasions.

En faisant tomber les images l'une après l'autre sur un thermomètre, ou sur une machine de dilatation, l'on aura le rapport des expansions de la liqueur, ou de l'allongement de la verge, avec des quantités égales de lumière successivement ajoutées, et on connaîtra les matières, dont les effets approchent le plus d'être proportionnels à ces quantités, et qui, par conséquent, doivent être employées par préférence à la mesure des augmentations de chaleur.

Enfin, on saura par ce moyen, au juste et avec précision, combien de fois il faut la chaleur du soleil pour brûler, fondre ou calciner certaines matières, ce que l'on n'avait pu estimer jusqu'alors que d'une manière très-vague, et l'on pourra connaître exactement le rapport de nos feux avec celui du soleil.

Nous ne croyons pas pouvoir mieux finir cet

article sur les verres ardens, que par ce passage d'Aristophane qui en prouve l'ancienneté.

« J'ai trouvé, dit un vieillard, dans la première scène du second acte des Nuées, une pierre qui paiera mes dettes sans bourse délier. Quand on me présentera mon obligation, je placerai cette pierre au soleil sur mon billet, et j'en fondrai la cire » : Or, tout le monde sait que, dans ce tems, on écrivait sur une écorce d'arbre enduite d'une couche de cire.

CHAPITRE XVII.

Des Loupes, des Microscopes simples, et de leurs effets merveilleux.

On appelle *Loupes botaniques*, celles qui servent pour l'étude des plantes : elles sont construites de différentes manières.

Les plus simples n'ont qu'un verre sphérique.

Nous avons des *biloupes* montées en corne ou en écaille, et garnies de porte-verres en or ou en argent. L'un des verres sert à connaître les plantes et les fleurs, dont la grandeur est assez espacée pour distinguer tous les phénomènes utiles à la science ; et l'autre sert à dévoiler aux yeux les parties de ces fleurs et de ces plantes, qui par leur extrême ténuité échapperaient à la vue la plus subtile.

Les *triloupes* réunissent trois lentilles, toutes plus fortes les unes que les autres. On peut les employer isolément, et en augmenter le pouvoir amplifiant par la réunion de deux et même de trois lentilles. Elles sont ordinairement destinées à voir de très-petits objets.

Nous avons encore des loupes pour l'horlogerie; ces loupes sont de divers foyers, n'ont qu'un verre adapté à un cercle d'ivoire, et peuvent se placer sur l'établi des artistes. Nous en avons aussi qui ont la forme d'entonnoir, afin de pouvoir occuper la cavité qui entoure l'œil. Comme les lentilles de ces loupes grossissent beaucoup, les horlogers trouvent plus commode de les placer ainsi; et ils ont en cela d'autant plus de raison, qu'ils ne s'en servent que momentanément. Cependant nous avons des porte-loupes en cuivre, où l'on peut fixer la loupe, et faire varier le mécanisme sur tous les points.

Rien n'est plus fatigant pour l'organe visuel, que de se servir de ces sortes de loupes; et cependant il est souvent indispensable d'y avoir recours, à cause des petites pièces dont la ténuité échapperait à l'œil, et que les horlogers sont obligés de revoir avec la plus grande attention.

Les *Biloupes* ne sont pas moins indispensables pour les Contrôleurs à la marque d'or et d'argent, pour les aider à reconnaître jusqu'à la moindre trace des empreintes du poinçon.

Les personnes qui ne veulent pas faire usage de lunettes, se servent de loupes ; mais nous sommes loin d'approuver cet usage : car l'œil, qui ne serait jamais exercé, se fatiguerait autant que celui qui s'exercerait toujours, vu que la force optique doit se reporter toute entière dans l'œil le plus exercé. C'est de l'usage cité ci-dessus que provient assez souvent l'étonnante inégalité de la portée des deux yeux. Passons aux microscopes.

Les plus petits microscopes n'ont qu'une lentille : le verre est fixé sur un tube de verre, et par l'ouverture on peut placer les objets. Ces sortes de microscopes sont suffisantes, pour donner aux jeunes gens une idée d'instrumens plus compliqués.

Il existe aussi des petits microscopes à une, deux et même trois lentilles, pour servir à l'étude de l'histoire naturelle ; toutes ces lentilles se trouvent adaptées sur un manche d'ébène ou d'ivoire ; il se trouve à chacune un miroir en métal ; et, dans le haut, une pince en acier pour fixer les objets,

Avant que de parler des microscopes très-composés, tels que le microscope solaire et le microscope de Dellebarre, nous allons parler des effets merveilleux des loupes et des microscopes. C'est à eux que l'on doit l'avantage de connaître à fond la structure d'une infinité de corps, dont la petitesse défierait l'œil le plus subtil et le plus exercé. C'est par la réunion des lentilles et des loupes qu'on a distingué une foule surprenante d'animaux vivans, dans diverses liqueurs, et même dans des corps où l'on n'aurait jamais soupçonné leur existence. Quel nombre prodigieux d'expériences n'a-t-on pas faites, et ne fera-t-on pas encore, quand on a voulu, quand on voudra examiner les parties constitutives des plantes, des fleurs et des fruits, des pierres, des minéraux et des métaux? Ce qui nous avait paru le plus méprisable, nous pénètre d'admiration, dès qu'on le voit à la loupe, et surtout au microscope. Une petite moisissure semble un jardin couvert de plantes : des grains de sable presque imperceptibles ont l'apparence de rochers : les petites pointes d'acier, que le choc du briquet tire des veines d'un caillou, paraissent de petites balles de plomb rondes en dehors et creuses en dedans : la poussière qu'offre un bois vermoulu semble peuplée d'une infinité d'animalcules vivans. Il en est de même du fromage, lorsque la sécheresse le fait tomber en poudre; presque toutes les plantes en se pourrissant donnent naissance à différentes familles d'insectes, dont le microscope seul a dévoilé l'existence. La sauge, par exemple, lorsqu'on n'a pas pris soin de la laver, donne une boisson dangereuse. On a remarqué que cette malignité provenait d'une multitude de petits animaux qui vivent des feuilles de cette plante, qui y déposent leurs œufs, et qui se couvrent d'une toile semblable à celle des araignées, mais insensible à la vue. Un ciron, qui ne paraît à la vue simple que comme un point, se montre, à la faveur du microscope, tout couvert de poils et presque semblable à un ours; une puce y a les jambes toutes velues et comme armées de pointes, et ressemble en quelque sorte à une écrevisse. Si l'on examine la queue de certains petits poissons un peu transparens, on voit circuler leur sang qui va et revient des artères dans les veines. Si l'on prend une goutte d'eau, où l'on ait fait tremper un jour ou deux du foin ou d'autres herbes sèches, on y aperçoit un nombre surprenant de petites anguilles qui nagent dans cette eau, comme on en voit aussi nager dans le vinaigre. Si l'on met du poivre noir à infuser une nuit dans de l'eau, on peut le lendemain y remarquer des animalcules, dont on distingue les pieds, la queue, la tête et même les yeux.

De quelle admiration ne doit-on pas être frappé, lorsqu'on aperçoit distinctement cette multitude infinie d'êtres nouveaux, qui si long-tems ont échappé aux yeux les plus perçans? et, si l'on pense combien doivent être petites les diverses parties de leurs corps; combien sont délicats les os, les nerfs, les veines, les artères qui les composent; combien sont tenues les pellicules et les liqueurs de leurs yeux; quelle doit être l'organisation de leurs muscles, de leur cerveau et de leur cœur; de quelle fluidité doivent jouir leur sang, et surtout les esprits animaux qui impriment le mouvement à ces petites machines, qui pourra s'empêcher de reconnaître la sagesse et la puissance infinies, qui éclatent avec tant de magnificence jusques dans la création et la conservation de ces faibles animaux; dont la contemplation force l'esprit humain à reconnaître combien sont bornées sa science et ses lumières, lorsqu'il voit toute sa pénétration échouer contre ces insectes, dont les ressorts secrets lui sont et lui seront toujours incompréhensibles?

CHAPITRE XVIII.

Du Microscope solaire.

Le microscope solaire (fig. 24) fut inventé vers 1740, par M. L'eberkuyn, de l'Académie royale de Berlin. Il s'ajuste au volet d'une chambre dont toutes les fenêtres sont exactement fermées à la lumière.

La plaque de cuivre A se fixe au volet par les deux petites vis qui, comme on le voit en *a*, s'engagent dans deux écrous *b*, noyés dans le volet.

BB est un cercle de cuivre, tournant dans l'épaisseur de la plaque, et portant en dehors une glace, ou miroir de métal C, destiné à recevoir les rayons du soleil.

C'est au moyen d'un pignon D, qui s'engrène à la circonférence du cercle, qu'on le fait tourner, et avec lui le miroir, de manière à renvoyer toujours les rayons du soleil dans les directions du microscope.

Une vis de rappel, placée en E, fait de même varier l'inclinaison du miroir pour le même objet.

F, est le corps du microscope portant à l'extrémité extérieure une lentille d'une forte convexité, destinée à recevoir la plus grande quantité possible de rayons solaires, et à la réfracter dans l'intérieur du tuyau F.

Un autre tuyau G, qui glisse dans l'intérieur de F, porte à son extrémité I les diverses lentilles dont on a besoin de proportionner la force au degré de grossissement que l'on veut se procurer.

Il y a ordinairement six de ces lentilles, dont chacune est ajustée dans une sorte de chaton à vis H.

Les objets que l'on veut observer se placent par la rainure pratiquée en C, de manière à recevoir le cône de lumière envoyé par la lentille extérieure, et à se trouver au foyer de la lentille placée en I; et, pour satisfaire au changement des lentilles, d'engrenage, que fait mouvoir le pignon, fait varier à volonté l'extrémité I du microscope.

De même, en faisant glisser le tuyau G, dans le tuyau F, on a la facilité d'approcher ou de reculer les objets placés en C, suivant qu'on a besoin de leur donner une lumière plus ou moins vive; car on sent que, si, par exemple, on voulait examiner un insecte vivant, et que, pour avoir la plus grande lumière possible, on le mît précisément au foyer de la lentille extérieure, il serait à l'instant brûlé; tandis que, si c'est un morceau d'une substance peu transparente et peu combustible, on peut l'exposer à cette forte lumière, pour en distinguer mieux les parties.

Il faut varier les porte-objets suivant la nature des objets que l'on veut observer.

K est un porte-objets en ivoire dont chaque rond est formé de deux plaques de talc fort minces entre lesquelles on place, soit les pattes de mouches, soit les petits insectes morts, les échantillons de bois très-minces, etc. etc., qui y restent à demeure.

Quelques-uns de ces porte-objets ne sont assujettis qu'avec un anneau de cuivre formant ressort, pour placer à volonté, entre les deux plaques, de nouveaux objets.

Le porte-objet L est en cuivre; les plaques sont en verre concave, pour laisser entre deux la place d'un insecte vivant, ou d'une liqueur dont on veut observer la cristallisation ou le dessèchement.

D'autres porte-objets M sont des cylindres de verre, dans lesquels on fait entrer, soit une patte de grenouille vivante, soit une nageoire de poisson, soit des vers ou insectes un peu longs.

N est une petite pince pour saisir les objets.

O est une lentille à main, destinée à aider l'œil de l'observateur pour chercher ou préparer les objets.

Enfin, P est une petite boîte pour serrer des ronds de talc, ou des verres de rechange.

Le talc a sur le verre l'avantage d'être en lames beaucoup plus minces, et par conséquent de moins nuire au passage des rayons de lumière.

Il est aisé de concevoir que la lumière, arrivant avec force par la lentille extérieure, jette une très-grande clarté sur les objets placés en C; et que, ce point C étant au foyer de la lentille I, celle-ci réfracte les rayons qui en viennent en un grand cône de lumière qui va se peindre sur la muraille ou la toile, avec d'autant plus de détails que le foyer est plus fort, et que la toile est plus éloignée.

De cette manière une puce se peint de la grosseur d'un mouton, des poussières de papillon ressemblent à des fleurs d'œillets. Les veines qui se trouvent dans la queue d'un lézard offrent l'image d'une grande carte géographique dont elles forment les rivières, et où l'on distingue parfaitement la circulation du sang.

Il en est du microscope solaire comme des

autres instrumens d'optique ; la théorie ne donne pas de bornes à ses effets ; et le grossissement pourrait en être porté à l'extrême, s'il régnait assez de perfection dans toutes ses parties, pour proportionner la lumière au grossissement.

Cette perfection tient, ainsi que dans la chambre obscure, au miroir extérieur, dont la moindre inégalité nuit à l'égale répartition de la lumière. Il est très-difficile d'établir des miroirs parfaitement plans, tant à l'extérieur que sur la face qui reçoit le tain ; et cependant, pour peu que ces deux faces ne soient pas exactement parallèles, la réflexion de la lumière cesse d'être parfaite ; ce qui ferait préférer les miroirs de métal, s'ils n'exigeaient trop de précautions contre les effets de l'air auquel leur destination les expose.

CHAPITRE XIX.

Du Microscope de Dellebarre. (1)

L'AUTEUR appelle ce microscope *universel*, parce qu'il l'a rendu propre à observer, en tout temps et de toutes façons, quelque objet que ce soit, transparent ou opaque ; et c'est avec d'autant plus de raison qu'il a pu le nommer ainsi, que, pour le présenter à l'Académie royale des sciences, il lui a donné, lors de son séjour à Paris, toute la perfection dont il l'a cru susceptible ; perfection qu'il a obtenue par les changemens et les additions considérables qu'il y a faits, et qui en ont beaucoup perfec-

---

(1) La France pouvant défier par cet instrument toutes les fabrications anglaises, je crois pouvoir réimprimer ici l'instruction que j'ai publiée sous les yeux de l'auteur, au moment où je venois de travailler au rapport, qui lui fit décerner, par l'Athénée des arts, une couronne et une médaille.

M. Dellebarre est mort en 1808.

tionné la construction et les effets. Aussi, sur le rapport avantageux qu'en firent les commissaires nommés pour l'examiner, l'Académie lui accorda son approbation. Ce rapport, qui est aussi étendu que circonstancié, se trouve inséré en entier dans le journal Encyclopédique des mois d'août et de septembre de l'année 1777, dans lequel au surplus on verra le mémoire qu'il lut sur la différence de la construction et des effets de cet instrument, lorsque, le 30 avril précédent, il le présenta à l'Académie.

Ce microscope (fig. 25) se place tout entier dans sa boîte, composée de trois parties dont le pied fait la première; la deuxième consiste dans une longue tige carrée, qui porte les deux miroirs de glace, adossés l'un contre l'autre, et renfermés dans un même cercle; la loupe servant à réunir la lumière sur l'objet; et, au-dessus de cette loupe, une table ou platine où se pose l'objet; la troisième partie, qui est ce qu'on appelle proprement le corps du microscope, comprend tous les tuyaux et tous les verres oculaires vissés et assemblés l'un dans l'autre, et portés par un cercle fixé à une autre tige carrée.

Comme la construction et les usages de ce microscope diffèrent entièrement de ceux des microscopes connus, et que les divers et principaux effets, qui lui sont propres et particuliers, dépendent de la variation des positions, des distances et des combinaisons des verres, tuyaux et miroirs qui y sont rendus mobiles, et non fixés et arrêtés à la même place, comme dans les microscopes qu'on a faits ci-devant, il est absolument nécessaire d'entrer ici dans le détail, 1° des différentes pièces du microscope, des divers mouvemens qu'on peut leur donner, et des lettres et numéros qui servent à les faire connaître ; 2° de ses divers usages ou des différentes manières de s'en servir pour opérer les différens degrés d'agrandissement, de clarté, de distinction et de champ ou air visible, dont cet instrument est susceptible, tant pour les objets transparens ou diaphanes, que pour les objets opaques.

L'auteur commence par la partie essentielle de l'instrument, c'est-à-dire, par la description du corps du microscope : cette partie est composée de cinq tuyaux, de cinq verres oculaires et de cinq lentilles objectives.

Le premier de ces tuyaux, qui reçoit tous les autres, est marqué de la lettre A. Ce même tuyau porte à sa partie inférieure un petit bout de tuyau étroit, qui est garni extérieurement et intérieurement d'un pas de vis : l'intérieur est destiné à recevoir le porte-lentille objective ; et sur l'extérieur se visse le miroir concave d'argent N, dont on fait usage pour éclairer les objets opaques.

Dans ce premier tuyau se place un second tuyau B, lequel, par en bas, porte le verre intermédiaire, c'est-à-dire, celui que l'on place entre la lentille objective et les oculaires qui sont le plus près de l'œil.

Dans ce second tuyau, on en place un troisième marqué C lequel, par en haut, porte les oculaires, qui, sans y comprendre l'intermédiaire, sont au nombre de quatre. Chacun de ces verres, selon les diverses combinaisons que l'on veut faire, peut alternativement se visser aux tuyaux B et C, et par là devenir intermédiaire ou oculaire proprement dit. Ces cinq verres sont montés chacun dans une virole, portant une vis et un écrou du même pas, moyennant quoi l'on peut les employer, ou tous ensemble, ou séparément et combinés de différentes façons.

Il y a un quatrième tuyau qui sert, en certains cas et en certaines combinaisons de ces verres, à alonger le corps du microscope, c'est-à-dire, à augmenter la distance entre la lentille objective et les oculaires ; ce tuyau, qui porte la lettre D, se place dans l'intérieur, et, lorsque les tuyaux se trouvent rassemblés les uns dans les autres, entre dans A et reçoit B.

Le cinquième tuyau est marqué de la lettre E; ce tuyau se visse au tuyau C, au-dessous ou bien au-dessus des viroles des oculaires : dans le premier cas, il sert à augmenter la distance des oculaires aux verres intermédiaires, et, dans le second, à augmenter celle de l'oculaire à l'œil de l'observateur.

Les viroles qui portent les verres oculaires sont aussi au nombre de cinq; elles sont toutes marquées d'un numéro, qui fait connaître la force des verres qu'elles renferment : par conséquent, la virole n° 1. renferme le verre qui grossit le plus, et ainsi des autres. Les verres contenus dans ces cinq viroles, et que l'on peut combiner de quantité de façons différentes, sont tous de différentes manières et de différens foyers.

Immédiatement au-dessus de la virole supérieure, c'est-à-dire de celle qui est le plus près de l'œil, se visse la visière F, composée de deux pièces qui entrent à vis l'une dans l'autre, et qui, en se vissant et se dévissant, peuvent s'alonger ou se racourcir, pour mettre ainsi l'œil juste au foyer antérieur des verres oculaires, selon que l'exigent les différentes hauteurs du microscope.

Enfin il y a cinq lentilles objectives qui se vissent alternativement, selon la grandeur de l'objet que l'on veut examiner, dans le petit bout du tuyau A. Ces lentilles se reconnaissent à leur ouverture. Celle qui grossit le plus a la plus petite, et est marquée n° 1 ; et la moins forte, dont l'ouverture est la plus grande, porte le n° 5.

Le corps entier du microscope est retenu par un cercle, fixé à une tige carrée G, qui glisse dans une boîte de cuivre H, laquelle s'adapte à l'extrémité supérieure de la grande tige de l'instrument ; ce qui donne au corps du microscope un mouvement d'arrière en avant et d'avant en arrière ; et la boîte, tournant elle-même sur un pivot, donne au microscope un mouvement de droite à gauche et de gauche à droite ; de sorte qu'au moyen de ce double mouvement, on peut lui faire parcourir tous les points de la platine qui porte les objets ; ces deux mouvemens, lorsqu'on veut arrêter et fixer la lentille sur un objet, s'arrêtent par autant de vis au-dessous de la tige carrée : tout contre le cercle qui tient les tuyaux, est un bouton g, dont la tête est fort alongée, et qui donne beaucoup de facilité, pour imprimer aux tuyaux les deux mouvemens dont on vient de parler.

La seconde partie du microscope consiste

dans une longue tige carrée T, à laquelle sont adaptées toutes les autres pièces de l'instrument. Cette tige, qui se fixe par une vis au pied du microscope, est en deux endroits p, p, brisée et à charnière, pour pouvoir, 1° l'incliner de manière à observer commodément assis; 2° amener le corps du microscope dans une situation horisontale, afin d'y observer les objets par une lumière directe et non réfléchie.

Vers le haut de cette tige est placée la platine P, destinée à porter les objets qui s'y posent sur un verre plan. Cette platine peut se mettre à la distance convenable de la lentille objective, par un mouvement de crémaillère très-doux, et cela, au moyen d'un large bouton b, qui se trouve à gauche fixé à la boîte de cuivre qui tient la platine, et qui porte un pignon engrené dans un rateau, le long duquel la platine monte et descend facilement à mesure que l'on en tourne et détourne le bouton, et reste à toute distance pour mettre ainsi l'objet juste à son point. A cette platine, en dessus et en dessous, sont adaptés des ressorts qui servent à y arrêter toutes les pièces que l'on veut, comme des tubes, des lames de cuivre ou d'ivoire, etc. Au surplus, cette pièce porte à la droite un petit canon refendu, dans lequel glisse une petite branche d'acier, qui, à l'un de ses bouts, porte une pointe et une pince destinées à saisir les objets vivants, et les autres objets opaques ; et, à l'autre, un petit anneau dans lequel on assujettit un porte-objet au moyen d'une vis : ce petit canon, qu'on fixe par un écrou au-dessous, tourne comme sur un pivot. Ainsi ces pièces peuvent se mouvoir à droite et à gauche, en avant et en arrière ; et elles ont précisément les mêmes mouvemens que le corps du microscope ; elles servent principalement quand l'instrument est tourné directement au jour, ou incliné pour s'en servir assis. A la gauche de la platine est une petite ouverture, qui a une portée pour y recevoir un carton noir ou blanc, sur lequel on peut mettre quelque objet que ce soit ; l'on s'en sert principalement lorsque l'on veut examiner, avec une lentille de long foyer, les objets dont les couleurs sont tendres et changeantes, et qui sont éclairés seulement par la lumière du jour, et sans aucune réflexion des miroirs inférieurs. Enfin, dans la grande ouverture de la platine, se met un verre plan sur lequel se pose l'objet : ce verre est à jour dans toute son étendue pour les objets transparens, et porte une tache noire ou blanche, si l'on s'en sert pour les opaques.

Au-dessous de cette platine, vers le pied du microscope, est un demi-cercle K fixé à une boîte de cuivre qui glisse dans la tige carrée du pied, et peut s'y fixer à tel point que l'on veut; ce demi-cercle porte sur ses deux faces deux miroirs de glace, l'un plan M, l'autre concave, qui ont le mouvement horisontal, et le double mouvement oblique antérieur et latéral, servant à réfléchir la lumière vers l'objet : ces miroirs peuvent être placés à différentes distances de l'objet, suivant les différens dégrés d'intensité de lumière dont on a besoin.

Entre le miroir et la platine, est placée une loupe ou verre convexe marqué VI, et destiné à rassembler sur l'objet les rayons de la lumière, et surtout de celle de la chandelle. Cette loupe, qui est pareillement fixée à une boîte de cuivre glissant dans la grande tige, a les deux mouvemens, le vertical et l'horisontal, pour qu'on puisse l'avancer, l'éloigner ou la supprimer au besoin. Le tout est porté sur un pied de cuivre L; et c'est la troisième partie du microscope, tel qu'il est arrangé dans sa boîte. Ce pied, qui est composé de trois consoles assemblées dans une base, reçoit dans son embase la grande tige du microscope qui y tourne dans toute direction, et s'y fixe par une vis lorsqu'on veut se servir de l'instrument. Une des consoles se tourne en devant, quand le corps du microscope est vertical, et en arrière, lorsqu'il est horisontal ou incliné.

Outre le miroir concave d'argent N, qui, comme on l'a dit ci-dessus, sert à éclairer les objets opaques, et se visse au bas du tuyau A à différentes hauteurs, selon les différens foyers des lentilles qu'on veut employer, on se sert encore des diaphragmes de cuivre noirci à différentes ouvertures, dont les uns se mettent sur les miroirs de glace inférieurs, et les autres sur la loupe pour en modérer la trop grande lumière, sur tout lorsqu'on se sert de fortes lentilles, ou qu'on observe des objets fort transparens, avec quelque lentille que ce soit.

Il y a aussi une petite lame de cuivre arrondie par les deux bouts, noircie d'un côté, et polie de l'autre : cette pièce, lorsqu'on observe des objets saisis par la pince ou par la pointe, sert à intercepter les rayons du miroir d'en bas, pour que l'objet ne soit éclairé que par la réflexion du miroir concave d'argent ; elle se place directement sous l'objet, et se fixe à l'un des ressorts de la platine.

Enfin deux boîtes, qui s'ouvrent et se ferment à coulisse, contiennent quarante objets transparens ou opaques, arrangés entre deux verres concaves et très-minces, dans un petit anneau d'os ou d'ivoire, sur le revers duquel est marqué le nom de l'objet. Ces objets, tirés des trois règnes de la nature, et pour la plupart différens de ceux que l'on fournit avec les autres microscopes, doivent paraître d'autant plus curieux et intéressans, que, depuis vingt-cinq ans et plus que l'on observe, on a toujours tenu note de tout ce qu'on a trouvé qui pût s'appliquer le plus utilement au microscope. D'ailleurs on croit ne rien dire de trop à ce sujet, en assurant que l'on s'est acquis, par une expérience de tant d'années, plus de dextérité pour la préparation de ces objets, que par les moyens qu'emploient ceux qui les préparent ordinairement. Indépendamment des quarante porte-objets qui sont fournis avec l'instrument, les Amateurs trouvent des collections, grandes, moyennes et petites d'insectes et parties d'insectes développées et anatomisées, d'ailes et d'étuis d'ailes de mouches, scarabées, etc., de poils d'animaux, de plumes et de plumasseaux d'oiseaux, d'écailles de poissons, de poussières de fleurs, de papillons, scarabées et autres insectes, de plantes marines et terrestres, de tranches horisontales de bois et de plantes, de dissolutions de sel, etc., le tout préparé pour être observé partie transparente, partie opaque.

On passe maintenant à l'usage particulier du microscope, ou bien aux différentes manières de s'en servir. L'habitude où l'on a été jusqu'à présent de se servir de microscopes, dont la manœuvre était toute différente, pourrait faire croire qu'il y aurait plus de difficulté dans l'usage de celui-ci, par rapport aux différentes positions de ses verres, tuyaux et miroirs qui, comme on l'a fait observer, sont fixes dans les autres instrumens de ce genre ; mais l'on a d'autant moins sujet de s'en plaindre, que c'est de ces variations mêmes que résultent beaucoup de propriétés et d'avantages que les autres microscopes n'ont point ; et que, cette petite difficulté une fois surmontée, l'observateur trouvera avec cet instrument toutes les facilités et toutes les commodités imaginables, soit pour saisir promptement son objet et le mettre au point de distinction, soit pour l'éclairer convenablement, soit pour le faire successivement passer par tous les degrés d'agrandissement, de clarté, de distinction, et d'extension qu'il juge à propos ; mais pour cela il faut bien lire et relire ce qui précède et ce qui suit.

Pour bien se servir de ce microscope, il faut savoir, 1° le monter et le disposer pour quelque combinaison et quelque objet que ce soit ; 2° arranger ou combiner les verres ou lentilles du microscope, relativement à l'effet qu'on veut faire produire à cet instrument ; 3° donner la lumière convenable à la nature de l'objet transparent ou opaque que l'on veut examiner ;

4° amener le corps du microscope sur l'objet ou la partie de l'objet qu'on se propose d'observer ; 5° mettre cet objet au foyer de la lentille objective : c'est-à-dire, juste au point où l'on le voit distinctement.

On entrera bientôt dans le détail de chacun de ces points, et surtout des trois premiers. Ceux qui ne veulent point se donner la peine de lire tout ce qui tient à l'usage particulier de l'instrument, peuvent d'abord s'en servir très-avantageusement en s'y prenant de la manière suivante :

USAGES ET COMBINAISONS GÉNÉRALES DU MICROSCOPE.

1° *Pour les objets transparens vus de jour.*

Ayant retiré de la boîte la partie qui comprend les tuyaux, il en faut d'abord ôter le tuyau ou alonge D, mettre en A en sa place le tuyau B, garni, par en bas, de la virole n° 5, qu'il y faut très-peu enfoncer; puis, ayant sorti le tuyau B, autant que faire se peut, et le tuyau C, auquel sont vissées les quatre viroles marquées I, II, III, IV, il en faut ôter et mettre de côté les deux supérieures avec le tuyau E, qui est au-dessus ; et, sur les deux viroles n°s III et IV, qui restent au tuyau C, placer la visière F autant dévissée qu'elle peut l'être; après quoi, ayant placé dans le petit canon du tuyau A la lentille correspondante à la grandeur de l'objet que l'on veut observer, par exemple, les lentilles n°s 4 ou 5 pour les plus grands objets, et les lentilles n°s 2 ou 1 pour les plus petits, le corps du microscope se trouvera arrangé pour y observer toutes sortes d'objets transparens et opaques.

Cela étant fait, et la grande tige étant fixée au moyen d'une vis au pied du microscope, la table ou platine où se pose le miroir inférieur étant abaissée ou mise dans une situation horisontale, de même que la loupe qu'il faut toujours plier de côté, à moins que ce ne soit pour voir à la chandelle les objets transparens, il faut placer au bout de la grande tige la pièce qui porte les tuyaux; et, ayant mis dans la grande ouverture de la platine le verre plan dont le centre n'a point de tache, et sur ce verre l'objet, il faut amener le miroir concave inférieur environ vers le milieu de la longueur de la tige, le tourner et l'incliner de manière que les rayons qu'il réfléchit portent sur l'objet, et que l'on le voie bien éclairé. Après cela il faut amener la lentille directement dessus, au moyen des divers mouvemens de droite et de gauche, d'avant et d'arrière qu'on a donnés à la pièce des tuyaux ; enfin tourner ou détourner un large bouton qui se trouve à gauche fixé à la boîte carrée qui tient la platine, jusqu'à ce que l'on voie distinctement son objet.

Si l'objet ne se trouve point éclairé comme on le souhaite, il faut alors porter les deux mains au cercle du miroir ; et, par les mouvemens horisontaux et obliques dont il est susceptible, le diriger de façon qu'il soit bien éclairé. Si la lumière paraît trop forte, il faut mettre sur le miroir un des diaphragmes de cuivre noirci, dont l'ouverture réponde au degré de distinction que l'on veut donner à son objet.

Diverses variations de cette combinaison.

Avec cette combinaison, toujours en se servant de la même lentille objective, on peut grossir successivement l'objet ainsi qu'on le juge à propos, et cela des trois manières suivantes :

1º Par les distances que l'on met entre l'oculaire intermédiaire, vissé au bas du tuyau B, et la lentille objective : cela se fait en remettant en A l'alonge D, et le tuyau B dans cette même alonge ; puis en sortant successivement D de A et B de D. Les divers alongemens que cette manœuvre donne au corps du microscope, donnent aussi à l'objet différens degrés d'agrandissement ; mais, à proportion que la distance augmente entre le verre intermédiaire et la lentille, à proportion aussi celle des verres de l'œil à l'intermédiaire, doit diminuer ; ainsi il faut enfoncer C en B, à proportion que l'on sort D de A et B de D : mais on n'y doit guère enfoncer les viroles vissées à ce tuyau, pour que le verre intermédiaire ne tombe point dans le foyer des verres supérieurs, et ne vienne point ainsi former sur l'objet une espèce de voile qui nuirait beaucoup à sa netteté. Quand le microscope est tout-à-fait alongé, la visière F doit être autant racourcie qu'il est possible, parce que, plus grande est la distance des oculaires à la lentille, moins grande doit être celle de l'œil au verre supérieur. En général il faut visser ou dévisser la pièce F, jusqu'à ce que le champ du microscope se découvre entièrement.

Il faut encore observer que, plus le microscope s'alonge, plus l'usage des diaphragmes sur le miroir concave inférieur est indispensable, à cause de la déperdition de lumière causée par cet alongement : l'ouverture du diaphragme doit être d'autant plus petite que les tuyaux sont plus alongés, ou que l'objet est plus transparent.

Si cela ne suffisait pas pour donner à l'objet

examiné toute la distinction nécessaire, il faudrait, ou baisser le miroir concave jusqu'au bas de la tige, ou se servir du miroir plan qui lui est adossée, en posant aussi sur l'un et l'autre des diaphragmes, si le cas l'exige.

Le second moyen d'agrandissement se fait par la simple soustraction du verre intermédiaire vissé au bas du tuyau B qu'on laissera en D, en laissant D en A, comme ci-dessus.

Dans ce cas, les diaphragmes sont encore plus nécessaires que dans le précédent ; et, comme l'œil doit être plus éloigné du verre supérieur, il en faut ôter la visière F toute entière, et en sa place y visser le tuyau E ; par cette opération, l'objet se trouvera grossi pour le moins du double.

La troisième manière de grossir par les oculaires, toujours avec les mêmes verres, la même lentille objective et le tuyau D, c'est de visser en C, au-dessus des deux autres, la virole qu'on a ôtée de B ; cette manœuvre doublera encore la grandeur de l'objet et le champ du microscope. Comme dans cette combinaison l'œil doit être plus près des verres que dans les combinaisons précédentes, il faut dévisser la partie d'en haut de la visière F, et la mettre immédiatement sur la virole supérieure ; il faut aussi mettre sur le miroir inférieur le diaphragme à plus petite ouverture, et ne point trop forcer, c'est-à-dire, ne sortir le tuyau D de A, B de C, et C de B, qu'autant que l'objet paraîtra distinct et bien terminé.

Si, sans se servir du tuyau D, l'on voulait tout d'un coup tripler la grandeur de son objet, il suffirait de changer la position intermédiaire, c'est-à-dire, de l'ôter de B, et de la visser en C, au-dessus des deux autres viroles qui y sont, mettant dessus la partie d'en haut de la visière F, et sur le miroir inférieur le diaphragme à plus grande ou plus petite ouverture, selon que l'objet serait plus ou moins transparent.

2° *Pour les objets transparens vus à la chandelle.*

Il faut observer tout ce qui a été dit ci-dessus, à la réserve qu'il faut amener, au centre du miroir inférieur et de la platine, la loupe du n° VI, qu'on place aussi près de la platine qu'il est possible si l'on emploie le miroir concave, et environ à un pouce et demi si l'on se sert du plan, observant de chercher, en haussant ou baissant la loupe et les miroirs inférieurs le long de la tige, le degré de clarté que l'on juge le plus convenable. Si la lumière réfractée par la loupe est trop forte, comme pour les objets transparens, surtout lorsqu'on les observe avec de fortes lentilles, il faut aussi mettre sur cette loupe un diaphragme, dont l'ouverture sera plus ou moins grande, selon que l'objet aura plus ou moins de transparence.

Lorsqu'on observe à la chandelle avec de fortes lentilles, c'est-à-dire, avec les lentilles n°s 1 et 2, il vaut souvent mieux ployer la loupe de côté, et abaisser le miroir concave jusqu'au pied du microscope. La lumière qu'il donne alors est bien plus douce et bien plus convenable pour ces sortes de lentilles, dont l'ouverture est beaucoup plus petite; et, si cette lumière se trouvait encore trop forte, on la modérerait par des diaphragmes de la manière enseignée ci-dessus.

La chandelle doit être placée de façon que la flamme soit à la hauteur de la platine, et qu'elle en soit à quatre ou cinq pouces de distance; mais, pour les objets opaques, elle en doit être aussi près qu'on le peut faire sans se brûler.

3° *Pour les objets transparens, vus partie transparente, partie opaque : par exemple, pour voir la prunelle et le blanc des yeux des puces, etc.*

Pour cela, laissant à la platine le verre plan qui est tout à jour, et l'objet au centre de ce verre, il faut, avec la lentille n° 3, visser le miroir concave d'argent jusqu'à la moitié du petit canon du tuyau A, et mettre D en A, et B en D, tout-à-fait enfoncés l'un dans l'autre; C presqu'entièrement hors de B, et la visière F dévissée à moitié; puis il faut amener le miroir plan à deux ou trois pouces de distance, si c'est de jour que se fait l'observation, ou le miroir concave à la même distance, si c'est à la chandelle.

Il faut remarquer que la loupe ne sert jamais pour ces sortes d'objets, de même que pour les objets opaques, puisqu'elle intercepterait la plus grande partie des rayons qui doivent tomber sur le miroir concave d'argent : on ne s'en sert même point pour les objets transparens à la lumière du jour; car le redoublement de lumière qu'elle leur donnerait nuirait beaucoup à la netteté et à la distinction de ces objets. Dans ces trois cas on la tourne de côté par le moyen de sa charnière dont le mouvement est horisontal.

4° *Pour les objets opaques vus de jour.*

Il faut mettre, dans l'ouverture de la platine, le verre qui porte une tache noire ou blanche, et l'objet sur l'une de ces taches; les couleurs claires sur le noir, et les couleurs plus foncées sur le blanc; puis visser le miroir concave d'argent au bout du petit canon du tuyau A, si c'est la lentille n°. 4 que l'on emploie; si c'est celle n°. 3, le visser à moitié, et pour celle n°. 1, tout-à-fait. Après cela il faut amener le miroir plan à deux pouces environ de la platine. Enfin, la lentille étant ramenée droit sur l'objet, on en cherche le foyer et le point, comme il a été dit ci-dessus.

Si ce sont des objets mouvans que l'on veut examiner, on les fixera sous le corps du microcope par une pince ou une pointe, qui se placent dans le petit canon refendu de la platine, en ayant soin de placer juste sous l'objet, au moyen d'un des ressorts de la platine, un des bouts de la petite lame de cuivre, le côté poli pour les objets de couleur obscure, et le noir pour ceux dont les couleurs sont plus claires. Si, en place des viroles n° 4 et 3, qui sont vissées au tuyau C, dans la combinaison générale, on met la seule virole 1 surmontée du tuyau E et de la visière F, on aura les objets opaques bien plus clairs, mais un peu moins agrandis.

5° *Pour les objets opaques vus à la chandelle.*

Il faut pratiquer tout ce qui a été dit ci-dessus, excepté que la chandelle doit être placée beaucoup plus près de la platine que pour les objets transparens, et qu'il faut toujours pour les objets opaques, lorsqu'on les observe à la chandelle, se servir du miroir concave inférieur, qu'il faut amener à deux pouces environ de la platine.

Comme on ne peut pas forcer autant pour les objets opaques, qui exigent bien plus de lumière que les transparens, si l'on veut grossir plus, en se servant de la même lentille objective; des trois manières de grossir par les oculaires que j'ai indiquées ci-dessus, il ne convient d'employer que la première; c'est-à-dire que, pour l'observation de ces sortes d'objets, il faut toujours que l'intermédiaire reste au tuyau B.

6° *Pour les objets, soit transparens, soit opaques, vus directement au jour, sans la réflexion des miroirs inférieurs.*

Il faut d'abord ramener la lentille au centre de la platine, et fixer la pièce des tuyaux par le moyen des deux vis qui en arrêtent les mouvemens; puis, après avoir ployé la charnière qui se trouve vers le milieu de la longueur de la tige, de façon qu'elle donne au corps du microscope une inclinaison d'environ cinquante degrés, et tourné une des consoles du pied en arrière, on appliquera l'objet ou le porte-objet sous la lentille, au moyen de la pince, de la pointe ou du petit anneau de cuivre qu'on fera aller et venir le long de la platine, à droite et à gauche, en avant et en arrière comme le corps du microscope, pour saisir par ce moyen l'objet ou la partie de l'objet que l'on a envie d'observer, et que l'on mettra à son foyer. Il faut avoir soin, quand on ploie la charnière, que la boîte qui porte la loupe ne s'y trouve point engagée ; et pour cela il faut l'abaisser avec celle du miroir inférieur vers le pied du microscope.

Cette position du microscope est des plus avantageuses, 1°. pour l'observation de quantité d'objets, et surtout des plus transparens, qui se montrent bien plus distinctement, lorsqu'ils sont éclairés par une lumière directe, que quand ils le sont par la réflexion des miroirs.

2°. Elle donne la plus grande facilité pour tirer le dessin de l'objet qu'on observe, et pour en tracer sur-le-champ les contours, et par conséquent la grandeur apparente : pour cela, il faut s'y prendre de la manière suivante :

Il faut placer le microscope de manière que la visière F ou les oculaires se trouvent juste à la hauteur des yeux de l'observateur, qui en sera plus à son aise s'il se tient debout ; ensuite, regardant de l'œil droit à travers les verres, en fermant le gauche à l'ordinaire, on ouvrira insensiblement ce dernier, qui, sans déranger l'impulsion causée au premier, permettra à la main droite, qui reste libre, de tracer les contours de l'objet. Si l'image ne se voyait pas assez sur la gauche, il faudrait l'y amener par un léger mouvement de la pince, ou de la pointe, ou du porte-objet.

Cette manœuvre est d'abord très-difficile pour ceux qui ne sont point accoutumés à voir, par les microscopes, l'objet des deux yeux à la fois; c'est pourquoi il faudra s'y exercer pendant quelque tems; et, lorsqu'on y sera parvenu, l'on en retirera de plus cet avantage considérable, qu'on pourra aisément, quand les tuyaux seront placés verticalement, mesurer la grandeur apparente de son objet, en le comparant avec une règle bien placée sur la platine du microscope.

7° *Pour se servir du microscope étant assis.*

Il ne faut pour cela qu'arrêter et fixer la pièce des tuyaux, et assujettir l'objet au moyen de la pince, etc., comme dans l'opération précédente, ou bien placer le porte-objet dans la petite ouverture de la platine; cela étant fait, et une des consoles du pied étant tournée en arrière, on ploiera la charnière qui est au bas de la grande tige, pour donner à l'instrument l'inclinaison correspondante à la hauteur où l'on se trouve assis.

Si cette inclinaison était trop grande, et que le miroir inférieur ne pût, par le mouvement oblique antérieur, renvoyer sur l'objet la quantité de lumière suffisante, on le fera aisément à l'aide du mouvement oblique latéral ou de côté, que, dans cette vue, l'auteur a aussi donné à ce miroir ou au demi-cercle auquel il est adapté.

8º *Pour se servir du microscope à la clarté de la lune.*

Pour cela il faut amener la loupe au centre de la platine; et, comme son foyer est trop-faible pour qu'elle puisse rassembler assez de rayons sur l'objet pour l'éclairer convenablement, on en doublera la force, en plaçant sur cette loupe un des verres qu'on aura de reste, (les nº II, III et IV sont les meilleurs), et l'on approchera le porte-loupe, ainsi garni de ses deux verres, aussi près de la platine qu'il se pourra faire, et le miroir concave inférieur à la distance d'environ deux pouces; après quoi l'on recevra directement sur ce miroir l'image de la lune, et l'on aura soin de la suivre dans sa marche par le mouvement horizontal du demi-cercle auquel est fixé le cadre du cercle du miroir; et l'on aura ainsi son objet éclairé d'une lumière très-douce et très-belle.

L'on peut aussi, par cette manœuvre, lorsqu'après le coucher du soleil la lumière sombre du crépuscule oblige de serrer les autres microscopes, se servir encore assez avantageusement de celui-ci, qui rassemble aussi bien plus facilement le peu qui existe alors de lumière.

9° *Pour observer au microscope les objets dont les couleurs sont tendres et changeantes.*

Il existe des objets, comme les ailes de mouches, de cousins, etc., les poussières de papillons, etc., dont les couleurs, qui sont des plus brillantes lorsqu'on les observe à travers les verres sans aucune réflexion des miroirs, s'altèrent et disparaissent presqu'entièrement, lorsqu'ils sont éclairés par quelque miroir que ce soit. Il faudra mettre ces sortes d'objets sur un petit carton noir ou blanc, qu'on placera dans la petite ouverture de la platine, et qu'on inclinera de manière que le jour extérieur donne facilement dessus : cela fait, et le miroir inférieur étant mis du côté opposé, au moyen du mouvement horisontal de son demi-cercle, on amènera le corps du microscope sur l'objet, qu'on n'observera qu'avec une des lentilles n°s III, IV et V, parce que les deux autres, par leur trop grande proximité de l'objet, intercepteraient presque toute la lumière extérieure; enfin, pour donner à cet objet l'agrandissement convenable, on emploiera la première des trois variations qui ont été indiquées ci-dessus à l'article de la combinaison générale.

En voilà assez pour mettre au fait de la manipulation extérieure de ce microscope, et pour guider la plupart des observateurs dans les opérations principales ; mais, pour ceux qui veulent tirer de cet instrument tout le parti possible, c'est-à-dire, pour les observations les plus délicates, qui dépendent des diverses positions et combinaisons des oculaires, et des différens emplois que l'on peut faire des miroirs pour donner à l'objet qu'on examine, et l'agrandissement et la modification de lumière qui lui sont les plus convenables, je vais entrer dans un plus grand détail, et indiquer en premier lieu les différentes combinaisons de ce microscope, avec l'effet qui leur est propre et la manière de les former; en second lieu, faire voir comment il faut ménager la lumière réfléchie par les miroirs, pour donner à son objet la distinction et la netteté requises. Je donnerai enfin quelques remarques concernant l'observation des diverses espèces d'objets, et la manière de les appliquer au microscope.

Usage du microscope Dellebarre, perfectionné en 1796.

Ce microscope, dont la multiplicité des combinaisons, par un continuel déplacement de tuyaux, de verres, de lentilles, rendait l'usage très-difficile et très-embarassant, vient d'être simplifié par son auteur, qui, à plus de quarante combinaisons différentes dont il était susceptible, en a substitué quatre avec lesquelles il opère toutes les variations progressives de champ, de clarté, et d'agrandissement de son ancien système; en outre, il a réussi, par une nouvelle disposition de verres, à en doubler la clarté, le champ étant porté maintenant à trente-six pouces, et la faculté ampliative à quinze-cents millions de fois en cube.

Ce microscope est maintenant composé de cinq lentilles, de cinq oculaires, dont l'intermédiaire est fixé près de la lentille, dans un petit tuyau à vis qui n'a que trois lignes de jeu: quatre autres sont renfermées en trois viroles, dont la supérieure, marquée 1, porte le verre le plus fort, c'est-à-dire, celui qui grossit le plus; la virole suivante, marquée 2, en renferme un autre plus faible; et celle au-dessus des deux premières, qui est double et contient deux verres qu'il ne faut jamais déplacer, est marquée du n° 3. Avec ces trois viroles se forment les quatre combinaisons dont j'ai parlé ci-dessus: la première avec la virole 3 seule, en ôtant et mettant de côté les viroles 1 et 2; la seconde, en vissant la virole 2 sur la virole 3; la troisième, en vissant immédiatement sur la virole 3 celle qui porte le n° 1, après en avoir ôté préalablement la virole 2; et la quatrième, en mettant les viroles 1 et 2 en place de la virole 3, qu'on met alors de côté.

Usage de la première combinaison.

Cette combinaison, formée par la seule virole 3, sert principalement pour les objets opaques et pour toutes sortes d'objets, avec la lentille n° 1, et aussi avec la lentille n° 2. Quand on donne aux tuyaux un alongement considérable, outre la visière composée de deux pièces, il faut visser immédiatement sur la virole 3 la moitié du tuyau d'alonge, qui est également composé de deux pièces, dont on met alors la seconde de côté.

Usage de la seconde combinaison.

Cette combinaison, formée par les viroles 3 et 2, en mettant dessus seulement la partie d'en haut de la visière, est la plus ordinaire et celle dont on se sert le plus souvent avec toutes sortes d'objets transparens, et toutes les lentilles, même celle du n° 1. Si l'on ne donne au tuyau que peu ou point d'alongement, cette combinaison, qui offre beaucoup de clarté, donne aussi un très-grand champ.

Usage de la troisième combinaison formée par les viroles 1 et 3.

Tout ce que j'ai dit ci-dessus, au sujet de la

combinaison précédente, a lieu dans celle-ci ; excepté qu'elle grossit plus et qu'elle donne un champ encore plus étendu. Sur la virole il ne faut mettre que la partie supérieure de la visière, pour ne point trop éloigner l'œil du foyer antérieur des verres dont cette combinaison est composée.

Usage de la quatrième combinaison, composée des viroles 1 et 2, mises en place de la virole 3.

L'usage de cette quatrième combinaison est le même que celui de la première ; toute la différence est que celle-ci, quoique procurant un peu moins de clarté, grossit plus, et donne un plus grand champ que l'autre. Il faut de même, dans celle-ci, ajouter à la visière la moitié du tuyau d'alonge E.

A ces quatre combinaisons, on pourrait en ajouter une cinquième composée de tous les verres, c'est-à-dire, des trois viroles, sans aucune visière ; mais cette combinaison, qui grossit plus, ne donne pas un beaucoup plus grand champ, et procure moins de clarté que les précédentes. Au surplus, on ne pourrait guère s'en servir convenablement qu'avec les lentilles 4 et 5 ; car elle offrirait trop d'obscurité avec les trois autres.

DE LA VUE.

Usage des Miroirs inférieurs.

Le miroir concave de glace sert pour tous les objets transparens, vus soit de jour, soit à la chandelle, et pour les objets opaques vus aussi à la chandelle. Pour ces derniers objets, il faut, autant qu'il est possible, rapprocher le miroir de la platine et de la chandelle, dont la flamme doit être environ à la hauteur de cette platine. Pour les objets vus de jour, on se sert du miroir plan adossé au précédent : on s'en sert aussi pour les objets fort transparens, comme le sont, par exemple dans les liqueurs, les animalcules d'infusion, qu'une lumière trop concentrée empêcherait d'appercevoir distinctement.

Usage des Diaphragmes.

L'usage de ces pièces est très-important : on ne peut s'en passer avec les lentilles fortes, et lorsque l'on observe des objets d'une très-grande transparence; ils portent différentes ouvertures, pour ôter plus ou moins de rayons lumineux, selon que l'objet est plus ou moins transparent. Si les grands ne suffisent pas, il y en a deux autres plus petits que l'on ajuste au grand, dont l'ouverture est plus petite.

Ces petits diaphragmes sont principalement destinés à être mis sur la loupe, qui est placée entre les miroirs inférieurs et la platine qui porte l'objet vu à la chandelle seulement.

Ces diaphragmes, grands et petits, servent à donner plus de distinction à l'objet, en supprimant les rayons collatéraux, pour n'éclairer cet objet que par des rayons directs.

Usage de la Loupe.

On ne se sert jamais de la loupe, ni avec les objets opaques, parce qu'elle intercepterait les rayons qui, du miroir inférieur, doivent porter sur le miroir d'argent supérieur, ni de jour, avec quelque objet que ce soit, transparent ou opaque : on ne s'en sert donc que pour les objets transparens, vus à la chandelle avec les seules lentilles 3, 4 et 5 ; car, pour les lentilles 1 et 2, il faut abaisser le miroir concave inférieur jusqu'au bas de la tige. On pourrait cependant, avec ces deux lentilles, se servir de la loupe ; mais pour cela il faudrait mettre sur le grand diaphragme à petite ouverture le petit et le plus ouvert, sur la loupe le petit diaphragme dont l'ouverture est la plus petite, et rapprocher le miroir concave inférieur à demi-distance de la platine, et du pied du microscope.

Usage du miroir d'argent.

Ce miroir, comme je l'ai déjà dit, sert pour les objets opaques : on le visse sur le petit canon du tuyau extérieur, à différentes distances, selon que la lentille que l'on employe est d'un foyer plus long ou plus court. Avec la lentille n° 5, il faut employer une petite alonge qui se visse sur le petit canon ci-dessus, et au bas de laquelle se visse le miroir d'argent.

Ce miroir ne s'emploie guère qu'avec les lentilles 2, 3 et 4, avec lesquelles il est spécialement combiné ; il s'emploie aussi pour observer les objets tout à la fois comme transparens et comme opaques, mais seulement avec les lentilles 2, 3 et 4 ; pour cela on se sert d'un verre plan qui ne porte point de tache, pour que l'objet soit en même tems éclairé par en haut et par en bas ; et alors, au même instant où l'on voit l'intérieur de l'objet, on apperçoit aussi les traits extérieurs répandus sur la surface ; par exemple, dans les puces, on voit non-seulement les intestins, mais encore la configuration des yeux, le blanc, l'iris et la prunelle, etc.

On ne se sert presque jamais de diaphragmes, quand on observe les objets opaques, pour lesquels on n'a jamais trop de lumière ; c'est pourquoi, pour l'observation de ces objets, il faut toujours, autant qu'on le peut, approcher de la platine le miroir inférieur, soit plan, soit concave.

J'oubliais de dire qu'avec les objets opaques, il faut se servir du verre plan, qui porte une tache noire d'un côté et blanche de l'autre, en mettant sur la noire les objets de couleur claire, et ceux de couleur obscure et foncée sur la blanche; à moins qu'en supprimant ce verre plan, on ne se serve de la petite palette polie d'un côté, et noircie de l'autre, que l'on fixe au centre de la platine, au moyen d'un de ses ressorts d'acier. Cette palette est spécialement destinée à être mise au-dessous de la pince, adaptée sur la platine à un petit canon mobile en tous sens. Cette pince sert à observer plus commodément les objets opaques, vivans et autres.

Je dois encore ajouter ici que, pour voir les objets opaques encore plus clairs, mais moins grossis et dans un champ moins étendu, il faut se servir de la virole 1 toute seule, en supprimant les deux autres; mais pour lors il faut mettre au-dessus le tuyau d'alonge D tout entier, surmonté de la visière également toute entière. Cela peut être aussi très-utile quand on veut donner, avec la lentille n° 1, le plus grand alongement aux trois tuyaux; mais ce n'est que pour les objets transparens.

Si l'on voulait grossir les objets observés à un point extraordinaire, et produire un effet beaucoup au-dessus de celui qu'on peut obtenir par les quatre combinaisons précédentes, avec quelqu'alongement de tuyau que ce soit, il faudrait dévisser le cul de lampe qui est au bas du tuyau extérieur, en ôter le verre intermédiaire; ensuite, avec la première ou la quatrième combinaison et la lentille n° 1, donner progressivement aux tuyaux un plus grand alongement, jusqu'à ce que l'objet devienne trop obscur ou trop peu distinct; mais il ne faut employer que très-rarement ce moyen qui produit nécessairement trop d'obscurité, et le réserver pour les objets dont la transparence est extrême.

CHAPITRE XX.

Des Télescopes.

Le mot de télescope, formé de deux mots grecs, qui signifient voir de loin, s'applique en général à tout instrument d'optique, formé de différens verres ou lentilles ajustés dans un tube, et propres à découvrir des objets très-éloignés.

L'invention du télescope est une des plus belles et des plus utiles, dont nos derniers siècles puissent se vanter ; car c'est par son moyen que les merveilles du ciel nous ont été découvertes, et que l'astronomie s'est élevée à un degré de perfection dont les siècles antérieurs n'ont pu seulement se faire une idée.

Des savans ont avancé que les anciens Égyptiens en avaient connu l'usage ; mais cette assertion a paru mal fondée. D'autres en attribuent la découverte à Jean-Baptiste Porta, noble napolitain, et se fondent sur un passage de ses écrits. Mais le savant Képler, nommé par l'Empereur Rodolphe pour examiner ce passage, déclara qu'il était absolument inintelligible.

Plusieurs érudits attribuent avec plus de raison l'invention du télescope à Zacharie Jansen, comme nous l'avons déjà rapporté. Quoi qu'il en soit, le hasard seul opéra cette découverte ; ce qui est d'autant plus surprenant que l'usage des verres concaves et convexes était déjà connu, et que les principes d'optique, sur lesquels repose la construction des télescopes, sont renfermés dans Euclide. Il paraîtrait donc au premier coup-d'œil, que ce serait faute de réflexion, si les hommes ont été privés si long-tems des avantages de ce précieux instrument Cependant, si l'on considère qu'on ne connaissait pas encore les lois de la réfraction, on s'étonnera moins de devoir cette découverte au pur hazard, et on sera moins surpris et fâché d'en ignorer le véritable auteur.

Galilée, Képler, Descartes, Grégory, Huyghens, Newton, etc. ont contribué successivement à porter le télescope au point de perfection où il est monté aujourd'hui. Képler le premier perfectionna la construction originaire de cet instrument, en proposant de substituer un oculaire convexe à un oculaire concave, et c'est ce qu'on a nommé le télescope *astronomique*.

On compte plusieurs sortes de télescopes qui se distinguent par la forme de leurs verres, et qui reçoivent leurs noms de leurs différens usages. Tels sont entr'autres le premier télescope, ou le télescope *Hollandais* ; celui de *Galilée*, qui n'en diffère que par sa longueur ; le télescope céleste ou *astronomique* ; le télescope *terrestre* ; le télescope *aërien* ; enfin le télescope *catoptrique* ou *par réflexion*. Ce dernier surtout est bien important, puisque, s'il est bien travaillé, et que son miroir ait seulement six pieds ou 19 décimètres et demi de foyer, il produira le même effet, qu'une lunette de 120 à 150 pieds ou de près de 39 à 48 mètres trois-quarts de longueur. On attribue en général l'invention du télescope catoptrique à l'illustre Newton ;

parce qu'il en fit un le premier d'environ six pouces ou 16 centimètres de longueur : mais, trois ans avant, Grégory avait donné la description d'un instrument de cette espèce. Cassegrain avait eu en France et dans le même tems une idée semblable ; et il est certain, par un passage de la catoptrique du père Mersenne publiée quinze ans avant, que c'est à ce savant qu'appartient le premier mérite de cette invention. Quoi qu'il en soit, le lecteur nous saura bon gré de lui donner les proportions du télescope catoptrique de six pieds ou 19 décim. et demi, dont nous venons de parler.

Nous avons dit que, s'il est bien travaillé, il vaudra une lunette de 120 à 150 pieds ou de près de 39 à 48 mètres trois-quarts de longueur ; car c'est de la régularité de sa figure et de la vivacité de son poli, que dépendra l'ouverture qu'il pourra souffrir ; et c'est de cette ouverture qu'à son tour dépendra la force ampliative de la lentille.

Lorsqu'on a un miroir d'un certain foyer, et qu'on sait combien il souffre d'ouverture, il sera facile de savoir l'ouverture d'un autre miroir qui aurait un plus grand foyer. Car les ouvertures des deux miroirs sont entr'elles comme les cubes des racines carrées des longueurs de leurs foyers ; et leurs forces ampliatives sont entr'elles comme leurs ouvertures. Cependant, dans la pratique, c'est l'expérience qui doit régler l'ouverture ; car, mieux le miroir sera poli, en conservant toutefois sa figure, et plus grande sera l'ouverture qu'on pourra lui donner. Un miroir de six pieds ou 19 décimètres et demi de foyer, s'il est bon, souffrira aisément une ouverture de six et peut-être de 7 et demi à 8 pouces ou de 16 à 22 centim. de diamètre. On voit donc que, pour faire ce miroir, il faudra une forme convexe d'un pied ou de 325 millim. de diamètre, faisant partie d'une sphère de 24 pieds ou 78 décimètres de diamètre.

Voyons à présent quelles seraient la forme et la dimension du petit miroir ; il faudra d'abord qu'il soit plan et de figure ovale, et ensuite que son grand diamètre ait 18 lignes ou 41 millimètres, et le petit 14 lignes ou 32 millimètres ; enfin le tuyau aura six pieds et demi ou 211 centimètres de longueur ; le petit verre oculaire aura 4 lignes ou 9 millimètres de foyer : d'un côté il sera plan-convexe ou plutôt convexe, et on le travaillera dans un bassin faisant partie d'une sphère de 3 lignes ou 7 millimètres de diamètre ; de l'autre côté il sera concave, et on le travaillera sur une forme convexe, qui fera partie d'une sphère de six pouces ou 162 millimètres de diamètre.

Comme une lunette grossit autant de fois que le foyer de son oculaire est contenu dans la longueur du foyer de son objectif; comme de plus le grand miroir de notre télescope produit l'effet d'un verre objectif; comme enfin le foyer du grand miroir est de six pieds ou 1949 millimètres, et l'oculaire de quatre lignes ou 9 millimètres, il s'ensuit que la lunette grossira ou rapprochera les objets autant de fois que quatre lignes sont contenues dans six pieds, ou que 9 millimètres le sont dans 1949 millim. or les quotiens sont de part et d'autre 216; donc notre télescope grossira 216 fois les objets. On verrait de la même manière que, si la lentille n'avait que trois lignes ou 6 millimètres trois-quarts de foyer, la force ampliative du télescope serait 288, nombre de fois que trois lignes sont contenues dans 864 lignes, ou que 6 trois-quarts le sont dans 1949.

Passons à présent aux effets du télescope, qui ne sont pas moins étonnans que ceux du microscope, mais qui sont d'un genre bien opposé : car, si la vertu du microscope nous a dévoilé la nature, les formes et même l'existence d'êtres infiniment petits, celle du télescope nous a révélé l'existence, les formes et la nature de ces corps infiniment grands, que leur distance immense de la terre ne nous avait pas même permis de soupçonner. Mais la plus grande utilité et le plus grand usage des télescopes ont été de nous indiquer les vraies dimensions et les distances respectives des corps, qui composent notre système planétaire. C'est ce dont on sera convaincu à la lecture du reste de ce chapitre.

Lorsqu'à l'aide du télescope on regarde la lune, elle paraît très-rapprochée. On y voit, pendant qu'elle est dans son croissant, de grands rochers escarpés, dont l'ombre s'étend fort loin sur sa surface, et se raccourcit à proportion que le soleil s'y élève. On y voit beaucoup d'endroits qui paraissent creusés en forme de bassins dont les bords sont élevés ; et au milieu de chacun d'eux paraît une montagne. Pendant que l'astre croît, l'un de ces bords couvre tout le fond du bassin de son ombre qui s'étend jusque sur l'autre bord, dont une partie seulement est éclairée. Le pied de la montagne est aussi dans l'ombre, tandis que le sommet est dans la lumière. On y distingue aussi des taches, que l'on a prises pour des mers : mais ce sentiment est peu fondé ; car, dans cette hypothèse, il devrait s'en élever des vapeurs d'où proviendraient des nuages qui couvriraient tantôt une partie, tantôt une autre de la lune ; ce qui ne s'accorde point avec ce qu'on y a remarqué.

Si l'on observe le soleil, en se servant d'un petit verre de couleur noire, l'on y remarque des taches plus nombreuses dans de certains tems que dans d'autres, qui paraissent se mouvoir d'orient en occident, et faire en vingt-sept jours une révolution entière. Ces taches, qui ne gardent aucune figure particulière, sont souvent entourées d'une espèce de fumée; et plusieurs ne paraissent que des sortes de nuages. On dirait qu'elles flottent sur la surface du soleil, comme l'écume flotte sur le métal fondu. Enfin, à l'endroit où le feu du soleil a consumé quelque tache, on voit briller une lumière plus vive et plus éclatante que dans tout le reste de sa surface. C'est ainsi que, lorsqu'on a jeté dans le feu quelque matière combustible, aussitôt qu'elle y est consumée, il paraît beaucoup plus clair et plus vif.

Les autres planètes, Saturne, Jupiter, Mars, Vénus, Mercure, etc., sont plus difficiles à observer, parce qu'on les confond aisément avec les étoiles fixes. La couleur de Saturne est d'un blanc pâle; celle de Jupiter est éclatante; Mars est d'une couleur rougeâtre; Vénus a une couleur brillante, et celle de Mercure est faible, etc.

Les télescopes nous ont démontré que Mercure et Vénus changeaient de phases comme la lune, et nous ont découvert dans le disque de Mars des taches, qui nous ont appris qu'il tournait sur son axe dans l'espace à peu-près de 25 heures.

Jupiter paraît aussi grand que la lune peut le paraître à la vue simple : on le voit accompagné de ses satellites, qui, s'éclipsant toutes les fois qu'ils passent dans son ombre, ont servi par ces différentes éclipses à rectifier les erreurs que les anciens géographes avaient commises dans le calcul des longitudes des différens lieux de la terre. Au moyen d'un télescope de trois à quatre pieds ou de 975 à 1299 millim. de longueur, on découvre plusieurs bandes, soit claires, soit obscures, qui traversent le disque de Jupiter d'orient en occident : on y voit aussi des taches claires dans les bandes obscures, et des taches obscures dans les bandes claires : c'est à l'aide de ces taches qu'on a remarqué que cette planète tournait sur son axe en moins de dix heures.

Saturne vu au télescope offre un spectacle encore plus surprenant ; il paraît entouré d'un anneau qui a deux anses, et dont les phases varient insensiblement. Lorsque cette planète parcourt les signes du Sagittaire et des Gémeaux, ces anses approchent de la figure elliptique ; lorsqu'elle est dans les signes du Capricorne, du Cancer, du Taureau et du Scorpion, les anses sont comme arrondies ; se trouve-t-elle dans les signes du Verseau, du Lion, du Bélier et de la Balance, les anses semblent rondes et un peu séparées de son corps; enfin, lorsqu'on l'observe dans le signe des Poissons, ou dans celui de la Vierge, elle est ronde, et son anneau a disparu. Il suffit, pour observer ces divers phénomènes, d'un télescope de seize pouces ou 433 millimètres; si l'on se servait d'un télescope de quatre pieds ou 1299 millimètres, l'on découvrirait cinq petites planètes ou satellites qui accompagnent et environnent leur planète principale.

Veut-on voir en un mot combien le télescope nous a donné d'avantage sur les anciens? en voici un exemple entre plusieurs autres. Les anciens comptaient environ deux mille étoiles fixes; les modernes en comptent aujourd'hui près du double dans la seule constellation d'Orion. De quelle admiration n'est-on pas saisi à l'aspect de ce prodigieux nombre de corps lumineux, dont chacun est un soleil comme le nôtre! c'est surtout dans ces espaces, qui à la vue simple paraissent d'une couleur blanchâtre, et qu'on nomme *la voie lactée*, qu'on découvre une si grande quantité d'étoiles, que leur nombre étonne à la fois et la vue et l'imagination.

Nous pourrions nous étendre encore longtems sur les avantages et les usages du télescope ; mais les bornes de cet ouvrage ne nous le permettent pas, et d'ailleurs nous croyons en avoir assez dit pour satisfaire le lecteur le plus avide d'instruction sur cette partie.

CHAPITRE XXI.

De la Chambre noire.

Il ne nous reste plus, pour terminer cet ouvrage, qu'à parler de quelques instrumens curieux de dioptrique, tels que la chambre noire, la lanterne magique et la Fantasmagorie.

La chambre noire est une chambre fermée avec soin de toutes parts, et dans laquelle les rayons partis des objets extérieurs, et reçus à travers un verre convexe, les vont représenter distinctement, et avec leurs couleurs naturelles, sur une surface blanche au foyer du verre. Outre ces expériences qu'on peut faire dans une chambre bien fermée, on fait des chambres noires ou machines portatives, dans lesquelles au moyen d'un verre on reçoit l'image des objets extérieurs.

La première invention de la chambre noire est attribuée à Jean-Baptiste Porta : elle sert à beaucoup d'usages différens; elle jette de grandes lumières sur la nature de la vision, elle fournit un spectacle fort amusant, en ce qu'elle présente des images parfaitement semblables aux objets, et qu'elle en imite toutes les couleurs, et même tous les mouvemens, ce qu'aucune autre sorte de représentation ne peut faire. De plus, par le moyen de cet instrument, toute personne, sans même savoir le dessin, pourra néanmoins dessiner les objets avec une extrême justesse; et celles qui sauront dessiner ou peindre pourront se perfectionner dans l'art du dessin ou de la peinture.

Voici deux manières de construire les deux espèces de chambre obscure. Si l'on veut en faire une où les objets extérieurs soient représentés distinctement, et avec leurs couleurs naturelles, soit en sens inverse, soit dans leur véritable situation :

1° L'on bouchera tous les jours d'une chambre, donnant des vues sur un certain nombre d'objets variés; et on laissera seulement une petite ouverture à l'une des fenêtres.

2° On adaptera à cette ouverture un verre lenticulaire, plan convexe, ou convexe des deux côtés, qui forme une portion de la surface d'une assez grande sphère. 3° l'on tendra à une distance qui sera déterminée par l'expérience même, un papier blanc, ou une étoffe blanche, à moins que la muraille ne soit blanche elle-même ; et l'on verra sur le papier, ou l'étoffe, ou la muraille, les objets peints en sens inverse.

4° Si on veut les voir représenter dans leur situation naturelle, on n'aura qu'à placer un verre lenticulaire entre le centre et le foyer du premier verre, ou recevoir les images des objets sur un miroir plan incliné à l'horison sous un angle de cinquante degrés, ou enfermer deux verres lenticulaires, au lieu d'un seul, dans un tuyau de lunette. Si l'ouverture est très-petite, les objets pourront se peindre, sans qu'il soit même besoin de verres lenticulaires. Pour que les images des objets soient bien distinctes, il faut que le soleil donne sur ces objets : on les verra beaucoup mieux encore, si l'on a soin de se tenir un quart-d'heure avant dans l'obscurité. Il faut aussi avoir grand soin qu'il n'entre de la lumière par aucune fente, et que la muraille ne soit pas trop éclairée.

On fait des chambres obscures portatives, qui sont des espèces de boîtes carrées dont une des faces latérales porte un tuyau garni de sa lentille. Les images qui se font à l'intérieur sont reçues par un miroir plan incliné, qui les réfléchit vers le haut de la boîte, où elles deviennent visibles sur un verre, dont la surface extérieure est dépolie et qui sert de couvercle à la boîte. Ces images sont droites pour un spectateur qui a le visage tourné vers les objets. On a varié de différentes manières la construction de cet instrument. On l'éxécute aussi en forme de petite cabane pyramidale, dont la partie supérieure porte le tuyau avec sa lentille, qui dans ce cas a une position horisontale. Le miroir est disposé en dessus et toujours dans une position inclinée, qui, pour être la plus avantageuse qu'il est possible, doit former avec l'horison un angle de cinquante degrés. C'est le miroir qui reçoit les rayons partis immédiatement des objets, au lieu que, dans la construction précédente, les rayons vont de la lentille au miroir. Les images se peignent sur un papier blanc, placé horisontalement au fond de la chambre obscure : on les voit par une large ouverture, faite à l'une des faces latérales, que l'on garnit ordinairement de deux petits rideaux, pour que l'observateur, ayant la tête couverte, puisse l'avancer un peu dans la chambre obscure, sans y laisser passer de lumière. Si l'on pratique dans la même partie une seconde ouverture, de manière à y introduire le bras droit, on pourra se servir de la chambre obscure pour dessiner un paysage ou un édifice, en conduisant un crayon sur les

les traits de l'image que l'on aura devant les yeux.

CHAPITRE XXII.

De la Lanterne Magique.

La *lanterne magique* est une machine qui a la propriété de faire paraître en grand, sur une muraille, ou une toile blanche et avec des couleurs bien transparentes, des figures peintes en petit sur des lames de verre minces. Cette machine a été inventée par le P. Kircher; et toute la théorie est fondée sur cette proposition bien simple : si on place un objet au-delà du foyer d'une lentille, l'image de cet objet se portera de l'autre côté de la lentille, et sa grandeur sera à celle de l'objet, en proportion de sa distance relativement à la lentille, et de celle de l'objet à cette même lentille.

La lanterne magique consiste dans une caisse de bois ou de fer-blanc, vers le fond de laquelle est une lampe ou une grosse chandelle allumée. Les rayons que lance la flamme sont reçus par une lentillle qui les rassemble et les fait tomber plus denses sur un verre plan et mince où l'on a peint diverses figures. Ainsi l'effet de cette première lentille se borne à bien éclairer les figures, qui doivent être dans une situation renversée. Quelquefois on substitue à la lentille un miroir concave, situé derrière la lumière; et, dans certaines constructions, on combine ensemble les effets de la lentille et du miroir. En avant du verre plan est une seconde lentille à travers laquelle se croisent les rayons lumineux envoyés par les différens points d'une même figure, en même tems que la réfraction détermine ces rayons à sortir parallèles. Ils passent ensuite par une ouverture circulaire, faite à un carton situé convenablement, et tombent sur une troisième lentille que l'on peut éloigner ou rapprocher à volonté de la seconde, au moyen d'un tuyau mobile à l'extrémité duquel cette lentille est fixée.

Les rayons qui ont traversé cette même lentille produisent, sur une muraille ou sur une toile blanche, située à l'opposée, une copie en grand des figures tracées sur le verre plan; et il est facile de voir que cette copie représente les objets droits, en conséquence de ce que les rayons lumineux se croisent dans la seconde lentille. Deux circonstances contribuent à rendre plus vives les couleurs qui s'offrent aux yeux des spectateurs : savoir, la force de la lumière à laquelle est exposé le verre plan, et le cercle lumineux que les rayons émergens vont former vers la muraille.

CHAPITRE XXIII.

De la Fantasmagorie.

De toutes les illusions enfantées par l'optique, la plus séduisante et la plus merveilleuse est sans doute la fantasmagorie : mais à qui en devons-nous la découverte ?

Les uns prétendent que nous en sommes redevables aux Egyptiens ; les autres disent que c'est aux Grecs. Nous n'entreprendrons pas de résoudre cette question d'archéologie, et nous nous bornerons à citer quelques auteurs qui en parlent. Cardan, par exemple, dans son livre (*de Subtilitate*) dit, qu'il y avait à Memphis des prêtres initiés aux mystères de la Déesse Isis, qui, par des moyens surnaturels, jetaient dans le trouble et l'épouvante les nouveaux élus. Pour y parvenir, ils leur faisaient subir diverses épreuves ; elles consistaient ordinairement à leur faire parcourir, les yeux bandés, une certaine distance; on les soumettait à des jeûnes : d'autres fois, on leur faisait apparaître, dans un souterrain, des fameuses pyramides, les simulacres de différentes personnes, sous les formes les plus effrayantes.

Strabon rapporte que de son tems, on fabriquait des instrumens particuliers, qui, suivant leur construction différente, produisaient tantôt des images infiniment petites, tantôt des images considérablement amplifiées.

Le P. Kircher dit que l'on peut non-seulement, au moyen de miroirs concaves et convexes, réfléchir les rayons sonores, mais faire aussi paraître des fantômes, ou toute autre sorte de spectres, capables d'épouvanter les esprits faibles et crédules. Il raconte même qu'un mathématicien employa cette méthode pour faire voir à Rodolphe II, empereur d'Allemagne, tous les empereurs romains, depuis Jules César jusqu'à Maurice, et cela d'une manière si vraie, que tous ceux qui étaient présens ne doutèrent point qu'il n'eût fait usage de la magie. Le P. Kircher assure tenir ce fait d'un témoin oculaire. (*Artis Magnæ lib. II*, p. 128). Il va encore plus loin; il avance qu'avec la machine qu'il décrit, on peut obtenir les mêmes phénomènes que produisaient les Anciens; car, ajoute-t-il, ils connaissaient les verres. La preuve qu'il en donne est tirée de l'usage qu'ils avaient de déposer, dans des urnes sépulcrales de verre, les ossemens des personnes de distinction. Mais son témoignage se trouve en contradiction avec l'usage des Anciens, qui avaient l'habitude de conserver les corps sous la forme de momies : car il existait à Rome et à Naples des catacombes creusées dans le sol, qui avaient la propriété de rendre les chairs presque inaltérables.

Le même auteur, au sujet de la lumière, dit, page 36 de son ouvrage : « La lumière est une émanation du soleil, elle subit différentes modifications, selon les différens corps ; car elle peut être réfrangée ou réfléchie ; et dans ces deux cas on en obtient des effets miraculeux. »

Jean-Baptiste Porta prétend avoir obtenu des résultats non moins merveilleux, en adaptant, à un volet de fenêtre d'une chambre parfaitement close, un miroir convexe, qui répétait, dans l'intérieur de cette chambre, les objets extérieurs qui passaient devant le verre ; il assure même que l'on observe les divers mouvemens des personnes et des animaux, mais que les images paraissent renversées.

Nous aurions encore à citer une infinité d'autres auteurs, à la vérité moins connus et moins accrédités que ceux dont nous venons de parler, mais qui tous ne pourraient que nous confirmer, que les Egyptiens, les Grecs et les Romains employèrent les illusions fantasmagoriques pour faire croire aux miracles. Ces peuples reconnurent presque universellement les augures, les auspices, la magie, les enchantemens, les évocations, la puissance des influences planétaires, les opérations de l'alchimie, les différens genres de divinations, par les serpens, par les oiseaux, par les bâtons, etc. Ils eurent pour toutes ces puérilités le respect le plus religieux, tant qu'ils ne furent point éclairés par le flambeau des sciences ; et, sans remonter si haut, les peuples modernes n'ont-ils pas cru aux sorciers et aux revenans ? C'est le plus bel effet de la science, que d'avoir éclairé les hommes, en combattant la superstition qui préfère ses erreurs à la divinité même.

C'est un des grands avantages de notre siècle, que la multitude d'hommes éclairés et instruits qui le peuplent. Cette raison épurée et approfondie, que la plupart d'entr'eux ont su répandre dans leurs écrits, a contribué beaucoup à dessiller les yeux des nations qu'avaient fascinés l'imposture et l'ignorance.

Le P. Kirker, comme nous l'avons vu plus haut, est un des auteurs qui ont traité de la fartasmagorie, mais il est loin d'en être l'inventeur. Le récit qu'il en fait est aussi peu exact, que les moyens qu'il indique sont peu suffisans. Ils ont cependant suffi à Philidor, grâces à son intelligence, pour en faire renaître les illusions : l'appareil lugubre dont il entourait les spectateurs, l'importance qu'il y mettait, ne contribuaient pas peu à augmenter la magie de l'illusion, et à dérouter le physicien scrutateur sur les moyens bien simples qu'il employait pour opérer ces prestiges. Ce fut un double talent, que Philidor eut à un si haut degré, qu'il garda son secret assez long-tems pour jouir d'une fortune considérable.

Le hasard souvent nous fait trouver ce que l'étude nous refuse. Des amateurs découvrirent son secret, et en firent part à un physicien qui prétendit l'avoir connu avant l'inventeur, et lui intenta un procès dont il sortit vainqueur, portant d'une main sa lanterne magique, et de l'autre, l'autorisation spéciale de faire voir aux vivans les ombres de leurs semblables.

Le nom du physicien dont je viens de parler est Robert-son; il a corrigé, et considérablement augmenté le secret dont il restait maître. Il est impossible de mieux opérer la fantasmagorie, et de produire des effets plus merveilleux : tout amateur éclairé se plaît à lui rendre cette justice. C'est lui qui le premier a mis en spectacle ce genre d'amusement, de manière à faire honneur à son discernement et à son instruction; bravant tour-à-tour les morts et les élémens, cet intrépide physicien a excité la curiosité et l'enthousiasme des amateurs de la capitale, et d'une grande partie de ceux de l'Europe.

M. Charles, célèbre professeur de physique et admiré de tous les savans, a bien voulu donner à Robert-son le moyen de transmettre les corps opaques sur la toile; aussi l'a-t-il appliqué d'une façon tout-à-fait ingénieuse, en imaginant son tombeau, ses bustes, etc. C'est l'effet le moins connu de la fantasmagorie, le plus surprenant et le plus difficile à exécuter: Robert-son n'y laissait rien à desirer. Son talent ne se bornait pas à la seule fantasmagorie: démonstrateur de physique expérimentale, il savait charmer les yeux et les oreilles par une infinité d'expériences scientifiques. C'est chez lui qu'ont été faites publiquement celles du galvanisme, à l'époque de la découverte de ce fluide. Mais Robert-son, en quittant la capitale, nous aurait-il donc privés de son intéressant spectacle? Non: M. le Breton, artiste aussi modeste qu'instruit, a succédé à cet habile physicien d'une manière non moins brillante. Sa fantasmagorie vaut au moins celle de son prédécesseur; son cabinet ne le cède en rien à celui de Robert-son; et ses expériences, toutes choisies, prouvent l'instruction de cet artiste éclairé. Les illusions optiques ne sont regardées que comme accessoires à ses séances, et n'en sont pas moins brillantes. La beauté de ses verres et l'exactitude du dessin, qui ne doivent pas surprendre ceux qui sauront qu'il en est l'auteur, sont sans contredit au-dessus de celles de Robert-son. Je me plais à rendre justice aux talens de M. le Breton; et les personnes qui le connaissent applaudiront, sans doute avec empressement, à l'éloge véridique que je viens d'en faire.

Nous croyons en avoir dit assez sur l'histoire de la fantasmagorie : nous allons à présent en décrire les effets et les moyens de les produire. Pour l'intelligence de nos lecteurs, nous les diviserons en trois parties; nous nommerons la première, *corps transparens* ou *fantascope*; la seconde, *corps opaques* ou *mégascope*; la troisième, *corps éclairés* ou *fanstasmagorie par réflexion* : nous finirons par les ombres blanches ou vulgairement *la danse des sorciers*, et par la fantasmagorie au moyen de la fumée.

La fantasmagorie ne souffre point de médiocrité; si l'on veut donc bien la faire, on doit d'abord se procurer des appareils parfaitement bien confectionnés : c'est de leur justesse et de leur précision qu'en dépend la perfection; ce qui est encore très-essentiel et très-difficile, c'est l'habitude de la faire mouvoir. Un amateur qui connaît bien la partie peut parvenir, avec beaucoup d'exercice, à la pratiquer fort bien. Tout se borne à éviter le bruit, à ne s'écarter jamais du foyer, à masquer tous ses moyens, et sur-tout à tâcher que leur roideur ne fasse point naître dans l'esprit du spectateur l'idée de la lanterne magique : car cette seule idée détruirait une grande partie de l'illusion.

Corps transparens ou fantascope.

Ayez une boîte carrée de 22 pouces ou 595 millim. montée sur un charriot à roulettes et garnie de drap. Armez le haut de la boîte de tôle ou de fer blanc; donnez à cette partie la forme conique, en ayant soin de laisser une cheminée, pour raréfier l'air atmosphérique et éviter la chaleur : ménagez une porte, pour avoir la facilité d'y introduire les objets nécessaires; appliquez, sur le centre d'un des côtés de la boîte, l'appareil d'une lanterne magique : procurez-vous enfin des verres d'un diamètre beaucoup plus grand et d'un foyer un peu court, que vous pourrez même rendre achromatiques, pour leur donner plus de pureté.

Si vous avez des Iris ou trop de clarté, mettez des diaphragmes dans votre appareil : pour rapprocher l'oculaire de l'objectif, employez le mécanisme de la crémaillère, ou bien, ce qui vaut mieux encore, une double boîte carrée par le haut, à frottement doux, que vous ferez mouvoir par le moyen d'une manivelle à poulies de renvoi ; ce qui vous procurera l'avantage d'éviter le saut que fait toujours faire un peu la crémaillère ; passez dans le porte-objet de cet appareil des sujets peints, dont les fonds soient noircis ; mettez dans votre boîte un quinquet réflecteur parabolique ; dirigez le foyer de la lumière sur votre sujet, faites agir votre manivelle, reculez ou avancez votre charriot, en ayant bien soin d'être au foyer ; agrandissez ou diminuez à volonté votre sujet, transmettez-le sur une toile transparente et enduite d'une composition, et vous obtiendrez l'effet du *fantascope*.

Vous pouvez encore, si vous voulez mieux diriger votre charriot, en faire entrer les roues dans des coulisses ; mais un amateur intelligent peut éviter cet embarras, en faisant mouvoir le charriot avec adresse. Il faut la plus grande obscurité possible dans le lieu où l'on fait la fantasmagorie ; il serait même nécessaire qu'il fût tendu de noir; autrement la réflexion des rayons lumineux sur le mur, en éclairant le spectateur, lui laisserait apercevoir le transparent; ce qu'il importe d'éviter.

Philidor n'employait pas de charriot pour supporter son appareil; il avait adapté à une lanterne ordinaire une sangle qu'il attachait autour de lui ; ensuite, soit en avançant et rétrogradant alternativement, soit en repoussant ou allongeant ses tuyaux avec la main, il suppléait, d'une manière ingénieuse, au charriot et à la crémaillère; mais aussi ses fantômes subissaient-ils un mouvement d'oscillation désagréable. L'immobilité des objets doit être rigoureusement observée.

Il est très bon d'annoncer par une inscription la figure que l'on va faire voir, afin d'éviter de la nommer à haute voix, ce qui détruirait l'illusion et le silence. En général, les sujets mouvans sont les meilleurs; les métamorphoses, les doubles sujets qui viennent et s'en retournent, sont très-agréables. Les figures, plus effrayantes les unes que les autres, doivent être préférées à des figures aimables. En effet, quel est le motif de la fantasmagorie? c'est celui de produire la terreur; pourquoi donc s'écarter de son véritable but et de l'intention primitive?

Pour ajouter à l'illusion, il est avantageux d'accompagner la marche des fantômes d'une musique douce et lugubre, comme l'est celle de l'Harmonica, ou des sons effrayans du Tam-tam : ces effets contrastés servent à augmenter l'impression que jette naturellement dans notre âme, la vue des objets effrayans.

On nomme *fantôme courant* un masque transparent que l'on dirige à son gré çà et là; derrière ce masque est adapté une lanterne sourde, qui à l'aide d'une ficelle l'éclaire à volonté. Les uns représentent des têtes de morts, les autres des diables, et d'autres sujets, etc. etc.

Corps opaques ou stéréoscope.

Si nous avons prescrit, en parlant des corps transparens, de se servir d'une boîte carrée de 22 pouces ou 595 millim., c'est que nous avons voulu éviter la multiplicité des appareils. Cette capacité étant suffisante pour faire agir les corps opaques, il est infiniment plus commode de n'avoir qu'un instrument pour produire deux effets. Comme nous en sommes au plus beau, au moins connu, et au plus difficile de tous à bien exécuter, nous allons faire en sorte d'être clairs dans notre description. L'appareil qui sert pour le fantascope s'ôtant à volonté, vous en subtituerez un autre, tel que nous allons l'indiquer : enchâssez, dans un tuyau de fer blanc noirci, une lentille du plus grand diamètre possible et d'un foyer très-court ; garnissez l'autre extrémité du tuyau d'un diaphragme de carton, dont le diamètre soit calculé sur le foyer du verre ; posez, dans l'intérieur, et au milieu de votre boîte, le buste ou sujet que vous voulez faire paraître, en ayant soin, comme dans le fantascope, de le renverser : éclairez ce buste avec votre quinquet à miroir parabolique ; mais posez-le dans un des angles de votre boîte, du côté de votre appareil : cherchez, en avançant ou reculant votre charriot, votre foyer, dont vous vous assurerez en voyant sur votre transparent le buste se peindre pur et net. Si malgré cette manœuvre il était encore un peu trouble, approchez-le ou le reculez plus ou moins de la lentille. Dès-lors vous obtiendrez l'effet le plus satisfaisant, en voyant sur votre toile non-seulement le buste en relief, tel qu'il est, mais encore avec des proportions considérablement amplifiées. Si, au lieu de suspendre votre buste dans l'intérieur de votre boîte par un porte-sujet, vous le tenez à la main, alors vous pourrez le faire agir dans tous les sens possibles ; mais il faut avoir le soin de vous garnir la main d'un gant de soie noire, car autrement on la verrait tenir le buste.

Vous pouvez, indépendamment des corps opaques, faire voir des sujets mouvans, découpés sur carton ou sur cuivre, tel que le fameux tombeau de Robert-son, qu'un squelette ouvre et que la foudre abîme. Pour que l'amateur puisse se faire une idée exacte de cette scène, nous l'engageons à la voir chez M. Lebreton ; c'est la plus imposante et la plus effrayante de la fantasmagorie.

Quelques constructeurs de ces machines emploient, outre l'appareil de la crémaillère, deux lentilles pour augmenter leurs effets ; mais c'est pour remédier à la petitesse du diamètre de leurs verres, en multiplier le champ et en raccourcir le foyer : il est infiniment préférable de se servir d'une seule et grosse lentille.

A la naissance de cette découverte, on éclairait le sujet avec une très-grande quantité de quinquets, que l'on répartissait également de chaque côté de la boîte ; mais cette méthode ne valait rien du tout ; d'abord, parce que la trop grande chaleur étouffait et que la trop grande clarté éblouissait l'opérateur qui était obligé de passer une partie de son corps dans la boîte, beaucoup plus grande alors que celle dont nous nous servons actuellement ; ensuite, parce qu'il ne faut éclairer le sujet que d'un seul côté, pour que son ombre soit bien projetée, et qu'il est bien essentiel de combiner les effets de la perspective avec ceux de la peinture, pour en obtenir de grands dans l'optique.

Cependant, l'on n'avait pas encore tiré tout le parti possible du stéréoscope ; on a donc essayé, mais infructueusement, d'en augmenter les effets ; le miroir concave pourrait y jouer un grand rôle: quelques personnes en ont essayé l'application, sans en obtenir des résultats satisfaisans. Des recherches infinies n'ont pas été plus heureuses; mais ce n'est pas un motif pour décourager l'observateur. Pour le porter à son plus haut degré de perfection, il faudrait trouver, comme on le fait avec la lanterne, le moyen de diminuer et d'augmenter à l'infini, tant en petit qu'en grand, la grosseur du sujet. Quels avantages ne retirerait-on pas d'un pareil moyen ? d'abord l'on aurait celui d'imprimer à volonté aux figures tous les mouvemens imaginables; ensuite celui de corriger la platitude et la sécheresse de celles que fait paraître le fantascope; car il n'est pas du tout naturel de voir des figures avancer et reculer sans remuer les jambes. A quoi se borne aujourd'hui notre talent ? à faire mouvoir les bras et les yeux, et à les entourer d'un nuage qui sert de prétexte et de voile à leur immobilité : encore est-ce un rafinement qui n'est applicable qu'à des sujets privilégiés.

Il est étonnant que les physiciens n'aient pas eu l'idée d'imiter, par l'application du fantascope et du stéréoscope, une tempête sur mer; le spectacle mécanique de M. Pierre aurait dû leur en faire naître la pensée; cet effet, bien calculé, aurait l'avantage d'offrir un spectacle à la fois imposant, neuf et merveilleux.

Explication des appareils nécessaires pour produire le bruit du tonnerre, de la pluie, de la grêle, etc.

On emploie différens moyens mécaniques pour imiter, autant qu'il est possible, le bruit majestueux du tonnerre, les éclats de la foudre, les sillonnemens des éclairs, le vent, la grêle et la pluie. Nous allons décrire par ordre les divers procédés dont on s'est servi jusqu'à présent.

Pour imiter l'éclair, vous adapterez, dans le porte-objet d'une lanterne ordinaire, une bande de verre entourée d'une garniture de bois, sur laquelle sont peints différens nuages plus ou moins clairs et quelques sillons jetés au hasard. Vous interceptez la lumière en passant sur le premier corps de votre tuyau un carton que vous tenez d'une main, et que vous faites mouvoir avec plus ou moins de vîtesse, tandis que de l'autre vous tenez votre verre que vous déplacez progressivement. Alors les rayons qui s'échappent se peignent sur votre toile, paraissent et disparaissent alternativement, et se rapprochent de la nature autant qu'il est possible, en imitant la scintillation et le sillonnement de l'éclair.

Il existe quatre manières de produire le bruit du tonnerre : La première, et la plus ancienne, est de prendre plusieurs rouleaux de bois, montés sur un même fût, que l'on traîne avec vîtesse sur un plancher isolé.

Pour la seconde, on se sert d'une caisse de bois, d'environ 4 pieds ou 13 décim. carrés, dans laquelle est une roue dentée que l'on fait mouvoir horisontalement au moyen d'une manivelle. Cette méthode, employée dans un endroit spacieux, est ordinairement suivie d'un grand succès.

La troisième consiste à prendre une planche de cuivre que l'on suspend au plancher, et que l'on fait vibrer avec la main plus ou moins fort, pour imiter le rapprochement et l'éloignement du tonnerre. Nous indiquons ce moyen comme le meilleur, et comme celui qui produit l'effet le plus naturel; on peut employer aussi une planche de tôle, mais elle ne vaut pas à beaucoup près celle de cuivre.

Pour la quatrième, enfin, on se sert d'un chassis de six pieds ou 19 décim. et demi de haut sur quatre pieds ou 13 décim. de large, garni de parchemin très-fort ou de peau d'âne. Il sera bon d'isoler ce chassis au moyen de plusieurs cordes, de manière qu'il soit dans une situation horisontale. Si l'on frappe sur l'un des angles avec les poings, garnis d'un tampon ou de gants-d'armes, l'on imitera passablement bien le bruit du tonnerre. Mais il convient d'ajouter que ce moyen, quoique assez bon, est extrêmement difficile, et qu'il faut beaucoup d'exercice pour en tirer parti.

Pour imiter les éclats de la foudre, l'on se sert de petites planches qui portent 12 pouces ou 3 décim. un quart de long sur 6 pouces ou 1 décim. cinq huitièmes de large, plus ou moins, et dans le centre desquelles est passée une corde qui les réunit toutes ; on aura soin de laisser, entre chaque planche, la distance de six pouces ou 162 millim., ce qui sera très-facile en faisant un nœud à la corde à mesure que l'on y introduira une planche ; on en emploiera plus ou moins selon la hauteur du plafond et l'éloignement des spectateurs. On conçoit aisément que, lorsqu'on vient à lâcher l'appareil maintenu au plancher par la corde passée dans une poulie, le choc des planches qui se heurtent les unes contre les autres produit un déchirement qui doit imiter beaucoup celui du tonnerre. On peut perfectionner cet appareil en intercallant, entre chacune de ces petites planches, une planche de cuivre de même proportion : alors on évite la sécheresse du bruit que donne toujours le bois, et l'effet devient infiniment plus naturel.

La pluie s'imite aussi de plusieurs manières ; la première consiste à prendre des feuilles de clinquant, que l'on divise également sur une corde tendue et attachée transversalement à la muraille ; en agitant la corde on fait vibrer les feuilles, dont le bruit approche assez bien de celui de la pluie. La seconde est d'employer un cylindre de parchemin, renfermé dans une boîte au haut de laquelle sera suspendu au plafond un entonnoir de bois, rempli de petit plomb que l'on fera tomber sur le cylindre; ou augmentera ou l'on diminuera le bruit à volonté, en tirant plus ou moins la coulisse adaptée au bas de l'entonnoir, qui servira d'arrêt à la chûte du plomb : l'on imitera la grêle par le même moyen, mais en se servant de plomb beaucoup plus gros, et en exhaussant davantage l'entonnoir.

L'appareil, dont les amateurs font usage depuis long-tems, est trop connu pour qu'il soit nécessaire d'en donner une explication particulière; il nous suffira de dire qu'il consiste dans une boîte de 6 à 7 pieds ou 19 décim. et demi à 22 trois-quarts de long sur 5 à 6 pouces ou 135 à 162 millim. de large, où l'on a cloué des bandes de fer-blanc inégalement posées, et où l'on a introduit du plomb ou des pois secs. Pour faire agir cette boîte, il faut la tourner et retourner perpétuellement, ce qui exige beaucoup de force et d'adresse ; mais le plus grand inconvénient est de ne pouvoir en diminuer ou en augmenter le bruit progressivement.

On produit celui du vent en se servant d'un chassis de bois, de 4 pieds ou 13 décim. carrés, sur lequel on enlace un morceau de taffetas de manière qu'il soit éloigné du chassis à la distance de deux pouces ou 54 millim.; on le tient fortement d'une main, et l'on passe légèrement sur le taffetas l'autre main, que préalablement on a eu soin de garnir d'un gant bien ciré : l'on obtient par ce moyen un bruit à-peu-près semblable à celui du sifflement du vent. Il existe encore différentes manière de l'imiter; mais, comme elles sont moins bonnes que celle-ci, nous croyons inutile d'en parler.

Corps éclairés, ou Fantasmagorie par réflexion.

Il n'est pas d'amateur qui n'ait entendu parler de la *Fille naturelle*. En vain cette chaste personne a-t-elle voulu conserver son honneur; sa défense a été vaine, et ses ravisseurs victorieux l'ont prostituée inhumainement à des mercenaires, qui l'ont sans pudeur offerte aux regards du public. Mais, pénétrée d'un véritable repentir, elle s'était séquestrée du monde. Un fantasmagoriste, M. Olivier, a, par bienséance, métamorphosé cette fille en un jeune garçon M. son fils, et nous nous ressouvenons de l'avoir vu à son spectacle, couvert d'un drap blanc ou d'un habit de squelette, lever les bras vers le ciel, faire la révérence et s'envoler comme un ange. Pour donner à cette scène plus de charme et plus d'intérêt, on la baptisa du titre pompeux de *Tombeau de Paul et Virginie*. Nous demandons l'indulgence du lecteur pour cette petite digression : et, pour prix de cette grâce, nous allons lui indiquer les moyens dont on se sert, pour faire croire au public qu'un corps vivant est un corps mécanique.

Placez au fond de votre théâtre, tendu de noir, une décoration quelconque peinte en blanc; éclairez-la faiblement de côté, au moyen d'une lanterne, à laquelle vous ajoutez un verre bleu; ayez soin de la masquer par un double chassis ; faites placer derrière votre décor un habile personnage vêtu de blanc, que vous ferez paraître progressivement en l'éclairant par degrés très-faiblement, et que vous ferez mimer selon son rôle pour en augmenter les effets ; ensuite, pour illuminer davantage votre scène, faites-y briller des éclairs, en vous servant de lycopodium et de résine, récelés dans l'appareil si connu, dont on fait usage dans les spectacles. Surtout ayez soin, pour masquer la lumière, de garnir la petite capsule, qui contient l'alcool ou l'esprit de vin, d'un pavillon, de métal. Il est aussi très-essentiel que le souffleur soit masqué par un chassis. En outre, il convient d'observer que, plus est grand l'éloignement, et plus l'illusion est parfaite. Voilà tout le secret de cette fille naturelle dont on a tant fait mystère : maintenant qu'elle a passé par tant de mains, nous avons cru pouvoir en parler sans compromettre son honneur.

Ombres blanches, ou Danse des Sorciers.

Le hasard seul a donné naissance à cette nouvelle illusion. On en avait d'abord attribué la découverte à M. Robert-son, mais il en a lui-même trouvé le secret dans un ouvrage très-ancien, intitulé *Traité de physique occulte*; il s'est très-ingénieusement servi du peu qu'en dit l'auteur sur la multiplication des lumières, pour obtenir les effets de la multiplication des ombres. Quelques personnes ont fait, sur cette découverte, des contes tellement incroyables et ridicules, qu'il est très-inutile d'en parler. Contentons-nous donc de citer les procédés que l'on emploie.

Servez-vous d'une caisse de 10 à 12 pieds ou de 32 et demi à 39 décim. de long sur 3 ou 4 pieds ou 9 trois-quarts à 13 décim. de large, maintenue sur une table à une hauteur calculée sur celle de votre rideau : collez à l'un des bouts de votre boîte un carton que vous diviserez en 4, 6 ou 8 parties égales, après avoir eu soin d'avance de dessiner et découper à jour des figures grotesques : masquez toutes vos découpures par un morceau de drap noir, que vous placerez sur chacune d'elle séparément et que vous pouvez ôter à volonté et à mesure que vous voulez les faire paraître ; introduisez ensuite, dans l'autre bout de la caisse, une tringle ou règle de bois, garnie de bobèches en fer-blanc et de petites bougies que vous tenez à la main, que vous avancez ou reculez et que vous faites mouvoir horisontalement. Si vous n'avez qu'une bougie d'allumée et qu'une seule figure découverte, vous n'aurez point de multiplication ; mais, si vous allumez deux bougies, vous en aurez deux ; si vous en allumez trois, vous en obtiendrez 3, et ainsi de suite.

Il est clair d'après cela que, si vous découvrez toutes les figures et allumez toutes vos bougies, vous aurez une très-grande quantité de figures, et que vous leur donnerez tous les mouvemens possibles ; vous les agrandirez ou diminuerez à volonté, parce qu'elles suivront de même le mouvement que vous donnerez à vos lumières. La grandeur convenable des figures découpées est de 6 à 7 pouces l'ou de 16 à 19 centim. on peut même, si l'on veut, les peindre à nu sur verre ; mais on n'obtient pas autant de clarté. On peut aussi se servir, au lieu de caisse, d'un châssis de la même grandeur que celle du local ; alors on introduit les bougies allumées dans une petite boîte à coulisses, que l'on ouvre progressivement à mesure que l'on veut les multiplier ; comme on tient cette boîte à la main, on lui donne à son gré tous les mouvemens convenables. Cette méthode est très-bonne dans un vaste local.

Pourquoi n'avons-nous pas vu jusqu'à présent des figures mouvantes ? il est d'autant plus étonnant que les personnes qui s'occupent de ce genre de récréation n'y aient pas encore songé, que rien n'est plus facile et ne produit des effets plus plaisans.

Fantasmagorie sur la fumée.

Guyot, dans ses *Récréations physiques*, indique le moyen de la fumée pour faire paraître un fantôme sur un piédestal placé sur une table. Son idée est excellente, et son ingénieux procédé, que nous avons rectifié, produit l'effet le plus magique. Nous n'avons rien à changer dans ce qu'il en dit, si ce n'est qu'au lieu de se servir d'encens pour produire la fumée, il faut employer la *liqueur fumante de Libavius*, que les chimistes modernes nomment *muriate d'étain fumant*.

Selon nous, l'effet de la fantasmagorie est infiniment plus curieux, lorsqu'au lieu d'une toile ou d'un autre transparent quelconque, on se sert de la fumée ; alors les images se fixent sur cette vapeur qui, en vertu de son mouvement ascensionnel, leur communique un mouvement continuel.

Que l'on ne croye pas que j'aie voulu mettre de l'importance dans cette description de la fantasmagorie ; j'ai tâché d'être le plus clair qu'il m'a été possible ; aussi ai-je élagué les dissertations physiques, les explications scientifiques, les comparaisons géométriques, catoptriques, etc. etc., que les savans admirent, mais qui ne peuvent être lues et comprises, que par ces mêmes savans.

J'ai cru devoir m'abstenir d'expressions inintelligibles pour un amateur qui voudrait employer mes procédés ; j'avoue de bonne foi que, comme sectateur de ces agréables illusions, j'aurais eu la délicatesse de ne point les divulguer, si une foule de prétendus physiciens ne les avait pas, avant moi, dévoilées au public. Alors, ne craignant plus les reproches de différentes personnes que j'estime, j'ai composé ce petit article sur l'histoire de la fantasmagorie ; les explications détaillées des moyens que j'en donne, et qu'ont suivis des succès mille fois répétés, seront sans doute utiles et agréables à plus d'un amateur : tel a été du moins mon but, et tel est encore mon seul désir.

CHAPITRE XXIV.

Chambre claire.

Cet instrument, dont nous devons la connaissance aux Opticiens anglais, est d'une construction entièrement différente de celle de la Chambre obscure. *Voyez* Fig. 1re, Pl. 9.

A, est une boîte en bois, garnie d'un couvercle qui se rabat en totalité, et forme alors le pied de l'instrument. Cette boîte porte intérieurement 20 centimètres 8 millimètres de long (7 pouces 8 lignes), sur 91 millimètres (3 p. 4 lignes) de large.

Dans le coin B est fixée, avec quatre vis, une plaque de cuivre de 3 millimètres d'épaisseur (environ 1 l. 1/2.). Au centre de cette plaque, longue de 37 millimètres (16 lignes) et large de 22, s'élève une tige carrée de même métal C, ayant 1 décimètre et 88 centimètres de haut (7 pouces), et sur chacune de ses faces, 9 millimètres (4 lignes) Cette tige se plie dans la boîte de B en D; mais lorsqu'on veut employer l'instrument, on la met dans une situation verticale, au moyen d'une charnière dans laquelle

elle joue, et qui est pratiquée dans un tenon E, fixé au centre de la plaque.

Le long de cette tige, glisse à volonté, dans toute la longueur, une douille de métal de 93 millimètres (3 p. 4 l.) F : dans l'intérieur de cette douille, et dans toute sa longueur, on place une lame de même métal, un peu bombée en arc, en sorte qu'elle forme un ressort qui exerce sa pression contre la tige, et tient la douille à la hauteur désirée. G, G, sont les deux extrémités de cette lame, c'est tout ce que l'on en peut apercevoir. Elle est mise sur le côté de la tige qui touche le fond de la boîte, quand la tige est couchée. Cette lame a 1 millimètre d'épaisseur; elle est terminée, en haut et en bas, par deux petits crans qui, en appuyant sur l'épaisseur de la douille, la forcent à suivre, sans sortir de l'intérieur, tous les mouvemens de celle-ci.

Sur la douille, et du côté opposé à celui où est placé la lame à ressort, est un bras H; il se replie vers le haut de la tige, au moyen d'une charnière I. Pour se servir de cet instrument, on déploie ce bras, qui se trouve alors dans une situation horisontale, et faire un angle droit avec la tige. Son extrémité est forée sur une longueur de 15 millimètres (7 lign.), et l'on introduit, dans cette espèce de canon, la tige de l'armature du prisme. Elle a 16 millimètres de long (plus de 7 lignes); elle y est retenue en place, au moyen de la vis K. Au point de rencontre de celle-ci avec la tige dans l'intérieur du canon, on a creusé sur la tige une gorge d'un millimètre de profondeur : c'est là que la pointe de la vis appuie, en sorte que quoiqu'elle empêche la tige de sortir de place, elle ne la prive cependant pas d'un mouvement circulaire, ce qui permet de donner au prisme le mouvement convenable, et de tourner comme sur un axe.

Le prisme L est un morceau de crystal à quatre faces, dont deux sont placées à angle droit, tandis que les deux autres forment entr'elles un angle très-obtus. Les deux premières ont 27 millimètres (1 pouce) de large, sur 52 millimètres (23 lign.) de long. Les deux autres ont, sur la même longueur, seulement 20 millimètres (9 lign.) de largeur; ainsi, les deux grandes faces font entr'elles un angle droit, figure 2 A B, et les deux autres un angle obtus C : aucunes d'elles ne se trouvent en face l'une de l'autre, c'est-à-dire, être parallèles : cette figure est donc un trapézoïde.

Notre manière de décrire est sans doute bien longue, mais nous décrivons pour ceux qui n'ont pas l'usage habituel des termes de géométrie, et nous définissons toutes les conditions du mot à employer.

En mesures anciennes les deux faces A B ont 12 lignes, les deux faces D 9 lignes, et de l'angle A à C il y a 11 lignes, et de E E 14 lignes.

On place ce prisme de façon que l'une des grandes surfaces, celle B, soit horisontale et par conséquent vue de plan par l'observateur. La seconde se trouve faire face aux objets que l'on considère. C'est sur elle que son lancés les rayons lumineux qui partent des corps.

La face A est recouverte en partie par une petite lame de cuivre M.

Elle est dessinée, figure 3, de grandeur naturelle. 1 est un trou dans lequel on place une petite vis qui entre dans l'armature en N. 2 est un trou d'environ 4 millimètres (une forte ligne) de diamètre; c'est là que l'observateur place l'œil, tous les objets situés en face du prisme se présentent à ses regards dessinés en miniature et sans aucunes franges ou iris.

La plaque M est retenue dans une position fixe et de biais par la vis qui est à son extrémité au trou 1, c'est par là qu'elle pénètre dans l'armature en N. L'autre extrémité 3 est retenue dans une petite bride de métal faite en équerre, et attachée avec deux vis sur l'armature. Cette lame porte sur la face supérieure.

La vis du trou 1 est à 21 millimètres de l'angle droit, et le centre du trou à 23 millimètres des bords du prisme. L'extrémité 3 aboutit à 6 millimètres (lign. 1/2) de ce même bord.

Au bord de l'armature qui est entièrement en cuivre, et sur deux angles O, dont on ne voit ici qu'un seul, c'est-à-dire sur la face opposée aux objets, est attaché un étrier Q dans lequel sont placés deux cercles garnis d'un pas de vis, l'un, et c'est celui qui peut au moyen d'une charnière se relever vers la face antérieure et s'y plaquer tout-à-fait, celui-là, dis-je, est garni d'un verre concave R : l'autre se relève horisontalement en-dessous du prisme et porte un verre convexe S. Ils forment entr'eux un angle droit. C'est de la combinaison de leurs foyers que résulte la grande clarté des objets, et ce second corrige le trop de raccourci que les objets prendraient avec le seul verre concave ; les cercles qui portent les verres ont 38 millimètres d'ouverture (17 lignes 1/2).

La profondeur de la boîte est intérieurement de 34 millimètres. On place en D un petit bloc qui y est attaché pour soutenir l'extrémité de la tige quand on la couche.

La longueur du bras y compris la charnière est de 61 millimètres (2 pouces 3 lig.) : et lorsque l'appareil est monté, il a en tout un décimètre 19 millimètres (4 p. 4 lignes) de longueur.

CHAPITRE XXV.

Des Cadrans solaires horisontaux et universels.

Le cadran portatif, que j'ai construit et dont je donne la description dans ce chapitre, a pour objet de mettre à la portée de tous, un instrument qui paraissait relégué dans les Traités de Gnomonique, et il m'est permis de croire que j'aurai fait une chose utile, si j'ai pu aller au-devant des deux principales difficultés qui se rencontrent dans l'usage des cadrans solaires, quels bien divisés qu'on les suppose. Cette division étant l'ouvrage du constructeur, je ne crains pas de garantir les cadrans qui sortiront de chez moi; mais il reste à ceux qui les acquièrent, 1° à les placer dans la direction même du méridien; 2° à les établir dans un parfait niveau. La boussole, et la suspension appelée de Cardan, m'ont offert des moyens d'approcher de la vérité autant qu'il est possible.

1°. *La Boussole.*

Tout le monde connaît la vertu de l'aiguille aimantée; on sait que librement suspendue, elle obéit à la force magnétique, dont la propriété est de se diriger vers le nord ; je dis vers le nord, et non pas au nord absolument, parce que c'est avec d'assez grandes variations que cette direction a lieu.

Les premiers navigateurs qui employèrent vers 1250 l'aiguille aimantée, se contentaient de cet à-peu-près; ils se trouvaient trop heureux d'avoir enfin un moyen de reconnaître leur direction, lorsque le ciel couvert ne laisse aucune espèce d'indication.

On nomme comme inventeur le napolitain Flavio de Gioia, quoique la fleur de lys adoptée dans toutes les boussoles pour la désignation du nord, puisse faire croire les boussoles d'origine française (1). On peut l'expliquer en disant que ce serait des constructeurs français qui les premiers auraient mis dans le commerce un instrument demandant plus de soins et d'habileté que n'en avaient, à cette époque, les artistes des autres pays. Les Anglais ne manquent pas de réclamer cette invention, que d'autres veulent attribuer aux Chinois.

Le point nord étant à peu-près connu, il est bien aisé de tracer autour de l'aiguille

---

(1) L'Excellente dissertation de M. Azuni, publiée il y a environ deux ans, ne peut trop être consultée à ce sujet.

un cadran qui ait 16 ou 32 divisions, pour répondre aux vents qui sont et l'espoir et l'effroi des navigateurs ; alors suivant que l'aiguille se porte sur une de ces divisions, on reconnaît de combien de rhumbs le vaisseau s'éloigne de la direction du nord au sud, et par suite le pilote est sûr de pouvoir diriger sa manœuvre, et maintenir le bâtiment dans sa route.

On ne tarda pas cependant à s'apercevoir que la direction au nord n'était pas précise ; ceux qui les premiers voulurent reconnaître la différence, l'estimèrent à 5 degrés du cercle total ; c'est-à-dire environ à la moitié d'un 32, et ils en conclurent que cette différence ou déclinaison devait reporter de la même quantité vers l'est, toutes les estimes ou observations des directions du vaisseau.

De grandes erreurs sont venues ensuite obliger les marins et les physiciens à étudier avec plus de soin les déclinaisons de la boussole ; et enfin, sans pouvoir encore les ramener à des principes certains, on est parvenu à multiplier les observations, d'où il résulte :

1º Que la déclinaison n'est pas la même dans tous les points du globe : qu'il y a des lieux où elle se porte vers l'est, au lieu d'être comme chez nous à l'ouest, tandis qu'il y en a où elle est absolument nulle. Je me borne dans ce chapitre à donner les déclinaisons des villes d'Europe où on les a observées, parce que mon instrument n'est pas destiné à des voyages de longs cours; mais si j'en contruisais qui dussent y être employés, ceux qui voudraient s'en servir auraient soin de s'assurer des observations déjà faites pour les parages où ils se trouveraient, sinon ils n'emploieraient la boussole qu'après avoir eu occasion d'évaluer la déclinaison par une observation du soleil, ou des étoiles passant au méridien.

2° Que ce n'est pas seulement dans les différens pays qu'elle change, mais que cela arrive d'une année à l'autre. A Paris, en 1580, la déclinaison était de 11° 1/2 à l'est; en 1666 elle était nulle, c'est-à-dire que l'aiguille marquait le véritable nord; de 1720 à 1724, elle était de 13 degrés à l'ouest; en 1802 de 23° 3° à l'orient, et elle est, à peu de chose près, restée la même. On avait cru un instant qu'elle allait de l'est à l'ouest d'une manière régulière, pour ensuite en revenir par une sorte de balancement périodique; mais il faut convenir que les instrumens même avec lesquels on a voulu faire ces expériences n'ont pas permis d'y donner toute l'exactitude qu'elles requerraient, et il faut attendre davantage du zèle et de la sagacité qui, dans ce moment préparent de nouvelles séries d'observations.

Cependant, ces différences annuelles n'empêchent pas de se servir des aiguilles aimantées avec assez d'exactitude pour se procurer l'heure.

On ne doit donc point être étonné, que tout en recommandant comme très-essentielle une grande attention à placer l'instrument sur la déclinaison de l'aiguille aimantée, je ne me sois pas attaché à tracer comme dans les boussoles ordinaires, cette ligne de déclinaison. J'ai mieux aimé la remplacer par un petit curseur ou index mobile, que chacun peut fixer à la déclinaison reconnue pour le lieu où il se trouve ou pour l'année. Il n'a besoin d'être changé que quand on a constaté qu'il y avait une variation.

Avant de terminer cet article, je crois essentiel de rappeler une autre propriété de l'aiguille aimantée, dont quelques personnes auraient pu entendre parler, mais qui n'influe en rien sur l'usage des cadrans, c'est l'inclinaison ; celle-ci est variable aussi, mais comme elle n'agit que de bas en haut, elle ne dérange pas la direction de la ligne méridienne ; c'est tout au plus au constructeur à s'en occuper, pour rendre plus lourd le côté sud de son aiguille, afin qu'elle ne touche pas le fond de l'instrument du côté nord; car cette inclinaison va à Paris jusqu'à 72°.

2°. *Suspension de Cardan.*

On a conservé à cette suspension le nom d'un physicien qui a laissé aux sciences d'utiles et importans résultats parmi beaucoup de vaines recherches sur les sciences occultes, la divination, l'alchymie, dont il était tellement épris, qu'il se donna la mort à 75 ans, en 1576, pour ne pas démentir son horoscope.

Cardan avait destiné cette suspension à une lampe que l'on pouvait rouler, comme une boule, devant soi avec le pied, sans que l'huile se renversât. On sent, en effet, que suspendant l'une dans l'autre des sphères parfaitement en équilibre sur des axes à angles droits, tandis que la sphère intérieure sera chargée d'un poids considérable dans un point de sa circonférence, les sphères extérieures rouleront, sans que celle du centre perde son équilibre. On peut réduire ces sphères aux grands cercles qui portent les axes : ainsi, on parvient à maintenir un plan en équilibre, en le mettant un peu en-dessous du centre de ces cercles, lors même que les cercles seraient remplacés par des carrés fixés sur les mêmes pivots; tel est le principe qu'on a adapté d'une manière utile à la boussole ou compas de mer. Il eût été sans cela impossible d'observer au milieu du roulis et du tangage, qui font varier les vaisseaux de bas-bord à stribord, ou de l'avant à l'arrière. J'avais bien moins d'obstacles à prévenir, puisque ce n'est que de l'ébranlement d'une table tout au plus, que je devais garantir mon cadran : j'ai donc pu me flatter de réussir d'une manière beaucoup plus prompte que par des vis de rappel et l'observation d'un niveau à air, à obtenir un niveau absolu.

Il faut cependant observer que si le plan sur lequel doit être posé l'instrument était trop incliné à l'horizon, il dépasserait le jeu donné à ma construction, qui suppose un plan à peu près horizontal, comme il est toujours facile de s'en procurer un par quelque support. Je le répète, j'ai dû aller au-devant des difficultés, mais seulement des difficultés qu'une précaution ordinaire ne suffit pas pour prévenir.

Mon cadran n'ayant qu'un but usuel pour les besoins de la société, il serait absurde de vouloir, dans une construction aussi portative, chercher l'exactitude astronomique, dont n'a besoin ni le père de famille dans la règle de sa maison, ni le voyageur dans la distribution de son repos et de sa marche, ni le citadin dans le tumulte de la ville.

Il n'y a réellement qu'un point, ou, pour mieux dire, qu'une ligne fixe dans la marche journalière de l'ombre produite par le soleil ; c'est la méridienne, c'est-à-dire, la ligne du milieu du jour, qui, pour chaque lieu, est la même du commencement de l'année à la fin, parce que la rotation de la terre a lieu sur son axe, un jour comme un autre.

Cette méridienne se prolonge indéfiniment en-dessus et en-dessous de l'instrument, et est atteinte par l'ombre du style plus ou moins haut, suivant la saison ; parce que, de l'hiver à l'été, le soleil varie de 46 degrés environ, ou d'un demi-quart de cercle à-peu-près sur l'horizon. J'ai donc dû proportionner la hauteur du bec d'oiseau qui marque l'heure, de manière que de l'hiver à l'été, il ne quittât pas le champ de l'instrument.

Mais voulant aussi qu'il puisse servir à d'autres lieux plus éloignés ou plus rapprochés du pôle terrestre, il a fallu que ce bec pût s'abaisser ou s'élever proportionnellement, et alors lui donner différens champs, pour éviter que jamais les ombres ne se portassent trop loin.

Je me suis donc borné à quatre champs principaux pour les régions les plus à portée de nous, depuis le 41e. degré de latitude ou d'éloignement de l'équateur, jusqu'au 53e. 1/2, c'est-à dire, depuis les Pyrénées jusques au Nord de la Hollande. L'instruction établit le rapport de chacun de ces champs avec la hauteur du bec.

Celle-ci est d'autant plus importante à bien évaluer, que la moindre erreur rendrait fautives les heures du reste de la journée ; car, ainsi que je l'ai dit, c'est la méridienne seule qui ne varie jamais ; aussi est-ce toujours au point de midi qu'il faut vérifier les instrumens dont on se sert.

Le Public n'ayant plus à Paris ni l'ancien méridien du Palais-Royal, ni celui qu'on avait armé d'un canon dans le nouveau jardin, ni même celui du Jardin royal des Plantes, et n'étant pas accoutumé à aller observer ceux de l'Observatoire ou de l'Eglise Saint-Sulpice, il serait à désirer que le Gouvernement voulût en faire construire sur quelques-unes des fontaines dont il embellit la Capitale.

On peut juger de l'empressement avec lequel on se rassemblerait autour d'eux par celui que l'on met à venir attendre chaque jour l'explosion du canon que j'ai placé sur ma fenêtre.

Ces sortes de méridiens sont très-commodes dans les campagnes, où à une assez grande distance, ils avertissent de l'heure, quelque faible que soit à midi le rayon solaire. La lentille qui met le feu au canon est ramenée tous les quatre à cinq jours à la hauteur convenable, d'après la division que je suis obligé de varier, suivant la latitude du lieu pour lequel on me demande ces cadrans.

Je ferai d'abord remarquer que la surface du cadran horisontal est partagée en quatre cercles tracés pour quatre hauteurs différentes du pôle.

Le premier, qui est le plus éloigné du centre, et forme le pourtour de la plate-forme, est tracé pour le 52e. degré ; le second, marqué en chiffres romains, est tracé pour le 49e. degré ; le troisième est tracé pour le 45e. degré ; et le quatrième, qui se trouve au centre de l'instrument, est tracé pour le 41e. degré.

Les tables imprimées à la suite de cette instruction, désignent les principales villes situées dans ces différentes bandes de terre, et indiquent leur latitude, qu'il est nécessaire de connaître, afin de pouvoir élever le style du cadran de manière à former, avec le plan horizontal, un angle correspondant à la latitude du lieu où l'on cherche l'heure : ceci se fait facilement lorsqu'après avoir relevé le style qui était couché sur le cadran, on en élève la partie mobile qui tient sous le bec de l'oiseau, jusqu'à ce que ce bec se trouve sur la division qui correspond au nombre de degrés indiqués pour la latitude du lieu : par exemple, si l'on cherchait l'heure à Paris, on voit, dans les tables, que cette ville est sous le 48ᵉ. degré 50 minutes ; alors on éleverait le style jusqu'à ce que le bec de l'oiseau correspondît à 48 degrés 50 minutes, ce qui est très-près de 49 degrés, chaque degré contenant 60 minutes.

On posera ensuite cet instrument sur un plan bien horizontal, parce que s'il avait quelqu'inclinaison, cela occasionnerait des erreurs de quelques minutes, proportionnelles à l'inclinaison du plan. La boussole, fixée sur le fond de l'instrument, doit être d'abord tournée du côté d'où vient le soleil, ensuite il faut l'orienter, d'après la déclinaison de l'aiguille aimantée, pour le lieu où on se trouve : il est d'autant plus essentiel de faire attention à cette disposition, que si on dirigeait seulement sur la ligne qui marque le nord, on ferait actuellement à Paris une erreur d'environ cinq quarts d'heure, et on est susceptible de la faire plus ou moins grande, suivant le lieu où l'on se trouve.

On observera, à cet égard, que toutes les instructions données jusqu'à présent pour l'usage de ces cadrans solaires, ne parlent que légèrement, et quelquefois point du tout, de l'obligation où l'on est de tenir compte de la déclinaison de l'aiguille aimantée ; c'est cependant le point le plus essentiel à considérer dans l'usage

DE LA VUE. 321

qu'on veut faire de ces espèces de cadrans. Le silence de ces instructions vient de la difficulté qu'il y avait d'indiquer un moyen sûr pour tenir compte d'une variation extrêmement irrégulière; variation dont les savans, malgré une quantité prodigieuse d'observations, n'ont pu encore déterminer la marche.

Quoiqu'on puisse étudier ces variations dans les Tables de la connaissance des tems, et dans plusieurs Journaux des savans français ou étrangers, je donne à la suite des Tables de latitude, une notice sur la déclinaison de l'aiguille aimantée dans quelques villes, où elle a été observée dans les années 1783, 1785, 1786, 1787, 1788, et à Paris, en 1799, 1800, 1802 et 1805. Mais comme il existe une très-grande quantité de villes où l'on n'a point fait d'observations, ou, s'il y en a été fait, qu'elles ne sont pas connues, ensorte qu'on aurait alors de la peine à se déterminer sur le point de direction à donner, voici un moyen simple de fixer à cet égard les incertitudes; c'est de vérifier sur un cadran solaire fixe, horizontal ou vertical, s'il en existe dans le lieu où l'on veut faire usage du mien, ou même dans l'étendue d'un quart de degré aux environs, à quel degré de déclinaison à l'est ou à l'ouest, correspond l'aiguille aimantée, lorsque vous tournez votre cadran, de manière que le style marque midi au même moment que le cadran solaire fixe qui vous sert de vérificateur. Quoiqu'il soit plus convenable de faire cette vérification à l'heure de midi, parce que c'est sur elle qu'on règle toutes les autres, on peut cependant la faire sur toute tre; si on a trouvé que l'aiguille aimantée s'écartait du nord à l'est ou à l'ouest, de 18 ou 20 degrés, on en prend note, pour avoir soin ensuite de la faire toujours se placer de même quand on veut trouver l'heure avec cet instrument. Mais comme la déclinaison est très-variable, cette espèce de vérification devrait se faire une fois tous les ans; d'ailleurs, puisqu'elle est très-facile, on peut la répéter aussi souvent qu'on en trouvera l'occasion.

Je crois devoir observer ensuite que, pour ne pas déranger la direction naturelle de l'aiguille aimantée, il ne faut point faire usage de cet instrument sur des fenêtres qui auraient des balcons en fer, ou sur d'autres endroits trop près de ce métal, parce que l'on commettrait des erreurs. Il est nécessaire aussi de recevoir directement sur le style les rayons du soleil, sans les laisser traverser les vitres et les glaces; elles font éprouver toujours une réfraction aux rayons du soleil.

Jaloux de procurer aux personnes qui m'honorent de leur confiance, des instrumens sûrs et commodes, j'ai imaginé de construire de ces cadrans solaires portatifs, suspendus dans une boîte, à la manière des boussoles marines. Ils se placent toujours d'eux-mêmes horizontalement, pourvu que le plan sur lequel on les pose ne soit pas trop incliné. J'ai fait les aiguilles de boussole plus grandes qu'à l'ordinaire, pour que les variations de leur déclinaison fussent plus sensibles, et j'ai mis des alidades ou aiguilles indicatives, qu'on arrête sur les diverses déclinaisons que la boussole peut prendre dans les pays où l'on en veut faire usage. Cela donne beaucoup de facilité pour obtenir l'heure juste, puisqu'il suffit, dans le moment où l'on vérifiera cet instrument avec un cadran solaire fixe, d'amener l'alidade ou aiguille sur la division de la boussole coïncidant avec le trait tiré sur l'aiguille aimantée, dans l'instant où l'heure marquée sur cet instrument est la même que celle indiquée par le cadran solaire fixe. On laisse l'alidade ou aiguille à la même place, pour indiquer que l'aiguille aimantée doit être dirigée sur ce point. On ne change plus la position de ces alidades ou indicateurs, que lorsqu'on change de pays, ou chaque fois qu'ils ne se trouvent plus d'accord avec les cadrans solaires fixes.

N'ayant point trouvé que dans leur construction ancienne les quatre rangs d'heures qui y sont tracés soient combinés de manière à servir également pour un même nombre de degrés et de minutes, ce qui expose par conséquent à faire erreur de quelques minutes, je les ai tracé dans mon nouvel instrument de façon que depuis le premier jusqu'au dernier, ils forment une suite régulière, convenable chacune à un même nombre de degrés et de minutes.

Le premier, tracé pour le cinquante-deuxième dégré, peut servir depuis le cinquante troisième trente minutes jusqu'au cinquantième degré trente minutes.

Le deuxième, tracé pour le quarante-neuvième degré, peut servir depuis le cinquantième trente minutes jusqu'au quarante-septième degré trente minutes.

Le troisième, tracé pour le quarante-sixième degré, sert depuis le quarante-septième trente minutes jusqu'au quarante-quatrième degré trente minutes.

Le quatrième, tracé pour le quarante-troisième degré, sert depuis le quarante-quatrième trente minutes jusqu'au quarante-unième degré trente minutes.

Dans ces nouveaux cadrans, l'aiguille de boussole, beaucoup plus grande, occupe tout le dessous; l'ombre du style, surtout depuis dix heures jusqu'à deux heures, se porte sur le côté nord de cet instrument, je n'ai donc pas pu faire d'autre ouverture pour apercevoir la direction de l'aiguille aimantée, que du côté où seraient les heures de nuit ; cela fait que le côté de l'aiguille que l'on aperçoit est le côté indiquant le sud ou midi ; mais l'opération de la vérification se peut faire avec autant de certitude sur ce côté que sur l'autre, parce qu'il est bien certain, que l'aiguille se trouvant juste sur la ligne du sud, elle marquera exactement le nord à son côté opposé, et la déclinaison qu'elle pourra prendre du nord à l'ouest par son côté nord, se marquera sur le côté sud, en même nombre de degrés du sud à l'est. Si, par exemple, l'aiguille par son côté nord décline de vingt-deux degrés à l'ouest, elle déclinera du côté sud de vingt-deux degrés à l'est ; ce qui, pour la direction du cadran solaire, revient absolument au même que si on avait observé l'autre côté de l'aiguille.

Toutes les précautions que j'indique ici seront sans doute inutiles aux savans et aux marins, attendu qu'ils sont parfaitement instruits de la variation de la déclinaison de l'aiguille aimantée, et qu'ayant souvent l'occasion de déterminer des méridiennes, ils sont plus à portée que d'autres de vérifier cet instrument; mais j'ai pensé devoir m'étendre un peu sur l'indication d'un moyen simple qui donne à bien d'autres personnes la faculté de faire usage de ce cadran et d'en reconnaître elles-mêmes l'exactitude et l'utilité.

TABLE DES LATITUDES
A L'USAGE DU PREMIER CADRAN.

Celui-ci, tracé pour le cinquante-troisième degré, est le plus éloigné du centre de l'instrument, et peut servir à trouver les heures pour tous les pays situés entre le cinquante-troisième degré trente minutes, et cinquante degrés trente minutes, en élevant le style au degré de la latitude du lieu où on est. *Voy. fig.* 1, *planche* 9.

La table suivante indique la latitude des principales villes comprises dans cette bande de terre.

VILLES.	Deg.	Min.	Sec.	VILLES.	Deg.	Min.	Sec.
Aix-la-Chapelle	50	47	«	Greenwich	51	28	40
Allost	50	56	18	Hanover	52	22	18
Amsterdam	52	21	56	Corke	51	53	54
Anvers	51	13	22	La Haye	52	3	5
Ath	50	42	17	L'Ecluse	51	18	35
Berlin	52	31	30	Leipsick	51	20	16
Boulogne	50	43	31	Leyde	52	8	40
Breslaw	51	6	30	Liége	50	39	»
Bruges	51	12	40	Lille	50	37	50
Bruxelles	50	50	59	Londres	51	31	»
Calais	50	57	32	Louvain	50	53	26
Cantorbéri	51	18	26	Magdebourg	52	13	»
Cap-Clare	51	15	»	Malines	51	1	50
Cologne	50	55	21	Maëstrich	50	51	7
Courtrai	50	49	43	Montaigu	50	58	56
Douvres	51	7	47	Munster	51	54	»
Dixmude	51	2	12	Nieuport	51	7	41
Dresde	51	2	54	Orenbourg	51	46	5
Dublin	53	21	11	Osnabruck	52	16	14
Dunkerque	51	2	11	Ostende	51	13	57
Francfort-sur-l'Oder	52	22	8	Oxfort	51	45	40
Furnes	51	4	23	Porstmouth	50	47	5
Gand	51	3	21	Roterdam	51	55	58
Gottingen	51	32	»	Ruremonde	51	11	48
Gravelines	50	59	10	Saint-Omer	50	44	46

VILLES.	Deg.	Min.	Sec.	VILLES.	Deg.	Min.	Sec.
Tongres	50	47	7	Venloo	51	22	17
Tournai	50	36	20	Wirtemberg	51	43	10
Utrecht	52	5	30	Yorck	53	47	45
Varsovie	52	14	»	Ypres	50	51	10

TABLE DES LATITUDES

A L'USAGE DU DEUXIÈME CADRAN.

Ce Cadran, tracé pour le quarante-neuvième degré, est marqué en chiffres romains et peut servir pour tous les pays situés entre cinquante degrés trente minutes, et quarante-sept degrés trente minutes en mettant le style au degré de latitude du lieu où on se trouve.

La table suivante indique la latitude des principales villes situées dans cette bande de terre.

VILLES.	Deg.	Min.	Sec.	VILLES.	Deg.	Min.	Sec.
Abbeville	50	7	4	Châlons-sur-Marne	48	57	12
Agria	47	53	54	Chartres	48	26	54
Alençon	48	28	»	Cherbourg	49	38	26
Amiens	49	53	43	Colmar	48	11	»
Arras	50	17	37	Constance	47	43	»
Augsbourg	48	21	41	Coutances	49	2	50
Auxerre	47	47	54	Cracovie	50	10	»
Avranches	48	41	18	Cremsmunster	50	10	»
Bâle	47	33	34	Dieppe	49	55	17
Barfleur	49	40	21	Dol en Bretagne	48	33	9
Bayeux	49	16	30	Douai	50	20	»
Beauvais	49	26	2	Evreux	49	1	30
Blois	47	35	20	Fécamp	49	45	24
Brest	48	22	42	Francfort-sur-le-Mein	50	7	40
Brissac	48	4	»	Granville	48	50	16
Bude	47	29	44	Hâvre-de-Grâce	49	29	14
Caen	49	11	10	Hidelberg	49	24	30
Cambrai	50	10	37	Honfleur	49	25	13
Cap-Lézard	49	57	30	Ingolstat	48	45	54

DE LA VUE.

VILLES.	Degr.	Min.	Sec.	VILLES.	Deg.	Min.	Sec.
Kaminieck	48	40	50	Quimper	47	58	29
La Flèche	47	37	»	Ratisbonne	49	»	»
Landau	49	11	40	Reims	49	15	16
Langres	47	51	59	Rennes	48	6	50
Land S-End.	50	3	46	Rouen	49	26	27
Laon	49	33	54	Saint-Brieux	48	31	2
Laval	48	4	»	Saint-Diez	48	17	27
Léman	48	»	35	Saint-Malo	48	39	3
Lisieux	49	8	50	St.-Michel (le Mont)	48	38	14
Luxembourg	49	37	38	Saint-Pol-de-Léon	48	41	24
Manheim	49	29	18	Saint-Quentin	49	50	51
Maubeuge	50	20	»	Salztbourg	47	48	10
Mayence	49	54	»	Schwezingen	49	23	4
Meaux	48	57	37	Séez	48	36	22
Metz	49	7	3	Sédan	49	44	»
Mons	50	27	10	Senlis	49	12	28
Montbelliard	47	38	»	Sens	48	11	56
Munich	48	2	»	Spire	49	18	51
Namur	50	28	3	Soissons	49	22	52
Nancy	48	41	28	Strasbourg	48	34	56
Noyon	49	34	37	Toul	48	40	32
Nuremberg	49	26	55	Tréguier	48	46	54
Olmutz	49	30	»	Trèves	49	46	37
Orléans	47	54	10	Troyes	48	18	5
Paris	48	50	14	Tyrnaw	48	23	30
Péronne	49	55	»	Valenciennes	50	25	»
Philippeville	50	11	19	Vannes	47	39	26
Philisbourg	49	7	»	Verdun	49	9	24
Port-Louis	47	42	47	Versailles	48	48	21
Port-Lorient	47	45	11	Vienne (Autriche)	48	12	36
Prague	50	5	47	Vurtzbourg	49	46	6
Presbourg	48	8	7	Zarizin (Russie)	48	42	20

TABLE DES LATITUDES
A L'USAGE DU TROISIÈME CADRAN.

Ce Cadran, tracé pour le quarante-cinquième degré, peut servir pour tous les pays situés entre le quarante-septième trente minutes, et quarante-quatre degrés trente minutes, en plaçant le style à la hauteur du degré du lieu où l'on est.

La table suivante indique la latitude des principales villes comprises dans cette bande de terre.

VILLES.	Deg.	Min.	Sec.	VILLES.	Deg.	Min.	Sec.
Angers	47	28	8	Embrum	44	34	»
Angoulême	45	39	3	Ferrare	44	54	»
Annecy	45	50	»	Gap	44	33	37
Astracan	46	21	12	Genève	46	12	17
Aurillac	44	58	»	Gratz	47	4	18
Autun	46	56	48	Grenoble	45	11	42
Belgrade	45	7	»	Quebec	46	47	30
Belley	45	45	29	La Rochelle	46	9	33
Besançon	47	14	12	Lausanne	46	31	5
Bologne	44	29	36	Le Croisic	47	17	43
Bordeaux	44	50	14	Le Puy	45	2	41
Bourg en Bresse	46	12	30	Limoges	45	49	44
Bourges	47	4	59	Lyon	45	45	52
Brixen (Tyrol)	46	43	»	Louisbourg (Amérique)	45	53	40
Brouage	45	52	3				
Cahors	44	26	49	Luçon	49	27	14
Cap-Raze (Terre-Neuve)	46	40	»	Mâcon	46	18	27
				Mantoue	45	9	16
Châlons-sur-Saône	46	46	50	Mende	44	31	2
Chambéry	45	31	«	Milan	45	27	57
Clermont (en Auvergne)	45	46	45	Modène	44	34	»
				Moulins	46	40	»
Crémone	45	7	43	Nantes	47	13	6
Die	44	45	31	Nevers	46	59	17
Dijon	47	19	22	Oléron	46	2	51
Dôle (Franche-Comté)	47	11	»	Padoue	45	23	40
				Paimbœuf	47	17	15

DE LA VUE.

VILLES.	Deg.	Min.	Sec.	VILLES.	Deg.	Min.	Sec.
Parme.	44	44	50	Sarlat.	44	53	20
Pavie.	45	10	59	Saumur.	47	14	»
Périgueux.	45	11	8	Sevastopole (Crimée)	44	41	50
Poitiers.	46	34	50	Tours.	47	23	44
Ravenne.	44	25	5	Trévoux.	45	55	»
Riom.	45	47	»	Tulles.	45	16	3
Rochefort.	45	56	10	Turin.	45	4	14
Royan.	45	37	28	Valence.	44	55	59
Saint-Claude.	46	23	18	Venise.	45	27	2
Saint-Flour.	45	1	55	Véronne.	45	26	26
Saintes.	45	44	46	Vienne (Dauphiné).	45	31	55
Salins.	46	49	»	Zurich.	47	22	«

TABLE DES LATITUDES
A L'USAGE DU QUATRIÈME CADRAN.

Ce Cadran, qui forme l'intérieur de l'instrument, est tracé pour le quarante-unième degré, et peut servir pour tous les pays situés entre quarante-quatre degrés trente minutes et quarante-un degrés.

La table suivante indique la latitude des principales villes situées dans cette bande de terre.

VILLES.	Degrs	Min.	Sec.	VILLES.	Deg.	Min.	Sec.
Acqs ou Dax	43	42	19	Avignon.	43	56	58
Agde.	43	18	»	Barcelonne.	41	26	»
Agen.	44	12	22	Bastia (Corse).	42	35	»
Aire.	43	41	52	Bayonne.	43	29	15
Aix.	43	31	48	Bazas.	44	25	55
Ajaccio (Corse).	41	55	1	Béziers.	43	20	23
Alais.	44	7	22	Bonifacio (Corse).	41	23	13
Albi.	43	55	36	Boston (Amérique).	42	22	11
Alet.	42	59	39	Burgos.	42	25	»
Ancône.	43	37	54	Calvi (Corse).	42	34	7
Andrinople.	41	40	»	Cap-de-Creux (Espagne).	42	19	33
Antibes.	43	34	43				
Apt.	43	52	29	Cap-Finistère.	42	51	52
Arles.	43	40	28	Cap Ortégal (Espagne).	43	46	37
Auch.	43	38	59				

VILLES.	Deg.	Min.	Sec.	VILLES.	Deg.	Min.	Sec.
Capoue	41	11	»	Pampelume	42	47	»
Carcassonne	43	12	45	Pau	43	15	»
Carpentras	44	3	8	Perpignan	42	41	55
Castres	43	36	11	Piombino	42	55	27
Cavaillon	43	50	6	Pise	43	43	7
Civita-Vecchia	42	5	24	Portsmouth (États-			
Collioure	42	31	31	Unis)	43	4	15
Condom	43	57	49	Rhodez	44	20	59
Constantinople	41	1	10	Rieux	43	15	23
Digne	44	5	18	Riez	43	48	57
Florence	43	46	30	Rimini	44	3	43
Fontarabie	43	21	36	Rome	41	53	54
Foix	43	»	»	Saint-Jacques-de-			
Fréjus	43	25	52	Compostel	42	50	»
Gènes	44	25	»	Saint-Papoul	43	19	43
Glandève	43	56	43	Saint-Paul-les-Trois-			
Grasse	43	39	19	Châteaux	44	21	3
Huesca	41	59	»	Saint-Pons-de-To-			
La Ciota	43	10	29	mières	43	29	13
Lavaur	43	40	52	Saint-Tropez	43	16	8
Lectoure	43	55	54	Sagona	42	5	»
Léon	42	45	»	Salamanque	41	»	»
Lescar	43	19	52	Saragoce	41	39	»
L'Isle-d'Elbe	42	45	»	Senez	43	54	40
Lodève	43	43	47	Sienne	43	42	»
Lombez	43	31	»	Sisteron	44	11	51
Marseille	43	17	49	Tarbes	43	13	52
Mirepoix	43	5	19	Toulon	43	7	16
Montauban	44	»	50	Toulouse	43	35	46
Montélimart	44	36	»	Trebisonde	41	3	»
Montpellier	43	36	29	Uzès	44	»	45
Narbonne	43	10	58	Vabres	43	56	27
Nice	43	41	47	Vaison	44	14	28
Nismes	43	30	12	Vence	43	43	13
Orange	44	8	10	Villefranche	43	40	20
Pamiers	43	6	44	Viviers	44	28	57

TABLEAU

DES

Observations faites sur la déclinaison de l'aiguille aimantée, dans divers pays et en différens tems.

VILLES.	Deg.	Min.	VILLES.	Deg.	Min.
En 1783.			A Bonn	18	55
A Dusseldorf	20	»	A Rome	17	12
En 1785.			A Berlin	17	5
			A Manheim	20	5
A Copenhague	18	30	A Midelbourg	21	56
En 1786.			A Saltzbourg	18	36
			A Augsbourg	18	26
A Ratisbonne	19	11	A Strasbourg	20	45
A Stockolm	15	34	A Inspruck	22	40
En 1787.			A Dresde	25	30
A Wurtzbourg	18	35	*A Paris.*		
A Prague	20	»	En 1799	22	»
En 1788.			En 1800	22	»
A Bude	16	36	En 1802	22	6
A Peissemberg	17	6	En juin 1805	21	42

Malgré l'étendue des tables ci-dessus, que toutes les instructions semblables n'ont point encore données aussi complètes, elles sont encore loin de contenir les noms de tous les endroits où l'on peut avoir besoin d'en faire usage, et beaucoup des personnes pourraient être embarrassées dans l'usage du Cadran portatif, si elles ne voyaient point sur ces tables la désignation de la latitude du lieu où elles se trouvent, parce que cela peut jeter de l'incertitude sur la hauteur qu'il faut donner au style ; mais on doit d'abord être persuadé qu'on ne ferait pas d'erreur bien sensible pour l'usage ordinaire, en négligeant, non-seulement les secondes, mais même quelques minutes. Ces deux divisions n'ont été portées dans les tables ci-dessus que pour l'utilité particulière de quelques personnes qui aiment à avoir des détails exacts, parce qu'elles n'en négligent alors que des quantités connues. Quoique Paris soit exactement par le quarante-huitième degré cinquante minutes quatorze secondes, il est porté dans quelques tables publiées avant celles-ci, et désigné même sous le quarante-neuvième degré, il se trouve donc un peu plus de neuf minutes de différence. Mais les divisions qui existent sous le bec de l'oiseau, marquant chacune un degré, sont trop petites pour qu'on puisse, à l'œil, tenir compte d'une minute qui en est la soixantième partie ; on ne peut guère estimer à l'œil le placement du bec de l'oiseau que par demi, par quart ou tiers de degré ; c'est ce qui fait que dans la petite table de latitude, placée sur le couvercle de mes nouveaux instrumens, je me suis permis de désigner les fractions de degrés par l'expression des fractions ordinaires.

Bien convaincu du peu d'importance que

l'omission de quelques minutes peut apporter dans l'usage ordinaire du Cadran, on sentira sans doute qu'il est naturel de mettre le style à la hauteur de la latitude connue la plus voisine ; et ayant ensuite, comme on l'a recommandé au commencement de cette instruction, vérifié l'instrument sur un Cadran solaire fixe, pour y déterminer la position de l'aiguille aimantée, on sera sûr d'avoir l'heure avec une assez grande précision.

Il pourrait encore arriver que la ville la plus voisine ne se trouvât pas inscrite sur des tables, alors un savant ou un marin se procurera facilement la latitude du lieu au moyen d'un sextant ; mais il y aura bien des personnes qui n'ont point la facilité de faire usage de cet instrument, il leur sera donc plus facile d'estimer leur latitude par comparaison avec quelqu'autre ville portée sur les tables ci-dessus le plus près du lieu dont elles désirent connaître la latitude : il suffit de savoir que la longueur d'un degré de latitude est regardée comme contenant 25 lieues de France, par conséquent, le demi degré équivaut à 12 lieues et demi, et le quart du degré (ou 15 minutes), à six lieues un quart ; si, par exemple, on se trouve en ligne directe 12 lieues au nord d'une des villes comprises dans les tables, on aura un demi degré de latitude de plus; si au contraire cette même distance se trouve en ligne directe vers le midi, ce sera alors un demi degré de moins; si les distances dont il est question, au lieu d'être directement vers le nord ou vers le midi, se trouvaient directement vers l'Orient ou l'Occident, on doit se regarder comme ayant la même latitude que cette ville : dans le cas où on aurait une direction inclinée à ces quatre points principaux, il faudrait alors faire une diminution dans l'évaluation de ces distances en raison de l'obliquité qu'on pourrait reconnaître au moyen de la direction de ces quatre points cardinaux indiqués par la boussole dont le Cadran solaire est garni.

Quoique par ce moyen il soit difficile de faire une erreur de plus d'un quart de degré, il paraîtrait peut-être plus commode de se procurer une petite carte particulière du pays où on peut être dans la nécessité de faire usage de cet instrument; alors on y verrait de suite au simple coup-d'œil, la latitude du lieu qu'on habite. En effet, toutes les cartes sont divisées par des lignes courbes, dont les unes tracées de gauche à droite dans une direction horizontale, marquent les degrés de latitude ordinairement de cinq en cinq, avec des subdivisions sur la bordure qui en distinguent les différentes parties, soit par cinquième, soit par demi et par quart de degrés ; il suffit alors de reconnaître dans ces cartes, sur laquelle de ces lignes peut se trouver placé le pays dont on veut la latitude. Dans le cas où il ne serait pas exactement sur une des lignes tracées en travers de la carte, vous prenez avec un compas la distance qu'il y a de ce pays à la ligne la plus près, et à partir de cette même ligne sur la bordure, vous voyez à quelle division du degré correspond l'autre pointe du compas, et cela vous indique le degré et la fraction de degré où se trouve ce pays.

Pour rendre ce que je dis plus sensible par un exemple, je suppose que la carte consultée n'a les degrés de latitude marqués que de cinq en cinq, et que chaque degré est divisé en deux parties, cela donnera sur la bordure pour distance d'une ligne désignée par chiffre à celle qui lui est supérieure, dix divisions : je suppose que la ligne la plus proche de l'endroit que je cherche est le 45e degré de latitude, l'ouverture du compas que j'ai prise de cette ligne au lieu cherché, fait qu'une pointe de compas mise à la bordure sur la ligne du 45e degré, l'autre pointe vient correspondre à la troisième division au-dessus : il s'en suit que chaque division répondant à un demi-degré, l'endroit cherché se trouve être à un degré et demi au-dessus de la latitude de 45 degrés, ce qui donne pour la position cherchée 46 degrés 30 minutes.

Les autres lignes qui partagent la surface des cartes de géographie, et qui vont du haut en bas, sont les méridiens qui ne sont point nécessaires dans cette circonstance pour la détermination de la latitude que l'on cherche.

EXTRAITS DES JOURNAUX.

GAZETTE DE SANTÉ du 11 Juin 1806.

Instruction sur les besicles à la Franklin, réunissant le double mérite de faire voir de loin et lire de près; construites par J. G. A. CHEVALIER, ingénieur-opticien.

> O miros oculos, animæ lampades,
> Et quádam propriá notá loquaces.

POURQUOI, lorsqu'entraînés par une noble émulation, tous les ministres de chaque partie de l'art de guérir s'élancent d'un commun essor pour arriver vers la perfection, *l'oculisme* seul, reste-t-il autant en arrière sous le rapport médical ? Si l'on en excepte la manœuvre opératoire, dans laquelle il faut avouer que quelques artistes, en très-petit nombre, excellent aujourd'hui, les ressources de cet art sont bornées à quelques recettes routinières, à quelques collyres innocens. L'incurie est poussée en ce genre à un tel point, qu'un oculiste ne saurait discerner, en observant les yeux d'un presbyte ou d'un myope, le numéro des verres propres à la vue de chacun d'eux. Il n'existe même pas de signes déterminés par l'art, pour reconnaître avec certitude, de combien de degrés sont éloignés les points visuels de deux yeux appartenans au même individu, et quel moyen il faut employer pour les ramener graduellement à la même portée, et les fortifier ainsi l'un par l'autre.

Voici le résultat de deux ans d'expériences relatives à cet objet : il existe en général une différence sensible entre le point d'optique des deux yeux de chaque individu, ou myope, ou presbyte. Cette différence est quelquefois de 6, 8, 10 degrés et plus d'intervalle, dans les numéros des verres convenables à chaque œil ; mais elle est si peu sensible, quand l'on n'y fait pas réflexion, que tel homme sera bien surpris d'apprendre que jusqu'ici il ne s'est habituellement servi que d'un œil pour voir de loin, et que de l'autre pour voir de près ; car, par un mécanisme très-étrange, et dont on ne se rend compte que parce que l'épreuve qu'on en fait en amène l'explication, l'œil qui voit le plus loin voit mal de près, et réciproquement, parce que les rayons lumineux se rassemblent pour l'œil presbyte trop applati, et s'éparpillent pour l'œil myope et trop sphérique.

Or, voici le problême à résoudre, et je le propose à la fois, et aux oculistes et aux opticiens ; faire coïncider les deux points visuels des deux yeux, en employant successivement un verre d'un degré moindre, et un verre d'un degré plus élevé, pour parvenir par une dégradation insensible et lente, à rapprocher le plus près possible du centre commun les deux points divergens de chacun des deux ministres de l'organe, comme on ramène à la même opinion deux avis dissidens.

L'effet des verres concaves est de rapprocher des yeux myopes les objets éloignés; mais s'ils sont utiles pour voir de loin, ils ne peuvent servir à lire de près. Les verres convexes ont un effet tout opposé; de là un moyen tout simple et dont l'initiative est due au docteur Franklin, à qui l'on pourrait dérober cette découverte sans nuire à sa gloire, mais dont on doit réclamer l'attache du nom, parce qu'il ennoblit une invention simple et pourtant ingénieuse et réfléchie. Elle consiste à mettre en contact deux segmens de verre, dont un concave au dégré convenable à tel myope, et occupant la partie supérieure du cercle de la lunette; l'autre placé plus bas et approprié à une vue ordinaire; bien entendu qu'il faut établir, entre les deux verres concaves, la différence qui existe entre la portée de chacun des deux yeux.

En attendant que les oculistes aient tracé une échelle optique, applicable aux différens cas que nous venons d'indiquer sommairement, M. Chevallier, Ingénieur-Opticien, membre de l'Athénée des Arts, vient de s'occuper de ce travail intéressant. Ses succès doivent l'encourager; et les personnes à vue myope ou presbyte, lui devront autant de reconnaissance, que les amateurs de la météorologie lui en ont déjà voué. On ne trouve chez aucun artiste des instrumens mieux confectionnés que chez lui ; et nous croyons être plus utiles au public qu'à lui, en disant qu'il demeure à Paris, Tour de l'Horloge, n° 1, vis-à-vis du pont au Change et du marché aux Fleurs.

Journal du Commerce, 10 août 1806.

Lettre écrite de Strasbourg par M. Chamseru, Docteur-médecin de la faculté de Paris, à M. l'Ingénieur Chevallier.

J'ai lu avec bien de l'intérêt, mon cher collègue, votre article inséré dans le journal du Commerce, du 14 Juin, (n° 185).

Ce que vous appelez l'*Oculisme, ou la science oculaire*, vous semble avec raison de toutes les parties de l'art de guérir, la plus arriérée. C'est qu'il n'y a jamais eu rien à obtenir du commun des oculistes. S'il paraît de tems en tems des nouveautés utiles, on les doit à des hommes qui possèdent l'universalité des connaissances médicales. Le célèbre Louis a insisté sur cette vérité, en parlant de l'oculiste dans l'ancienne Encyclopédie : ne leur demandez donc rien, mon cher collègue, sur le choix raisonné des secours internes et externes applicables aux yeux, et dont le discernement exige la connaissance expérimentale de toutes les autres branches de l'art de guérir; n'attendez rien ou presque rien d'eux sur l'anatomie de l'œil, encore moins sur l'optique mécanique.

Vous savez mieux que personne combien, dans cette partie de l'hygiène ophtalmique, dont les Anciens ont été absolument dépourvus, on est redevable aux Modernes. Mais c'est à quelques médecins, à des physiciens, aux géomètres, et à plusieurs habiles mécaniciens que toutes les découvertes en ce genre appartiennent. Permettez-moi cependant d'excuser l'incurie que vous reprochez aux oculistes, pour ne pas discerner le numéro des verres propres à la vue d'un presbyte ou d'un myope, et ne pas reconnaître de combien de degrés sont éloignés les points visuels des deux yeux du même individu, ni par quel moyen on peut les ramener à la même portée et les accorder l'un à l'autre.

Sur la première question, j'observe que le besoin de lunettes ou de besicles, pour une vue, soit longue, soit courte, oblige chacun à faire par lui-même l'essai du foyer qui lui convient. Cette recherche est un tâtonnement indispensable, dont le résultat suffit et donne la distance des points visuels, dès qu'on a trouvé pour chaque œil le n°, à l'aide duquel on distingue l'objet avec netteté dans sa grandeur naturelle. En répétant de tels essais sur beaucoup de personnes, on découvre des anomalies et des cas d'exception assez nombreux, qui procèdent de la complication d'un sens émoussé par la faiblesse relative de l'organe immédiat de la vue. Quelques presbytes, et sur-tout des myopes, ne tirent alors aucun secours des conserves, parce que ce qui peut être utile pour ajouter aux milieux refringens, ne peut rien changer à l'habitude, à la débilité nerveuse.

La deuxième question, mon cher collègue, est le problême que vous venez de résoudre par votre instruction sur les besicles à la Franklin. Les oculistes profiteront de l'expédient que vous leur offrez; mais ils ne vous traceront point l'échelle optique que vous leur demandez. C'est à vous-même à la fixer (1), par la justesse et les applications répétées de vos apperçus, et par les occasions de plus en plus fréquentes que vous aurez de diversifier vos observations. Si les miennes peuvent vous être agréables, je vais vous en proposer quelques-unes.

1°. J'adopte avec vous la différence d'un œil à l'autre pour la portée de la vue. En supposant

---

(1) C'est ce que j'ai fait depuis peu. Voy. l'article Opsiometre. (*Note de l'auteur.*)

les organes assez sains, et assez bien constitués, un œil se trouve myope, et l'autre presbyte; celui-ci a besoin d'un verre convexe, et celui-là d'un verre concave. La différence peut encore consister dans le degré de vue courte ou longue, plus marqué d'un côté que de l'autre, en admettant l'état naturel le plus ordinaire, celui où les deux yeux ont une même sorte de vue. Je consens que la différence soit quelquefois de 6, 8, 10 degrés et plus; mais je l'ai plus souvent constatée de 1, 2, 3, 4 et 5 pouces ou de 27, 54, 81, 108, et 131 millim. au plus : je suppose que nous convenions ici d'une même mesure du degré, soit par pouce, soit par centimètre.

Je me citerai pour exemple : j'ai cinquante-huit ans; ma vue a toujours été longue; mes yeux, long-tems de la même portée, ont été égaux en bonté. Je me suis par hazard apperçu, depuis que vous m'avez donné, il y a trois ans, des verres du n°. 14 ou 13 et demi, que mon œil gauche avait pu s'affoiblir en apparence; il n'en est rien en réalité; cet œil, devenu plus presbyte que le droit, a besoin aujourd'hui du numéro 9 ou 10, tandis que j'en suis au n°. 11 pour l'œil droit. Je suis persuadé que, réduit à des besicles au même numéro 11, je ne lis et je n'écris que de l'œil droit. Je vais tacher de suppléer ici, auprès de quelque bon opticien, à ce que je ne puis faire avec vous dans l'éloignement où me tient la vie militaire.

2° Quant aux verres mi-partie, c'est une combinaison que vous continuerez sans doute de varier, suivant le besoin de se servir des mêmes disques de monocles ou de binocles, en deux moitiés de verre à surface différente, pour promener à volonté les regards dans l'horizon, ou les borner à la portée de la main. Le cas le plus commun entre les myopes et les presbytes n'est peut-être pas facile à déterminer; il peut y en avoir autant des uns que des autres, et beaucoup de ceux qui se sont habituellement servis, sans le savoir, *d'un œil pour voir de loin, et de l'autre pour voir de près*. D'après vos propres observations, pour mélanger vos moitiés refringentes, je conclus et je me confirme qu'il y a trois sortes de vue native, et que la troisième est la vue moyenne, ou mésopie, qui tient soit d'un seul œil, soit de tous les deux, de la vue longue pour voir les objets de près à une distance raisonnable, et qui, comme la myopie, n'embrasse qu'un très-court horizon.

Agréez, je vous prie, mon cher collègue, l'assurance de ma parfaite considération.

Signé, CHAMSERU, Doct. Médecin.

Moniteur, 18 Septembre 1806.

M. Chevallier, Ingénieur Opticien, Membre de l'Athénée des Arts, vient d'adapter aux besicles un nouveau mécanisme, dont les personnes habituées à leur usage apprécieront toute l'utilité.

Cette invention, aussi simple qu'ingénieuse, permet d'écarter ou de rapprocher à volonté les deux cercles contenant les verres, et de ramener ainsi chaque point visuel à son véritable centre, quelle que soit la dimension de la tête du presbyte ou du myope : l'écartement ou le rapprochement des verres nuit bien plus qu'on ne pense à l'organe, qui doit se trouver placé précisément vis-à-vis du centre du verre, pour obtenir la plus grande convergence ou divergence possible des rayons ; et il ne faut souvent pas attribuer à une autre cause, qu'à la fausse direction des verres relativement à chaque œil, la fatigue qu'ils éprouvent de l'usage de lunettes, telle qu'elles cessent d'être appropriées à la vue à laquelle elles convenaient et qu'il devient nécessaire de changer de n° tous les trois à quatre mois, nécessité vraiment alarmante pour ceux qui savent qu'il arrive enfin un n° au-delà duquel il n'existe plus de verres propres à éclairer la vue.

Cette invention a encore un mérite non moins précieux ; c'est qu'avec le n° du verre en usage, M. l'Ingénieur Chevallier peut, en l'absence du porteur de lunettes, lui en choisir, avec la certitude qu'elles lui conviendront de même que si le choix avait été fait par l'acheteur en personne, et avec une telle sûreté, que ces espèces de lunettes peuvent, au moyen de leur petit mécanisme, s'adapter à la tête d'un enfant de douze ans, comme au front d'un homme de soixante.

Il continue la fabrication de ses besicles à la Franklin, dont chaque verre est divisé en deux segmens qui portent chacun un numéro différent, loin que cette division gêne en rien la vue, et en laissant au contraire la liberté de distinguer très-bien de loin les objets en élevant les yeux, et de voir clairement à ses pieds en les abaissant. Enfin il vient d'établir des besicles dont un verre est à tel point d'optique, et l'autre verre à tel autre; avantage précieux pour ceux dont les yeux ont une portée différente (et c'est le plus grand nombre), et qui a le grand mérite d'exercer également la force des deux yeux, au lieu que l'inaction habituelle de l'un deux finirait par le paraliser.

GAZETTE DE SANTÉ, Avril 1807.
Nouvelles besicles à double verre.

Nous avons déjà signalé, dans cette gazette, le zèle de l'ingénieur-opticien Chevallier, auquel nous devons les notices décadaires de nos observations météorologiques; et il paraît qu'il a voulu répondre à l'appel que nous avons fait aux opticiens dans le n°. 70, page 565, en ajoutant encore à la perfection des besicles que nous anonçâmes dans cet article. Celles qu'il présente aujourd'hui joignent au mérite de déterminer le point d'optique propre à chacun des deux yeux, et qui diffère beaucoup non seulement d'individu à individu, mais d'œil à œil dans la même personne, celui de rapprocher incomparablement plus que les besicles ordinaires l'objet du spectateur, par l'addition d'un second verre. Cette différence de portée des deux yeux n'a pas été assez indiquée jusqu'ici; et nous croyons être d'autant plus utiles en la signalant, que nous pensons fermement qu'on peut ramener les yeux, surtout légèrement disparates, à un même foyer visuel, à un autre point d'optique semblable par l'usage habituel et graduellement rapporté de verres appropriés. Cette différence de portée visuelle des deux yeux est, à quelques variétés près, la même chez les individus, et en sens inverse de la force de celui des deux yeux qui est doué de la moindre étendue de perception. On peut l'exposer par le procédé suivant, et nous supposons les deux yeux myopes : mais l'expérience s'appliquerait également aux presbytes. Nous nommerons A et B les deux yeux. A est l'œil le moins fort ; B a une force de vision plus lointaine ; or, s'il faut un verre concave de 12 degrés à B, pour lui donner la plus grande portée de vue possible, (la force des verres est ici en raison inverse, et le n° 1 est l'ultimatum des verres concaves), il faudra un verre de 6 degrés à A pour se mettre à égalité de portée avec B. Mais, si l'on ne donne point de verre à B, ou si on l'arme seulement d'un verre plan, le n°. 12 donnera à A la portée visuelle qu'a ordinairement B à l'œil nu, et l'on fera ainsi coïncider en proportion égale les deux rayons visuels des deux yeux ; si, retournant au contraire les besicles, on oppose le n°. 12 à A, il jouira d'une plus grande étendue visuelle ; mais le nerf optique de B, comme paralysé par la convergence excessive du verre trop concave, non seulement verra moins que A, mais ne rapportera point du tout le sentiment de la vision, surtout de près. Appliquons cette théorie à l'invention moderne de l'ingénieur-opticien

Chevallier ; son appareil consiste en deux cylindres très-courts, très-légers, et fixés devant les yeux par deux branches de métal qui embrassent la tête. Ces deux tubes sont garnis de deux verres dont l'antérieur est convexe, l'autre postérieur est concave, dont les foyers sont en relation et tellement combinés que chaque tube offre à chaque œil un moyen proportionné à sa portée d'optique particulière. Enfin, c'est la lorgnette de spectacle réduite à un bien pus petit volume, portative sans qu'on soit obligé de la tenir, et tellement forte de la réunion des deux verres, que, dans le plus vaste horison comme dans la salle de spectacle la plus immense, le myope le plus faible pourrait défier l'œil le plus perçant. Mais avec la même bonne foi qui nous a engagés à rendre justice au zèle de l'inventeur et au mérite de l'invention, nous devons avouer que la perfection même de l'instrument excite une telle contention des nerfs optiques dont il décuple l'énergie, que son usage doit ne pas être habituel et ne remplacer que celui des lorgnettes de spectacle. Ces besicles ne peuvent être portées dans les rues, parce que leur effet, apportant pour ainsi dire l'objet sous l'œil même, fait disparaître les distances, et ferait courir le risque de l'astrologue, qui tombe dans un puits en mesurant les astres. Nous pensons donc que si M. l'ingénieur Chevallier peut donner à ces instrumens plus de légèreté en remplaçant, par exemple, le métal par l'écaille, s'il peut dépouiller ses verres des auréoles irisées qui les entourent, ce qui est dû au rapprochement des deux foyers, il rendra un service signalé à la cohorte nombreuse des porteurs d'yeux myopes et de lunettes et il aura acquis de nouveaux droits à la reconnaissance publique.

Extrait du Journal de Paris, *décembre* 1807.

Tout le monde sait, monsieur le rédacteur, que les lunettes ne suppléent à l'imperfection de la vue, qu'autant qu'elles sont choisies en raison de l'œil auquel elles sont destinées. Cependant j'ai souvent remarqué que, non seulement ceux qui se servent de lunettes, mais encore ceux qui en fabriquent, croient tirer à peu près le même parti des verres communs que des verres fins. Le bon marché est pour tant de personnes la raison dominante, qu'il ne faudrait pas s'en étonner, s'il n'en résultait des inconvéniens majeurs; et certes l'œil est un organe assez délicat et assez précieux, pour ne pas le sacrifier à un excès de parcimonie.

Ce n'est pas seulement parce que les lunettes communes sont d'un verre plus ou moins terne, laiteux ou parsemé de bouillons, qu'elles fatiguent l'œil par une espèce de brouillard ; c'est parce qu'elles n'ont pas exactement reçu la forme lenticulaire nécessaire à la réunion de tous les rayons de lumière.

En effet les verres fins sont passés avec le plus grand soin dans des bassins sphériques, qui leur donnent en tous sens la même courbure, et chaque bassin est destiné à des verres d'un foyer différent ; tandis que le bon marché des verres communs ne leur laisse donner qu'une sorte d'ébauche imparfaite dans un creux quelconque, et le marchand numérote ensuite, comme il le peut, les verres qui se trouvent approcher de tel ou tel foyer. Mais, comme ce n'est souvent que dans un sens qu'ils ont la courbure correspondante à leur numéro, que dans d'autres arcs ils appartiennent à un autre foyer ; que plusieurs même de leurs points n'ont pas été atteints au vif près du creux ; qu'enfin ils ne reçoivent jamais le dernier poli qu'en étant frottés sur une surface quelconque, il est évident qu'ils ne peuvent porter à l'œil que des rayons divergens ; dès-lors ils ne peuvent frapper que sous des angles inégaux les différentes parties de la rétine, que la nature a disposées dans une forme sphérique très-régulière, et le nerf optique est obligé de se contracter partiellement, ou plutôt de n'agir que dans ceux de ses points qui répondent à l'imperfection du verre.

Je ne crois pas, Monsieur le Rédacteur, avoir à m'étendre sur des inconvéniens d'autant plus graves qu'il s'agit du plus délicat de nos organes; j'espère publier avant peu un traité sur le choix et la fabrication des lunettes ordinaires, et de spectacle, dont la perfection n'a cessé d'occuper tous mes soins, et toute ma surveillance; et vous croirez sans doute servir l'intérêt le plus cher au plus grand nombre des hommes, en les prémunissant contre des dangers, sur lesquels ils n'auraient pas assez réfléchi.

Vous avez déjà bien voulu annoncer la nouvelle disposition que j'ai donnée à mon magasin, pour être à portée de recevoir le public d'une manière digne de la confiance dont il m'honore, et de l'importance des constructions et des expériences que je puis à présent offrir aux amateurs. Je crois pouvoir vous demander un nouveau témoignage d'intérêt, dans un moment où les magasins se multiplient pour les présents annuels; tout en prenant chez moi les objets d'optique, ou de météorologie, qui sont des offrandes utiles, il pourra paraître agréable de répéter soi-même des expériences de physique, et de jouir de la vue d'une collection aussi riche que variée d'instrumens en tout genre.

J'ai l'honneur de vous saluer.

Signé. L'ingén. CHEVALLIER, Membre de la Société Académique des Sciences de Paris.

Extrait de la Gazette de Santé, 11 juill. 1811.

OPTIQUE.

Nous avons eu occasion de rendre déjà plusieurs fois justice au zèle de l'Ingénieur-opticien CHEVALLIER, et l'on ne peut trop louer ses efforts pour inscrire son nom parmi ceux des citoyens utiles à la société. Déjà, dans le N° 70 du 11 juin 1806, nous nous étions plaint qu'il n'existât pas de signes déterminés par l'art, pour reconnaître avec certitude de combien de degrés sont éloignés les points visuels des deux yeux d'un même individu, et qu'on ne put assigner avec précision le numéro propre à la vue d'un presbyte ou d'un myope. Nous terminions notre article, en invitant les opticiens à construire une échelle optique applicable aux différentes portées de vue.

M. l'Ingénieur Chevallier, vient de résoudre ce problème d'une manière très-ingénieuse. Son mécanisme très-simple, consiste en deux tringles parallèles et graduées, de 20 pouces de longueur sur 5 à 6 d'écartement. Cet appareil a pour base en ce moment un pied de graphomètre ; mais il sera dans peu supporté par une colonne qui pourra se hausser ou se baisser à volonté à la hauteur de l'œil de l'homme assis ou debout. Entre les deux bandes parallèles de cet appareil et à leur extrémité antérieure est fixée une paire de besicles à verres plans recouverts chacun d'un disque de métal qu'on peut ouvrir ou fermer, selon qu'on veut faire usage des deux yeux ou d'un seul. En face de ces verres et à l'autre extrémité est un rapporteur qu'on promène librement en avant et en arrière, au moyen de cordons de soie qui roulent dans de petites poulies ; la fonction de ce rapporteur est d'apporter à l'œil une feuille imprimée, que celui qui veut faire l'essai de la portée de ses yeux, approche ou éloigne à volonté, jusqu'à ce qu'il ait trouvé le point juste de sa vue, au moyen des petits cordons dont nous avons parlé. Son point visuel une fois trouvé, l'on substitue aux verres plans des verres concaves ou convexes selon le cas, et non seulement l'on obtient ainsi la mesure exacte de son point de vue, mais on peut découvrir encore la différence du point d'optique de ses deux yeux, et demander par exemple, pour son œil gauche myope un n°. 7 et pour son œil droit presbyte un n°. 3, de manière à obtenir la concordance de ses deux points visuels en un seul ; avantage qui paraîtra inappréciable pour une foule de personnes, si l'on réfléchit que les trois quarts des écrivains et des ouvriers ne se servent sans le savoir, que de l'un de leurs yeux qu'ils fatiguent, tandis que l'usage simultané des deux, les ménagerait l'un et l'autre. Ce que nous disons au reste de l'inégalité presque inconnue de la portée des deux yeux, n'est ignoré que parce qu'on n'y a pas réfléchi, et il suffit pour s'en convaincre de fermer un des deux yeux et de reconnaître à la portée duquel on a contracté l'habitude d'écrire, de lire et de travailler.

L'instrument de M. l'ingénieur Chevallier, que j'appellerai opticomètre a donc le double avantage 1°. de s'assurer de la juste portée de sa vue, et par conséquent de pouvoir choisir de bonnes lunettes ; 2°. de corriger par le choix des deux verres adaptés chacun à la différente réfraction du rayon visuel opérée par chaque œil, la vicieuse habitude de ne se servir que d'un seul pour vaquer à ses travaux. Cet instrument a été présenté à l'Athénée des Arts, le 24 mai 1811, l'auteur se fait un devoir d'en faire la démonstration tous les jours en sa demeure, quai et Tour de l'horloge du palais, vis-à-vis le pont au change et le marché aux fleurs.

Signé M. DE SAINT-URSIN.

LETTRE écrite par M. Fabré, Docteur et Médecin de la faculté de Paris, à M. l'Ingénieur CHEVALLIER.

Paris le 4 Août 1811.

MON CHER COLLÈGUE,

M. B..., porteur de cette lettre, m'ayant témoigné le desir d'avoir des Besicles semblables aux miennes, j'ai l'honneur de vous l'adresser et de le recommander à votre obligeance.

Ce M. a fait usage, jusqu'à ce jour, de verres verts, faute d'en connaître de plus avantageux : mais depuis qu'il a établi une comparaison entre ces verres et ceux coloriés en bleu, il a cru, et avec raison, devoir donner la préférence à ces derniers, parce qu'ainsi que j'ai eu l'honneur de vous le faire remarquer, ils sont les seuls ; 1°. qui ne changent point les couleurs ; 2°. qui répandent une teinte douce et naturelle sur tous les corps dont l'œil est destiné à recevoir l'image ; 3°. qui donnent à la lumière artificielle, l'apparence de la lumière du soleil ; 4°. enfin que leur utilité est indiquée par l'analogie et confirmée par l'expérience.

Les rayons lumineux nous sont transmis, à travers une atmosphère azurée, ce milieu diminue leur intensité et modifie leur action sur la rétine. Pourquoi donc, lorsque ces rayons, soit directs, soit réfléchis, ont encore trop de vivacité, pourquoi, dis-je, ne pas les mettre en harmonie avec l'état de l'œil qui doit les recevoir, en suppléant à ce qui manque à la nuance de la couleur atmosphérique, et en opposant, d'après le procédé de la nature, aux rayons de la lumière, un milieu diaphane de couleur d'azur, plus ou moins prononcé, selon le degré d'irritabilité de l'organe visuel ?

Mais, j'oublie que M. B..., a moins besoin de raisonnement que de besicles, et ma mission est de vous prier de vouloir bien lui en faire préparer d'un beau verre bleu tel que vous en avez fabriqué pour moi. Si, comme je n'en doute pas, il vous en reste encore, veuillez avoir la complaisance de préparer avec ce verre, pour l'usage de ce M., des besicles conformes aux miennes, et il vous en aura, j'en suis sûr, autant d'obligation que je me plais à vous en avoir pour les soins que vous avez apportés à la confection et au perfectionnement de ce verre.

EXTRAIT d'une note adressée en août 1807, au rédacteur du Journal de l'Empire, et à celui des Petites Affiches.

Parmi les renseignemens qui m'ont été adressés, en réponse à l'appel que je faisais sur la fin du mois dernier, aux observateurs météorologiques de France, je ne puis me dispenser de distinguer ceux que M. Tarbé *de Sens*, m'a fait passer sur l'orage du 23 août.

Comme ces détails sont signés et formellement garantis par l'Ingénieur des ponts-et-chaussées, M. Rose, il est impossible de les révoquer en doute.

L'orage a commencé à Sens, un peu après le coucher du soleil : sa durée a été d'environ quinze minutes, en se dirigeant du nord-ouest au sud-est, et principalement sur neuf ou dix villages qu'une grêle terrible a ravagés.

Je ne m'arrêterai pas au tableau affreux des vignes hachées, des jardins dévastés, des vitres cassées, du gibier et des volailles tués, parce que ce sont des effets malheureusement trop connus. Je conserverai seulement une observation faite par M. Rose : c'est que dans les lieux, où les arbres ont été le plus mutilés, les grêlons étaient anguleux et tranchans, ailleurs ils étaient ronds, et ne faisaient qu'écraser : partout ils étaient d'une grosseur entre l'œuf de pigeon et celui de poule : on en trouvait encore d'énormes dans l'après-midi du lendemain.

M. Rose ne parle pas de tonnerre, quoique cette soirée fut celle où nous avons vu à Paris, le ciel se déchirer en éclats, et où les averses étaient si fortes, qu'elles ont empêché de tirer le feu d'artifice de la place de la Concorde.

Quant à la grêle, les gens qui arrivaient à Paris le lendemain, annonçaient que l'orage s'était porté vers la Brie, et qu'à trois lieues on parlait de grêlons gros comme des noix : c'est bien là, pour la direction et pour l'heure, le commencement de l'orage de Sens.

Passant ensuite aux effets du vent rapportés par M. Rose, je ne puis comme lui les comparer qu'aux ouragans destructeurs qui ravagent les Antilles.

On a vu une voiture de légumes, la femme qui la montait, et le cheval enlevés à deux mètres de hauteur, jetés à 20 mètres de côté, et la femme écrasée sous la voiture.

L'on a encore vu au milieu d'une file de 18

charriots comtois, chargés de tonnes de fromages, 14 être enlevés avec charge et cheval, et jetés à 16 ou 20 mètres, suivant que le permettaient les arbres de la route, et même quelques tonnes du poids de 300 à 350 kilogrames, (6 à 700 livres), lancées à 30 mètres plus loin, en tout plus de 25 toises.

L'on a vu enfin de très gros peupliers tordus ou plutôt tortillés, jusqu'au plus haut de la cîme, et couchés à terre comme de faibles osiers, sans être rompus.

Les journaux nous avaient annoncé pareillement, dans l'orage du 31 juillet, que les arbres d'Amsterdam avaient été déracinés, et que l'état-major de Winter avait été renversé, sur les bords du Texel; tandis que sur la route de Melun, la voiture de madame de La Lalande subissait presque le même sort. Paris en a été quitte pour un coup de tonnerre le matin, et une trombe de poussière très-forte.

Dans l'orage du 23 août, les éclats foudroyants, qui ont commencé l'orage, au moins à Paris, ont dû produire une immense absorption d'air, pour former ces torrens d'eau et de grêle : et, comme cette absorption a eu lieu dans la partie supérieure de l'atmosphère, c'était de bas en haut que le courant de remplacement s'établissait avec la plus extrême rapidité; rapidité qui fait la principale force des courans, et qui fait céder le corps le plus lourd à leur impulsion répétée.

Le journal des savans de 1680, parle d'un coup de vent, qui enleva, auprès de Varsovie, la grosse tour d'une église et la transporta avec sa cloche sur un édifice fort éloigné. Si dans ces exemples, le vent paraît développer tant d'action, c'est sur-tout lorsqu'il agit en tourbillon, de manière à saisir à la fois tous les points de la surface des corps par des plans inclinés de bas en haut : effet que l'on pourrait comparer à celui de la vis dans son écrou. Aussi sait-on quelle terreur les trombes inspirent aux navigateurs.

Les observateurs ont apprécié de 35 à 40 mètres (110 à 125 pieds) par seconde la plus grande vitesse du vent; mais ont-ils soumis aux calculs des ouragants aussi difficiles à saisir? En effet, la théorie des vents est peu connue; cela tient autant à la difficulté de les observer qu'à la multitude des causes, qui influent sur un milieu, que le moindre obstacle dérange, que la plus légère cause altère, et qui éprouve de si loin les variations les plus insensibles.

Entre les tropiques on voit de l'est à l'ouest, pendant six mois de l'année, et de l'ouest à l'est pendant les six autres mois, se succéder des vents réglés qui ne paraissent être autre chose que le reflux de l'air supérieur, constamment dilaté par l'action continue du soleil, et dont le reflux vers le pôle se combine avec la rotation journalière de la terre.

Il faut attribuer aux mêmes causes, les vents qui accompagnent souvent le coucher du soleil.

Je désire, messieurs les Rédacteurs, que ces réfléxions vous paraissent propres à intéresser le public, et engagent d'autres observateurs à augmenter la masse des faits, dont j'espère présenter à la fin de l'année un tableau général.

Recevez l'assurance des sentimens distingués avec lesquels j'ai l'honneur d'être.

Signé, l'Ingén. CHEVALLIER, Membre de la Société Académique des Sciences de Paris.

EXTRAIT d'une lettre écrite le 3 août 1807, au Rédacteur du Journal de Paris, et inséré le 4.

Les journaux, M. le Rédacteur, n'ont cessé pendant le mois qui vient de finir, de présenter des faits plus ou moins importans à l'histoire de l'électricité naturelle. Sans parler de l'orage qui a foudroyé le magasin à poudre de Luxembourg, ni de celui qui, le 11 juillet, a frappé trois églises dans les environs de Vitré, il suffit de recueillir les observations du 13 juillet, pour se former une idée de l'étendue qu'un même orage peut embrasser.

On cite, à Paris, six endroits frappés de la foudre, savoir, dans les rues de la Tixeranderie, Sainte-Croix, Sainte-Placide, de l'Oursine, à la barrière du Maine, et au Petit Mont-Rouge; mais on ne parle que d'un enfant renversé, d'une cheminée percée, de trois bouteilles cassées et de deux arbres renversés. Près de Beauvais, une église découverte, et le mouton de la cloche brisé : près de Noyon, un manouvrier tué : à Luxembourg, deux orages dans la même journée; et à cinq heures du soir, six maisons incendiées dans un village situé près de Troyes, une voiture de foin en feu et le conducteur tué. A Dijon, on ne nous parle pas positivement de la foudre; on attribue seulement la mort de deux femmes à l'excessive chaleur, que l'orage a fait cesser. A Grenoble, on ne nous fait connaître de même que la très-grande chaleur, qui a porté le thermomètre à 29 degrés, tandis que le mien, à Paris, n'était qu'à 22.

Je désire que ce rapprochement puisse engager messieurs les Journalistes des départemens à marquer exactement les jours et les heures où arrivent ces grands phénomènes de l'atmosphère, qui agissent souvent, comme on le voit, dans une distance de 20 à 22 myriamètres (40 à 50 lieues), distance que nous trouverions probablement plus grande encore, si les observations nous en parvenaient.

La comparaison des heures servirait à déterminer dans quel sens et avec quelle rapidité a pu se transporter le principal foyer électrique ; en reconnaissant, toutefois, que si la même disposition se trouve en différens points de l'atmosphère, elle peut occasionner autant d'orages indépendans les uns des autres, qu'il se forme de grandes masses de nuages électriques.

Il est d'ailleurs à croire que quelques-uns des incendies, celui de la voiture de foin, par exemple, peut être produit par l'inflammation du gaz qui se trouvait en émanation à la surface même de la terre, sur le passage de la foudre. On sait, en effet, qu'elle ne brûle pas tous les corps qu'elle atteint, quoiqu'il ait été souvent question d'hommes réduits en cendre, sans qu'à l'extérieur rien paraisse changer, jusqu'au moment où on les touche. Les bons observateurs n'ont jamais vu, dans le coup de foudre qui frappe l'organisation animale, que la rupture intérieure de tout le tissu cellulaire, d'où résultait une très-grande disposition à une putréfaction rapide. Il n'est donc plus étonnant si, au bout de huit à dix heures, on saisit une personne foudroyée, que le bras s'en sépare. L'on a vu aussi des exemples de gens frappés du tonnerre, et qui n'en sont pas morts, parce que probablement la détonation ne se sera pas faite assez violemment, ou n'aura pas été dirigée sur les parties nobles.

Je finis par une nouvelle réflexion sur les paratonnerres, qui n'a peut-être pas été assez bien présentée par les autres constructeurs, mais qu'il m'est permis de rappeler à moi, pour qui la pose des paratonnerres n'est qu'une opération ordinaire, parmi toutes celles que la physique, la gnomonique et l'aréométrie me mettent à portée de faire chaque jour. Les paratonnerres ne sont pas seulement utiles aux édifices sur lesquels on les place, ou à ceux qui les avoisinent, c'est à toute une contrée que souvent s'étend leur bienfait, puisque la prodigieuse rapidité avec laquelle une pointe soutire le fluide électrique peut dépouiller, en quelques secondes, toute la masse, qui aurait porté son ravage sur plusieurs lieues d'étendue. Cette rapidité de l'électricité ne peut se comparer qu'à celle de la lumière, et il y a tout lieu de croire que l'œil ne voit jamais l'éclair qui le foudroye ; on peut même dire qu'il existe peu de cas où nous apercevrions l'explosion de la première masse inflammable qui, par cinq à six communications, parviendrait jusqu'à nous.

Si vous croyez, monsieur le rédacteur, que cet exposé puisse être une nouvelle preuve de mon zèle à seconder le désir que vous avez d'intéresser vos lecteurs, je m'estimerai heureux de vous avoir donné ce témoignage de ma considération.

Signé, CHEVALLIER, ingénieur, Membre de la Société Académique des Sciences de Paris.

EXTRAIT d'une note adressée aux rédacteurs du Journal de Paris le 18 Juillet 1807, par l'Ingénieur Chevallier.

Comme le dernier orage a conduit chez moi plusieurs personnes curieuses de recueillir des renseignemens sur ses effets, j'ai remarqué que la plupart étaient peu au fait des causes, au moins de celles qu'admettent aujourd'hui les meilleurs physiciens. Ce n'est pas une théorie complète qu'il faut aux gens du monde, mais des idées exactes et générales qu'on ne saurait trop s'efforcer de répandre. Les journaux remplissent leurs plus belles fonctions, en se chargeant de ces sortes d'instructions sommaires, lorsque la circonstance en fait sentir le besoin. Le fluide électrique étant doué comme tous les autres, de la faculté de se mettre en équilibre, il cherche à se répandre toutes les fois qu'il se trouve accumulé dans un nuage ou même dans une couche atmosphérique, soit qu'il y ait été porté du sein de la terre, par des émanations vaporeuses; soit que le frottement des vents sur la surface du globe l'ait produit, soit enfin qu'il soit dû au frottement de l'air lui-même, pressé entre des nuages de vîtesse inégale.

Pour se répandre, il faut qu'il trouve à sa portée des corps moins chargés d'électricité : si c'est de nuage à nuage, et par le simple effet électrique, le passage se fait par communication, ou tout au plus par une scintillation instantanée. Mais si, en passant de nuage à nuage du plus chargé à celui qui l'est le moins, elle traverse une couche de gaz oxigène (air pur) elle brille d'un plus grand éclat, et enflamme toute la masse sans bruit : *voilà les éclairs de chaleur.*

Si au contraire, entre les deux nuages se trouve un mélange de gaz oxigène (air pur) et de gaz hydrogène (air inflammable), l'inflammation n'a lieu qu'en produisant une forte détonation, en même tems qu'il se forme une masse d'eau proportionnée aux quantités de gaz mises en combustion ; lors donc qu'on se rend compte de l'énorme volume des gaz nécessaires pour fournir par leur combustion, les torrens d'eau ou de grêle que produit souvent un orage, on n'est plus étonné de la violence des explosions qui les ont accompagnés. On en distinguera les éclats précipités, du prolongement des échos. En effet, ce qui n'est qu'écho se répète en s'affaiblissant peu à peu comme pour se perdre dans l'éloignement, tandis que les éclats de la foudre répondent bien à l'inégalité des sillons qu'on voit dans le ciel et qui produisent évidemment l'inflammation, l'explosion successive des masses inégales, ou plus ou moins combinées des deux espèces de gaz.

La plupart des coups de tonnerre se passent de nuage à nuage ; mais lorsqu'ils sont trop chargés d'électricité, ou que les émanations terrestres rapprochent la communication à la surface du globe, l'électricité vient en dernier but se porter sur la terre ; c'est ce qu'on appelle la foudre qui tombe.

On sent qu'alors les éclats doivent paraître plus secs, plus déchirans, si l'on peut employer cette expression, parce qu'ils parviennent à notre oreille sans avoir traversé une si grande couche d'atmosphère. En arrivant à la terre, l'électricité saisit de préférence les corps qui la

DE LA VUE. 371

conduisent le mieux, tels que les métaux, ensuite les matières animales, enfin à leur défaut les végétales. Les grands arbres n'ont la préférence que parce qu'ils se trouvent les plus voisins de la nuée ; car il n'est pas douteux que l'électricité ne se portât plutôt sur le haut d'un clocher ou sur la barre d'un paratonnerre élevé. Comme celle-ci est disposée en pointe, elle a l'avantage bien grand de soutirer le fluide électrique, même avant qu'il fasse explosion. Le torrent de matière fulgurante se précipite par le conducteur, et se perd dans la terre sans fracas, s'il n'y a pas eu de lacune à ce conducteur.

L'odeur propre de l'électricité a quelque rapport avec l'odeur de l'ail, et c'est aussi celle que la foudre laisse sur sa trace ; quelquefois on sent en même temps l'odeur plus ou moins soufrée des émanations aériformes qui se sont enflammées.

Il reste à rendre compte de l'intervalle de tems qui se trouve entre l'éclair et le coup. On sait que la rapidité de la lumière peut à peine s'estimer. Elle paraît être de 33,000 myriamètres (78,000 lieues) par seconde, tandis que le son ne parcourt que 349 mètres. (179 toises). On peut donc dire que nous voyons l'éclair à l'instant même où l'étincelle a eu lieu, mais que le son se fait entendre autant de tiers de seconde à peu-près qu'il y a de fois 100 mètres (50 toises) entre le nuage et notre oreille.

Je désire, Messieurs, que ce rapide exposé vous paraisse propre à mériter une place dans votre journal, et je vous prie de recevoir l'assurance des sentimens distingués avec lesquels j'ai l'honneur d'être, votre très-humble et très-obéissant serviteur.

Signé, l'ing. CHEVALIER, membre de la Société Académique des Sciences de Paris.

EXTRAIT du Journal de Paris *du 29 Novembre 1807.*

Les brouillards qui ont marqué cette année l'approche de l'hiver, n'ont pas été aussi considérables que ceux observés dans quelques autres années. Il y en a eu cependant assez pour me faire adresser par plusieurs amateurs des observations météorologiques, diverses questions. Comme elles ne sont pas résolues dans les ouvrages les plus répandus, que même elles ne le sont pas hypothétiquement par les savans qui en ont fait l'objet de leurs études, je ne puis que présenter moi-même des aperçus qui faciliteront l'intelligence de ces phénomènes; je m'occuperai d'abord de ce qui tient le plus essentiellement à mes occupations ordinaires, l'observation du baromètre.

Une des choses qui étonnent le plus dans les brouillards, c'est de voir le baromètre presqu'indifférent à une altération de l'atmosphère en apparence aussi grande.

Les expériences barométriques, que M. Deluc faisait sur les hautes montagnes, ne lui ont offert aucune différence entre les instans où il était dans un air pur, et ceux où il se trouvait englouti dans les nuages, qui sont de véritables brouillards.

Cela s'explique assez bien par la loi même de l'équilibre qui fait flotter le nuage et qui tient le brouillard suspendu précisément à la hauteur où se rencontre la couche d'air de même pesanteur spécifique; car on sait d'une part, que les couches d'air les plus basses, se trouvant pressées par les supérieures, sont les plus pesantes; de l'autre, que la première loi du baromètre est d'obéir à la pression qu'exerce sur lui la gravitation de la colonne d'air dans toute sa hauteur, de sorte que si cette colonne ne se trouve mélangée que d'un fluide du même poids que la couche d'air correspondante, il n'en peut résulter aucune variation dans les effets barométriques.

Il peut être moins aisé d'expliquer la formamation des brouillards quand on considère la multitude d'influences auxquelles est soumis un milieu aussi facile à altérer que l'atmosphère. L'électricité, l'humidité, le calorique, le magnétisme, l'altération des corps célestes, la dissolution chimique des parties terrestres, et d'autres causes dont les premiers et les plus sensibles effets, produisent dans l'air des dilatations, des condensations, des absorptions, des courans en tout sens, et le pénètrent de substances très-différentes, sans qu'il soit possible d'assurer que les mêmes circonstances se retrouvent jamais pour reproduire ces mêmes phénomènes, ni que les plus légers changemens dans les causes n'amènent des différences très-essentielles dans les résultats.

M. Deluc, qui a consacré une vie laborieuse aux recherches les plus délicates et les plus savantes sur tout ce qui tient à la construction atmosphérique, ne propose lui-même qu'en hésitant les explications des principales modifications de l'atmosphère; celle qu'il donne des brouillards doit paraître satisfaisante.

Il est de fait que chez nous les brouillards les plus considérables, ont lieu à l'entrée de l'hiver, au moment où l'atmosphère commence à éprouver les rigueurs du froid, tandis que la terre n'a pas encore perdu de sa chaleur interne.

Vers les zônes glaciales, où il faut beaucoup plus de tems pour mettre la température intérieure de la terre en équilibre avec l'atmosphère, ces brouillards, ces brumes ont une plus grande étendue.

En été même, dans les soirées fraîches au coucher du soleil, on voit s'élever des marais, des prairies, des ruisseaux, quelquefois même des rivières, de pareils brouillards.

Dans tous ces cas, ce sont évidemment des évaporations, qui, émanant du sol, se trouvent saisies par le froid de l'air et forment de petits globules, qui cherchent à passer à travers des molécules de l'air, sans se confondre avec elles. C'est ce mélange de globules de différentes natures qui altère la transparence de l'atmosphère : comme on voit un mixte qui ne se dissout pas tout entier altérer la transparence de l'eau.

Ces globules en s'élevant comme de petits ballons à travers les couches d'air, se maintiennent à la hauteur qui répond à leur poids.

Tout en s'élevant, ils se dilatent et finissent par crever dès qu'ils arrivent à la couche d'air qui n'exerce plus sur eux la même pression. «De » sorte, dit M. Deluc, que ces brouillards qui

» paraissent permanens, ne sont qu'une succes-
» sion de petits ballons, qui se replacent tou-
» jours à la même hauteur tant que le sol, ou
» le marais, fournissent de nouvelles émana-
» tions. »

Au surplus, cette formation ne peut être ni générale, ni très-durable, puisqu'elle dépend d'une proportion assez exacte entre le poids de l'air et celui des molécules qui s'exhalent, et qui, si l'évaporation les rendait tout de suite trop légères, s'éleveraient avec trop de rapidité, ou exerceraient trop promptement leur action pour altérer la transparence de l'air.

Les brouillards se trouvent aussi retenus naturellement dans une couche peu épaisse de l'atmosphère, puisqu'ils ne peuvent être que des globules à peu près pareils, qui se réunissent dans une même couche, et qu'aussitôt qu'ils l'ont dépassée, ils cessent d'exister sous forme visible.

On pouvait d'ailleurs supposer que, quelque ressemblance qu'il y ait entre les brouillards et les nuages, les molécules des premiers sont plus pesantes, en raison des particules plus matérielles qu'elles entraînent, et qui causent cette âcreté, cette odeur désagréable qu'on remarque dans les brouillards épais; tandis que les molécules spécifiquement plus légères que produit la seule humidité du sol, de même que celles qui se dégagent des interstices même de l'air, se dilatent assez pour se balancer dans les plus hautes régions de l'atmosphère, et y former ces amas volumineux que nous appelons nuages.

Du haut des Alpes on voit, au-dessous de soi, la partie supérieure des nuages dans la fluctuation continuelle de ces grandes masses qui viennent y crever ou retomber sur les masses voisines, pour être remplacées sans cesse par celles qui s'élèvent de dessous.

On a souvent observé des brouillards qui ne s'élèvent pas à hauteur d'homme, et dont la partie supérieure présente de même ces ondulations qui résultent du remplacement continuel de leurs molécules.

Signé, l'Ingénieur CHEVALLIER, Membre de la Société académique des Sciences de Paris.

RAPPORT présenté à la Société Grammaticale de Paris, sur l'Ouvrage de M. l'Ingénieur CHEVALLIER, intitulé : LE CONSERVATEUR DE LA VUE, *lu à la Séance du 10 janvier 1811, par M. Perrier.*

MESSIEURS,

Vous m'avez chargé de vous faire un rapport sur un ouvrage présenté à la Société par

M. Chevallier, Ingénieur-Opticien, Membre de la Société libre des Sciences, et par conséquent notre confrère d'adoption. Cet ouvrage intitulé : *Le Conservateur de la Vue*, n'a pas été fait, dit son modeste auteur, pour les savans ou pour les artistes, mais pour les gens du monde. M. Chevallier déclare qu'il a puisé chez les grands maîtres, dans la partie qu'il traite, tels que les moyens infaillibles de conserver la vue, par Béer; de l'Optique, par Schmith et par Caille; les Traités de Physique des Gravesande, Nollet et Brisson; il paie également un tribut de reconnaissance à MM. Lenoir, Chamseru, Bordier-Marcet, Marie Saint-Ursin et autres.

J'ai pensé que cet ouvrage pouvait se considérer sous deux aspects; l'un est relatif aux sciences profondes; l'autre à l'art de fabriquer les instrumens : ces deux parties s'y entr'aident mutuellement; on y trouve une description intéressante de la conformation de l'œil; des Notices savantes sur les vues myopes ou basses : on peut ainsi reconnaître combien les mots, dans leur signification, s'éloignent quelquefois de leur origine, puisque myope, en grec, signifiait bouché, et qu'à la lettre, une vue myope serait nulle. Ce n'est que par métaphore que myope s'est appliqué à une vue basse. On y parle aussi des vues presbytes ou de vieillards, des vues défectueuses, de la nyctalopie; ensuite

M. Chevallier indique les maladies des yeux, le moyen de s'en préserver et celui de les guérir. Il fait remarquer que le sommeil trop prolongé est aussi dangereux à la vue que l'insomnie elle-même. Il ne veut pas que l'on s'expose subitement à une lumière trop vive; il prescrit l'usage de chapeaux à larges bords, garnis d'une doublure verte; et à l'imitation du prince de la médecine, il défend l'excès en tout.

Cette partie de l'ouvrage, que j'appelle de science profonde, est terminée par une théorie des rayons de lumière et de leur progression.

M. Chevallier passe ensuite à la fabrication des instrumens, et il parle du perfectionnement des verres employés pour augmenter, diminuer ou conserver la force de la vue; il donne à ses correspondans un moyen mécanique de leur faire connaître, à l'aide d'un fil, l'espèce et la capacité des verres dont ils auraient besoin; il vante aussi l'emploi des verres de couleur; il recommande surtout ceux de couleur verte (1) qui semble être amie de la vue, puisque c'est la couleur dont la nature se pare dans ses beaux jours, et sur laquelle l'œil se repose avec le plus de plaisir.

Il prouve ensuite que les montures qu'il a adaptées à nos lunettes ne sont pas l'effet du ca-

---

(1) J'ai, depuis la première édition, préféré, d'après l'expérience, les verres bleus. *Voyez* page 358.

price ou de la mode, mais le résultat du calcul, visant à l'utilité.

Il en est, telles que celles sous la figure 16, qui sont à double branches et à double charnières. Les verres de couleurs y font la fonction de garde-vues, lorsque l'éclat d'un trop grand jour vient d'assez haut pour que celui qui en fait usage puisse regarder en face. Je déclare que, depuis quatre ans que j'en ai choisies de cette forme, j'en ai reconnu l'avantage et même la nécessité.

L'auteur s'occupe aussi des verres achromatiques, des microscopes, des télescopes, etc. Cet ouvrage est enrichi de plusieurs planches qui en facilitent la lecture et l'intelligence : on y reconnaît toutes les espèces de verres que M. Chevallier fournit.

Ainsi, soit que nous considérions cet ouvrage comme le résultat des veilles d'un savant, notre confrère; soit, ce qui est encore plus précieux, que nous apprécions le bien qu'il peut en résulter pour l'humanité, il mérite d'être distingué.

Je conclus à son dépôt dans vos archives, à sa mention dans votre procès-verbal, et à ce que l'auteur en soit particulièrement remercié par le bureau de la Société.

Signé, PERRIER, *Rapporteur*.

Ces conclusions ont été adoptées à l'unanimité.

AUX RÉDACTEURS du JOURNAL DE PARIS

22 janvier 1810.

Messieurs,

Les phénomènes les plus ordinaires ramènent toujours l'attention du public, et après avoir presque désespéré de voir cet hiver de la glace, dont tout le monde sent la nécessité, pour prévenir une végétation trop prématurée, à peine en voit-on qu'elle devient un objet de curiosité.

Sans doute le froid que nous avons éprouvé est loin d'approcher de nos grands hivers, bien plus encore de ceux des pays du nord; il n'y a eu en effet, depuis le 13 janvier que la glace a commencé, qu'un *maximum* de froid de 9 degrés de glace.

Il n'y a pas d'apparence que le froid soit excessif, au moins pour la durée. Il faut en effet de belles journées et un ciel pur pour que la glace conserve et augmente son intensité : or, à la fin de janvier, le soleil est déjà remonté sur l'horison de six degrés; il y paraît le matin et il y reste le soir une demi-heure de plus ; il faudrait donc un concours d'autres circonstances assez rares pour que même la rivière prît en totalité. C'est ordinairement à 6 ou 7 degrés de froid qu'elle commence à charier; mais ce n'est qu'à 10 d'un froid soutenu qu'elle prend.

Je dis d'un froid soutenu, parce qu'il faut, comme à toutes les productions de la nature, une période marquée à la glace pour se bien former. Des froids interrompus ne produisent que des glaçons remplis de bulles d'air, ou plutôt des agrégations de divers glaçons qui n'adhèrent entre eux que par quelques faces. Les expériences par lesquelles MM. de Réaumur et de Mairan, ont étudié les effets de la congellation, ont démontré qu'il fallait une continuité de froid pour arriver à ces masses gelées uniformément dans tout leur intérieur, telles que sont les glaces des mers du Nord, où l'on en a vu de plusieurs centaines de toises d'épaisseur; il est évident que des glaces aussi concentrées ont beaucoup plus de ténacité. M. de Mairan a éprouvé un cylindre de glace d'un pouce de diamètre qui n'a été rompu que par un poids de dix livres.

Cette force est bien plus grande lorsque la glace est soutenue dans tous ses points par la rivière ou par la mer, puisqu'alors elle devient pour ainsi dire, un radeau flottant par sa légèreté naturelle : aussi a-t-on observé qu'une rivière gelée de onze pouces seulement, pouvait porter un carrosse, et il ne faut guères que deux doigts de glace pour porter un homme; encore voyons-nous souvent à moins d'épaisseur, la jeunesse se risquer sur des bassins ou de petites rivières qui ne présentent pas de danger réel en cas de rupture de la glace.

Sans parler de l'expédition que nos troupes firent dans nos dernières guerres avec la Hollande, où nous prîmes pour ainsi dire d'assaut la flotte, on se rappelle qu'en 1658, ce fut sur la mer Baltique elle-même, dans un trajet de cinq à six lieues, que le roi de Suède, Charles-Guillaume, fit passer de Fionie en Zélande toute son armée, la cavalerie et son artillerie (1).

Il est encore un fait aussi connu que ceux-là, qui fera juger de la force de la glace; c'est la fameuse construction élevée à Pétersbourg pendant l'hiver de 1740. On lui donna le nom de Palais de Glace, en raison des ornemens et de l'élégante architecture dont on se plut à l'enrichir. La Newa avait fourni des glaçons de 2 à 3 pieds d'épaisseur que l'on tailla, que l'on sculpta et que l'on plaça comme si c'eussent été des blocs de marbre. L'édifice avait 52 pieds et demi de long, 16 et demi de large et 20 de hauteur : le comble lui-même était de glace,

---

(1) Presque tous les hivers les voyageurs traversent le golfe de Bothnie aux îles d'Aland.

et aucune pièce de charpente ne fut employée à la construction. On fit encore plus, on façonna autour et on creusa 6 canons du calibre de 6 livres, et 2 mortiers à bombe de même calibre; les affûts, les roues même étaient de glace. On ne voulut cependant les charger que d'un quarteron de poudre, et l'épreuve en fut faite et répétée tant avec des boulets d'étoupe que des boulets de fonte, devant toute la cour, sans que les pièces éclatassent.

Nous n'élevons guères dans nos climats que des monumens de neige; mais nous en avons vu subsister encore au milieu de Paris quelques jours après le dégel, tant le rapprochement et la concentration des parties leur donne de force.

Si vous croyez, Messieurs, que ces rapprochemens de faits, tant connus qu'ils soient, puissent intéresser quelques-uns de vos lecteurs, je me féliciterai d'avoir concouru au soin que vous prenez pour varier l'intérêt de votre Journal.

Recevez, Messieurs, les assurances de ma parfaite considération.

Signé, CHEVALLIER, Ingénieur-Opticien, Membre de plusieurs Académies, Tour de l'Horloge du Palais.

DICTIONNAIRE
ANALYTIQUE,

Ou *Définitions de plusieurs mots scientifiques employés dans le cours de cet ouvrage, contenant en outre des Observations sur les Instrumens de météorologie et d'aréométrie, et sur leurs divers usages.*

Sans vouloir faire un vain étalage de science, il est cependant impossible de ne pas employer les mots consacrés par les auteurs ; ne pas s'en servir serait renoncer à la langue de ceux que nous devons suivre comme nos maîtres, et en outre ne point être utile aux gens du monde, qui ne rencontreraient plus dans notre ouvrage le moyen de se mettre en communication avec les savans : il a donc fallu parler la langue de la science, mais nous en donnons ici le Dictionnaire.

Optique; c'est la partie des sciences physiques qui nous montre la nature, les propriétés et les lois de la vision. Celle-ci est le produit des rayons de la lumière, elle peint les images des objets sur la rétine au fond de l'œil, soit que les autres corps aient réfléchi les rayons lumineux à leurs surfaces ou qu'ils s'y soient refractés en les traversant. Or le mot optique pris dans son acception la plus étendue, renferme toute la doctrine sur la lumière et les couleurs; il comprend aussi tous les phénomènes et les apparences des objets visibles; dans un sens plus restreint il est l'expression reçue en général pour exprimer la vision directe. L'Optique se divise en trois parties, la catoptrique, la dioptrique, et la chromatique.

La *catoptrique* traite de la vision réfléchie, ou de tout ce qui a rapport à la vue des objets par la lumière réfléchie à la surface des corps; que ceux-ci soient plans, convexes, concaves ou de toute autre forme, ou que les rayons se trouvent divergens, convergens, ou parallèles.

La *dioptrique* traite de la propriété de la lumière et de la vision, lorsque les rayons traversent des milieux et des corps transparens, tels que l'air, l'eau, le verre, le crystal, le diamant, etc.

La *chromatique* s'occupe des couleurs de la lumière et des corps naturels. L'ouvrage de l'immortel Newton est presque entièrement consacré à cette partie de la science.

La *lumière* est cette propriété inhérente à certains corps de rendre les objets visibles, c'est-à-dire capables d'être aperçus de l'œil.

L'idée la plus généralement adoptée sur la nature de la lumière, c'est qu'elle est composée de molécules très-fines qui s'élancent en ligne droite des corps lumineux. D'autres physiciens ont pensé que la lumière remplissait tout l'espace, et que dans les circonstances convenables, elle prenait l'état lumineux, l'état éclairant, tandis que dans d'autres elle était simplement matière de la chaleur. Herschel dont le nom s'attache à tant de grandes découvertes, Herschel à qui aujourd'hui l'optique doit ses plus puissans instrumens, a prouvé qu'il y avait dans le voisinage des rayons lumineux et visibles, d'autres rayons simplement caloriferes et invisibles.

Les *rayons*, sont un courant de lumière qui sort des corps lumineux et vient éclairer tous les objets de manière à nous les faire apercevoir.

Rayonnant, *radieux*, sont des termes qui désignent les corps ou les objets qui lancent des molécules lumineuses.

Spectre d'un objet, c'est son image ou représentation produite dans un foyer par les rayons lumineux qui s'y réunissent.

Les rayons se considèrent sous trois aspects : comme convergens ou divergens ; et comme parallèles.

Les *parallèles* sont ceux qui marchent à

égale distance les uns des autres dans toute leur course ; tels sont ceux qui nous arrivent du soleil et d'autres grands corps extrêmement éloignés (*fig.* 1, pl. 11.).

Les *divergens* sont ceux qui, partant du point supposé B (*fig.* 2), s'écartent continuellement les uns des autres sans qu'il existe pour eux un terme de rapprochement. *Voy.* C. D.

Les *convergens* au contraire, sont ceux qui partant d'un ou de plusieurs corps, tendent sans cesse dans leur course, à se rapprocher jusqu'à ce qu'ils se réunissent en un point commun E (*fig.* 3.), point de départ F G, point de convergence ou de foyer en E.

Foyer est le point vers lequel les rayons convergens tendent à se réunir, et dans lequel ils s'entrecoupent : c'est ce que l'on nomme foyer réel (*fig.* 3) E.

Foyer virtuel ou *imaginaire* est un point vers lequel des rayons convergens tendent, et auquel ils se réuniraient s'ils n'en étaient pas détournés par un obstacle, un miroir par exemple ; alors rejetés de côté, ils vont converger dans leur foyer réel (*fig.* 4). C, foyer virtuel où les rayons tendraient. D, obstacle affecteur. E, foyer réel.

La *réflexion* des rayons lumineux est ce retour

qu'ils font de la surface des corps sur lesquels ils sont tombés sans les avoir pu pénétrer. Le rayon A tombant sur la surface B est rejeté dans la direction C, (*fig.* 5) d'où naît cette proposition, *l'angle d'incidence est égal à l'angle de réflexion.*

Le plan de réflexion est celui dans lequel le point ou la surface réfléchissante sont situés, comme dans D, E, F, G, (*fig.* 6 et 7).

Le rayon incident est celui qui partant du point A tombe sur la surface B; le rayon réfléchi est celui qui retourne de B en C (*fig.* 5).

L'angle d'incidence est celui qui est contenu entre le rayon incident A et la perpendiculaire élevée au point de réflexion D, (*fig.* 5 et H, *fig.* 6).

L'angle de réflexion est celui qui est placé entre cette même perpendiculaire et le rayon réfléchi C (*fig.* 5; F *fig.* 6).

Réfraction. Ce mot exprime le changement de direction qu'un rayon lumineux éprouve en passant d'un milieu dans un autre. On appelle milieu les corps susceptibles de se laisser pénétrer par la lumière. L'air est un milieu, l'eau en est un autre, etc.

Si le rayon lumineux n'éprouve point d'obstacle, il se meut en ligne droite; un obstacle, sans changement de milieu, produit la réflexion ; mais le milieu changé, occasionne la réfraction. Ce dernier phénomène nous est très-familier ; mais en général, nous y faisons peu d'attention. Plongez un bâton dans un baquet plein d'eau ou dans une rivière, il paraîtra se courber ; cette illusion vient de la courbe que les rayons lumineux subissent en passant dans un milieu plus dense ; ils se rapprochent de la perpendiculaire : si au contraire le changement se fait du plus dense dans un moins dense, le rayon s'écarte de la perpendiculaire. M, N, O, P (*fig.* 8.), représente une masse d'eau dont M, O, est la surface. L est le point de cette superficie, auquel le rayon lumineux I passe de l'air dans l'eau : la plus grande densité de celle-ci le détourne de sa ligne droite et du point de son foyer virtuel Q. Mais il se rapproche de la perpendiculaire, et va en R, décrire la ligne L, R ; c'est ce qu'on nomme *rayon réfracté*. Si, au contraire, le rayon R, eût passé de l'eau milieu plus dense dans l'air, il se fût écarté de la perpendiculaire, et eût été en I, tracez une ligne ponctuée de A en B, cette perpendiculaire donnera l'angle d'incidence en I, A, et celui de réfraction en A, L, R, B, plus rapproché de la perpendiculaire, tandis que celui d'incidence I, A, s'en éloigne.

Cette propriété de la densité des milieux, pour changer la course des rayons, a donné lieu à l'emploi des lentilles. *V.* ce mot.

Miroirs. Ce sont des instrumens dont la propriété est d'être impénétrables aux rayons de la lumière, et par cette cause, de la réflecter si totalement, qu'ils représentent fidèlement les images de tous les objets qui leur sont opposés. On en fait de diverses substances et de différentes formes. Ceux destinés aux usages de la vie, sont d'une matière vitreuse; telles sont les glaces, proprement dites: la physique et l'astronomie en emploient de métal. Quelque soit la substance composante, il est indispensable que la surface opposée aux objets soit parfaitement unie, et que les rayons lumineux ne la puissent pas traverser. On opère cette réflexion dans les miroirs vitreux, en les doublant d'une feuille d'étain que l'on applique exactement au moyen du mercure. On en fait de carton doré, auxquels on donne une courbe parabolique. En plaçant d'une manière convenable un charbon ardent, les rayons lumineux réunis au point de convergence, y allumeront un corps combustible, qui y sera exposé.

Les miroirs sont encore divisés en miroirs plans, concaves et convexes; les plans sont ceux dont la section présente une ligne droite.

Les miroirs convexes sont ceux dont la superficie s'élève uniformément dans toute son étendue, au-dessus du plan de sa base. La section de cette espèce de miroir est une courbe circulaire, elliptique ou parabolique ou hyperbolique; lorsque o, o, o, o, fig. 6 et 7, est une section circulaire, le miroir est un segment de sphère.

Les miroirs concaves sont ceux dont la superficie se déprime en une courbe uniforme au-dessus de ses bords. Ces deux espèces de miroirs sont très-employés.

Lentille, ou *loupe*. Ce sont, en général, des milieux faits en verre, et qui sont propres à réunir ou à disperser les rayons lumineux qui les pénètrent. Suivant leurs divers usages, elles ont des formes différentes; ce qui leur a fait imposer aussi divers noms.

1°. *Plane convexe*, une face plane, l'autre sphérique ou convexe, *fig.* 9. n° 1.

2°. *Plane concave*, une face plane, l'autre déprimée ou courbe, n° 2.

3°. *Double convexe*, les deux faces élevées sphériquement, n° 3.

4°. *Double concave*, les deux faces déprimées en courbe régulière, n° 4.

5°. *Ménisque* . . . . . , une face convexe, l'autre concave, n° 5.

6°. *Verre plan*, lame plate sur les deux faces et d'une égale épaisseur, n° 6.

7°. *Plan convexe*, facette, verre multipliant, côté convexe, taillé en différentes faces, n° 7.

8°. *Le prisme*, trois côtés unis, chacun deux plans, et représentant par l'extrémité, un triangle équilatéral, n° 8.

Ces huit espèces de verres, si différens en figures, sont appelés des lentilles ; et une ligne supposée les traversant dans un point milieu, sera appelée axe des lentilles, A, B, *fig.* 9.

Le *sommet* d'un miroir ou d'une lentille, est le point milieu également distant de tout côté de la base, A, *fig.* 10.

L'*axe* d'un miroir ou d'une lentille, est une ligne droite, O P, supposée en traverser le sommet A et le centre B. (*fig.* 10.)

L'*angle optique* ou *visuel*, est tout ce qui est renfermé entre deux lignes droites tirées des points extrêmes d'un objet, et aboutissant à l'œil ; ainsi, I, R, L, ou C, L, D, est l'angle optique ; et l'objet placé à I, R, et celui qui est à C, D, sont également aperçus par l'œil, en L.

Faisceau de rayons : c'est un double cône de rayons A, B, C, D, A, (*fig.* 12) qui se joignent, par la base, dans la lentille A, C : le sommet de l'un des cônes, A, C, B, a son sommet dans quelque point d'un objet, comme B; et l'autre cône, A, C, D, a son sommet dans le point de convergence ou foyer D; la ligne D, B, est l'axe du faisceau.

Flint-glass : c'est un verre extrêmement dense, dans la composition duquel il entre un oxide de plomb. Les Anglais l'avaient jusqu'à présent, fourni exclusivement aux arts; mais M. Dartigues, propriétaire de la verrerie de Vonesh, vient de leur enlever cette branche de commerce.

Il a présenté à l'Institut un travail de la plus grande beauté sur cet objet, dans lequel il n'a rien laissé à désirer. La réunion de ce verre avec le crown-glass, forme des objectifs qui ne décomposent point la lumière.

Crown-glass : verre salin, dont la réunion avec le flint-glass conserve aux objets leur couleur propre.

Lunettes achromatiques : ce sont celles qui ne colorent point les objets regardés, parce qu'au moyen de la combinaison des deux verres décrits ci-dessus, les rayons ne peuvent s'éparpiller; et forcés de se réunir, le corps se présente sous sa couleur naturelle.

Monocles : lunettes à un verre, qui se tiennent à la main pour être portées à l'œil.

Binocles : lunettes à deux verres, se tenant aussi à la main, et se présentant aux yeux pour découvrir un objet.

Microscope. Instrument dont la propriété est de grossir les plus petits objets, et de nous les rendre visibles. La loi que nous nous sommes faite de consulter les sociétés savantes qui ont bien voulu nous admettre au nombre de leurs membres, nous oblige à déférer à leurs conseils. La crainte de grossir inutilement pour nos lecteurs cette seconde édition, nous avait fait restreindre, et même omettre la description de quelques instrumens d'optique; mais il nous a été observé dans plusieurs de ces sociétés que ne pas donner un détail de tout ce qui sert à la science, c'était manquer en partie notre but, puisque nous voulions principalement faire connaître aux gens du monde tous les objets qui pouvaient occuper leur curiosité d'une manière agréable et utile, nous nous sommes d'après cela déterminés à placer dans le Dictionnaire analytique les objets omis dans le corps même de l'ouvrage qui déjà était sous presse lorsqu'on nous a fait cette réflexion.

C'est par ce motif que se trouve placée ici la description du microscope de poche et celle du microscope portatif de Wilson.

Tout le monde peut employer le microscope de poche très-avantageusement par la facilité et la promptitude avec laquelle il s'ajuste, en sorte qu'il devient très-aisé d'examiner l'immense variété d'objets que les travaux sans bornes de la nature nous mettent chaque jour sous les yeux : soit que les corps se trouvent être opaques, ou transparens ; tels que les minéraux, les fossiles, les fleurs, les poussières, les insectes, les animalcules, les formes des sels, etc. ; on peut le regarder comme l'instrument le plus complet et du port le plus commode.

Tirez les diverses parties de l'instrument de la boîte qui les contient, pl. 12 ; vissez la tige A dans la pièce B, fixée sur le couvercle, celui-ci devient alors le pied du microscope. Introduisez la queue du porte platine C dans lequel se place le porte-objet, dans le trou de la souche ou pied D ; mettez ensuite bien horisontalement la tige de l'amplificateur E, et fixez-la avec l'écrou F, tout se trouve préparé pour l'usage.

L'amplificateur E est composé de trois lentilles qui se vissent l'une sur l'autre. C'est la meilleure construction pour bien éclaircir les verres.

Elles sont distinguées par les n° 1, 2, 3 ; le n° 1 est celui dont le pouvoir amplifiant est le plus grand, les puissances des deux autres suivent l'ordre de leurs numéros. Ces lentilles ayant toutes des foyers différens, forment par leurs diverses combinaisons, sept pouvoirs amplifians. Si l'on dévisse l'écrou F, la tige de l'amplificateur peut s'enlever, et il devient une loupe très-commode pour examiner les objets à la main.

Quand on veut considérer des corps transparens comme ceux de la lame d'ivoire O, on la glisse entre les deux plaques du porte-objet C. On lui peut imprimer un mouvement horisontal, afin que chaque partie de l'objet soit susceptible d'être placée dans son point de vue. Alors employant une des lentilles, ou si cela est nécessaire toutes les trois, la lumière étant réfléchie, comme il convient par le miroir G, il suffit pour apercevoir très-parfaitement l'objet observé, de chercher avec la vis de rappel I, le degré de hauteur auquel le porte-objet doit être placé.

Si ce sont des animalcules vivans qui sont observés, dévissez la boîte K qui sert pour les insectes; elle entre dans l'ouverture du porte-platine C; otez le verre plan et vissez dans la pièce celui qui est concave, sur lequel vous placerez une goutte du fluide à examiner. Souvent dans la plus petite on découvre de nombreux êtres animés.

Lorsqu'on soumet à l'examen les poussières, la configuration des substances salines, ou d'autres corps transparens, ils doivent être mis sur le verre plan. Celui-ci se place dans la boîte aux insectes K, cette méthode sera trouvée la plus commode puisque ces verres peuvent aisément être déplacés au moyen des pinces F; mais si c'était des insectes vivans il faudrait les enfermer dans la boîte C entre les deux verres, à moins qu'on ne pût les tenir avec les pinces d'acier L, qui seraient alors fixées dans l'un des deux trous pratiqués sur le bord du porte-platine en R, ou mises dans l'anneau D. Il est des corps que l'on peut examiner commodément en les implantant dans l'aiguille d'acier qui est à l'autre extrémité des pinces L, ou bien en les plaçant sur le morceau d'ivoire M, qui sert à défendre les doigts, et aussi à faire varier ces pinces sur leur tige et à présenter successivement toutes les parties sous la lentille.

L'appareil contient encore une pièce d'ivoire noire et blanche N, qui se met sur le porte platine, afin d'y placer les corps opaques; l'opposition des deux couleurs est faite pour produire un contraste avec celles des corps observés. Si l'on ôte le porte platine C, on pourra placer des portions de plantes dans le trou de l'anneau D.

Il est souvent très-utile d'éclairer les corps opaques le plus possible, et afin d'y parvenir on ôte la boîte et la bordure qui contient le miroir G, on place la lentille n° 3, dans le creux du cercle D, où se mettent les porte-objets. Cette lentille y devient alors un condensateur très-puissant de la lumière; on emploie le secours d'une bougie pendant la nuit; mais le jour cette opération est sans utilité.

La construction véritablement commode de ce microscope permet de faire la dissection des animaux et des plantes, avec une grande facilité. Le porte-platine D, est toujours préparé pour recevoir les sujets qui doivent être posés sur la pièce N.

Au nombre des objets que la boîte renferme sont un poinçon et un canif, ils servent très-utilement pour la dissection des insectes ou dans les recherches de botanique. Leurs extrémités doivent être tenues très-fines et très-polies, afin d'entr'ouvrir les parties les plus délicates sans déchirement; il y a encore trois lames d'ivoire contenant 18 objets opaques ou transparens. Une paire de pinces; puis une seconde d'acier et à vis; une boîte à examiner les insectes vivans et un pinceau de poil de blaireau pour nétoyer la poussière qui s'attache aux verres ou sur les talcs des trois lames d'ivoire. Tel est l'appareil complet du microscope de poche si nécessaire à ceux qui étudient l'histoire naturelle. Le volume qu'il forme consiste dans une boîte de 5 pouces de long sur deux de large et dix-huit lignes de profondeur. Il est possible d'ajuster un amplificateur plus puissant pour considérer les objets extrêmement petits et pour lesquels les autres lentilles ne se trouveraient pas être assez fortes, et même un micromètre. Ces micromètres sont divisés depuis un centième de pouce jusques à un millième; et croisés par d'autres lignes qui forment des carrés marquant depuis la dix millième portion d'un pouce carré jusques à la millionième partie de ce pouce; ils n'augmentent pas le volume de la boîte, puisqu'en général on les met à la place du verre plan dans la boîte aux insectes. Pour mesurer la grandeur d'un corps quelconque, on le pose sur le micromètre et l'on compte combien il couvre de divisions; supposons que les lignes parallèles soient un centième de pouce et que le corps occupe un de ces carrés, sa grandeur réelle équivaut visiblement à un centième de pouce, et 10,000 corps pareils seraient nécessaires pour couvrir une surface d'un pouce carré. Si deux objets sont nécessaires pour une division, alors quatre fois le même nombre, ou 40,000, seront renfermés dans un pouce carré. Il est des animalcules si tenus qu'un beaucoup plus grand nombre encore peut se trouver sur une pareille surface : l'esprit est effrayé en voyant jusques où le créateur a voulu porter les détails de la création, et comment il s'y montre toujours grand et admirable.

Microscope de Wilson.

Le corps de l'instrument est fait en cuivre ou en ivoire ; on peut y mettre encore plus de luxe. Sa forme est très-semblable à celle d'une lunette *fig.* 1, planche 13, *voy.* A, B.

La partie C, qui représente assez bien le corps mobile d'une lunette ordinaire de spectacle, ne se meut cependant point en tirant et en poussant, mais elle est garnie d'un pas de vis tourné sur le corps même de ce tube. La finesse de la vis sert à rapprocher de l'œil par degrés insensibles, l'objet à examiner ; elle tourne dans le col de la partie inférieure, où il y a un écrou en D.

L'orifice de ce corps mobile est terminé

en B, par un verre concave ; celui-ci est contenu entre deux rondelles de cuivre percées de trous de différens diamètres, afin de diminuer le champ de ce verre, lorsque l'on emploie les plus fortes lentilles.

Deux petites lames très-minces en laiton, percées d'un trou circulaire dans leur centre, sont placées dans la partie B, elles portent l'une sur l'autre, et celle de dessus s'appuie d'un coté immédiatement sur la partie mobile de l'instrument. Elles sont maintenues dans le corps B, par les crans qui les terminent (voyez *fig.* 2, 3), ensorte qu'elles peuvent bien monter et descendre entre les petites colonnes E, mais non sortir de leur place : celle du dessous est portée sur le ressort en spirale F.

Une troisième lame courbée en arc dans le sens de sa longueur et de même percée au centre avec un trou d'un diamètre égal à celui des deux autres plaques, est placée au-dessus de celles-ci. Cette courbure en arc sert à contenir un tube de verre dans lequel on renferme les liqueurs que l'on désire soumettre à l'examen. Voyez *fig.* 3, la forme de la plaque, et *fig.* 4, celle du tube. C'est entre les deux premières lames que l'on glisse les porte-objets d'ivoire, qui contiennent les corps à examiner *fig.* o, planche précédente, n° 12. Ceux-ci sont retenus entre deux feuilles de talc. A, *fig.* 3, est la cavité dans laquelle entre le tube contenant des poissons ou des fluides. *Fig.* 4. B, B *fig.* 3 et 4, sont les petits crans qui retiennent les plaques entre les piliers E ; *fig.* 1.

Une rondelle en bois, arquée d'un côté, emboîte l'arc de la lame *fig.* 3 ; elle est mastiquée avec celle-ci. Son autre face est plane et s'appuie sur la partie mobile du microscope C, *fig.* 1 ; elle est, comme les trois autres plaques, percée au centre d'un trou circulaire.

Un ressort de laiton ou d'acier fait en spirale F, *fig.* 1, force toutes ces lames à s'appuyer contre le corps mobile C. Son autre extrémité a son point d'appuie en B, sur l'épaisseur du corps même du microscope ; il tient tout l'appareil en place et force les plaques à suivre le corps C, sans perdre leur position lorsqu'on fait agir le pas de vis.

G, est l'extrémité du microscope dans l'intérieur de laquelle est pratiquée un pas de vis pour y placer les différentes petites lentilles dont il est nécessaire de faire usage.

H, est un manche qui se visse à volonté au corps du microscope, il sert à le tenir dans la situation propre à l'examen. Cet instrument n'est point employé dans une position verticale, comme ceux que nous avons décrits précédemment; on présente le verre concave à la lumière; il en est un véritable condensateur, l'objet observé est renfermé entre les deux pièces de talc dans la lame d'ivoire O, planche 12; l'œil de l'observateur est placé en G, sur la lentille.

On doit avoir sept lentilles de pouvoirs amplifians, croissant par degrés suivant l'ordre des numéros. Les six premières sont enchassées dans une petite rondelle de cuivre ou d'ivoire, selon que le corps du microscope est construit, et elles s'y vissent à volonté afin de pouvoir les substituer les unes aux autres *fig.* 5. Le numéro 7, dont la puissance est la plus forte, est construit comme un petit baril, afin qu'on puisse le tenir à la main lorsqu'on examine des corps d'un volume plus considérable, *fig.* 6. Cette lentille peut devenir même d'un usage plus général en y adaptant un chapeau fort mince, *fig.* 7, dans lequel est pratiqué un trou carré d'un quart de pouce. Celui-ci se doit rencontrer exactement au foyer de la lentille; alors si l'on applique sur le cuivre de ce chapeau un morceau de toile ou de mousseline, et que l'on regarde par l'autre extrémité, les fils paraîtront extrêmement grossis; on parviendra à les compter, et l'on jugera ainsi de la qualité du tissu, puisque le calcul le fera connaître d'une manière certaine.

Il est en outre nécessaire d'avoir plusieurs porte-objets d'ivoire, et des feuilles de talc pour renfermer entre elles les corps à examiner. Il faut encore un porte-objet de cuivre. Pour compléter la collection, il doit s'y trouver des pinces *fig.* p, planche précédente, et un pinceau pour nétoyer la poussière *fig.* 8, ou pour déposer sur les talcs les gouttes de liqueurs soumises à l'observation. 4 est un tube de cristal scellé à l'une de ses extrémités et que l'on bouche avec du liège à l'autre bout; il sert à mettre les divers animaux vivans, tels que les vers, et les petits poissons dans lesquels on veut examiner le cours du sang.

Tous ces objets sont renfermés dans une boîte que l'on porte facilement sur soi.

Quand il s'agit de faire une observation, placez le porte-objet qui en contient le sujet entre les deux petites lames I, *fig.* 1, qui se trouveront mises dans le microscope au-dessous de la plaque concave. On ne peut, dans la figure, apercevoir que cette dernière, le peu d'épaisseur des autres ne les laissant pas distinguer quand elles ne sont pas séparées par un porte-objet. Ayez soin que le petit anneau de laiton qui retient le talc en place, soit tourné du côté opposé à la lentille : il regardera donc le verre concave. Vissez le porte-lentille dont vous entendez faire usage en G, regardez en présentant l'autre bout à la lumière, et par le moyen du pas de vis, vous trouverez le point propre à votre vue : la clarté et la précision de l'image vous annonceront lorsque vous y serez parvenu. Il est avantageux d'employer d'abord une lentille qui vous présente l'objet en entier, et ensuite d'en substituer une des plus fortes, pour en examiner successivement toutes les portions. C'est le moyen d'acquérir une idée juste de l'ensemble du corps et de toutes ses parties. Quoique les lentilles les plus puissantes ne puissent montrer à la fois qu'un petit point, tel que la patte d'une puce, ou la trompe d'un pou, néanmoins en faisant varier doucement le porte-objet, l'œil parcourera le corps tout entier et graduellement ; s'il arrivait que quelque portion ne fût pas au point de vue, un léger mouvement de l'écrou le replacera au foyer.

Lorsque vous employez les lentilles les plus fortes, les corps doivent être tenus très-proches des verres ; il convient donc d'avoir soin spécialement de les en approcher, ce que vous ferez très-aisément au moyen de quelques tours de vis, qui donneront un espace suffisant pour les placer.

On peut changer les individus qui se trouvent dans les porte-objets, et mettre ceux que l'on désire leur substituer. Enlevez donc avec la pointe du canif, le petit anneau de laiton qui tient les feuilles de talc ; celles-ci tombent d'elles mêmes, si vous retournez le porte-objet. Alors placez entre elles ce que vous avez à examiner, et remettez-les dans leur case, elles se trouveront fixées de nouveau au moyen de l'anneau que vous y replacerez. Il est donc utile d'avoir des porte-objets de rechange, et qui ne contiennent aucun corps entre leurs talcs ; ils sont toujours prêts à recevoir les fluides, les sels, les poudres et les poussières des fleurs, enfin toute substance qu'il est seulement nécessaire de poser sur le talc.

La circulation du sang peut aisément être vue et suivie dans les queues et les nageoires des poissons, et dans les membranes fines qui sont entre les doigts d'une patte de grenouille, ou mieux encore dans les nageoires du lézard d'eau. Si votre objet est un petit poisson, mettez-le dans le tube et étendez sa queue ou ses nageoires contre la paroi du tube. Si c'est une grenouille, choisissez-en une telle qu'elle puisse être contenue dans le tube, et avec une épingle étendez autant que vous le pourrez la membrane transparente qui se trouve entre les doigts. Lorsqu'elle sera ainsi préparée, et de manière qu'aucune de ses parties ne pourra intercepter la lumière sur la place que vous prétendez observer, tournez le pas de vis et reculez le corps C, introduisez le tube dans la cavité de la plaque (*fig.* 3), ensorte que le tube traverse le microscope. Il se trouvera donc dans une position verticale lorsque vous ferez votre observation ; serrez l'écrou et ramenez l'objet à la distance du foyer, vous apercevrez alors le sang circuculant dans les vaisseaux avec un mouvement rapide fait pour étonner.

Si l'on observe des grenouilles ou des poissons, ce sont les lentilles des numéros 3 et 4, dont il convient de faire usage; mais pour les lézards d'eau, il suffit de se servir de celles numérotées 5 et 6, parce que les globules de leur sang ont deux fois le volume de ceux des animaux déja cités. On ne peut mettre en usage la première et la seconde des lentilles pour cette observation, parce que la grosseur du tube qui contient les sujets, est cause que difficilement on les approcherait à la distance focale de la lentille.

Autre Miscroscope portatif.

Cet instrument a une si grande analogie avec celui décrit planche 12, *fig.* A, que si nous nous y arrêtons, c'est pour ne pas paraître avoir ignoré son existence.

A, *fig* 9, est une branche de cuivre fixée verticalement sur un pied de bois B.

C, écrou de cuivre qui passe dans un trou percé au haut de la branche A; il est soudé au flanc du microscope D, et par son moyen l'instrument se visse à la branche.

E, est un miroir concave enchâssé dans une boîte de laiton qui repose dans l'anse G, où elle est attachée par deux petits écrous F, F, placés vis-à-vis l'un de l'autre. Au centre du demi-cercle de cette anse est une fiche de même métal qui entre exactement dans le trou H, pratiqué dans le pied d'estal de bois ; ce trou est fait pour recevoir cette fiche. L'anse tourne horisontalement sur la fiche, et le miroir se meut en outre à volonté dans une direction plus ou moins inclinée, d'où il résulte, que par ce double mouvement on lui peut donner avec facilité, toutes les positions nécessaires pour réfléchir directement en haut la lumière d'une bougie, du soleil ou d'une chandelle à travers le microscope. Celui-ci est attaché perpendiculairement au-dessus, et c'est ainsi qu'il devient propre à remplacer presque en totalité celui à double réflexion.

Le corps de ce même instrument peut aussi être fixé dans une position horisontale, et dans cette situation laisser examiner les objets à l'aide d'une lumière qu'on lui oppose ; c'est un avantage qui lui est commun avec le microscope de Wilson, et dont celui à réflexion ne jouit pas : cela nous a encore décidé à le présenter à nos lecteurs.

On ajoute à son utilité au moyen d'une lame de verre dont on implante une extrémité dans le cercle I, où l'on place les porte-objets, et l'autre s'étendant à quelque distance, on posera facilement dessus des corps qui ne pourraient pas tenir sur les porte-objets ordinaires; de plus si l'on a une autre lame de cuivre jaune qui puisse être attachée au corps même du microscope et qui s'étende au-dessus de toute la lame de verre avec un anneau profond, on y vissera les différentes lentilles : ce sera donc avec une grande facilité que se fera l'examen de toute sorte de corps. Il faudra en outre avoir préparé un ou plusieurs trous K dans le pied de bois pour placer le miroir exactement au-dessous des corps, afin que les rayons lumineux soient réfléchis sur les objets à examiner. Voy. la *fig*. 9.

Ce microscope ainsi préparé est d'un usage facile et agréable. Il est extrêmement convenable pour les observations dans lesquelles on s'occupe des animalcules, ou des sels suspendus dans certains fluides, et de la circulation des liqueurs dans les corps vivans. Il est surtout important d'en préférer l'usage à celui de beaucoup d'autres microscopes, pour examiner les corps qui jouissent d'un certain degré de transparence, et il peut réellement influer sur l'importance des découvertes.

Autre Microscope simple à pied.

Les microscopes simples dont nous avons donné jusqu'ici la description, ont bien tous pour objet le grossissement des corps; mais suivant la diversité des cas dans lesquels on les emploie, on en a varié la construction. Celui dont nous allons nous occuper a aussi des circonstances dans lesquelles on doit en préférer l'usage.

La figure 10, planche 13, montre l'ensemble de sa construction; A est son pied ou base.

C D est la souche ou tige : l'extrémité inférieure C est en forme de colonne; la portion supérieure D a quatre faces planes.

E F sont deux anneaux carrés en cuivre, se mouvant ensemble sur la portion du pilastre, sur laquelle ils montent et descendent par un mouvement simultané, parce qu'un même écrou les unit; mais ce mouvement est suspendu par la pression constante d'un ressort qui appuie contre le pilastre.

G est un écrou au moyen duquel la partie

E est fixée à la tige. H est une vis de rappel à l'aide de laquelle la partie E monte ou descend par degrés. Le porte-platine K, sur lequel on place les corps et son porte-objet M se trouvent, par l'effet de ce mouvement, placés au foyer des lentilles.

L, est une charnière qui sert à pouvoir imprimer au porte-platine K un mouvement horisontal, à l'aide duquel on met sous l'œil de l'observateur toute la portion d'un corps, sans qu'il soit besoin de toucher au porte-objet.

O, est une pièce circulaire de laiton consistant en deux plaques de même nature entre lesquelles on met six petites lentilles, elles forment un cercle près du bord extérieur. Cette pièce se meut sur une vis placée au centre, elle entre dans une autre branche de cuivre jaune attachée d'une manière très-solide au haut de la tige I. A l'extrémité de cette branche est soudée la plaque Q : elle a au centre un trou sous lequel passe le cercle qui porte les lentilles ; d'où il suit que chacune de celles qui sera placée au point-milieu de cette ouverture, se trouvera répondre aussi très-exactement au centre du trou du porte-platine K, et fera apercevoir les objets situés au foyer de la lentille amplifiante.

R, est le miroir qui réfléchit les rayons de la lumière à travers le microscope.

Description du Microscope composé et portatif.

Les instrumens microscopiques dont nous venons de traiter sont les plus simples que l'on puisse employer ; il est nécessaire de décrire ceux qui ont une construction compliquée, au moyen de laquelle on obtient des effets plus puissans.

Figure 11, même planche, est l'ensemble de l'instrument. A Q est le corps ou partie intérieure du microscope ; elle a un mouvement de haut en bas en C D dans un corps extérieur de bois ou de cuivre.

E est l'un des trois pilastres qui portent l'instrument. F, lame de cuivre fixée horisontalement aux trois pieds, et que l'on appelle ordinairement le porte-platine.

G, trou placé au centre de la plaque F, dans lequel les verres et les autres parties de l'appareil sont mis avec les corps à examiner.

H, miroir réflecteur.

I, pied de l'instrument.

K est un tube auquel est vissé le porte-lentille Q, qui contient le verre amplifiant.

Dans ce microscope composé il y a en général trois et quelquefois quatre verres d'employés.

1º La lentille amplifiante Q ; elle renvoie en haut une image plus forte du petit objet placé au-dessous d'elle.

2º Une seconde forte lentille B, que l'on appelle lentille oculaire, par opposition avec la première qui se nomme lentille objective, celle-ci sert à donner un champ plus large à la vision : enfin, un second oculaire est placé près de l'œil de l'observateur rapproché en A, et sert à étendre encore le champ de l'image dans son foyer.

L'énumération d'un nombre assez grand de microscopes, variés les uns dans leurs formes extérieures, les autres dans leur composition ; cette énumération, disons-nous, n'est point la suite d'un vain luxe de la science, ni de notre part l'effet d'un désir peu réfléchi d'étaler des richesses, que le commun des lecteurs a peu d'occasion d'employer ; ce que je me suis proposé de traiter dans cet ouvrage, comme portion-pratique de l'optique, a rarement été offert de la même manière à la curiosité de ceux que leur génie ou une juste curiosité pourrait conduire à tenter de nouvelles découvertes dans cette belle partie de la physique. Les ouvrages qui ont traité de la construction des instrumens sont ou entièrement scientifiques et bornés à une seule nature d'objets, ou si d'autres matières y sont renfermées, alors il faut consentir à étudier des volumes entiers dont le nombre seul peut effrayer la classe de lecteurs à laquelle nous offrons ce traité. Quoiqu'il offre le résultat du travail d'une grande quantité d'hommes éclairés, il n'est cependant que le recit rapide de ce qu'un opticien doit savoir pour exécuter fidèlement les conceptions des savans et quelquefois même pour leur offrir des ressources dont ils ne saisissaient pas toute l'étendue réelle.

Nous oserons avancer que cette portion de l'art a été exclusivement réservée à ceux dont c'était la profession, ou aux savans qui les éclairant par des calculs profonds, se bornaient à leur en rendre le résultat usuel. Le défaut de connaissances sur la nature des instrumens, et leurs divers emplois, et sur la théorie de leur construction, rendue effrayante par les formules algébriques avec lesquelles elle était exposée, voilà ce qui a certainement empêché que le désir de faire usage de ces mêmes instrumens ne devînt plus général. Les loisirs d'une campagne peuvent être si agréablement remplis par des observations microscopiques, ou par des expériences sur la lumière, que ce ne sera pas une vue fausse que d'avoir cherché à faciliter l'usage des instrumens qui y sont utiles. Tels ont été mes motifs pour avoir donné dans le corps de l'ouvrage, la description du travail des verres de lunettes, et dans cet article la construction des microscopes. Ce sont eux encore qui me vont faire exposer une théorie abrégée du microscope double ou composé.

Du Microscope composé.

Cette espèce d'instrument consiste dans un objectif C, *fig.* 12, et un oculaire E D; le corps de l'instrument est supprimé. On a seulement gravé le jeu des rayons lumineux relativement aux verres employés. Le petit objet *a*, est placé à une distance un peu plus grande du verre C que n'est le principal foyer; il en résulte que les faisceaux de rayons qui partent des différens points de l'objet convergent, et s'unissent en plusieurs lieux de lui à B, où l'image de l'objet se trouvera formée. Cette image est apperçue par l'œil à travers l'oculaire E D; cet oculaire est mis dans cette situation afin que l'image B puisse se rencontrer dans son foyer, et que l'œil se trouve placé bien au-delà de cette même distance, de l'autre côté de l'oculaire, ensorte que les rayons de chaque faisceau puissent devenir parallèles en sortant de l'oculaire, comme en D E, jusqu'à ce qu'ils rencontrent l'œil placé en F; alors ils recommencent à converger de nouveau par la puissance refractive des humeurs de l'œil, et après s'être croisés les uns les autres dans la pupille, avoir traversé le cristallin et l'humeur vitrée, ils se rassembleront en divers points sur la rétine, et y peindront la forte image A A dans une position renversée.

Voici quel est le pouvoir amplifiant de ce microscope : supposons que l'image se trouve à six fois la distance de l'objet A, depuis l'objectif C, l'image sera six fois la longueur de l'objet. Mais puisque l'image ne pouvait pas être aperçue distinctement par l'œil simple à une distance moindre de six pouces, par exemple, si elle est vue au moyen de la lentille oculaire E d'un pouce de foyer, elle aura donc été rapprochée six fois davantage de l'œil. Il sera conséquemment aperçu sous un angle six fois plus grand que précédemment, en sorte qu'il sera grossi de six fois ; c'est-à-dire six fois par la lentille objective, et six par l'oculaire, lesquelles multipliées les unes par les autres font un grossissement de trente-six fois dont l'objet se trouve amplifié en diamètre au-delà de ce qu'il paroissoit avoir à la vue simple, conséquemment encore il sera grossi en surface de 2,396 ou de 36 fois multipliée par 36.

Mais comme l'espace ou champ de la vision est très-petit dans ce microscope, il y a en général, deux oculaires placés quelquefois l'un contre l'autre, et quelquefois séparés par un intervalle d'un pouce; avec le secours de ce second oculaire, le champ se trouve extrêmement augmenté. Il est cependant nécessaire de convenir que l'objet n'est plus aussi amplifié; mais on en est bien dédommagé par la satisfaction de pouvoir considérer ou tout l'objet, ou un plus grand nombre de ses parties.

La méthode par laquelle on calcule la puissance amplifiante du microscope simple et celle du microscope composé, doit recevoir ici quelques nouveaux développemens. Dans tous les instrumens d'Optique, le pouvoir amplifiant est fondé sur ce principe, que tout objet paraît proportionnellement plus grand ou plus petit, selon qu'il est plus ou moins éloigné de l'œil. En effet, plus il est rapproché, et plus grand est l'angle visuel sous lequel il est aperçu; et par le raisonnement contraire, plus il est éloigné de l'œil, et plus l'angle est petit.

Mais comme l'œil est préparé pour n'admettre de vision distincte que celle dans laquelle les rayons sont parallèles, ou du moins se rapprochent extrêmement du parallélisme, il faut donc que l'objet soit reculé à une distance telle de l'œil, que les rayons qui s'élancent des divers points des corps considérés, arrivent à l'œil avec une petite divergence, et se trouvent prochainement parallèles. Cette différence est communément pour les diverses vues, ainsi que cela a été constaté par l'expérience, de six à huit pouces. Ainsi donc, puisqu'un verre convexe réunit les rayons parallèles et les amène en un seul point ou foyer, c'est une suite nécessaire de ce fait, que si un objet est placé au foyer de cette même lentille que les rayons qui émanent de chaque point de la surface de ce corps, soient à leur tour réfractés parallèlement à l'œil, et qu'ils produisent dans son foyer une vision distincte de l'objet.

Nous devons par conséquent conclure que si, *a*, *fig.* 13, planche 13 très-petit objet, se trouve placé au foyer de la lentille *b*, dont la distance focale est d'un pouce, l'œil placé en B aura une vision très-distincte du corps regardé. Ceci ayant lieu à une distance six, sept ou huit fois plus rapprochée que celle à laquelle l'œil pouvait jouir d'une vision nette, il faut donc que l'objet paraisse autant de fois plus gros qu'à la vue simple, il aura donc été amplifié pour toutes ces vues de six ou sept fois son volume, tant en longueur qu'en largeur.

Mais toutes les surfaces sont grossies en proportion du carré de leurs longueurs ou côtés, c'est pourquoi les surfaces des corps sont amplifiées, trente-six fois, quarante-neuf fois ou soixante-quatre fois par une lentille d'un pouce de distance focale. Il suit de cette vérité que la masse de tout le corps, ce que l'on nomme en un seul mot, *sa solidité*, sera amplifiée en proportion du cube des côtés ou longueurs. Ceux qui ne seraient pas familiers avec cette manière pourtant vraie, de considérer les corps, devront faire attention qu'ils ont trois dimensions, la largeur, la longueur et la profondeur. Chacune d'elles se trouvant rapprochée de 6 pouces pour la moindre vue, il s'en suit nécessairement que l'objet entier paraîtra 216 fois plus gros pour cette même espèce de vue, trois cent quarante-neuf fois pour celle de sept pouces, et cinq cent douze fois pour celle de huit pouces : ces trois nombres étant le résultat de 6, 7 et 8 multipliés deux fois par eux-mêmes, la première multiplication donne 36, la deuxième 216 et ainsi des autres.

Si la lentille B, n'avait qu'un demi-pouce de foyer de distance, les longueurs des corps seraient amplifiées du double, les surfaces quatre fois plus, et la solidité huit fois. Si la lentille B a son foyer seulement d'un quart de pouce, les longueurs sont amplifiées de quatre fois, c'est-à-dire, qu'elles paraîtraient avoir 24, 28, ou 32 fois plus d'étendue qu'à l'œil nu ; les surfaces seraient grossies de seize fois, elles paraîtraient donc avoir 576 fois de plus pour une vue de 6 pouces, et le corps au total serait amplifié de soixante-quatre fois de plus que par une lentille d'un pouce : il paraîtrait 13,824 fois plus gros.

Supposons que le foyer d'une lentille se trouve n'être que d'un 10e de pouce, la longueur du corps paraîtra soixante, soixante-dix ou quatre-vingt fois plus considérable; nous exposons la progression des trois vues; les surfaces seront aggrandies 3,600, 4,900, ou 6,400 fois, et la solidité en masse totale, 216,000, 343,000, ou 512,000 fois. Tel sera le grossissement du corps d'une mite, et de ses œufs, relativement à ce qu'elle paraissait être à la vue, réduite à ses propres forces, pour des distances de 6, 7 ou 8 pouces.

En suivant cette méthode, on peut calculer le pouvoir amplifiant de lentilles qui n'auraient qu'un douzième, un treizième, un quatorzième et même un quinzième de pouce de distance focale, car il est possible d'en fabriquer de telles, mais on ne peut en faire usage que très-difficilement. Au moyen d'une lentille d'un treizième de pouce de foyer, la longueur est amplifiée de 300 fois, la surface de 90,000, et la solidité en masse entière de 27,000,000 fois. Toute cette marche du calcul se trouve renfermée dans le principe suivant, c'est que prenant pour distance de vision distincte 8 pouces, ou 96 lignes, et la divisant par la distance focale de la lentille, supposée être un pouce ou 12 lignes, on a pour produit ou quotient, le grossissement de la longueur, qui est 8; celui de la surface qui sera amplifiée 64 fois, nombre carré de 8; et enfin le corps entier, ou solidité, qui le sera de 512 fois, produit de 64 par 8 : c'est ce que l'on nomme le *cube* d'un nombre. Il faut dans les sciences des expressions abrégées; mais lorsque je m'en sers, j'ai soin de les éclaircir en employant concurremment la langue commune, et tel a été mon dessein en plaçant à la suite du traité ce Dictionnaire Analytique.

C'est dans le microscope composé que ces énormes puissances amplifiantes peuvent surtout se rencontrer, et être portées aussi loin qu'on le desire. On parvient à les apprécier de la manière suivante. Soit C, la lentille dans son porte-lentille Q, fig. 11; si donc le petit objet *fig.* 13, est placé sur le porte-platine en G, un peu au delà de la distance focale, alors il sera formé par cette lentille C une forte image S S, dans la partie supérieure du microscope, et cette image est vue à travers l'oculaire GH, dans son foyer, qui est plus bas en O (1).

Maintenant il est facile de comprendre que

---

(1) La fig. 13 montre la marche des rayons dans le microscope, fig. 11.

l'image S S, surpasse autant de fois la grosseur de l'objet a, que la distance b B excède la distance b a, à compter depuis la lentille. Supposons donc l'image S S augmentée six fois de plus que l'objet a ; si elle est vue par la lentille G H d'un pouce de distance focale, l'image S S paraîtra être au moins six fois plus forte, et en conséquence l'objet a sera grossi de six fois six, ou 36 fois en longueur, ou 36 fois 36 ou 1296 fois en surface, de 36 fois 1296 ou 46,656 fois dans toute sa masse. Néanmoins avec ces grandes puissances amplifiantes, la lentille b ne peu pas avoir moins d'un demi-pouce de distance focale pour la plus petite espèce de microscopes de poche composés. Mais puisque avec une seule lentille oculaire g h, la vision a un si petit champ, on est obligé d'en employer deux, c'est-à-dire, B et D ; le premier oculaire contracte l'image S S et en forme une autre moindre M, laquelle est aperçue au moyen de l'oculaire D. Maintenant on peut prouver que ces deux lentilles doivent jouir d'un pouvoir amplifiant égal à celui qui est causé par le seul verre G H, et cela d'après cette règle, que leur distance soit égale à la différence de leurs longueurs focales, et leur pouvoir amplifiant équivaudra à celui d'une lentille dont la distance focale est la moitié de celle de la plus grande lentille B.

Supposons par exemple que la longueur focale de la lentille B, soit de deux pouces et demi et celle de la lentille D d'un pouce. Si donc leur intervalle est d'un pouce et demi, leur pouvoir amplifiant réuni se trouvera égal à celui d'une lentille simple G H, dont la distance focale serait d'un pouce un quart qui égale la moitié de celle de la lentille B. Au moyen des deux lentilles oculaires, les rayons convergent dans l'œil au foyer composé F, beaucoup moins affecté ainsi par les erreurs que produit l'aberration des rayons, aberration provenant de leur différente réfrangibilité et de la figure des verres.

Focal. Ce mot, que nous avons été obligé d'employer assez fréquemment dans le cours de l'article précédent, et qui se représentera dans quelques autres, a d'autant plus besoin d'être défini que la plupart des dictionnaires l'omettent, dans le sens au moins où nous l'employons en optique. Nous l'avons fait à l'exemple de plusieurs auteurs, qui l'ont consacré à exprimer la force ou la longueur du foyer d'une lentille, ou d'un miroir, enfin d'un instrument quelconque d'optique servant à faire converger les rayons lumineux.

Micromètre. Instrument destiné à mesurer la distance qui se trouve entre les diverses portions d'un même objet. Nous ne donnerons point ici la description du micromètre employé pour mesurer le foyer des lentilles. Cet instrument se trouve gravé avec le plus grand détail dans le cahier des arts et métiers, imprimé par l'Académie des Sciences, contenant la description d'un microscope. Nous rappellerons seulement une observation de M. le duc de Chaulnes, auteur de cette description, parce qu'elle s'applique non seulement au micromètre qu'il décrit, mais encore à la méthode que l'on doit mettre dans les observations microscopiques. C'est qu'il faut lorsque l'on observe, et que l'on cherche le point juste où l'objet paraîtra le plus net, dans le cas cité, ce sont des poussières d'ailes de papillon; il faut, disons-nous, commencer par mettre l'objet à la plus petite distance : puis faisant mouvoir la vis de rappel avec une extrême lenteur, s'arrêter au premier endroit où le corps paraît passablement net; on prend note de ce point, puis on continue à faire jouer la vis jusqu'à ce que l'on aperçoive que la netteté commence à se perdre; cet autre point doit encore être remarqué; alors prenant un milieu entre les deux points observés, on a assez précisément celui de la plus grande netteté.

On nomme aussi micromètre une vis de rappel qui est placée au quart de cercle mural de la lunette ou télescope astronomique; la grande utilité dont elle est pour l'usage de cet instrument, les précautions qu'il faut prendre pour porter sa construction à l'état le plus parfait, se trouvent détaillées très-soigneusement dans la description des instrumens d'astronomie, par M. Monnier (*arts et métiers de l'Académie des Sciences*); nous rappelons seulement ces espèces de micromètres dans cet article, afin que nos lecteurs aient une idée de tout ce qui concerne cet instrument; mais ceux dont nous venons de parler n'ont point d'application aux observations microscopiques, et c'est de celles-ci dont il convient que nous nous occupions principalement.

Le grossissement d'un corps, au moyen de verres amplifians, met sous les yeux de l'observateur des parties qui sans cela eussent échappées à ses regards : mais il est souvent utile, quand on est parvenu à voir ce que l'on ne connaissait pas, d'en faire la comparaison avec quelqu'autre chose qui nous était connu : tel est le but du micromètre. On a employé surtout la comparaison avec des mesures déjà appréciées. Leuwenhoëch observait avec son microscope un grain de sable de mer, dont cent mis en contact sur une ligne droite, donnaient un pouce de longueur; comparant ensuite un petit animal ou corps quelconque qu'il posait près de ce grain de sable, il concluait quel était le rapport existant entre le grain et le corps observé : supposons que ce fût la douzième partie du diamètre d'un grain de sable, il en résultait que la surface était 144 fois moindre, et la solidité 1728 fois.

Nous ne nous arrêterons point sur la méthode du docteur Hook, parce qu'elle joint à la difficulté de l'emploi le vice d'être souvent fautive, ou du moins très-incertaine : c'est d'avoir un œil sur la lentille, et de l'autre, de regarder sur une échelle placée à côté de l'instrument, et d'y porter les pointes d'un compas sur un nombre de divisions qui paraisse égaler la grandeur de l'objet.

Le docteur Jurin a reconnu la grandeur réelle des globules du sang humain par la méthode suivante qui est fort ingénieuse. Il prend un fil d'argent très-délié; il en enveloppe un corps cylindrique, une aiguille, par exemple : les tours du fil sur l'aiguille ne doivent laisser entr'eux aucun intervalle; il faut s'en assurer en employant le microscope; on mesure alors avec un compas dont les pointes sont très-fines l'intervalle qui se trouve entre le premier et le dernier tour du fil d'argent, et l'on en compte le nombre. On porte ensuite le compas sur une échelle divisée par centième de pouce, et l'on détermine à combien de centièmes répond le diamètre du fil, en employant la règle suivante: Supposons qu'il y ait 50 tours, et que le compas marque 100 sur l'échelle, c'est-à-dire un pouce : on divise les 100 nombres de l'échelle par 50, qui est celui des tours, et le produit 2 indique que le diamètre du fil est de deux centièmes de pouce. Le fil est alors coupé en morceaux de longueur commode pour être placés sur les porte-objets, et soumis à l'observation. A côté du fil, on pose le corps dont on veut comparer le volume et le déterminer. L'image du corps, et celle du fil se présentent à la fois à l'observateur; la seconde lui étant connue, il détermine facilement dans quel rapport elle se trouve, soit en plus, soit en moins. Ce fut par cette méthode que ce savant, qui employait un fil dont le diamètre était constaté être un 485° de pouce, vérifia que celui d'un globule du sang était quatre fois moindre, ensorte qu'il eût été nécessaire de ranger 1940 globules en ligne droite, et tous en contact, pour faire la longueur d'un pouce.

Lorsque le corps comparé est opaque, le fil d'argent se place au-dessus; mais s'il est transparent, le fil est mis au-dessous. Les astronomes se servent d'une autre espèce de micromètre pour mesurer le diamètre des astres ; il consiste à renfermer l'image de l'astre entre deux fils que l'on peut éloigner ou rapprocher à volonté. M. Auzout, ingénieur français, est l'auteur de cette méthode.

On voit par tout ce qui vient d'être dit, qu'il a été fait de grands efforts pour parvenir à mesurer les grosseurs respectives des différens corps, et pour connaître dans toutes leurs dimensions, ceux qui, sans le secours des verres amplifians, échapperaient à notre connaissance. Il y a eu encore une méthode proposée : nous allons en rendre compte avec quelque détail, parce qu'elle est très-facile à mettre en pratique.

Ce micromètre n'est rien autre qu'un porte-platine, c'est-à-dire ce qui supporte les corps que l'on observe; il est mis en mouvement par une petite vis qui a un index, et celui-ci passe sur un cercle gradué. Dans tous les micromètres, la pièce la plus importante est une vis très-déliée, et dont les pas soient de la plus grande régularité. Cette vis fut d'abord mise au foyer de l'oculaire D. *figure* 13, planche 13, à l'endroit précis où l'image M se trouve formée. Mais il a été aperçu que dans cette place elle donnait de l'embarras pour reconnaître et calculer les dimensions. C'est pour cette raison qu'elle a été appliquée au porte-platine, ou plus véritablement à l'objet lui-même; cette manière d'en user a rendu ce micromètre très-facile, et d'un usage plus général.

La partie supérieure du microscope qui renferme la lentille D, a un fil très-fin dans son foyer. Chaque partie de l'image M, peut s'appliquer à ce fil par l'effet de la construction de la portion supérieure de ce microscope. Le corps ayant donc été placé de la manière convenable sur le porte-platine, on met la vis en mouvement jusqu'à ce que l'image de l'objet ait passé dans toute sa longueur et toute sa largeur sous le fil; alors la totalité de ses dimensions se trouve bien connue. Ainsi dans la longueur d'un pouce, le nombre des fils du pas de vis est de cinquante et celui des divisions sur la plaque circulaire de vingt, il en résulte donc qu'un pas de vis ou un tour mesure la cinquantième partie d'un pouce, et qu'une division sur le cercle représente le vingtième d'un cinquantième, c'est-à-dire, la millième partie d'un pouce. Ce micromètre sera donc extrêmement convenable pour mesurer les petits corps, ou leurs plus petites parties jusqu'à la millième partie d'un pouce.

Si le corps observé est une mite, et que l'on veuille en déterminer la longueur, on la placera sur un porte-objet et celui-ci sur le porte-platine d'une manière telle que la mite puisse être mue en longueur dans le sens de la vis; alors plaçant le fil à angles droits avec elle, on fait toucher l'image de ce petit animal très-exactement par une des extrémités. Tout étant ainsi préparé, on tourne la vis jusqu'à ce que l'image ait passé dans toute sa longueur sous le fil. On compte les tours, et supposant qu'il s'en trouve quatre, et quatorze divisions d'un cinquième, les quatre tours et les quatorze divisions donnent quatre cinquantième ou quatre-vingt millièmes, les quatorze divisions répondant à quatorze millièmes; ainsi la totalité de la longueur de l'animal sera trouvée quatre-vingt quatorze millièmes parties d'un pouce, ce qui en fait presque la dixième partie.

Donnons un second exemple : on a desiré mesurer la grandeur d'un œuf de mite; il a été nécessaire d'employer un tour complet de la vis, et trois divisions sur le cercle pour faire passer complettement l'image sous le fil. Alors une révolution de la vis étant un cinquantième ou vingt millièmes, et trois divisions équivalant à trois millièmes, la longueur totale de cet œuf équivaut à vingt-trois millièmes parties d'un pouce; il faudrait donc ranger quarante-quatre de ces œufs en droite ligne, et qu'ils se touchassent, pour couvrir à peu-près un pouce en longueur.

Nous devons ajouter ici que ce micromètre peut s'adapter facilement au microscope solaire. Il suffit de tirer une ligne très-déliée sur la toile ou feuille blanche qui reçoit l'image, et que l'extrémité ou limbe de celle ci soit placée de façon à toucher cette ligne ; alors faisant jouer la vis, l'objet sera mesuré par millièmes parties de pouce.

S'il est un plaisir pour les laborieux amis de la nature, qui consacrent à l'étude des merveilles de la création leur tems et leur fortune, c'est sans doute celui de posséder un moyen assuré d'obtenir la connaissance d'une vérité jusqu'alors restée hors de leur domaine. Quel pouvoir plus flatteur à exercer sur la nature que de la forcer, d'après même ses propres lois, à donner la mesure fidèle d'un corps qu'elle avait pour ainsi dire mis hors de la portée de nos organes ; de quelle admiration n'est-on pas saisi en comparant les grandeurs respectives qui se trouvent entre des corps de même genre, par exemple entre les animaux ?

Que nos lecteurs nous permettent de leur présenter ici un calcul des grandeurs comparées de l'œuf d'une mite et de celui d'une autruche, ils en saisiront plus facilement l'étonnant contraste qui existe dans les travaux de la nature.

La longueur d'un œuf d'autruche est d'environ cinq pouces ; il s'en rencontre même de plus considérables. Celle d'un œuf de mite est d'un cinquantième de pouce ; il y en a de plus petits. Le rapport de longueur qui se trouve entre ces deux corps est comme deux cent cinquante à un ; leurs grandeurs respectives seront comme les cubes de ces nombres, c'est-à-dire, comme 15,625,000, est à un ; en un mot, c'est exprimer que l'œuf d'une autruche équivaut à quinze millions six cent vingt-cinq mille œufs de mites, tels que nous en voyons dans le fromage ; beaucoup de motifs nous portent à penser qu'il est des animalcules bien inférieurs en grandeur à ces animaux déjà si petits.

Il faut donc en conclure que l'esprit humain, malgré toute cette force dont il ne cesse de s'énorgueillir, est bien insuffisant pour suivre ces inconcevables graduations dans toutes les parties de la nature, et qu'il se trouve arrêté même dès leurs premiers degrés ; avouons donc que les yeux perçans d'une intelligence sans bornes peuvent seuls déterminer les séries d'une telle infinité de progressions décroissantes.

Dellebarre avait trouvé, à ce que rapporte le baron de Marivetz, que la peau de certains oignons était divisée par des lignes très-distinctes, et assez rapprochées pour servir de terme de comparaison aux objets microscopiques. Ces pellicules sont, dit-il, transparentes, leurs divisions distinctes et très-rapprochées, ensorte qu'un cinquième de ligne peut être mesuré avec précision. Mais il est fâcheux que la suite de cette observation qui porte avec elle un grand intérêt, ainsi qu'on va le voir, ne soit pas exposée avec plus de détail; il eût fallu spécifier la nature de la plante bulbeuse, désignée seulement par le terme générique *oignons*, et faire connaître la manière d'extraire et de préparer cette pellicule. Si nous témoignons tant de désir d'être mieux instruits, c'est que l'espèce de micromètre dont nous allons parler, et qui tient lieu de celui-ci, est d'une très-difficile exécution, ce qui en augmente la valeur.

On prend un morceau de glace ou carré, ou circulaire, et parfaitement poli, sur lequel on trace avec la machine à diviser des lignes qui se croisent dont le rapprochement est tel qu'il donne des 144e de pouce, la ligne s'y trouvant divisée par douzième. Outre la fidélité que le trait doit nécessairement avoir, il faut éviter que les bords ne soient couverts de petites bavures qui rendraient la mesure inexacte, et l'observation incertaine, par le brisement des rayons qui traversant la glace rencontrent ces places dépolies. Cet inconvénient se répète assez souvent en travaillant ce micromètre, il en occasionne la valeur. Le nombre de divisions de la pellicule des oignons, n'aurait pas sans doute cette constante régularité qui ferait rencontrer un nombre toujours égal; mais il suffirait de déterminer quelle quantité de mailles répondrait à une ligne, et dans nos mesures actuelles à quelques millimètres, pour porter un jugement assuré sur la grosseur d'un corps microscopique.

Oculaire. C'est le verre qui se trouve le plus près de l'œil dans les lunettes.

Objectif. C'est le verre qui dans la lunette est le plus près des objets à considérer.

Télescope à réflexion. Instrument d'astronomie ayant une grande puissance amplifiante et auquel on doit les plus belles découvertes faites de nos jours. On y emploie des miroirs métalliques.

Il est nécessaire de commencer par exposer comment les rayons de lumière sont affectés en passant à travers des verres concaves et en tombant sur des miroirs de cette même forme.

Quand des rayons parallèles comme a, b, c, d, e, f, g, h, *fig.* 1ere, planche 10, passent directement à travers le verre A, B, dont les deux faces sont également concaves, ils divergent après leur passage comme s'ils étaient venus du point rayonnant C, au centre de la concavité du verre ; ce point est appelé le point négatif ou le foyer virtuel du verre; ainsi donc le rayon a B, après son passage dans le verre A, prendra la direction, k l, comme si le point de son départ avait été en C, et qu'il n'eût point rencontré de verre sur son passage; le rayon b, aura la direction m, n, et le rayon c prendra celle o, p; le rayon C, qui tombe directement sur le milieu du verre ne souffre aucune réfraction en le traversant, mais continue sa route en ligne directe comme s'il n'y avait point eu de verre dans son chemin.

Si le verre avait seulement été concave d'un seul côté et que de l'autre il fût plan, les rayons auraient divergés après leur passage comme s'ils fussent partis d'un point rayonnant placé à une distance double de celle à laquelle le point C est situé du verre : c'est-à-dire, comme si le point rayonnant avait été à la distance de tout le diamètre de la concavité du verre.

Si des rayons tombent sur ce verre dans une direction plus convergente que ne se trouve être la divergence des rayons parallèles à leur sortie de ce même verre, ces premiers continueront de converger après leur passage, mais ils ne se réuniront pas aussi promptement que s'ils n'eussent pas rencontré le verre. Ils s'inclineront du côté vers lequel ils eussent divergés s'ils fussent tombés parallèlement sur le verre. Les rayons f et h, prendront une direction convergente du côté du bord B, et cette direction deviendra plus convergente dans la route, que la divergence des rayons parallèles n'est considérable à leur sortie ; ces rayons f h continueront donc de converger après leur passage quoique dans un degré moindre que précédemment, et se réuniront en I, tandis que s'ils n'eussent pas traversés le verre ils se seraient rejoints en i.

Lorsque des rayons parallèles comme d f, a, C, m, b, e, l, c, *fig.* 2, tombent sur un miroir concave A B, lequel n'est pas transparent, mais a seulement sa surface A b B, d'un poli vif, ils seront réfléchis en arrière et retourneront converger au point m, c'est-à-dire, à la moitié de la distance qui existe entre la surface du miroir et le point C, centre de la concavité. En effet, ils seront réfléchis en faisant un angle aussi grand avec la ligne perpendiculaire à la surface du miroir que celui sous lequel ils y sont tombés relativement à cette même ligne, mais chacun d'eux en la croisant. Ainsi, que C soit le centre de concavité du miroir A, b, B, et que les rayons paralléles d, f, a, C, m, b, e, l, c, tombent sur lui aux points a, b, c; tirez les lignes C, i, a, C m b, et C h c, du centre C à ces points, et toutes ces lignes seront perpendiculaires à la surface du miroir parce qu'elles y arrivent comme autant de rayons partant du centre. Tracez l'angle C à h, égal à l'angle d à C, et tirez la ligne a, m, h, qui sera la direction du rayon d, f, a, après qu'il a été réfléchi au point du miroir; de sorte que l'angle d'incidence d à C se trouve être égal à l'angle de reflexion C à h, les rayons faisant des angles égaux avec la perpendiculaire C i, a, sur ses côtés opposés :

Tirez aussi la perpendiculaire C, h, c, jusques au point c, où le rayon e, l, c, touche le miroir, et ayant tracé l'angle C, c, i égal à l'angle C c, e; tirez la ligne c, m, i, qui sera la course du rayon e, l, c, après qu'il a été réfléchi par le miroir.

Le rayon C, m, b, qui passe au centre de la concavité du miroir et qui le frappe en b, lui est perpendiculaire, c'est pourquoi il est réfléchi par lui en arrière dans la même direction, excepté seulement qu'elle est en sens inverse, b, m, C.

Tous ces rayons réfléchis se rencontrent au point m, et c'est là que l'image du corps qui lance les rayons parallèles d, a, C d, e c, se trouvera formée. Ce point est distant du miroir dans une proportion égale à la moitié du rayon b, m, c, qui est celui qui frappe le centre de la concavité.

Les rayons qui partent d'un corps céleste peuvent être considérés comme étant parallèles à la terre ; c'est pourquoi l'image de l'objet sera formée en m, quand la surface réfléchissante du miroir concave est tournée directement vers l'objet ; ainsi le foyer des rayons parallèles ne sera pas au point central de la concavité du miroir, mais à moitié chemin du point de centre et du miroir.

Les rayons qui au contraire émanent de quelque objet terrestre éloigné, sont presque parallèles au miroir, mais non pas entièrement ; ils sont comme divergens vers lui en faisceaux séparés ; ou comme s'ils étaient des ruisseaux de rayons s'écoulant de chaque point du côté de l'objet vers le miroir : telle est la cause qui les empêche de converger à la distance moyenne du rayon de la concavité, et de sa surface réfléchissante. Ils seront portés dans un plus grand éloignement et en points séparés. Plus l'objet regardé est proche du miroir, plus ces mêmes points se trouveront éloignés de celui-ci ; ils formeront une image inverse qui paraîtra comme suspendue dans l'air. L'œil qui relativement au miroir, se trouvera placé au-delà d'elle la distinguera très-bien, il la verra absolument pareille au corps même, et tout aussi distincte que celui-ci.

Soit A c B la surface réfléchissante du miroir, *figure* 3, planche 10 dont le centre de concavité est en C et l'objet D E, placé dans une situation droite au-delà du centre C. Son extrémité supérieure D enverra des faisceaux coniques de rayons divergens à chaque point de la surface concave du miroir A c B. Afin d'éviter la confusion, on a seulement exprimé dans la figure trois rayons de ce faisceau D A, D c, D B.

Du centre de la concavité C, tirez les trois lignes droites C A, C e, C B, qui touchent le miroir dans les mêmes points, où les rayons décrits le frappent, et toutes ces lignes se trouveront être perpendiculaires à la surface du miroir. Tracez l'angle C, A, d, égal à l'angle D A C, et tirez la ligne droite A d pour marquer le cours du rayon réfléchi D A : faites l'angle C c d, égal à celui D c C, et tirez une ligne droite c d; pour le cours du rayon réfléchi D d; tracez encore l'angle C B d égal à l'angle D B C, et tirez la ligne droite B d, pour le passage du rayon réfléchi D B : tous ces rayons se rencontreront au point d; ils y formeront l'extrémité d, de l'image renversée e d semblable à l'extrémité D de l'objet droit D E.

Si les faisceaux de rayons E f, E g, E h, sont continués aussi jusques à la surface du miroir, si leurs angles de réflexion sont tracés égaux à ceux d'incidence, comme il vient d'être dit pour le faisceau D, alors ceux-ci se rencontreront au point e par l'effet de la réflexion, il y formeront l'extrémité de l'image e d, semblable à l'extrémité E du corps D E.

Chaque point intermédiaire entre D E, envoie aussi sur toute la surface du miroir des faisceaux de rayons, et chacun de ces rayons est réfléchi de la même manière, et coïncide dans tous les points qui correspondent à ceux de l'émission, cela toujours d'après la règle invariable de l'angle de réflexion égal à celui d'incidence ; ensorte que chacun d'eux formant une partie séparée de l'image, la réunion de ces parties fournira une image continue entre les extrémités c d. Il en résultera donc que toute entière elle se trouvera formée, non pas au point i qui est la moitié de la distance existant entre le miroir et le point de centre e de la concavité : mais un peu plus loin entre i et le corps D E; de plus elle se trouvera renversée, ce qui est l'effet du croisement des rayons.

Il a fallu nous étendre sur ces préliminaires pour mieux faire comprendre, comment l'image est formée par le grand miroir concave du télescope à réflexion, et rendre ainsi plus claire la description de cet instrument.

Lorsque l'objet est plus éloigné du miroir que ne se trouve l'être le point de centre de la concavité C, l'image se présente moins forte que l'objet même, et elle se place, entre l'objet et le miroir; mais si au contraire l'objet est situé plus proche du miroir, que ne l'est le centre de la concavité, l'image se montre plus éloignée et plus grosse.

Soit D E, l'objet, e d en est l'image, car plus le premier s'éloigne du miroir, plus la seconde s'en rapprochera. Le contraire a lieu quand les faits sont dans un ordre inverse; ainsi l'objet étant plus près, ce sera l'image qui deviendra plus éloignée. Ce phénomène a pour cause la divergence plus ou moins grande des faisceaux des rayons envoyés par l'objet. En effet, moins ils divergent et plutôt ils se réuniront en un point par la réflexion; plus aussi seront-ils divergens, plus ils seront réfléchis loin avant de se réunir.

Si le rayon ou demi-diamètre de la concavité du miroir, et la distance à laquelle s'en trouve l'objet sont connus, on saura par la règle suivante à quel éloignement du miroir l'image est placée : divisez le produit de la distance et du rayon, par la double distance donnée en moins par le rayon, et le quotient est la distance cherchée.

Si l'objet est situé au centre de la concavité du miroir, l'image et l'objet coïncideront et seront égaux en masse.

Une personne qui se place directement devant un grand miroir concave, mais au-delà du centre de sa concavité, apercevra sa propre image en l'air entr'elle et le miroir, mais dans une position inverse, et d'une grandeur moindre. Si elle étend la main vers le miroir, celle de l'image paraîtra s'avancer et se réunir à la sienne. Elle sera d'une grandeur égale, quand elle aura atteint le point de centre de la concavité, et il semblerait qu'il lui serait possible de prendre la main de sa propre image; si l'on continue de la porter au-delà du point de centre, celle de l'image traversera la main tendue et viendra se placer entre le corps et cette main. Si cette personne la tend d'un côté, celle de l'image se tournera vers l'autre, en sorte que de tel côté que le mouvement s'effectue, l'image le répétera, mais en sens contraire.

Quelqu'un placé de côté n'apercevra rien de

l'image, parce que nul des rayons réfléchis qui la forment ne pénètre dans son œil.

Qu'un feu brillant soit allumé dans une chambre spacieuse, et que l'on place une table d'acajou bien polie proche de la muraille à une bonne distance de la cheminée et devant un grand miroir concave, qui lui-même sera situé de manière à réfléchir la lumière du feu à son foyer sur cette table. Si une personne se tient du côté de cette table, elle n'y apercevra qu'un long faisceau lumineux, mais qu'elle s'en éloigne à une certaine distance en se portant du côté du feu, sans être cependant entre le feu et le miroir, elle verra une image du feu, forte et droite sur la table. Si quelqu'un qui ne sait rien de ce qui a été préparé, entre par hazard dans la pièce et regardant sur la table se trouve placé du côté du feu, il éprouvera un mouvement de crainte, car elle lui paraîtra véritablement en feu, et par sa proximité de la tapisserie être en danger d'incendier la maison. Il ne doit pas y avoir d'autre lumière dans la pièce, tandis que l'on fait cette expérience : le miroir doit avoir au moins cinq pouces de diamètre.

Si l'on empêche avec un écran le reflet du feu, et qu'une grosse chandelle allumée soit placée derrière l'écran, on apercevra sur la table l'image d'une belle et grande étoile ou plutôt d'une planète aussi brillante que Jupiter ou même Vénus. Si une petite bougie dont la lumière est moindre que celle de la chandelle est mise près de celle-ci, on apercevra sur la table la figure d'un Satellite de la grosse planète, et si on promène cette bougie autour de la chandelle, elle représentera la marche d'un Satellite autour de sa planète principale. Le père Kircher que nous avons déjà eu occasion de citer, donne dans son livre de *Magia catoptrica*, de la magie catoptrique, plusieurs expériences relatives aux effets des miroirs concaves, mais ce n'est pas ici le lieu de nous y arrêter; nous traitons seulement de la marche des rayons, et de leurs points divers de réunion suivant la distance des objets, parce que cela était nécessaire pour rendre compte de la construction des télescopes, et de leurs effets divers.

Ainsi que nous l'avons déjà dit, le mot télescope, est un terme générique signifiant *voir de loin*; donc tout instrument qui possède cette qualité a droit à porter ce nom; il est cependant arrivé que dans l'usage général, on n'entend plus par télescope, que celui à réflexion ou télescope catoptrique.

Nous allons développer dans cet article, quelle est la marche de la vision dans ce dernier instrument; mais avant nous ajouterons à ce que nous avons dit page 268 que l'on nomme *télescope* ou pour mieux dire *lunette astronomique*, celle dont l'objectif et l'oculaire sont convexes; elle présente les objets dans une situation renversée, ce qui est de peu d'importance pour les observations astronomiques, puisque l'on est toujours à portée de tenir compte de ce renversement. Il n'en serait pas de même des lunettes appelées *longues vues ou lunettes de spectacle*; l'objectif est convexe, mais l'oculaire est concave, par conséquent les objets sont vus dans leur situation naturelle. On peut rendre les lunettes astronomiques propres à l'observation des corps terrestres en ajoutant deux autres oculaires convexes. Ceux-ci redressent l'image, mais la lumière éprouvant deux réfractions nouvelles, puisqu'elle à deux verres de plus à traverser, les objets sont moins éclairés. Ceux qui auraient besoin d'étudier à fond cette partie, trouveront les tables des distances focales et des ouvertures, dressées avec beaucoup de soin dans le troisième volume de la Physique du Monde par Marivetz. Si dans la suite de cet article, nous en donnons une pour le télescope Newtonien, c'est qu'elle n'est pas également sous la main de tout le monde.

La difficulté avec laquelle on manie les grandes lunettes astronomiques, puisqu'elles ont toujours plusieurs pieds de longueur, cette difficulté, disons-nous, a mieux fait ressortir l'avantage qu'il y aurait à employer les télescopes à réflexion, ceux que l'on appelle *Newtoniens*; effectivement la puissance amplifiante d'un instrument de cette espèce qui aurait six pieds de longueur, équivaudrait à celle d'une lunette qui en aurait cent. Voici les principes de sa construction.

Au fond du grand tube T T T T, *fig*. 26 *pl*. 8 est placé le grand miroir concave D. D, dont le principal foyer est en M. Au centre de ce miroir est un trou circulaire P, qui se trouve en face du petit miroir concave L, qui est en opposition avec le grand. Il est attaché à un fort fil de métal M, qui au moyen d'une vis placée en dehors du tube T, fait que l'on éloigne à volonté le petit miroir du grand, ou bien qu'on l'en rapproche, et cela sans que ce petit miroir se dérange de son axe, qui répond en P. maintenant, puisqu'en regardant un objet très-éloigné, nous pouvons difficilement en distinguer un point qui ne soit aussi grand au moins que le grand miroir, nous considérerons comme étant parallèles les uns aux autres, les rayons de chaque faisceau qui émanent de chaque point de l'objet, afin de couvrir toute la surface de D en D. pour éviter la confusion dans la figure on a seulement tracé deux des rayons d'un faisceau partant de chaque extrémité de l'objet et pénétrant dans le corps du télescope; on les y a suivis dans toutes leurs réflexions et réfractions jusques à l'œil placé en f au bout du petit tube t t, qui se joint au grand; *voyez* figure 26 pl. 10.

Maintenant donc, supposant que l'objet A B se trouve à une distance telle, que les rayons C puissent émaner de son extrémité inférieure, et ceux E de l'extrémité supérieure A, alors les rayons C tombent parallèlement en D sur le grand miroir, d'où il sont réfléchis dans la direction D G en convergeant, et se croisant en I, principal foyer du miroir, ils y formeront l'extrémité supérieure I de l'image renversée 1 K, semblable à la partie inférieure de l'extrémité B de l'objet A B. Ce sont les rayons que l'on n'a point exprimé dans la figure qui acheveraient de peindre l'image; mais les rayons C passant sur le petit miroir L dont le foyer est n, iront tomber sur lui en g, d'où ils seront réfléchis en convergeant dans la direction g N, parce que g m est plus loin que g n, et traversant le trou P du grand miroir, ils se rencontreront aux environs de r, ils y formeront la portion inférieure de l'image droite a d, pareille à l'extrémité inférieure B du corps A B. Mais en traver-

DE LA VUE. 449

sant la lentille plus convexe R, ils forment cette extrémité de l'image b.

C'est de la même manière que les rayons E qui viennent du haut de l'objet A B, et qui frappent parallèlement le grand miroir en F, sont réfléchis à son foyer en convergeant. Ils y forment l'extrémité inférieure K de l'image renversée I K, pareille à la partie supérieure A du corps A B, de là atteignant le petit miroir L et y tombant en h, ils sont réfléchis dans un état de convergence en h o, puis traversant le trou du grand miroir P, ils se rencontrent vers q et y forment l'extrémité supérieure a, de l'image a d, semblable à celle A B. Mais par leur passage dans le verre convexe R, ils se rencontrent et se croisent plutôt, c'est-à-dire en a, et c'est là que l'image droite se trouve formée.

Tout ce qui vient d'être dit sur ces rayons, doit s'entendre de la même manière de ceux qui émanent des points intermédiaires de l'objet entre A et B, et qui pénètrent dans le tube T T du télescope. Ainsi les points intermédiaires de l'image entre a b se trouveront formés, et les rayons venant de l'image à travers l'oculaire S et le trou e, pratiqué à l'extrémité du petit tube T T, pénètreront dans l'œil placé en f, alors il recevra l'image a d au moyen de l'oculaire sous le grand angle c, e d, et amplifié en longueur sous cet angle de c en d.

Dans les meilleurs télescopes à réflexion, le foyer du petit miroir ne coïncide jamais avec celui du grand, m, où la première image I K est formée, mais un peu au-delà en n, c'est-à-dire relativement à la position de l'œil. La conséquence naturelle de ce fait est que les rayons des faisceaux ne sont pas parallèles après leur réfléxion sur le petit miroir, mais qu'ils convergent de manière à se devoir rencontrer vers les points q, e, r, dans le petit tube où ils formeraient une image droite et plus grande que a b, si le verre R ne se trouvait pas dans leur chemin. Cette image pourrait être aperçue par le moyen d'un seul oculaire placé convenablement entre elle et l'œil de l'observateur, mais alors le champ de la vision serait bien moindre et par conséquent moins agréable. C'est pour ce motif que la lentille R est toujours mise en usage afin d'aggrandir le champ.

La manière de trouver quelle est la puissance amplifiante de ce téléscope est de multiplier la distance focale du grand miroir par la distance du petit depuis l'image proche l'œil, puis de multiplier la distance focale du petit miroir par celle de l'oculaire : alors divisant le produit de la première multiplication par celui de la seconde, le quotient exprimera le pouvoir amplifiant de l'instrument.

Nous allons donner les dimensions d'un excellent télescope à réflexion construit par M. Short, opticien Anglais.

La distance focale du grand miroir est 9 pouces 6 lignes, sa largeur 2 pouces 3 lig.; la distance focale du petit miroir, 1 p. 5 lig., sa largeur 0, 6 lig., celle du trou du grand miroir 0, 6 lig., l'éloignement du petit miroir au premier oculaire 14 p. 2 lig., celui des deux oculaires entre eux 2 p. 4 lig., la distance focale de l'oculaire voisin du miroir 5 p. 8 lig., et celle de l'oculaire le plus proche de l'œil 1 p. 1 lig. Il est à remarquer que toutes ces mesures se rapportent au pied anglais qui est plus court que le nôtre. *Voyez à la fin du Dictionnaire.*

Un des grands avantages par lequel le télescope à réflexion l'emporte sur celui à réfraction, c'est qu'il admet un oculaire d'un foyer bien plus court que ce dernier; par conséquent sa puissance amplifiante s'en trouve d'autant plus augmentée. En effet, les rayons ne se colorent point dans leur réflexion par le miroir concave, si sa figure est bien exacte, comme ils le font en traversant un verre convexe qui n'est jamais amené à une figure aussi régulière.

La vis de rappel placée au dehors du tube du télescope le rend propre à toutes les vues; cela dépend du mouvement que cette vis imprime au petit miroir en l'éloignant ou le rapprochant à volonté du grand. Alors il se trouve pour les vues courtes que les rayons divergent un peu, ou qu'ils deviennent convergens pour ceux qui ont la vue longue.

Plus un objet est voisin de ce télescope, et plus les faisceaux de rayons divergeront avant de tomber sur le grand miroir; c'est pourquoi dans leur réflexion, ils iront se rencontrer plus loin. L'image — K sera donc formée par le grand miroir à une distance plus reculée, lorsque l'objet est proche du télescope que s'il en est plus éloigné. Mais comme cette image doit aussi être formée par le petit miroir plus loin que n'est son foyer principal n, il est donc nécessaire que ce miroir soit toujours placé à une plus forte distance du grand, si l'on regarde des objets rapprochés, que s'ils sont éloignés. On produit cet effet en tournant la vis qui est au-dehors du tube jusqu'à ce que le petit miroir soit tellement placé que l'objet, ou pour parler plus correctement, que son image se trouve parfaite.

Lorsque nous regardons dans un télescope, ce n'est pas l'objet même que nous apercevons, mais seulement son image qui est formée près de l'œil dans le tube. En effet, si quelqu'un porte son doigt ou une baguette entre son œil à nu et un objet, il se cachera une partie de cet objet, si ce n'est même la totalité. Mais s'il place cette baguette en travers de l'orifice du télescope devant l'objectif, il ne s'ôtera pas la vue de l'image, et continuera d'apercevoir l'objet comme il s'imaginait le voir précédemment : cet effet aura lieu constamment, à moins que l'on n'ait entièrement couvert l'ouverture du télescope. En effet, tout ce qui résultera de l'interposition de la baguette, ce sera d'obscurcir un peu l'image, parce qu'il y a une partie des rayons qui est interceptée. Si, au contraire, l'on met seulement un brin de fil en travers dans l'intérieur du tube, entre l'oculaire et l'œil, il y aura alors une partie de l'objet que l'on s'imaginait voir réellement qui se trouvera être cachée. Cette expérience est rapportée ici au télescope à réfraction, ou lunette. C'est donc une véritable démonstration que l'on voyait, non pas l'objet, mais uniquement son image. Une nouvelle preuve de ce fait existe encore dans la position du petit miroir L, dans le télescope à réflexion. Il est fait de métal, par conséquent il est opaque : directement placé entre l'œil et l'objet sur lequel le télescope est dirigé, il cacherait l'objet en totalité à l'œil placé en *e*, si les deux verres R et S étaient enlevés du tube.

TABLE

Des Ouvertures, et des Puissances des Télescopes newtoniens, dans lesquels la figure du grand Miroir est supposée parfaitement sphérique.

DISTANCE focale du miroir concave.	OUVERTURE du miroir concave.	NOMBRES donnés par NEWTON.	DISTANCE focale d'un seul oculaire.	POUVOIR amplifiant.
pieds.	po. 10 e		po. 10 e	fois.
1/2	0,86	100	0,167	36
1	1,44	168	0,199	60
2	2,45	283	0,236	102
3	3,31	383	0,261	138
4	4,10	476	0,281	171
5	4,85	562	0,297	202
6	5,57	645	0,311	232
7	6,24	. . . . .	0,323	260
8	6,89	800	0,334	287
9	7,54	. . . . .	0,344	314
10	8,16	946	0,353	340
11	8,76	. . . . .	0,362	365
12	9,36	1,084	0,367	390
13	9,94	. . . . .	0,377	414
14	10,49	. . . . .	0,384	437
15	11,04	. . . . .	0,391	460
16	11,59	1,345	0,397	483
17	12,14	. . . . .	0,403	506
18	12,67	. . . . .	0,409	528
19	13,20	. . . . .	0,414	550
20	13,71	1,591	0,420	571
21	14,23	. . . . .	0,425	593
22	14,73	. . . . .	0,430	614
23	15,21	. . . . .	0,435	635
24	15,73	1,824	0,439	656

La table précédente, extraite du Traité d'optique de Smith, se trouve ici augmentée depuis 17 jusqu'à 24 pieds de distance focale du grand miroir. La colonne qui contient les nombres de Newton, offre un moyen certain de calculer les ouvertures que comporte un télescope à réflexion.

Il n'est pas inutile d'observer à ceux de nos lecteurs qui prennent intérêt à cette partie éminemment utile de l'optique, que la table précédente a été basée sur les dimensions de l'ouverture et du pouvoir amplifiant d'un excellent télescope Newtonien de M. Hadley. Il a servi d'étalon. La distance focale du grand miroir était de 62 pouces 1/2; l'ouverture du miroir concave de métal de cinq pouces, et le pouvoir amplifiant de 208 fois.

Il est impossible de parler optique et astronomie sans que le nom d'Herschell ne se présente de lui-même : nous ne terminerons donc point cet article sans nous arrêter sur ses travaux en optique, et sur ses découvertes dans le ciel. La puissance des télescopes de sa construction, cette puissance inconnue jusques à lui, a fourni à ce courageux observateur des moyens nouveaux. Avant de citer son télescope de 40 pieds, ce géant des instrumens astronomiques, nous nous arrêterons sur celui dont il fait usage le plus fréquemment. C'est un réflecteur Newtonien de 7 pieds ; il en a construit un second de 5 pieds, et suivant son expression même, ce sont ses *ballayeurs* du Ciel. La distance focale du grand miroir est dans le premier de 7 pieds, l'ouverture de 6,25 pouces, et le pouvoir amplifiant varie de 227 à 460 fois. Il emploie quelquefois pour l'observation des étoiles fixes un pouvoir amplifiant de 6150 fois. En supposant que les miroirs d'un télescope soient travaillés avec une perfection égale à ceux d'Herschell, voici la plus haute puissance amplifiante que cet instrument pourrait avoir sans perdre de la netteté de la vision. Cette partie doit être prise dans la plus haute considération, nous aurons soin d'y revenir. C'est l'écueil de l'optique ; il en est ainsi en mécanique, où l'on perd en vîtesse ce que l'on gagne en force. Pour connaître cette puissance, il faut multiplier le diamètre du grand miroir par 74, et la distance focale d'un oculaire unique sera trouvée en divisant la distance focale du grand miroir par la somme du pouvoir amplifiant. Par conséquent 6,25 multiplié par 74 donne 462. Ainsi le pouvoir amplifiant multiplié par 12 et divisé par 462 donne 0,182 de pouce, distance focale cherchée d'un seul oculaire. La table suivante donne les dimensions et le pouvoir amplifiant d'un télescope réflecteur, construit par Short; elle a été calculée par Smith.

Distance focale du grand miroir.	Largeur du grand miroir.	Foyer du petit miroir.	Largeur du trou du grand miroir.	Distance du petit miroir au premier oculaire.	Distance focale de l'oculaire le plus voisin du Miroir.	Distance focale de l'oculaire voisin de l'œil.	Distance entre les deux oculaires.	Pouvoirs amplifians.
po. 10e.	po. 10e	po. 10e.	po. 10e.	po. 10e.	po. 10e.	po. 10e.	po. 10e.	fois
5,65	1,54	1,10	31	8,54	2,44	81	1,68	39
9,60	2,30	1,50	39	14,61	3,13	1,04	2,08	60
15,50	3,30	2,14	50	23,81	3,94	1,31	2,63	86
36,00	6,26	3,43	65	41,16	5,12	1,70	3,41	165
60,00	9,21	5,00	85	68,17	6,43	2,04	4,28	242

Ces tables très-détaillées, et l'exposition que nous avons faite dans le corps même de l'ouvrage des diverses manipulations qu'il convient d'employer soit pour fondre les miroirs, soit pour les polir, cette exposition, disons-nous, peut mettre un amateur à portée de traiter par lui-même quelques-uns de ces instrumens d'optique. C'est dans cette vue que nous donnons ici un moyen de reconnaître la bonté d'un verre objectif.

Placez celui que vous voulez essayer dans un corps de lunette; adaptez-y successivement quelques oculaires, en regardant avec chacun d'eux des objets situés à différentes distances. Il est préférable de chercher à lire le titre d'un livre, le frontispice ; l'objectif qui présentera les corps, de la manière la plus nette et la plus claire, et qui peut supporter la plus grande ouverture avec l'oculaire le plus court de foyer, sans que ces mêmes corps se trouvent colorés ou obscurcis, celui-là est certainement le meilleur possible.

Le télescope à choisir de préférence est celui qui, toutes choses étant d'ailleurs égales, fera lire le même titre de livre, à la distance la plus éloignée.

Ce n'est pas dans un ouvrage comme celui-ci que nous pouvons nous arrêter à décrire le télescope de 40 pieds construit par Herschell, ni quels moyens de suspension il a employé pour pouvoir le diriger sur la portion du ciel qu'il veut observer. Nous nous bornerons à dire qu'il n'a qu'un seul miroir, et par conséquent qu'une seule réflexion. Ce savant a donné comme quantités approximatives de la force réfléchissante de ce télescope, celles qui suivent. Il suppose 100,000 rayons reçus; cet instrument en réflecte 63,796. Un télescope Newtonien avec une lentille oculaire en renvoie 42,901, et avec deux oculaires seulement 40,681. Tous les corps réfléchissans absorbent une portion de la lumière qui les frappent. C'est ainsi que les planètes ne nous renvoient point toute la lumière qu'elles ont reçues du soleil. L'instrument, malgré toute sa puissance, ne réfléchit donc qu'une portion des rayons. C'est cette propriété de recevoir beaucoup de rayons qui a donné lieu à Herschell de distinguer la force amplifiante d'un instrument de sa puissance de pénétration dans l'espace. Cette dernière est absolument indépendante de l'autre, et souvent même elles se nuisent réciproquement. C'est à l'observateur à distinguer celle qui lui est le plus nécessaire dans le cas où il se trouve, et à la faire prévaloir : ceci a été l'objet d'un très-beau travail de cet astronome. Notre imagination est épouvantée du nombre infini d'étoiles qu'il a découvert ; des constellations qui ne se présentaient avec les plus forts instrumens que comme des nébuleuses, dont le nombre et l'espèce ne pouvaient être déterminés, deviennent distinctes, il reconnaît leur position, détermine leur grandeur et leurs rapports relatifs. C'est pour cette nature d'observation que la force pénétrante doit l'emporter. Le grand télescope en possède une de 191,691.

Son pouvoir amplifiant est de 370 fois, et il pourrait être porté jusqu'à 500. Quoique la découverte du savant astronome d'Angleterre ait immensément agrandi le domaine de la science elle démontre qu'il reste plus d'acquisitions à faire que l'on n'en possède encore. Il a pris pour base de son calcul, l'étude d'une seule constellation ; d'après cela déterminant le nombre de nuits qui dans une année se trouvent propres aux observations astronomiques (et il s'y en rencontre à peine cent), il faudrait pour parcourir tous les points de notre horizon, en ne donnant même qu'un instant à l'observation, il faudrait disons nous, y employer plus de cinq siècles. S'il est possible de se faire une idée de l'immensité de la création, n'est-ce pas quand on voit qu'avec des instrumens dont l'effet est si considérable, on ne parvient à obtenir qu'une seule vérité, celle de notre impuissance pour connaître les bornes que le créateur à mises à ses œuvres.

Le télescope le plus grand, après celui d'Herschell, et qui effectivement en approche beaucoup, est celui que le professeur Shrader à fait construire à Kiel, ville de basse-Saxe, pour l'observatoire, dont il a la direction. Cet instrument a 36 pieds de long, il peut recevoir un miroir de 19 à 20 pouces de diamètre, mais celui dont il est muni actuellement est seulement de 14 pouces ; il pèse, avec sa bordure, 80 livres et a deux pouces d'épaisseur. Sa forme est conique, ce qui donne une grande facilité pour travailler à le polir ; la surface qui a reçu le poli a près d'un quart de pouce de moins que celle sur laquelle le miroir repose ; il a 26 pieds de foyer. Son poids exige qu'il reste toujours en place, ce qui a rendu nécessaire pour lui l'établissement d'un appareil particulier dont les télescopes plus petits n'ont pas besoin. Les grandes masses métalliques prennent lentement la température de l'atmosphère, et l'on sait que celle-ci éprouve assez fréquemment des changemens subits. Lorsqu'ils ont lieu en passant d'un dégré supérieur à un moindre, ils produisent la condensation des vapeurs que l'air avait dissous. Celles-ci se déposant sur tous les corps environnans obscurcissent d'une part, le miroir, et de l'autre en altèrent le poli, sur-tout si la composition n'en est pas d'une qualité supérieure. Le professeur Shrader, pour éviter ce grave inconvénient, recouvre le miroir d'un chapeau en cuivre composé de plusieurs anneaux de huit pouces de large que l'on soude ensemble. Une vis placée au centre, et le cercle de fer qui fixe le miroir dans sa position, sont attachés avec ces anneaux. Ce chapeau se descend sur le miroir et le recouvre totalement. C'est à l'expérience à apprendre combien de tems il faut laisser écouler pour découvrir le miroir avant d'employer le télescope. On a aussi pratiqué de petites ouvertures dans le corps du tube, de manière cependant que la pluie ne puisse pas s'y introduire, afin d'établir un courant d'air. Leur effet est de donner à l'air ambiant une circulation plus libre et par conséquent d'amener plus promptement le miroir à la température environnante. Le moyen de suspension de ce télescope et celui pour le faire mouvoir afin de suivre le cours des astres pendant l'observation sont les mêmes que ceux dont s'est servi Herschell. La France ne possède point dans ses observatoires de pareils instrumens, et l'on ne sera point étonné du vif désir que nous ressentons de n'être pas sans cesse obligés d'envier aux autres cette belle propriété.

M. Rochon, membre de l'institut, qui a consacré ses nombreux et savans travaux à perfectionner les instrumens d'optique, avait tenté de faire faire à la France cette riche acquisition, et certes elle était en des mains bien capables de la faire réussir; mais des circonstances indépendantes de son courage et de sa volonté ont nui à l'exécution. Mais cependant toute espérance ne doit pas être perdue, lorsque les sciences et les arts possèdent un protecteur aussi éclairé que puissant; lorque la France se trouve associée, par le héros qui la gouverne, à tous les genres de gloire.

Le platine est devenu entre les mains de M. Rochon un moyen d'obtenir des miroirs supérieurs à tous ceux que l'on se procurait avec des alliages de cuivre, d'étain et d'arsenic, et c'est en lisant les mémoires où il a rendu compte de son travail que l'on se convaincra de toutes les obligations que la science a contractées envers lui.

Polémoscope ou *lunette jalouse*. Ce nom est composé de deux mots grecs, (1) qui signifient voir la guerre ou la dissention. Effectivement une lunette qui vous fait voir une personne sur laquelle vos regards ne semblent pas s'arrêter et qui vous permet de suivre toutes ses actions, en lui dérobant l'attention que vous faites à elle, une telle lunette doit amener très-fréquemment la dissention, et c'est par extension qu'en français elle se nomme *lunette jalouse*, car effectivement la jalousie n'est pas la plus paisible des passions. On peut dire bien mieux que cette lunette satisfait la curiosité sans blesser la politesse et sans manquer au respect : c'est sous ce double point de vue, sans doute, que dans nos mœurs il est très-convenable d'en faire usage.

―――――――――――――

(1) Πολεμοσ σκιπτομαι

Cette espèce de lunette est cependant peu employée; la cause en appartient vraisemblablement à ce que son utilité se borne à faire voir d'une manière qui échappe aux autres, une personne que l'on ne semble pas fixer; mais si la vue simple ne suffisait pas pour distinguer nettement à la distance où se trouve placé l'objet regardé, ce sera en vain que la curiosité, ou que toute autre passion encore plus active cherchera à se satisfaire. La lunette n'ajoute rien à la puissance de l'œil; la description de cet instrument va rendre ce fait très-facile à comprendre: que l'on se représente un tube de lunette ordinaire de spectacle : au lieu d'objectif on place une glace étamée, un véritable miroir. Son usage est de tromper l'œil de celui qui est en face, et qui prend ce miroir pour un objectif ordinaire, tel que les lunettes en doivent porter. Sur le côté du tube est pratiqué un trou ovale qui est de la hauteur du tube même, et d'un tiers environ de la circonférence; dans l'intérieur de la lunette, et en face de cette ouverture on place un morceau de glace un peu incliné; c'est-là que tous les objets viennent se peindre pour être reportés sur la rétine; il suffit de présenter l'ouverture dans le sens où l'on désire aller à la découverte, et la curiosité est aussi-tôt satisfaite. On sent par ce qui vient d'être dit, que l'on peut voir au-dessus et au-dessous de soi, à droite et à gauche. Le corps de la lunette se termine du côté de l'œil par un porte-oculaire semblable à ceux de tous ces instrumens, mais il n'est pas garni de verre, ce n'est qu'un simulacre. Cette lunette n'ajoute donc rien à la puissance de la vue, c'est une petite dissimulation dont les moyens sont très-bornés. Si l'on joint à ceci la nécessité, pour jouir du spectacle, de porter avec soi une lunette qui ait un pouvoir amplifiant, on sent quel est l'embarras que ce double attirail peut causer, et l'on ne sera plus étonné de l'espèce d'abandon dans lequel les polémoscopes sont tombés.

Il avait déjà été proposé de les rendre d'un usage plus général, et quelques personnes avaient fait des tentatives pour y parvenir. Je me suis aussi proposé d'atteindre à ce but, et je pense y être parvenu d'une manière nouvelle et commode. La construction que j'ai adoptée, est telle que la lunette sert à volonté ou de lunette de spectacle, ou de polémoscope. Elle n'est pas beaucoup plus grande que celles à corps d'ivoire, et comme toutes les autres, elle est susceptible de recevoir des verres, dont le pouvoir amplifiant convient à la vue de celui qui en fait usage. Il résulte encore de la réunion des deux moyens, que le myope pour qui l'ancien polémoscope était un meuble à peu près inutile, en peut à présent posséder un qui lui rende tous les services, et qui par conséquent lui évite le regret de ne pouvoir contenter sa curiosité comme le font ses voisins, doués par la nature d'un meilleur organe que le sien.

Lunettes de nuit.

Ces instrumens sont principalement utiles aux marins. L'entrée d'un port, la situation d'une côte, celle d'un vaisseau qui prend chasse, ou devant lequel on veut fuir soi-même, tels sont les événemens qui se présentent assez fréquemment en mer. Le crépuscule va bientôt finir, la nuit est presque commencée, ou bien même elle est déjà existante : il n'y a plus que la lumière des étoiles, et ce qui existe dans l'horison de rayons lumineux a besoin d'être réuni pour que l'on puisse discerner quelques objets que l'œil ne peut plus reconnaître ; alors il devient précieux de trouver un moyen de suppléer à l'impuissance de l'organe, tel est l'objet des lunettes de nuit. Elles ont une force six à sept fois plus pénétrante que l'œil nu, et jouissent en outre d'un pouvoir amplifiant plus grand de sept à huit fois ; elles le doivent au double oculaire dont elles sont munies. On fait de ces lunettes à trois et à quatre verres : on donne à l'objectif environ deux pouces et demi de diamètre, alors le pinceau qu'il fournit a plus de trois pouces.

Bocal. C'est ainsi que l'on nomme un globe de verre blanc que l'on remplit d'eau. On place derrière le bocal une lumière. Cette sphère réunit beaucoup de rayons et les transmet rapidement, il en résulte que les corps sont non-seulement beaucoup plus éclairés, mais même qu'il sont très-grossis; l'eau doit-être limpide. Il n'est pas nécessaire d'employer de l'eau distillée, mais il faut nécessairement qu'elle soit filtrée au papier brouillard; sans cette précaution, il y nage une grande quantité de petits corpuscules qui nuisent à la transparence. La facilité de se procurer cette espèce de lentille l'avait rendue d'un usage presque général. Les Bijoutiers, les Horlogers, les Peintres en émail, etc., l'employaient habituellement. L'économie rendait cette manière de s'éclairer précieuse, l'invention des lampes à double courant d'air en a de beaucoup diminué l'usage. Nous avons déjà eu l'occasion de le dire ces lampes nuisent à la vue, mais le bocal y nuisait encore davantage. Avec la lampe il convient d'employer une loupe, et chacun peut faire un choix approprié à la nature de sa vue et au genre de son ouvrage. Le bocal au contraire ne grossit que d'une seule manière ; et lorsque six personnes, par exemple, travaillent autour de lui, chacune d'elles a vraisemblablement une vue d'un foyer différent ; le grossissement se trouvera donc ou trop fort ou trop faible pour le plus grand nombre. Leurs yeux seront fatigués, la continuité du travail ajoutera chaque soir à la fatigue, et bientôt l'artiste, et l'ouvrier père de famille, se verront enlever les moyens d'une honnête existence. Puisqu'il est dans la société des états qui exigent non-seulement un travail pénible, mais même le sacrifice d'une portion de son être, il faut chercher à rendre ce dernier abandon le moins complet possible. Ce n'est donc pas dans la vue d'un intérêt personnel que nous répéterons qu'il est bien préférable de faire usage de la loupe, au lieu du bocal.

Loupe. Nous traiterons sous ce nom de l'instrument que l'Académie des Sciences possédait, et quelle devait à l'amour que M. de Trudaine portait aux sciences, et au zèle avec lequel il savoit faire des sacrifices pécuniaires pour leur avancement. Nous avons déjà parlé de la lentille de Tchirnausen et de ses effets. Tout étonnant qu'ils soient, il n'approchaient pas de ceux de la lentille dont nous nous occupons. Le principe de sa construction en différait aussi essentiellement. Celle-ci est un morceau de verre auquel on a fait acquérir, par la fusion, la courbe nécessaire. Celle de M. de Trudaine était au contraire composée de deux pièces de glace, coulées d'abord à la manière ordinaire, puis courbées chacune en moitié de sphère. Les deux parties étant réunies, présentaient une lentille double convexe ; le milieu formait un espace vide que l'on remplissait de fluides de diverses densités, et suivant la réfraction produite par eux, on obtenait des foyers plus ou moins courts et par conséquent différens en énergie. Ces glaces avaient un peu plus de quatre pieds de diamètre, leur courbe faisait partie d'une sphère de huit pieds de rayon; au centre de la lentille, l'espace vide était de 6 pouces 5 lignes ; et comme chaque glace avait huit lignes d'épaisseur, la lentille mesurée extérieurement dans son centre avait sept pouces neuf lignes.

Ce fut M. de Bernières, mécanicien très-éclairé qui dirigea toute cette construction. La manière dont il s'y prit pour courber les glaces mérite d'être rapportée ; il est utile de la conserver, parce qu'il serait possible qu'un protecteur des arts voulût réparer la perte que la science a faite, lorsqu'une des glaces de cette lentille a été cassée. La cause de cet événement n'a jamais été bien connue.

M. de Bernières commença par établir un four dans lequel on moula un bassin ; il lui donna la courbe qu'il voulait faire prendre à la glace : le moyen employé pour l'obtenir est absolument le même que celui avec lequel on fabrique les bassins à polir les verres : nous l'avons décrit précédemment. La glace placée sur ce bassin, le four fut chauffé lentement et par degrés : il fallait amener la glace à se ramollir sans se fondre, et puis lui faire gagner le fond du moule, la forcer à s'y appliquer immédiatement et sur tous les points, en sorte que l'on en obtînt une figure parfaitement régulière ; on la chargea donc peu à peu avec du sable ; on en mit moins sur les bords, davantage au centre ; ce fut ainsi qu'après plusieurs essais infructueux et de fortes dépenses, on obtint la plus puissante lentille qui ait existé. Elle a servi aux plus belles et aux plus concluantes expériences qui aient été faites par Lavoisier, et par d'autres membres de l'Académie, sur la combustion des corps et la fusibilité des minéraux. Cadet et Brisson, tous deux membres de l'académie, entreprirent un très-beau travail sur la puissance des divers fluides pour réfracter les rayons : ils reconnurent d'abord, que cette force est généralement parlant, en raison directe de la densité ; et que la nature des fluides, exerce aussi une action sur la réfraction. Il y a cependant quelques exceptions à la première proposition ; l'eau-forte est dans ce cas. Ces savans firent usage d'une lentille beaucoup plus petite dans leurs recherches ; elle n'avait qu'un vide intérieur de cinq pouces huit lignes de diamètre, sa courbure était de neuf pouces de rayon. L'eau distillée donna le foyer le plus long, la thérébentine liquide le plus court. Le premier avait treize pouces cinq lignes, et le second seulement sept pouces onze lignes. La liqueur saline à laquelle ils trouvèrent la plus forte réfraction est la solution du sel ammoniac à la dose de quatre onces deux gros cinquante grains par livre d'eau ; la distance du foyer était de onze pouces.

Nous avons énoncé que les effets de ce verre ardent, étaient bien plus considérables que ceux de la lentille de Tchirnausen ; voici la comparaison qui en fut faite. Une pièce de deux liards fondit en une demi-minute avec la première, tandis qu'avec la seconde elle resta intacte, ne fit que se ramollir, et devenir concave.

Un gros sou s'y comporta comme la pièce de

2 liards : des copeaux de fer forgé s'y fondirent parfaitement et avec une grande promptitude.

Un fait intéressant se présente dans toutes ces combustions ; c'est la marche différente que suivent les rayons en traversant le centre de la lentille, et la force différente aussi, pour la combustion, dont jouissent ceux qui la traversent vers les bords. Ces derniers se réunissent à dix pieds six lignes de distance du centre de la lentille, tandis que les autres se rejoignent seulement à celle de dix pieds onze pouces cinq lignes; ils se portent donc à près de 11 pouces au-delà des autres. L'expérience a prouvé encore, et cela conformément à la théorie, que les rayons, dont la convergence était la plus courte, jouissaient d'une plus grande puissance, et produisaient la combustion plus rapidement que ceux du centre. Il faut remarquer que les rayons qui traversent le centre sont ceux qui en optique donnent les images les mieux terminées ; mais considérés dans les verres ardens, ce sont ceux des bords qu'il convient d'employer préférablement.

Mégalascope, ou *Triloupe*, instrument portatif propre à étudier des insectes, des fleurs et les parties les plus délicates des plantes, au moyen de trois verres qui se combinent entr'eux, ou dont on peut user séparément. *Voy. fig.* 14, *pl.* 13.

DES PARTIES DE L'OEIL.

Muscles droits, sont les quatre principaux muscles qui mettent l'œil en mouvement ; le premier placé en dessus est le *muscle releveur*.

Le deuxième placé en dessous se nomme *abaisseur*.

Le troisième, situé du côté du nez, s'appelle *adducteur*, *liseur*, *buveur*.

Le quatrième se trouve dans la partie opposée de l'œil, et est appelé *abducteur*, *dédaigneux*.

Muscles obliques, ou trochléateurs. Le grand oblique embrasse la partie postérieure du globe de l'œil.

Le petit oblique tient aussi l'œil par derrière, et s'attache au petit angle extérieur.

L'œil est l'organe qui exprime le plus distinctement les mouvemens de l'ame, et ces six muscles sont les agens de cette expression.

L'œil est un globe composé d'une grande quantité de parties différentes ayant toutes des fonctions diverses, que nous décrirons à leurs articles respectifs.

Orbite. Cavité dans laquelle l'œil exécute tous ses mouvemens ; le fond est recouvert d'une couche de graisse, sur laquelle les frottemens deviennent insensibles.

Trou optique. C'est celui par lequel le nerf qui porte ce nom sort de l'intérieur de la tête, pour se rattacher au globe de l'œil.

Paupières. Ce sont les deux membranes qui recouvrent le globe de l'œil et qui par la rapidité spontanée de leur mouvement, le préservent à chaque instant de tout ce qui le heurterait d'une façon nuisible. Dans le sommeil elles se rejoignent et l'embrassent dans leurs contours, elles le défendent contre l'accès de la lumière. On a cité des individus qui faisaient exception à cette règle générale, et dormaient les yeux ouverts, parce que cette exception est fort rare.

Grand canthus, Petit canthus. Ce sont les deux angles de l'œil dans lesquels les paupières se rejoignent ; le grand est celui qui se trouve près le nez, le petit celui de l'extérieur du côté des tempes.

Cils et sourcils, sont les poils qui garnissent le bord des paupières, et le dessus de l'orbite de l'œil ; les sourcils ont un emploi dans l'économie animale que nous devons indiquer à ceux qui trouvent plus importans de conserver leur vue que de mettre une recherche puérile dans leur toilette. Un sourcil bien arqué, très-noir et bien rangé, étant un agrément dans la figure, quelques personnes espèrent se le procurer en usant tous les soirs, avant de se coucher, d'une légère couche de pommade. Elles ignorent que les poils sont autant de conduits, par lesquels la transpiration insensible s'effectue d'une manière très-active. Un corps gras interrompt cette utile émanation en bouchant les pores, et les humeurs qui se seraient évaporées pendant le sommeil, se reportent sur l'œil, elles y peuvent causer de funestes ravages. Nous tenons d'un observateur attentif qui avait plusieurs fois répété cette expérience, que le matin au réveil il se trouvait la vue trouble, l'œil embarrassé dans ses mouvemens, les cils surchargés d'une humeur visqueuse; ce n'était qu'après plusieurs bains de l'œil dans l'eau tiède que tous ces accidens disparaissaient.

Cornée. Tunique extérieure de l'œil. Elle est opaque dans le fond, et cette partie porte le nom de *sclérotique;* la portion qui est en saillie est la cornée transparente.

conjonctive membrane très-mince qui attache le blanc de l'œil aux paupières.

Blanc de l'œil est la seconde enveloppe du globe de l'œil. Cette membrane garnie d'une mucosité noirâtre s'appelle *uvée*, et sa partie postérieure *choroïde.* L'uvée est composée d'une multitude de petites fibres diversement colorées, ce qui lui fait prendre le nom d'iris.

Pupille ou *prunelle*, trou placé au centre de l'iris ; c'est par lui que les rayons de lumière entrent dans l'œil. Sa dilatation varie suivant les individus; cette différence va de 0,18 à 0,27 de pouces.

Cristallin, assemblage de petites lames très-minces formant une espèce de lentille comme celles employées en optique, et enveloppé dans une espèce de petite bourse qui renferme une humeur, nommée *humeur de morgagni*; celle-ci baigne les fibres du cristallin.

Humeur vitrée, masse transparente sur laquelle repose le cristallin et que les rayons de lumière sont forcés de traverser, pour arriver à la rétine.

Rétine, membrane interne de l'œil formée en réseau blanchâtre par les fibres les plus délicates du nerf optique. C'est sur ce tissu délicat que viennent se peindre les objets qui sont en vue du cristallin.

Telles sont les parties de l'œil. C'est dans le texte même qu'il convient de suivre les admirables et nombreux phénomènes de la vision. C'est là que l'on reconnaîtra sans peine que le créateur de l'organe est aussi l'auteur des lois de l'optique, et qu'il s'est joué dans son ouvrage.

Atrophie. Ce mot, tiré du grec, comme le sont presque tous ceux usités en médecine et dans les sciences exactes, signifie défaut de nourriture. L'atrophie de l'œil dont nous devons seulement nous occuper dans cet ouvrage, est une maladie qui affecte cet organe, comme elle le peut faire de toute autre partie du corps; cet esprit de vie répandu dans tous les êtres animalisés éprouve des aberrations dont les effets sont aussi terribles que bien souvent la cause en est inconnue; l'œil atrophié languit, ses membranes perdent leur ressort, il n'y a plus de réaction réciproque entre les parties fluides et solides : enfin les effets de la vision éprouvent des dérangemens proportionnels à cet état de désordre du principe nourricier. L'atrophie est un état de déperdition de vie, dont la recherche appartient en entier aux connaissances du médecin. Nous nous bornerons à dire que les excès dans les plaisirs, ont un effet terrible sur l'organe de la vue.

Vision. C'est l'acte par lequel les objets extérieurs deviennent sensibles à l'œil. C'est véritablement une espèce de contact qui s'établit entre nous et l'objet regardé.

Il est bien plus facile d'exprimer le bonheur qu'il y a à jouir de la vue, et de peindre le ravissement que les beautés de la nature nous causent que de déduire les moyens par lesquels les objets extérieurs nous deviennent sensibles. Le mécanisme de l'œil nous est connu ; nous savons que dans l'absence de la lumière cet organe reste oisif : c'est donc à elle qu'il doit son utilité ; mais comment se fait il que cette même lumière lui apporte les objets extérieurs, qu'elle les lui fasse toucher, comment s'en pénètre-t-elle sans qu'il y ait cependant aucun déplacement de parties parmi eux ; car tel est le phénomène de la vision. Voilà ce qui a occupé de tous tems les philosophes, et ce que les savans ont cherché à expliquer. Nous croyons qu'il ne sera pas sans intérêt pour nos lecteurs de connaître ce qu'ont pensé sur cet objet les plus beaux génies de l'antiquité, et ceux qui de nos jours ont fait faire de si grands progrès aux sciences physiques.

Les anciens philosophes se divisaient en de nombreuses écoles. Dans chacune d'elles, le maître avait dit, les disciples ensuite soutenaient sa doctrine ; et comme la science expérimentale, la seule qui force la nature à violer ses secrets, comme cette science dis-je, leur était presque totalement inconnue, c'étaient les hypothèses du maître que l'on prétendait à expliquer ; ces explications n'étaient elles-mêmes que de nouvelles hypothèses. Chacun s'empressait à couvrir de voiles nouveaux, et toujours plus épais, cette même nature déjà si difficile à entrevoir. La sévérité de ce jugement exige des preuves, en voici :

Les Platoniciens et les Stoïciens se faisaient l'idée de deux natures de lumière; (il eût été mieux de dire de deux modifications de la lumière), par l'une ils se représentaient un fluide remplissant tout l'espace, par l'autre celui de rayons lancés des corps lumineux et venant frapper l'œil. Les rayons lancés et la lumière de l'espace se combinant ensemble, se saisissaient pour ainsi dire des objets qui alors devenaient visibles. Cette union de la lumière et des corps faisait acquérir à celle-ci une modification d'après laquelle elle pouvait occasionner sur l'œil une impression capable de nous donner la sensation de l'objet.

Les Epicuriens supposaient une émanation continuelle sortant des objets, s'emparant ainsi de leurs images et les portant dans l'œil.

Les Péripatéticiens tenant à une portion de cette doctrine, soutenaient en outre que cette émanation était incorporelle, et ils la nommaient *espèce intentionnelle*.

Je me suis proposé seulement de faire connaître les systèmes des anciens, mais non de les rendre intelligibles; je doute même qu'ils le fussent pour ceux qui les avançaient. Les beaux-arts seuls, avaient fait d'immenses et rapides progrès chez les grecs, les sciences physiques y étaient restées en arrière.

Aristote, dont le génie a souvent suppléé aux connaissances qui n'étaient point encore acquises, a proposé une autre opinion; elle ne s'écarte presque point de la vérité, mais les faits lui manquant à l'appui, on voit qu'il a le pressentiment du vrai, sans en connaître les preuves.

Les objets, dit-il, impriment du mouvement à quelque corps intermédiaire placé entr'eux et l'œil; cet organe par l'impression que ce mouvement lui fait ressentir, éprouve la sensation, qui produit l'acte de la vue. Ce n'est pas, ajoute-t-il, la matière même des corps que nous recevons, mais seulement leurs apparences.

Les savans modernes, à la tête desquels sont Descartes et Newton, tiennent à peu-près le même langage qu'Aristote; et quoiqu'ils diffèrent entr'eux sur plusieurs points de théorie, ils conviennent tous des phénomènes relatifs à l'action de la lumière.

Descartes supposait l'espace rempli d'une matière subtile mise en mouvement par l'action du soleil, et les vibrations de cette matière refléchie par la surface des objets, produisaient sur l'œil une impression d'où naissait l'action de la vue.

La vision, dans le sentiment de Newton, est l'effet des vibrations d'un milieu très-délié qui pénètre tous les corps ; les rayons de la lumière mettent en jeu au fond de l'œil ce même milieu, qui existe donc ainsi par-tout, et la sensation produite par l'objet regardé, est ce qui nous le fait connaître.

Marivetz croit l'espace rempli par le fluide de la lumière ; elle y est mise en jeu par l'impulsion qu'elle reçoit du soleil, et elle est douée d'une élasticité si parfaite que l'angle de réflexion est égal à celui d'incidence. En effet, seule dans la nature, elle reprend le niveau avec le point d'où elle a été lancée. L'œil a été préparé par le créateur pour être sensible à toutes ces vibrations de la lumière, et la sensation qu'elle produit sur lui, est l'effet des vibrations des molécules du fluide qui, ainsi que nous l'avons dit, remplit l'espace et pénètre tous les corps ; leur pénétrabilité par ce fluide, est la cause immédiate de la vision. La lumière vibrant dans l'espace et tombant sur les corps opaques y met en mouvement le fluide dont ils sont pénétrés. A leur tour ces corps renvoient de tous côtés des rayons colorés ; ils les lancent vers tous les points d'un hémisphère dont ils deviennent le centre. Euler, dont Marivetz s'appuie dans ce passage, regardait cette lumière renvoyée, comme le produit de nouveaux rayons, partant des surfaces des corps colorés : il existe donc une réaction perpétuelle entre la matière de la lumière, et tous les corps de la nature.

Les vibrations qui appartiennent aux nouveaux rayons que ces corps renvoient, sont différentes suivant l'effet qu'elles doivent produire sur l'œil; cet organe approprié pour elles comme l'oreille l'a été pour les vibrations de l'air, reçoit les diverses impressions, qu'elles sont par leur nature destinées à lui communiquer ; de-là naissent pour nous des sensations qui rapportées au cerveau arrivent au siège commun des idées. C'est ici qu'il faut dire avec le célèbre et malheureux Bailli : « La nature agissante est sous « un voile éternel... Les premiers effets sortis « de ses mains, sont pour nous des causes « primordiales. »

Qui osera donc vouloir expliquer la manière dont un effet purement physique, donne naissance à toutes les opérations de l'ame ? c'est-là que le créateur a mis son sceau, il serait naturel sans doute de chercher à pénétrer plus avant, mais il est facile de reconnaître notre impuissance.

Tous les savans dont nous venons de rapporter les opinions ont admis un milieu transmettant à l'œil les sensations. On voit que c'est l'idée émise primitivement par Aristote, mais c'est uniquement la science expérimentale qui a pu démontrer aux modernes, que la lumière était ce milieu agissant.

Descartes a prouvé par une expérience fort ingénieuse que les objets se peignent au fond de l'œil sur la rétine. C'est par les rayons directs qu'ils nous renvoyent, que leur image y est apportée. S'il est permis de prendre l'analogie pour guide, n'est-ce donc pas lorsqu'elle nous présente dans deux circonstances des phénomènes semblables ; ainsi nous pourrions dire que la lumière dont l'existence dans l'espace, n'est contestée par personne, soit qu'elle s'y trouve par une émisssion continue du soleil ou par une collocation première, la lumière disons-nous exerce son action sur l'œil pour lui rendre les corps extérieurs sensibles, de la même manière que l'air le fait sur l'oreille pour les sons. Tous deux sont des fluides élastiques, ils agissent également par les vibrations qu'ils reçoivent celui-ci du corps sonore, cet autre des corps opaques.

Le décroissement d'intensité de tous deux suit la même loi, il s'opère en raison de l'augmentation du carré de la distance. C'est-à-dire que la lumière sera cent fois plus foible à 10 pieds du corps lumineux, qu'à un pied, parce qu'elle s'y répand sur une surface cent fois plus grande. En effet, le carré de 10 est cent, puisque tout carré est le produit d'un nombre multiplié par lui-même. Les effets de la lumière sont certainement aussi plus énergiques que ceux du son, puisqu'elle se meut avec une plus grande rapidité; celui-ci parcourt seulement 190 toises par seconde, tandis que dans le même intervalle de tems, la lumière en parcourt environ 79,000. C'est ainsi qu'elle met seulement à peu près 7 minutes à venir du soleil, jusques à nous. Sa vîtesse est 900 mille fois plus grande que celle acquise par le boulet lorsqu'il sort du canon. Terminons par un autre trait d'analogie, bien précieux. C'est la réflexion de la lumière par les miroirs, tout à fait semblable à celle de l'air par les corps solides. Ceux-ci renvoient les vibrations de l'air, et l'écho répond à nos plaintes ou s'empresse de sourire à nos jeux. Les miroirs, voilà l'écho de la lumière, et ce n'est pas celui-ci que l'on consulte le moins souvent. Après avoir mis sous les yeux de nos lecteurs ce que nous avons cru propre à les intéresser dans l'histoire de la vision, il nous paraît nécessaire de leur faire connaître quelques-uns des accidens auxquels elle est exposée. Nous avons reconnu les vibrations de la lumière comme étant les causes de la vision, mais leur trop grande force, leur abondance extrême nuisent à l'organe sur lequel elles exercent leur action. La pupille qui a la propriété de se dilater et de se contracter, selon le besoin d'admettre plus ou moins de rayons, éprouve une espèce de paralysie, lorsqu'elle ressent les effets de la lumière d'une manière trop subite ou trop forte. Nous savons tous que l'on ne peut fixer long-tems un corps très-brillant, et plusieurs personnes sont devenues aveugles, ou elles ont du moins considérablement affoibli leur vue en fixant le soleil. Un mémoire publié en l'an 10 par M. Famin, notre confrère à l'Athénée des arts, contient le fait suivant qui lui est personnel. Il faisait des expériences avec le microscope solaire, un nuage épais couvre le soleil, et plonge tout à coup la pièce dans une obscurité profonde; la durée de ces ténèbres se prolongeant, M. Famin sort et passe à une fenêtre voisine pour observer quel sera le moment où il pourra reprendre ses expériences; à l'instant même le soleil se découvre et la foule de rayons lancés est telle, que l'observateur dont la pupille était très-dilatée, perd la vue et ne la recouvre qu'après un séjour de 3 à 4 heures dans un lieu extrêmement obscur. L'accident pouvait durer plus long-tems, ou produire des effets plus désastreux dans la suite. Ce fait a conduit M. Famin à juger que l'emploi continu des lampes à double courant d'air pouvait devenir fatal à la vue. Nous pensons que cette conclusion un peu sévère pourrait être modifiée, si l'on fait usage de globes de crystal dépoli, ou au moins de transparents de gaze ; mais nous insisterons pour que ce soit dans un local vaste, que le corps lumineux soit en outre suspendu plus haut que la tête, et par conséquent qu'il ne soit point employé pour un travail suivi.

La vision sans laquelle un si grand nombre de choses nous demeurerait entièrement inconnu, ne suffit pas pour nous donner une idée juste des formes. C'est la main qui complète la sensation. M. Vasse a ingénieusement traité cette question dans un mémoire lu à l'Athénée des arts et qui n'est point imprimé ; il demande de l'indulgence pour les enfans qui touchent à tout ce qu'ils voient. C'est leur inexpérience, dit-il, « qui cherche à s'éclairer. Plus
» grands et mieux instruits, ce serait chez eux
» un défaut dont l'éducation devra les guérir,
» mais pardonnons leur cette envie lorsqu'elle
» n'est encore produite que par le besoin de
» connaître toute la vérité. ».

Milieu. Cette expression revient souvent dans un ouvrage sur l'optique, le sens dans lequel elle s'y trouve étant détourné de l'acception commune, il nous paraît nécessaire d'en donner une courte explication. On entend par milieu un corps qui peut se laisser pénétrer par un autre, soit que ce second corps y existe ou non en mouvement. L'air est le milieu dans lequel les animaux et les plantes vivent; l'eau est celui dans lequel seul, les poissons peuvent exister; le verre se laissant pénétrer par la lumière est aussi pour elle un milieu. On a vu dans le cours de cet ouvrage, que les milieux varient en densité, et que suivant la plus ou moins grande force de celle-ci, les rayons lumineux étaient plus ou moins réfractés, et en outre, que du passage d'un milieu à l'autre, la lumière changeait la route qu'elle avait suivie dans le précédent, soit pour se rapprocher de la perpendiculaire, soit pour s'en écarter.

Orifice. Ce mot signifie bouche, embouchure. Il faut distinguer dans chaque mot, sa physionomie propre; et telle est celle du terme dont nous nous occupons, que tout en signifiant l'extrémité ouverte d'un corps quelconque, il emporte avec lui l'idée de la clôture des parois de ce corps. On dira donc avec justesse, l'*orifice* de ce vase, de ce tube, de ce verre, de cet intestin, parce que chacun de ces noms joint avec lui l'idée d'une circonférence close.

de toute part, excepté aux extrémités. Mais on ne dira point l'orifice d'un fleuve, quoique l'on en dise la bouche et l'embouchure.

Tam-Tam. Prononcez *Tame-Tame.* C'est le nom d'un instrument chinois, dont les sons lugubres jouent un grand rôle dans les prestiges de la fantasmagorie. Il faut se représenter une lame circulaire de métal ayant des rebords de deux à trois pouces de haut. Cela figure assez bien un couvercle de métal; les sons lugubres qu'il rend, tiennent à la nature de sa configuration, et de son alliage : celui-ci, ne nous est pas bien connu. Les *Tam-tam* qui existent en Europe y sont venus par la voie du commerce. On a essayé d'en fondre ici, mais on n'a point réussi à en obtenir d'un grand diamètre et d'un son pareil à ceux de la Chine. La lame n'a qu'une demi-ligne d'épaisseur, elle offre dans sa cassure des lamelles appliquées les unes sur les autres, et formant des facettes. La couleur en est brillante, tirant un peu sur le jaune, en sorte qu'il est facile de reconnaître que le cuivre y domine; mais quelles en sont les proportions ? Cet alliage est-il le résultat de quelqu'autre métal joint à l'étain qui certainement y existe? Voilà ce que l'analyse chimique ne nous a point encore dit et ce qu'elle nous révélerait bientôt, si nous avions eu un intérêt majeur à l'apprendre; mais nos compositeurs n'ont fait entendre le son funèbre du *Tam-tam* que dans l'opéra de *Roméo et Juliette*. Deux ou trois spectacles de fantasmagorie les ont employé pour effrayer leurs spectateurs, et c'est à cet usage, comme l'on voit très circonscrit, que cet instrument est réduit en France; il y a donc eu peu d'intérêt à s'occuper de les multiplier. Ainsi, que l'on ne croye pas que ce soit à la prétendue supériorité des Chinois dans certains arts, que soit due la fabrication exclusive du *Tam-tam*; ce peuple n'est pas même le seul qui en connaisse l'art. Les Thibetains en savent fondre, et leurs gylongs, comme les bonzes à la Chine ne célèbrent point de cérémonies religieuses ou de fêtes publiques, que des *Tam-tam* de toutes dimensions, et il y en a de prodigieuses, ne fassent entendre leurs sons éclatans. Tout Chinois qui veut porter ses plaintes à l'empereur, peut aller frapper le *Tam-tam* suspendu aux portes du palais impérial.

Catacombes. Ce sont de vastes souterrains dans lesquels on enterrait les morts. Celles de Rome sont célèbres non-seulement par leur étendue, mais en outre parce que dans le tems des persécutions exercées contre les chrétiens sous les empereurs payens, elles ont servi de lieu de sépulture à une grande quantité de martyrs.

Diaphragmes. A prendre ce terme dans son sens propre, il signifie un large muscle qui sépare la poitrine du bas ventre, et qui est le principal muscle de la respiration ; mais il n'est employé ici que par analogie ; on donne donc ce nom à toute espèce de cloison qui sépare les deux portions d'un entier. La toile de crin ou de soie d'un tamis, peut en être considérée comme le *diaphragme.*

Fantasmagorie. On comprend sous ce nom, l'art de produire les illusions de dioptrique, qui effraient tant de femmes et d'enfans, et font sourire les gens instruits ; ce nom se donne aussi au spectacle même. Il est composé de deux mots grecs (1) qui signifient *troupe de fantômes.* C'est en tourmentant l'imagination active des personnes qui sont dépourvues d'instruction, que l'on obtient sur elles le plus grand empire. Robertson, lorsqu'il tint son spectacle à Paris, usait avec beaucoup d'adresse de toutes les ressources que la science offrait à son adroite imagination. Tandis que la plus grande partie des spectateurs était occupée à

---

(1) Φαντασμα αγορα.

lui voir faire des expériences d'électricité ou de chimie, un trou circulaire s'ouvrait vers un angle du salon. Les curieux s'y portaient les uns après les autres, le trou était profond et l'on appercevait dans le lointain une tête de mort. Cette vue qui n'avait rien de flatteur pour des personnes rassemblées dans le dessein de s'amuser, commençait à disposer celles dont les nerfs sont délicats et très-irritables, à recevoir rapidement des impressions lugubres.

Les femmes si accoutumées à soumettre tout, n'exercent pas un empire également étendu sur leur propre imagination. Celle-ci les entraîne souvent bien loin au-dela du but, aussi était-ce sur ses spectatrices que Robertson cherchait à produire, et produisait effectivement des effets marqués de terreur. Les esprits disposés à l'effroi par la vue presque magique de cette tête hideuse, on entrait dans une vaste salle bien ténébreuse, ou plutôt dans un tombeau même, tout y était tendu de noir. Un discours assorti aux convenances propageait les inquiétudes, les lumières s'enfonçaient dans des cylindres à ressort, puis l'une d'elles triste et tramblotante revenait tâcher de luire. Robertson se présentait alors, et d'un ton grave et solemnel, priait les personnes dont l'effroi était déjà trop grand, de se retirer. J'ai vu quelques femmes s'empresser de répondre à l'invitation, et donner certainement par cette fuite un secret plaisir à l'adroit physicien, qui souriait intérieurement de leur crédulité, et se réjouissait de son empire. Nous avons exposé dans le chapitre où nous traitons de la fantasmagorie, les moyens qu'elle emploie pour produire ses illusions ; afin de compléter ici ceux de tranquillité, nous donnerons à nos lecteurs le détail bien simple de l'apparition de cette tête. On n'en voit que le spectre (*voyez* ce mot à la suite de cet article) ; on éclaire fortement l'objet dont on veut présenter l'image. A une distance calculée on met un miroir concave, et cette distance est composée des trois huitièmes du diamètre du miroir employé. L'objet est placé dans une position inverse de celle, dans laquelle on doit le voir. Nous rappelons ici ce que nous avons dit des miroirs concaves à leur article. Tout cet appareil se pose dans un ensemble de cloison de menuiserie, formant une large boîte, dont une partie ouverte à l'œil du spectateur lui présente non les spectres évoqués par une épouvantable magie, mais les jeux de la science, et pour ainsi dire les égaremens de sa propre imagination. Tel est ce que nous nous sommes proposés de dire, pour tâcher de plaire par un récit, également éloigné des pénibles profondeurs de la science et des arides détails de celui qui donne des mesures et des calculs pour produire ces grandes merveilles.

Spectre. En optique ce mot exprime l'image colorée que forme sur un corps opaque, les rayons de lumière rompus et écartés par le prisme. Les rayons du soleil, reçus sur un miroir plan, et réfléchis sur un mur formeront un effet lumineux ; ce sera le spectre proprement dit. C'est ainsi que dans l'article précédent nous avons annoncé que c'était uniquement le spectre de la tête que l'on aperçoit, puisqu'effectivement c'était son image réfléchie qui seule frappait l'œil du spectateur.

Fantascope; dont nous traduisons l'idée plutôt que le sens littéral, signifie corps transparent dans l'acception des mots grecs, une vision fantastique (1). La lecture du chapitre 23 de cet ouvrage, aura effectivement appris que ce sont des figures peintes sur verre dont l'image est portée sur la toile, et comme il n'y a point de corps réel, puisque c'est une peinture transparente dont le spectre se peint sur le rideau qui est devant le spectateur, le nom imposé nous a paru devoir être reçu pour la commodité de l'expression.

---

(1) Φαντασια et σκιπω.

Stéréoscope. Corps opaques; l'expression grecque signifie corps solides (1), l'opacité dépendant ici de la solidité des objets que l'on expose dans l'appareil, nous avons préféré le sens d'analogie à la traduction littérale, mais nous devons en avertir nos lecteurs. Nous avons surtout été déterminé à prendre cette acception par l'opposition naturelle qui se trouve entre les titres de corps transparens et de corps opaques, qui désignent parfaitement le genre des prestiges opérés.

Opsiomètre. Mot qui signifie mesure de la vision; il est composé de deux mots grecs (2).

D'après le sens même du mot, on voit quel est l'usage de cet instrument, c'est celui de faire connaître l'étendue de la vision chez les personnes qui ont besoin de choisir des verres, pour soulager leur vue, ou pour en augmenter la portée. On a lu dans le cours de l'ouvrage la demande que faisaient depuis plusieurs années des savans et des médecins, d'une échelle commode et sûre, pour faciliter le choix de verres convenables. Ce qu'ils me disaient pour exciter mon zèle était sans doute suffisant, mais ce que je voyais chaque jour arriver aux personnes qui m'honoraient de leur confiance,

---

(1) Στερεος σκοπεω. (2) οτιοσ μερον mesure de la vue.

augmentait encore en moi le vif désir de
les tirer de l'embarras qu'elles éprouvaient,
lorsque pour la première fois surtout, elles
faisaient le choix de lunettes. Il est bien important de ne pas prendre de numéros trop
forts, car l'œil en éprouve une contraction
qui l'affoiblit, et cet organe se répare si difficilement que l'on ne peut mettre trop de soins à
lui éviter la moindre lésion. L'inégalité de portée,
entre les rayons visuels des deux yeux rend
encore le choix fait par tâtonnement plus
dangereux. Une personne choisit des verres ;
un d'eux se trouve-t-il convenir au foyer de
l'un de ses yeux, elle voit bien, et croit voir des
deux yeux ; il n'en est rien cependant, l'œil
qui se trouve au foyer le plus court demeure
sans exercice, son inaction le rend encore plus
foible, et il finit par s'affoiblir à un point tel,
que le nerf optique de celui qui travaille seul,
en ressent une altération dangereuse. L'instrument que j'ai construit remédie à tous ces inconvéniens, et cela d'une façon prompte et
certaine. Je place un rapporteur, sur lequel est
fixé un papier imprimé, hors de la portée de
la vue de la personne, puis je le rapproche
d'elle, successivement, jusques au point où
elle peut lire sans effort ce qui est écrit ; sur
les deux tringles entre lesquelles glissé le rap-

porteur sont gravées des divisions indicatives de la portée de la vue. On s'assure donc sans aucun tâtonnement, sans que l'œil éprouve la moindre fatigue, du choix que l'on doit faire. La même facilité existe pour vérifier la portée de chaque œil. Il suffit de relever alternativement devant chacun d'eux, une plaque de métal, en sorte qu'il n'y en ait qu'un seul qui puisse agir ; l'épreuve se répète et l'on constate si le degré se trouve semblable pour chacun agissant séparément, ou s'il diffère. L'expérience m'a prouvé que cette méthode était plus facile pour le public que celle de l'optomètre d'Young. Son instrument est basé sur ce fait d'optique. Percez dans une carte deux trous d'épingle à une distance moindre entre eux que n'en présente le diamètre de la pupille ; l'ouverture de celle-ci, existe entre 18 centièmes de pouces, et 27 centièmes ; il résulte de cette variation qu'il faut chercher par le tâtonnement quelle est la distance qui convient aux pupilles chez les différens individus. C'est déjà un inconvénient : si donc après que ces deux trous sont percés convenablement, on regarde par eux un objet quelconque, l'image sera unique sur la rétine, dans le cas où l'objet se trouvera être à une distance de l'œil égale au foyer de la vision parfaite. Mais dans toute autre position l'image sera double, et l'objet paraîtra l'être aussi. D'après cela Young prend une bande de carton d'environ 8 pouces de long sur un pouce de large, il trace une ligne noire dans le milieu de cette bande et dans le sens de sa longueur. On relève du côté de l'œil, l'extrémité de la bande à angle droit : cela fait l'effet d'un rebord de boîte; on y pratique une ouverture d'un demi-pouce en carré, et l'on applique contre cette espèce de fenêtre, une petite pièce de fort papier dans lequel on a placé des fentes longitudinales de largeurs différentes et dans le sens vertical. On leur donnera depuis un quarantième de pouce jusqu'à un dixième. Chaque observateur choisit celles qui conviennent à sa pupille. Alors regardant la ligne noire, on fait marcher un petit index que l'on arrête à l'endroit où cette ligne cessera de paraître double, et où elle semblera devenir entièrement convergente, ce point de convergence donnera celui du foyer réel de l'œil. La même opération se répète pour l'autre œil; et l'on a ainsi la mesure de la vision. Mais si l'on considère combien cette observation demande de soins et de délicatesse pour ne pas être fautive, ou au moins pour être entièrement complète, combien il est intéressant que les fentes longitudinales soient proportionnées aux pupilles des observateurs, afin que le foyer soit obtenu dans toute sa vérité, on conviendra j'espère avec moi, que la machine que j'ai donnée, réunit au plus haut degré la facilité de l'observation et la certitude.

Parabole, courbe parabolique. Cette expression, qui se reparoît plusieurs fois dans le cours de cet ouvrage, est nécessaire à expliquer. Une parabole est une ligne courbe dont la propriété est de ne jamais revenir sur elle-même. On distingue en géométrie deux espèces de lignes. La ligne droite, qui est celle dont tous les points sont dans la même direction. Les lignes courbes sont d'une infinité d'espèces et elles ont de tout tems exercé les géomètres. La parabole est l'une de celles qui se représentent le plus souvent. Une bombe d'artillerie lancée par un mortier dans le siège d'une place, décrit une parabole. Je fais cette distinction parce que celles de nos feux d'artifice s'élèvent perpendiculairement, et par conséquent parcourrent une ligne droite.

Racine carrée. Nous avons plusieurs fois été obligé d'employer le terme de carré, et nous avons alors expliqué ce qu'il signifiait, nous nous bornerons à dire ici que le nombre qui a servi à se multiplier lui-même s'appelle *racine carrée.* 8 multiplié par 8 donne

64. Celui-ci est le produit ou carré dont 8 est la racine.

Axe, qui vient du grec αζων, signifie essieu. Ainsi lorsqu'on dit l'axe de la terre, l'axe d'un corps, on entend exprimer, si le mot est pris dans le sens réel, l'essieu sur lequel ce corps tourne et se meut. Mais très-fréquemment il n'est employé que d'une manière figurée, comme dans cette première phrase, l'axe de la terre; dans celle-ci on présente l'idée d'une ligne qui, tirée à travers le globe, est censée le traverser en ligne droite; c'est autour de cette ligne, qui est véritablement une fiction, que suivant l'expression, la terre tourne. Une comparaison qui semblera peut-être bien familière rendra ceci très-facile à comprendre, mais nous ne pouvons pas perdre de vue que nous voulons nous faire entendre de ceux à qui la langue de la science n'est pas familière. Un enfant prend un moule de bouton et le traverse d'un petit morceau de bois qui lui sert à le faire pirouetter. Ce morceau de bois est l'axe autour duquel le moule de bouton tourne, et c'est l'idée de ce mouvement que l'on veut exprimer en disant que la terre tourne autour de son axe. Un axe peut être droit, ou incliné, ou horisontal.

N. B. Nous avons renvoyé, page 251, cette note à la

fin de ce dictionnaire. Les mesures des ouvertures et des puissances des télescopes que nous avons insérées, sont extraites de l'optique de Smith et d'autres ouvrages de même nature. Il est donc indispensable de donner ici leur rapport avec les mesures françaises, c'est-à-dire, tant avec celles qui étoient en usage qu'avec le mètre qui est notre mesure légale. Le pied français de 12 pouces, équivaut à 12 pouces 9 lignes, ou plus exactement 12 pouces et $4/5$ du pied anglais.

Il a été constaté par un très-beau travail fait par MM. Prony, le Gendre et Mechain, que la température étant de 12 dégrés, 75 du thermomètre centigrade, le mètre répond à 39 pouces anglais et 3781 dix millimètres.

DISSERTATION

SUR LES INSTRUMENS DE MÉTÉOROLOGIE
ET D'ARÉOMÉTRIE:

Manière de les construire, et leur usage.

BAROMÈTRE.

L'INSTRUMENT qui porte ce nom est d'un usage si général, qu'il pourra au premier abord paraître étonnant que j'en aie fait l'objet d'une dissertation méthodique ; mais l'expérience m'a appris que cette dissertation pouvait être nécessaire, car presque journellement on m'adresse des questions auxquelles la confiance même que l'on m'accorde me fait une loi de répondre : et cependant comme elles se répètent toutes à peu près, il en résulte pour moi un travail journalier, tandis que pour les autres ce n'est qu'une instruction plus ou moins complète ; l'envie d'épargner les répétitions me fait souvent supposer connu, ce qui n'est pas l'objet d'une question directe, et j'ai cependant été plus d'une fois à même de reconnaître que l'omission faite de la question venait ou d'un oubli, ou de ce que le fait était ignoré.

Le baromètre marque-t-il le beau tems pendant qu'il tombe de la pluie, l'instrument est regardé comme fautif, le constructeur soupçonné de n'y avoir pas apporté tous les soins nécessaires.

Se tient-il constamment plus haut ou plus bas que celui d'un voisin, sa construction est encore suspectée d'être vicieuse. On ne s'occupe point à examiner si d'ailleurs il est sensible à tous les changemens qu'éprouve l'atmosphère ; si relativement à la marche qu'il conserve avec l'instrument voisin, soit en plus ou en moins d'élévation du mercure, il indique dans le plus grand nombre de cas avec régularité ce qui arrive dans l'air. Les deux instrumens peuvent être également bien faits, et avoir une marche régulière quoiqu'elle ne soit pas la même. Mais l'un sera placé dans une vallée, l'autre sur une hauteur; leurs colonnes seront donc inégales, parce qu'ils ne seront pas l'un et l'autre placés sous une colonne d'air d'une égale longueur. Le baromètre de la plaine se tiendra plus haut, et celui de la montagne plus bas.

Nous verrons plus loin, la marche respective de ces deux instrumens devenir un moyen certain de mesurer les diverses hauteurs des montagnes ou des grands édifices, et donner lieu à les comparer entre elles. Ainsi ce qui était soupçonné être un vice de construction, devient au contraire une preuve de l'exactitude avec laquelle le constructeur a opéré. J'ai la certitude que le fait, présenté ici comme possible, est réellement arrivé; heureusement que le baromètre accusé de se tenir trop, bas, était dans le cabinet d'un homme instruit, qui répondit en montrant la montagne sur laquelle il habitait.

Un autre point assez fréquent de consultation, est le dérangement qui survient par fois aux baromètres à cadran. Traiter de leur construction, ce sera dire comment ils doivent être, et par conséquent donner une instruction générale sur les réparations que chacun peut faire par soi-même.

En plaçant dans un volume qui est tout entier destiné à l'optique et à la météorologie, l'histoire du baromètre et la méthode pour en construire de bons, c'est ne pas m'écarter de ce qui fait mon état, c'est continuer d'y être utile autant que je le puis, et rassembler dans un seul ouvrage tout ce qui peut occuper en les instruisant les personnes qui ne se livrent à la science que par délassement; quant aux autres, je prends de leurs leçons.

Faire connaître mes motifs, c'est j'espère les avoir fait agréer.

DÉCOUVERTE DU BAROMÈTRE.

Les Anciens n'ont point eu connaissance du baromètre ; il n'a même été connu des savans modernes (et par ce nom nous entendons ceux qui se sont livrés aux sciences depuis la renaissance des lettres en Europe) ; il ne leur à été connu que vers le milieu du 17ᵉ siècle, en 1643. Les pompes aspirantes étaient cependant en usage ; mais les bornes de leur puissance étaient encore ignorées, car des ouvriers qui voulurent en établir une qui pût élever l'eau à plus de 32 pieds, furent étonnés que malgré tous leurs efforts la colonne d'eau restât irrévocablement fixée à ces mêmes 32 pieds. Galilée, physicien célèbre, flo issait à cette époque ; consulté par eux, il ne put leur donner d'autre réponse, que celle-ci : *vraisemblablement la nature n'a horreur du vide que jusques à 32 pieds*. C'était alors la doctrine professée dans toute l'école ; que l'horreur de la nature pour le vide, et c'était ainsi que l'on expliquait l'ascension de l'eau dans le siphon, et dans les pompes. Ce fait nous confirme dans cette vérité, qu'il vaut mieux laisser un phénomène sans explication que de l'expliquer mal, la science en est moins arrêtée dans sa marche.

Toricelli, disciple de Galilée, n'adopta point l'interprétation de son maître, il tenta des expériences et fit enfin celle qui donna naissance au baromètre ; il prit un tube de verre d'environ trois pieds de long, hermétiquement scellé à l'une de ses extrémités, il l'emplit de mercure jusques au bord, puis l'ayant retourné en le bouchant exactement avec le doigt, il le porta dans un vase rempli de mercure ; la colonne qui était de 36 pouces se raccourcit jusques à 28 pouces à peu près, les 6 pouces excédens se vidèrent dans la cuvette, mais le surplus resta suspendu dans le tube ; il en conclut avec la plus grande justesse, que c'était à la pression de l'air sur la surface du mercure de la cuvette, qu'était due la suspension de la colonne dans le tube.

Cette expérience fut bientôt répétée par tous les savans, et la doctrine du vide, se trouva successivement abandonnée par tous ses défenseurs. Ottoguerick qui répéta ce fait, conservait le tube en expérience dans son cabinet ; il crut apercevoir des variations dans la longueur de la colonne, et même que ces variations avaient un certain rapport avec celles que l'atmosphère éprouvait. Telle fut donc l'origine du baromètre. Nous allons voir quelles différentes formes il a reçu entre les mains des savans qui s'en sont occupés ; quelles précautions il faut prendre pour lui donner toute la précision dont il est susceptible, et enfin quels sont les usages auxquels la saine physique l'emploie.

CONSTRUCTION DU BAROMÈTRE.

Le baromètre le plus simple se trouve, encore à présent, être le meilleur et le plus commode pour les observations. C'est le tube de Toricelli, que l'on nomme aussi *baromètre simple*, *baromètre trempé* ; parce que l'orifice du tube plonge dans un vase qui contient du mercure. Les précautions nécessaires pour obtenir un bon instrument étant à peu de chose près les mêmes, au moins quant au travail des tubes, nous les décrirons ici, et lorsqu'il se présentera quelques différences dans la confection des autres espèces, j'aurai soin de les faire remarquer.

BAROMÈTRE SIMPLE.

On prend un tube de 30 à 36 pouces de hauteur, il doit être très-net et très-sec. Il serait à désirer que l'on eût dans les verreries la bonne habitude de les sceller hermétiquement des deux bouts au moment où on les fabrique, ils arriveraient alors dans le meilleur état possible, puisqu'ils auraient été bouchés au moment même où étant encore rouges, il n'aurait pu s'y introduire aucun corps étranger et nulle humidité. Un trait de lime fait circulairement à l'une des extrémités, on y casserait le tube, au moment où il faudrait l'emplir de mercure. La coutume contraire prévalant encore dans les verreries, quoique depuis long-tems on en ait demandé l'abandon, voici comment on opère :

Le choix du tube doit être fait avec attention ; on le prendra sans courbure et d'un calibre égal, exempt de petits nœuds, ils occasionneraient des frottemens, et par conséquent seraient nuisibles à la marche du mercure. La netteté du verre est agréable et favorise l'observation. On souffle alors dans le tube pour en chasser la poussière ; cette opération y introduit de l'humidité que l'on ôte en prenant un peu de coton, dont on forme un bouchon proportionné au calibre du tube ; on l'attache à un fil au moyen duquel on lui fait traverser le tube plusieurs fois. Cette manœuvre se répète afin de s'assurer que le tube est parfaitement séché. On avait précédemment l'usage de mettre un morceau de chamois au bout d'un fil de fer, et l'on s'en servait à la place du coton et du fil dont j'indique l'emploi ; mais l'expérience a prouvé que les tubes travaillés de cette manière étaient très-sujets à se casser lorsqu'on y fait bouillir le mercure pour le purger d'air. La cause de ce phénomène n'est pas encore donnée. Il en est un fort singulier aussi, et qui pareillement est encore sans explication satisfaisante, c'est qu'il faut éviter soigneusement de laver le tube avec de l'esprit de vin : l'eau pure est moins nuisible. Le mercure se tient toujours plus bas dans un tube lavé à l'esprit de vin, et cela va même jusques à 18 lignes d'abaissement.

Amontons explique ce fait par une action dissolvante de l'esprit de vin, exercée sur des corpuscules étrangers, qui par leur destruction permettent à l'air de s'introduire le long du tube ; il remédie effectivement à cet abaissement extraordinaire, en faisant passer plusieurs fois du mercure dans le tube. Les frottemens répétés encrassaient le tube, et la colonne reprenait la marche ordinaire. Il est reconnu que le mercure long-tems agité se change en une poussière grisâtre. Du tems d'Amontons l'action dissolvante de l'esprit de vin ou alcohol sur la potasse, n'était pas connue, il n'a pas pu diriger ses recherches de ce côté. Mais aujourd'hui qu'elle est un point de doctrine, et que la combinaison de la potasse avec la silice est parfaitement connue, ce phénomène mériterait d'être revu par les savans, il ne pourrait qu'y gagner. Ce qui reste seulement hors de doute, c'est qu'il faut proscrire le lavage du tube avec l'esprit de vin.

La pureté du mercure n'est pas une chose à négliger. En effet, c'est sur la marche d'un fluide homogène que des calculs certains peuvent seulement être établis, tous les autres seraient plus ou moins fautifs. Le mercure dans son état de pureté, jouit d'un éclat vif, ses globules parfaitement sphériques coulent avec vivacité ; pressés sous le doigt, ils fuient en se divisant, mais sans laisser une traînée après eux. C'est-là ce qu'on appellerait faire la queue. Lorsqu'il est dans ce dernier état, il est certain qu'il est amalgamé avec quelque métal étranger ; dans ce cas, il est indispensable de le purifier.

Tous les auteurs prescrivent de n'employer que du mercure revivifié du cinabre. Ce minéral est un composé de souffre et de mercure, la nature le fournit, et l'art l'imite parfaitement. Les métaux qui s'y trouveraient unis au mercure y restent dans l'état d'oxide ; lorsqu'ils ont en outre été combinés avec le souffre, ils ne sont pas volatils, tandis que le mercure peut le devenir : tel est le but de l'opération que je vais décrire.

On prend une partie de mercure et quatre de souffre. On fait fondre le souffre dans un vase de fonte, il est nécessaire d'avoir un couvercle qui le bouche exactement pour éteindre le mélange, car il prend feu quelquefois. Le souffre étant fondu, on y introduit le mercure peu à peu, et comme l'état de division favorise le mélange, vous pouvez le faire tomber dans le souffre en le passant à travers une peau de chamois. Vous remuez sans cesse avec une spatule de fer, le tout forme une poudre noire ; lorsqu'elle est réfroidie on la triture, et on l'introduit dans une cornue de verre, après l'avoir mêlée avec moitié de son poids de limaille de fer. Le tiers de la capacité de la cornue restera vide. On la place sur un bain de sable chauffé par degrés. Le bec de la cornue doit être incliné, il entre dans un ballon plein d'eau, de manière qu'il en touche presque la superficie. On procède à la distillation; le mercure se volatilise, passe dans le ballon, et ses vapeurs s'y condensent. Au moyen de ce procédé on est certain de l'avoir dans un grand état de pureté. Les personnes qui ne seraient pas familières avec les procédés d'art, feraient bien de s'en rapporter à quelque pharmacien; les vapeurs mercurielles étant nuisibles, ou ayant au moins des suites désagréables.

Si le mercure n'est altéré que par des corps étrangers qui ne puissent pas s'y unir intimement, et même avec sa propre poussière grisâtre, il suffit de le passer plusieurs fois au travers d'une peau de chamois. On répétera ensuite l'épreuve dont j'ai parlé en commençant, celle de faire couler ses globules sur une assiette de faïence, ou mieux dans une soucoupe de porcelaine. Leur forme parfaitement ronde, leur éclat, la vivacité de leur course seront des signes qui confirmeront sur leur homogénéité.

Soit que l'on ait reçu le mercure dans un vase plein d'eau, soit qu'on l'ait lavé, car quelques personnes en usent ainsi, il ne doit être employé que parfaitement sec, il faut donc l'essuyer à plusieurs reprises avec un linge fin. On peut aussi l'exposer dans un vase plat, sur un bain de sable à une chaleur qui ne passe pas le 60e degré du thermomètre de Réaumur. Telles sont les précautions générales qu'il est indispensable de prendre, afin de construire un baromètre sur la marche duquel on puisse compter.

Feu Assier-Perrica, artiste extrêmement habile et qui s'était occupé très-utilement pour l'art, d'en perfectionner les procédés, a conseillé de construire de petites bouilloires en verre dans lesquelles on mettait le mercure en ébullition; il le versait ensuite dans le tube, qu'il tenait dans un degré de chaleur convenable au moyen d'une caisse en tôle. Tout cet appareil qui est de son invention, a été approuvé par un rapport de l'Académie des Sciences. Un baromètre construit à sa manière présente un fait assez singulier : la colonne de mercure adhère tellement à l'extrémité du tube, qu'il faut quelquefois la chauffer pour qu'une petite portion de mercure s'y volatilisant, détruisse l'adhérence.

Voici la façon la plus généralement adoptée. Le tube aura au moins une ligne et demie de diamètre, il est même mieux qu'il en ait deux. Je les prends de préférence de ce diamètre jusques à celui de trois lignes. Quoique l'on soit dans l'usage d'en construire d'un diamètre encore plus considérable, c'est plutôt l'élégance des formes qui est alors recherchée, qu'un accroissement de perfection, on emplit le tube jusques au tiers, puis on fait bouillir le mercure dans le tube. Cette manipulation importante pour la bonté de l'instrument est pratiquée au moyen d'un fourneau portant sur son rebord, un cran ou rainure, le long de laquelle on glisse le tube en le tenant dans une situation inclinée. Le mercure que l'on commence à chauffer par l'extrémité du tube, laisse dégager les bulles d'air; elles gagnent la surface, et là elles disparaissent. Le tube réfroidi au degré convenable, on continue d'y introduire le second tiers que l'on fait bouillir à son tour; enfin on répète l'opération pour la troisième fois, en continuant l'ébullition jusques à l'orifice, et la colonne est alors préparée. On bouche exactement l'orifice du tube avec le doigt, on le retourne, puis on le plonge dans la cuvette qui lui est destinée.

Voici le motif qui m'a fait insister pour que l'on ne prît point de tube d'un diamètre inférieur à une ligne et demie, et même pour que l'on donnât la préférence à ceux de deux à trois lignes : c'est que la capillarité exerce son action, en raison directe du moindre diamètre; alors la colonne de mercure se trouve plus longue qu'elle ne doit l'être d'après l'état réel de l'atmosphère; nous parlerons plus loin de cette loi singulière, et des corrections auxquelles elle donne lieu pour estimer les hauteurs.

La cuvette dans laquelle le tube est plongé doit être plutôt large, que profonde. Il est important que la ligne de niveau qui se compte à partir de la superficie du mercure renfermé dans la cuvette ne change pas sensiblement, dans les plus grandes variations de l'atmosphère. J'y mets cette condition, car dans des abaissemens extraordinaires comme il s'en produit sur les hautes montagnes ou dans les aérostats, il est certain que la ligne de niveau ne peut pas se conserver.

Les mouvemens atmosphériques sont en général renfermés dans un espace de deux pouces et demi (soixante-trois millimètres). La ligne de niveau se marque sur la planche, de manière à être parallèle avec la première ligne du premier pouce. Une cuvette trop large ferait un emploi trop considérable de mercure, mais cet inconvénient serait moindre, que celui de la variation du niveau; le premier n'est qu'une dépense superflue, tandis que le second tient directement à la bonté de l'instrument. Il est possible de se faire une règle assez certaine du rapport que l'on doit mettre entre le diamètre du tube, et la surface à donner à la cuvette. Nous allons prendre pour exemple les variations ordinaires à Paris. Elles s'y effectuent dans un espace de 22 à 25 lignes ; c'est-à-dire de 26 pouces 8 lignes, jusques à 28 pouces 10 lignes. La hauteur moyenne y est, suivant M. de Lalande, de 27 pouces 10 lignes; M. Biot l'indique au niveau des moyennes eaux sous le Pont-Royal, à 28 pouces une ligne, 76 millimètres. Des Tables publiées par M. Goubert, en 1785, donnent pour la plus grande élévation de 1722 à 1782, 28 pouces 9 lignes et demie. Le plus grand abaissement depuis 1700 jusques en 1783 fut de 26 pouces 3 lignes. C'est en 1774 que le mercure monta le plus haut, et en 1753 et 1764 qu'il descendit le plus bas. Il n'y a donc qu'à introduire une colonne de mercure d'un pouce 3 lignes jusques dans le tube, ensuite on la renverse dans la cuvette et l'on a, par la simple inspection, la certitude de l'effet qu'elle produira, soit en plus, soit en moins, par son déplacement dans le tube. Alors il est facile de calculer quelle est la surface à lui faire occuper, pour que le niveau ne soit altéré que le moins possible, et par conséquent quelle grandeur il faut donner à la cuvette. La ligne de niveau ainsi déterminée, est marquée sur la planche, et l'on continue de graduer celle-ci de pouce en pouce, jusques au trentième. Depuis 26 pouces jusques à 30, on exprime les lignes. Les baromètres portent de l'autre côté, l'échelle métrique qui est de 812 millimètres. L'élévation de 28 pouces répond à 758 millim. Le champ de l'observation est de 80 millimètres, et les mouvemens du mercure se font de 704 à 780 millimètres. Le tube et sa cuvette étant ainsi préparés, on les fixe sur la planche, puis on les unit l'un à l'autre, par le moyen d'un petit morceau de peau de gant que l'on attache avec un fil. L'utilité de cette préparation est d'empêcher la poussière de salir la superficie du mercure. Les instrumens construits avec soin, portent un indicateur qu'une vis de rappel fait jouer. Sa marche peut se graduer tellement, que l'on obtient le millimètre divisé en quarts, en cinquièmes. En terme d'art, cet indicateur s'appelle un *Nonius*.

Le baromètre construit avec toutes les précautions que nous venons d'indiquer, sera très-sensible aux changemens qui surviendront dans la pesanteur de l'air.

Le baromètre simple présente quelquefois un phénomène qui a occupé plusieurs savans, et cependant la théorie n'en est pas bien déterminée. Lorsque l'on fait frapper dans l'obscucurité la colonne de mercure contre l'extrémité du tube, il se dégage une lumière qui semble adhérer à la surface du mercure. C'est en 1676 que ce fait fut aperçu pour la première fois. Picard le remarqua, Bernoulli, Homberg, et successivement beaucoup d'autres physiciens s'en sont occupés; mais il semble que l'opinion d'Hauxbée est celle qui paraît le mieux appuyée. Il a jugé que ce phénomène est dû à une lumière électrique, produite par le frottement du mercure, sur les parois du tube. Ce qui appuye cette opinion, c'est que des corps légers, tels que des fils de lin, approchés du tube sont attirés et repoussés.

Le baromètre simple étant celui dont les observations ont le plus de certitude, on a cherché à le rendre portatif.

BAROMETRE PORTATIF.

L'utilité de l'instrument bien reconnue, c'était un grand embarras de n'en pouvoir jouir que dans un seul endroit, on s'est donc bientôt occupé de le rendre portatif. On attribue au célèbre Pascal, dont nous aurons bientôt occasion de parler, cette utile invention.

On divise les baromètres portatifs à piston, en deux classes. Dans la première on soude au bout du tube un réservoir dont l'ouverture est faite en goulot de bouteille. Ce réservoir forme un coude avec le tube et se relève de deux à trois pouces. Le goulot sert à introduire un fil de fer garni à son extrémité avec de la filasse, pour que l'on puisse boucher le tube, et y soutenir jusques au haut, la colonne de mercure.

La seconde espèce est construite comme le baromètre simple. Le tube plonge dans une cuvette; on en fait en bois et en verre, celles en bois sont préférables, parce qu'elles ne sont pas fragiles. Le réservoir est percé à son fond : on y colle un morceau de peau assez grand pour pouvoir former comme une espèce de petit sac, en sorte qu'il puisse descendre sous le poids du mercure, et remonter quand on fait jouer une vis qui est fixée en-dessous.

Le baromètre ayant été construit, comme nous l'avons dit à l'article du baromètre simple, on verse dans le réservoir la quantité de mercure nécessaire pour qu'il garde la ligne de niveau. A l'extrémité de la planchette ou du cylindre creux, et fait en canne, qui renferme le tube, est attaché un écrou dans lequel tourne une vis en cuivre; près du fond du réservoir est un autre écrou que la vis traverse encore; elle porte à son extrémité une plaque circulaire de cuivre, sur laquelle repose le fond du petit sac de peau. Veut-on préparer le baromètre pour le faire voyager, on le couche à plat, la colonne de mercure va frapper le haut du tube. Alors on tourne la vis, le fond du sac repoussé, rentre dans le réservoir et va s'appuyer sur l'orifice du tube qu'il bouche exactement. L'instrument peut alors voyager sans crainte, il suffit de le tenir dans une situation horisontale. La plaque qui porte les indications que l'on met ordinairement depuis 27 jusques à 29 pouces, est ici mobile, parce que les hauteurs moyennes varient selon l'élévation des lieux dans lesquels on observe ; nous placerons à la suite de cette dissertation, une table que nous emprunterons à M. Goubert, sur laquelle nous ajouterons les hauteurs vérifiées depuis lui.

Le baromètre portatif à robinet, tel que je le construis actuellement, est celui que je préfère ; il consiste en deux planchettes pouvant se refermer comme une boîte au moyen de charnières qui les tiennent unies. On attache sur l'une un thermomètre, (cet instrument est indispensable pour observer les hauteurs), et sur l'autre on place dans une rainure, le tube du baromètre et son réservoir. La profondeur de cette rainure est telle, que le tube ne fait point de saillie, et se trouve ainsi à l'abri d'un choc extérieur. Le tube est prolongé au-dessous de la ligne de niveau d'environ 2 pouces et demi, 65 millimètres ; là il se recourbe et remonte de quelques lignes ; à son orifice on mastique fortement un petit tube de fer, de deux pouces de long, portant dans le milieu de sa longueur un robinet placé comme ceux que les fontainiers nomment robinets à deux eaux. Lorsque la clef est dans une position verticale, c'est-à-dire, dans le sens de la longueur du tube, le robinet est fermé; mais lorsqu'elle est mise horizontalement, le robinet est ouvert, et la colonne de mercure n'est point interrompue. A l'autre extrémité du tuyau de fer, on mastique aussi un tube de verre terminé en réservoir ; le tout forme une longueur d'à-peu-près 20 lig. ; à la base du réservoir est placée la ligne de niveau, le haut du réservoir est fermé par un petit morceau de peau que l'on y attache avec un fil.

Lorsqu'il faut transporter cet instrument, on le couche assez, pour que la colonne de mercure gagne le haut du tube, puis on retourne la clef. Il faut ensuite redresser le baromètre et vérifier si le tube est bien rempli, si la clef bouche parfaitement le passage au retour du mercure dans le réservoir. Il y en reste toujours un peu, mais le tube doit être totalement rempli. Cet instrument peut, lorsqu'on a refermé les deux planchettes qui se tiennent par des crochets, être emporté sans aucun inconvénient dans une voiture, il suffit de le tenir dans une situation horisontale. D'un côté du tube sont marqués les 30 pouces de l'échelle ancienne, et de l'autre les 812 millimètres de l'échelle métrique. Un indicateur, qui est une aiguille d'acier dont la tête est recourbée et qui coule dans un petit fil de laiton placé extérieurement sur le rebord, sert à marquer le point où le mercure se fixe.

Cet instrument destiné à faire des observations en des lieux différens, porte aussi les hauteurs moyennes de plusieurs villes, afin de faciliter les observations. Il faut cependant convenir qu'une table plus étendue est indispensable.

BAROMÈTRE A RÉSERVOIR SUPÉRIEUR.

Les instrumens dont nous venons de parler, portent les indications au haut de la planchette, ce qui fait éprouver à ceux dont la vue est myope, une assez grande difficulté pour suivre les variations du mercure. On attribue à feu M. le Cardinal de Luynes, l'idée du déplacement du réservoir; on le porte au haut de la planchette, et le tube se recourbe au 26ᵉ pouce. La branche qui se relève a six à sept pouces de longueur. C'est près d'elle que se mettent les indications ordinaires. Il est cependant à observer qu'ici elles sont inscrites dans un ordre inverse. En effet lorsque dans le baromètre simple, la colonne s'allonge et marche vers le beau-tems, c'est que l'air pèse d'avantage sur le mercure; par la même raison, dans celui à réservoir supérieur, plus l'air est pesant, plus la colonne se raccourcit, et plus le mercure se refoule vers le réservoir; la marche de ce baromètre se fait donc en sens inverse.

Il est à observer que le mercure dans les baromètres à réservoir supérieur, se tient toujours plus haut que dans ceux dont la boule est en bas, ou qui sont uniquement terminés par un tube recourbé, c'est ce que l'on appelle baromètre à syphon : nous allons en parler.

BAROMÈTRE à SYPHON.

Le tube de Toricelly venait à peine d'être connu, que l'on chercha à en rendre l'usage plus commode. On recourba le tube à sa partie inférieure, et le bout qui restait ouvert se trouva tourné en haut. La colonne était soutenue de la même manière que dans le baromètre trempé par le poids de l'atmosphère. Les variations se comptaient en partant d'une ligne déterminée. Tout simple qu'était cet instrument, il fut négligé bientôt, parce que les variations étaient moins visibles. Le mercure baissait-il dans le grand tube, une égale quantité remontait dans la petite branche. Il en résultait que cette quantité exerçait l'action de sa propre pesanteur sur la colonne de la grande branche ; celle-ci parconséquent ne descendait pas autant qu'elle l'aurait dû faire. Il s'en fallait d'environ moitié que l'abaissement parût tout ce qu'il devait être; il était donc nécessaire, pour déterminer l'état vrai de la variation survenue dans la hauteur de la colonne, que l'on déduisît l'élévation survenue au-dessus du point fixe dans la petite branche. Ainsi un abaissement d'une ligne dans la grande, nécessitait d'en compter presque deux ; il fallait faire des soustractions à chaque observation, ce qui, ainsi que je l'ai dit, fit négliger cet instrument. L'histoire même de la science en indique une autre cause; Huyghens, Amontons, Bernoulli, Hook et d'autres encore, cherchèrent dans de nouvelles formes et dans des combinaisons de liqueurs différentes, à rendre les variations de l'atmosphère plus apparentes et par cela même plus faciles à saisir.

Mon but étant de ne donner que ce qui peut être utile aux personnes pour lesquelles cette dissertation est composée, je ne répéterai pas ce qui ne peut pas le leur devenir. Ceux qui voudront étudier cette partie à fond, et pour la science elle-même, trouveront dans les mémoires de l'Académie des Sciences et dans les ouvrages des savans que je viens de nommer, le récit de leurs efforts pour améliorer la découverte de Toricelly : ce sera surtout dans l'excellent ouvrage de M. Deluc sur *les Modifications de l'Atmosphere*, que ces personnes puiseront des connaissances sûres et une instruction très-étendue. Ainsi l'on ne sera pas étonné de ce que je ne parle pas de diverses espèces de baromètre, je l'ai fait à dessein.

Si je me suis arrêté sur celui à syphon, c'est qu'il est devenu, entre les mains de M. Deluc, un instrument supérieur à tous les autres, et que les savans l'ont adopté généralement pour les observations délicates. J'en vais donner une courte description. On trouvera dans l'ouvrage que j'ai déjà cité, les détails qui seraient nécessaires pour en connaître parfaitement toutes les parties. Le tube est fait de deux pièces. La grande branche a 34 pouces, sans compter la courbure; la petite en a seulement 8, elles sont réunies l'une à l'autre au moyen d'un robinet qui a 13 lignes de long.

Cette pièce est semblable à celle décrite page 519. Le robinet dont M. Deluc donne la description est moins simple et d'une exécution plus difficile. Ses moyens d'union avec les deux tubes sont d'un emploi plus délicat et plus difficile. Voilà donc le baromètre à syphon devenu portatif entre les mains de ce savant, et c'est déjà une grande amélioration. La régularité de la marche de ce baromètre tient à ce que dans toute leur longueur les tubes soient d'un calibre bien égal. Mais comme il est extrêmement difficile de s'en procurer de tels, voici le moyen qu'il a employé pour remédier à cet inconvénient, c'est de faire ensorte que *lorsque le baromètre est chargé, les deux extrémités de la colonne de mercure se trouvent toujours dans des portions de tube dont les diamètres soient égaux*. Telle est la règle prescrite par l'auteur; il donne le procédé pour reconnaître ce calibre. Il consiste à placer dans la portion du tube destinée à faire le haut du baromètre un bouchon de liége attaché à un fil de fer. Une longueur de 8 pouces est suffisante. On verse dans le tube une quantité de mercure dont le poids est connu, et l'on détermine la mesure exacte de l'espace qu'elle occupe. On répète plusieurs fois la même chose ; si le tube est égal dans toute sa longueur, les espaces occupés seront égaux entre eux ; on juge facilement si le tube a les qualités désirées, et elles sont indispensables pour obtenir une marche régulière. Si les différences sont petites, le tube pourrait être employé, mais il faut retrouver ces différences dans la petite branche.

Ce baromètre n'a point de ligne de niveau, mais un point de départ marqué zéro que l'auteur a placé à l'extrémité de la petite branche. Elle porte au-dessus du robinet les chiffres 0 à 7, inscrits en descendant de l'orifice jusqu'au robinet. Ceux de la grande sont dans l'ordre inverse et partent aussi de 0 mis de niveau avec celui de la petite branche, ils remontent jusqu'à 21. On compte donc les degrés de l'échelle de la manière suivante ; elle est fondée sur ce que le mercure ne peut s'élever dans l'une des branches qu'il ne s'abaisse dans l'autre ; par conséquent il faut pour connaître la hauteur réelle ajouter les degrés des deux colonnes les uns avec les autres. Je cite l'exemple donné par l'auteur.

Soit le mercure dans la grande
    branche à.................. 20 pouces.
Et dans la petite à.......... 7
    La hauteur totale est de... 27 pouces.

Cet instrument est muni d'un thermomètre ; nous traiterons plus loin de la nécessité qu'il y a de les réunir pour obtenir une observation juste.

BAROMÈTRE MARIN.

Les observations barométriques qui font connaître les changemens survenus dans l'atmosphère, sont peut-être d'un intérêt encore plus pressant sur mer pour celui qui est exposé à ses perfidies, que pour l'homme qui séjourne sans danger sous le toît de ses ayeux. Celui-ci pourtant ne néglige point de consulter le baromètre, à plus forte raison le marin doit-il s'empresser de jouir de ce moyen d'éviter quelques-uns des périls qui le menace. Cook rapporte dans l'un de ses voyages que le tems étant calme et ne présageant aucun événement désastreux, tout-à-coup les baromètres baissèrent d'une manière considérable; bientôt après les vaisseaux furent accueillis d'un coup de vent si furieux qu'ils coururent les plus grands dangers. M. de la Peyrouse voguait aussi par le tems le plus serein; au moment où l'on était dans la plus grande sécurité, les baromètres baissèrent de plus d'un pouce, il connaissait la suite de ce phénomène, il fit amener aussitôt toutes les voiles, cette manœuvre quoique rapidement exécutée, était à peine finie, qu'un coup de vent s'éleva et fut tel, que les vaisseaux auraient éprouvé au moins des avaries dangereuses, si même le mal n'eût pas été plus grand, mais la science du chef fit éviter le péril.

Les observations ne sont pas aussi faciles à faire sur un vaisseau toujours agité par les vagues, qu'elles peuvent l'être à terre. Le roulis ou le tangage, font osciller le mercure et mettent même les tubes en danger. Amontons avait essayé la construction d'un baromètre conique composé d'un seul tube; mais sa marche irrégulière suivant l'élévation plus ou moins grande du mercure dans le cône, l'a fait abandonner, d'ailleurs il est fragile et les secousses sont presque perpétuelles. On en a construit en fer, leurs nombreux inconvéniens les ont fait aussi mettre en oubli.

Le grand obstacle est celui des oscillations qui, d'une part, empêchent de saisir le point vrai de l'observation, et de l'autre mettent le tube en danger d'une rupture. Passement et Perica, artistes que l'on regrette encore, firent des corrections utiles, au moyen desquelles le baromètre put devenir un instrument usuel à bord d'un vaisseau. Passement imagina de détruire les oscillations en faisant faire au tube dans le milieu de sa longueur deux tours de spirale; ils interrompaient le mouvement donné à la colonne par celui du vaisseau, en outre il élargissait le haut du tube et lui donnait quatre lignes dans l'intérieur.

Assier Périca prit une autre route; il renforçait à la lampe la voûte du tube à l'endroit où il est soudé, puis il formait un étranglement vers cette partie supérieure, il y rendait son tuyau presque capillaire; le mercure ne pouvant plus passer que successivement dans ce canal, offrait d'une part une moindre masse, et de l'autre éprouvait une plus grande résistance.

On a, je crois, fait encore mieux depuis, et voici l'instrument qui me paraît réunir tout ce que l'on peut désirer. Il consiste dans un baromètre simple ou trempé, qui ne perd jamais sa ligne perpendiculaire au moyen de la suspension de Cardan qu'on y a adaptée. J'ai dans le chapitre 25, page 316, décrit cet appareil, il est par conséquent inutile de m'y arrêter ici. Le pied qui porte le baromètre est fait à peu près comme celui d'un graphomètre, à l'exception qu'il est terminé par un tuyau creux, cylindrique et en bois comme le reste du pied. Cette portion a dix centimètres de haut sur huit de diamètre. A sa base ce cylindre est divisé en trois parties qui, au moyen de charnières, s'écartent ou se rapprochent autant qu'on le desire et forment ses pieds. On en prévient le trop grand écartement par un cercle de cuivre qui, au moment où il ne sert pas, embrasse le corps cylindrique, par le secours de deux vis placées aux endroits où le cercle se sépare en deux moitiés. On lui donne ainsi un plus grand diamètre, celui qui convient à l'écartement des pieds. Aggrandi au point convenable on le descend vis-à-vis de trous pratiqués dans deux des pieds, ils se rencontrent vis-à-vis deux autres trous faits chacun dans une des moitiés du cercle. Une petite broche en cuivre entre dans ces trous, le cercle ne peut plus varier, ni les pieds prendre un trop grand écartement, ou même un écartement inégal qui mettrait l'instrument en danger de tomber. Ces pieds placés d'une manière sûre, portent 37 pouces de haut (un peu plus d'un mètre); afin qu'ils aient encore plus d'assiète, leur extrémité inférieure est garnie de pointes de fer.

Le dessus du corps cylindrique est revêtu d'une platine en cuivre, à laquelle est soudée une douille de même métal qui entre dans l'intérieur; c'est dans cette douille que joue un cercle en cuivre porté sur deux axes; ceux-ci roulent dans des trous percés dans la douille. Il a été pratiqué dans l'intérieur de ce cercle deux coussinets en cuivre, qui forment la croix avec les deux axes placés à l'extérieur. Sur ces coussinets roulent deux autres axes qui tiennent à un long tube de cuivre qui renferme le baromètre.

Ainsi le premier cercle faisant ses mouvemens, par exemple, d'avant en arrière, et le tube de cuivre les siens de gauche à droite, le baromètre garde toujours la perpendiculaire, quelque soit l'ébranlement reçu par le cercle extérieur.

Le réservoir en buis est garni d'une vis qui peut presser le mercure et le soutenir dans le tube ; le mécanisme de ce piston a déjà été expliqué page 519 ; mais le réservoir et tout le tube est renfermé dans une enveloppe en cuivre, ensorte que rien n'est exposé à la moindre percussion. La boîte en cuivre est traversée par un petit tube de verre bouché par une vis d'ivoire ; c'est par-là qu'on peut remplir de mercure le réservoir. Un petit thermomètre, dont la boule repose un peu au-dessus du réservoir, est attaché le long du tube. Les indications et l'échelle sont gravées à côté : afin de pouvoir préserver ce thermomètre des chocs, il est recouvert d'une lame de cuivre bombée, laquelle tient au corps du baromètre par le secours de deux vis.

Plus de la moitié de l'instrument se trouve suspendue entre les pieds ; car il faut comprendre dans sa longueur, le réservoir e tla vis du piston ; ajoutant le poids du mercure du réservoir ; le baromètre tend toujours à se maintenir perpendiculairement.

La portion du baromètre au-dessus de la platine de cuivre qui recouvre le bord du cilindre est de 15 pouces ou 50 centimètres : le tube en cuivre enveloppe celui de verre, mais pour que l'observation de la hauteur du mercure puisse être faite, deux rainures sont placées de chaque côté du tube de cuivre, en face l'une de l'autre. Le tube de verre se rencontre entre elles, le mercure intercepte la lumière sur toute la hauteur de la colonne, le verre la laissant au contraire passer au-dessus, on saisit par ce procédé la ligne d'élévation. Un nonius qui joue au moyen d'une vis de rappel s'arrête précisément sur cette ligne, et l'échelle gravée le long du tube, apprend quelle était cette hauteur.

Un tel instrument, exécuté avec précision, peut devenir d'un usage précieux dans les voyages de long cours : celui que je possède, et dont je viens de donner la description, me semble présenter des avantages réels.

BAROMÈTRE A ANGLE.

Cette espèce d'instrument, dont l'invention est due au chevalier Morland, a été d'un usage plus général dans le milieu du dernier siècle qu'il ne l'est de nos jours.

Il consiste en un tube de verre dont la

partie inférieure plonge dans un réservoir. Au 26ᵉ pouce il quitte sa direction perpendiculaire, et décrit un angle ouvert ; alors suivant la longueur de cette branche, on forme la division plus ou moins grande. Supposons les quatre pouces depuis 26 jusques à 30 à repartir le long d'une branche de 16 pouces de long : 4 pouces sont 48 lignes, et 16 pouces en contiennent 192. Ainsi lorsque le mercure variera d'une ligne dans le baromètre droit, celui du baromètre à angle devra varier de quatre lignes. Ses mouvemens seront donc quatre fois plus apparens et c'est là ce que se proposaient les savans qui, après la découverte de Toricelly, cherchaient à changer la forme de l'instrument. Mais j'ai dit que le mercure devra varier de 4 lignes, et non pas que cela sera ainsi ; car le frottement du mercure contre la branche inclinée, devenu plus considérable par la longueur même donnée à la colonne, empêche l'effet réel d'être semblable au résultat offert par le calcul : les savans l'ont donc abandonné.

BAROMÈTRE A CADRAN.

Ce qui précède a établi combien dès l'origine du baromètre, les savans ont cherché à faire acquérir à la colonne de mercure des variations plus apparentes. Le docteur Hoock en 1668 imagina le baromètre à cadran. Malgré ses imperfections, cet instrument est demeuré en possession d'orner nos salons, et le luxe l'a emporté sur les réflexions de la science. Il est certain que sa forme reçoit tout ce que la sculpture et la dorure offrent de plus riche et de plus élégant. L'aiguille marque aussi très-sensiblement la marche du mercure. Les principes généraux de sa construction consistent dans un tube recourbé comme dans le baromètre à syphon. La branche la plus longue se termine à sa partie supérieure par un cylindre de plusieurs lignes de diamètre ; supposons que ce soit cinq lignes.

La branche la plus courte l'est par un tube qui doit avoir absolument le même diamètre que le cylindre supérieur. La régularité de la marche exige impérieusement cette précision : à la superficie du mercure nage un poids en verre, attaché à un fil de soie qui enveloppe une petite poulie en cuivre à double gorge; il vaut mieux qu'elle soit en ivoire. L'axe de cette poulie porte une aiguille très-légère, qui doit être bien égale dans toutes ses parties. A l'autre extrémité du fil est attaché un contre-poids, qui fait presqu'équilibre avec le poids et sert à tenir le fil de soie tendu. Quand le mercure descend dans la longue branche il monte dans la petite. Le poids est soulevé, l'action du contre-poids fait tourner la poulie sur son axe, et par conséquent l'aiguille qui y est attachée. Si le mercure s'abaisse, le poids fait jouer la poulie en sens contraire et par conséquent l'aiguille avec elle.

Il faut établir des rapports entre toutes ces parties pour obtenir le plus de régularité possible dans la marche. Les mouvemens peuvent être rendus plus sensibles en donnant plus de grandeur au cadran, ou bien à la poulie un plus petit diamètre. On ne peut cependant pas porter trop loin ce décroissement de la poulie. Supposons que le poids puisse parcourir un espace de quinze lignes, ce qui représente une variation de deux pouces et demi dans le tube, la circonférence doit être égale aux deux tiers de deux pouces et demi, elle n'aura donc que dix lignes. L'aiguille n'a à parcourir que les deux tiers du cadran, et pour diviser celui-ci, on met en bas au milieu o; de chaque côté se place un tiers de la circonférence, le 27e pouce à gauche de l'observateur, le 28e au haut et le 29e à la droite, en face du n°. 27. Leurs intervalles respectifs se divisent en lignes numérotées de quatre en quatre. On sent que par l'effet de cette division il n'y a que trois lignes du vingt-neuvième pouce d'exprimées; les trois suivantes qui regagnent le n°. 29 sont censées appartenir au 26°. pouce. Il faut cependant remarquer que si l'aiguille les atteignait en ayant passé par le 29°., elles seraient une marque d'élévation et appartiendraient à ce même pouce, tandis que si elle y était arrivée par le 27°, ces mêmes lignes deviendraient un signe d'abaissement. Cela suffit pour prouver que cet instrument ne peut pas servir à mesurer des hauteurs, et que même il faudrait varier la division s'il était destiné à être placé à une hauteur moyenne qui fût seulement de 27 pouces. Un index attaché à un bouton placé au centre du verre qui recouvre le cadran, sert à connaître quelle a été la marche de l'aiguille depuis la dernière observation.

Le baromètre à cadran ne peut indiquer que les grandes variations de l'atmosphère, puisqu'il y a toujours un frottement de l'axe: en outre, au moment où la colonne de mercure cesse d'être stationnaire, le petit poids ne reçoit pas encore un ébranlement assez considérable pour vaincre sa propre inertie. Il pèse sur l'axe, par conséquent cette légère variation qui rend le mercure plus ou moins convexe et que l'on saisit parfaitement dans les autres baromètres, sera toujours insensible dans le baromètre à cadran. C'est donc surtout lorsqu'on l'observe qu'il est nécessaire de frapper légèrement sur la planchette, afin de vaincre par l'ébranlement la résistance que le frottement du mercure oppose dans le tube, et en outre surmonter l'inertie de la poulie.

Tous les inconvéniens dont je viens de parler, peuvent être diminués, par les soins apportés à la construction de cette espèce de baromètre ; mais, pour lui donner une marche comparable à ceux à tube droit, il est nécessaire de procéder d'une autre manière. Au lieu de faire les divisions du cadran avec un compas, on les met en rapport direct avec la marche du mercure dans le tube : ce sera l'observation qui donnera seule la division des trois pouces sur le cadran. Je suppose que le baromètre est construit suivant les principes établis en commençant : que la poulie est d'un buis extrêmement poli, l'axe fait d'un acier tel que celui d'un rouage de montre, ou même, pour le rendre plus inaltérable et le mettre à l'abri de la rouille, qu'il est en platine ; alors vous observerez la marche d'un baromètre à tube droit dont vous connaissez la bonté ; trouvant que la colonne marque 27 pouces 8 lignes, c'est l'indication ordinaire de pluie ou vent ; vous écrivez alors à l'endroit du cadran sur lequel se trouvera l'aiguille, cette même indication. Vous continuerez d'employer cette méthode d'observation jusques au moment où vous aurez déterminé trois ou quatre points principaux, et comme votre tube sera partout d'un calibre égal, car c'est une des précautions qui a été le plus recommandé, vous pourrez achever la division, et avoir un instrument comparable qui garde une marche plus régulière que ne l'ont tous les autres de ce genre. De tels soins ne peuvent être pris que par des gens curieux de leur art, et soigneux de leur réputation. On ne doit pas les exiger de cette foule de colporteurs plus pressés de vendre qu'inquiets de se faire une renommée, et ce serait même une injustice de leur en demander davantage pour le prix auquel ils livrent leur travail.

Il m'a paru que le goût général qui a fait adopter cette forme de baromètre pour orner les appartemens, devait exciter l'émulation des artistes, et qu'il serait convenable d'essayer de faire disparaître la plus grande partie des inconvéniens qui lui sont reprochés; je l'ai cru possible, et j'espère y être parvenu. Je vais donner la description du baromètre mécanique à cadran, tel que je l'ai corrigé.

BAROMÈTRE MÉCANIQUE A CADRAN.

Les innovations que j'ai faites, dans la construction de ce baromètre, ont pour objet de vaincre, 1°. la résistance occasionnée par les frottemens de l'axe sur ses pivots ; 2°. de rendre les moindres variations de la colonne sensibles, en leur faisant exercer la plus petite action sur le poids qui flotte à sa surface.

L'élévation de la température allonge les métaux ; par conséquent l'axe de la poulie, s'il reposait sur des coussinets qui l'emboîtassent, se trouverait gêné et perdrait la liberté de ses mouvemens ; le trou dans lequel il fait sa rotation doit en outre à la longue perdre de sa rondeur, et le frottement devenir ainsi plus considérable. J'ai paré à ce double inconvénient en prenant une aiguille fort légère que je fixe à l'extrémité d'une verge d'acier très-déliée. Sur un petit chassis oblong en cuivre sont montées quatre roues très-délicates, roulant facilement sur deux axes, elles sont disposées de manière que, par un côté du chassis, deux d'entre elles, placées à côté l'une de l'autre, se croisent environ du quart de leur diamètre ; les deux autres sont placées de même de l'autre côté du chassis. C'est sur cette double croisure que repose la tige qui sert d'axe à la poulie. Celle-ci porte le fil de soie auquel les poids sont attachés. Celui qui pose sur la colonne de mercure, au lieu d'être fait à la manière ordinaire en le soufflant à la lampe, a au contraire sa base travaillée comme les verres de lunettes, dans un bassin ; outre la courbure sa surface reçoit encore le poli : il en résulte que par la forme concave qu'on lui fait acquérir, la convexité du mercure se trouve emboîtée et que même elle y adhère à cause de son poli vif. Cette adhérence donne lieu à ce que la plus petite action devient sensible, et, l'axe faisant librement sa rotation sur les roues du chassis, il en résulte un frottement *de la seconde espèce*, qui laisse aux mouvemens de l'aiguille une liberté dont les autres baromètres sont privés.

Malgré la prévention que naturellement un auteur a pour son propre ouvrage, je ne me permettrais pas d'insister sur les avantages de la construction que j'ai adoptée, et je l'abandonnerais au tems et au jugement du public, si je n'avais pas à présenter celui de l'Athénée des Arts (1) à l'examen duquel je soumis ce baromètre corrigé en 1802, c'est-à-dire en l'an X. Je vais extraire ce que porte le procès-verbal de la séance publique du 10 germinal de cette même année, sous la présidence d'un savant (M. le comte Fourcroy) dont le suffrage honore mon invention. Il est dit :

---

(1) Cette société savante portoit alors le titre de Lycée de Arts.

« Le secrétaire a mentionné honorablement,
» sur le rapport de la classe de mathémati-
» que, un baromètre à cadran perfectionné,
» par M. Chevallier, ingénieur-opticien : les
» perfections qu'il a mises dans la construction de
» cet instrument météorologique, en rendent
» la marche plus régulière, ajoutent à la sensi-
» bilité, et en font disparaître les inconvéniens
» graves que les physiciens lui reprochaient(1). »

Les descriptions que j'ai données des différens baromètres dont l'usage est le plus habituel
ou le plus nécessaire, suffisent pour répondre
aux questions qui me sont faites presque journellement. Il me reste à décrire l'emploi à faire
de ces instrumens, et par conséquent les principes d'après lesquels on doit se guider dans
l'observation.

Méthode d'observation.

Les variations qui arrivent dans la hauteur
de la colonne de mercure, nous font tirer des
conséquences sur le beau et sur le mauvais tems.
Mais ce que l'habitude nous fait regarder comme
une indication précise, n'est véritablement
qu'une preuve du plus ou moins de pesanteur

---

(1) Mémoire des Sociétés Savantes, p. 390.

de l'atmosphère. Il est cependant vrai que la conclusion tirée de ce plus grand poids de l'atmosphère, ou de sa plus grande légèreté, *que le tems sera beau* ou *qu'il sera pluvieux* : que cette conclusion, dis-je, forme la règle générale, et l'on doit seulement considérer le défaut de justesse de l'indication, comme étant une exception à la règle.

Pour bien juger de la marche de son baromètre, il est essentiel de connaître la hauteur moyenne du lieu où l'on observe; c'est ce qui m'a porté à donner, à la fin de ce paragraphe, une table des principales hauteurs observées. Je ferai cependant remarquer que, même en habitant dans le voisinage de l'un de ces endroits, il est encore indispensable de faire attention au lieu particulier dans lequel l'instrument est placé, et de voir s'il est de niveau avec celui porté dans la table ou s'il n'en diffère que très-peu : ce serait le cas d'une correction à faire, si la différence était considérable. La hauteur moyenne de Paris étant de 28 pouces 1 ligne, on prend dans la construction un nombre très-voisin qui n'a point de fraction, c'est 28 pouces. L'indicacation porte *variable*; en effet c'est un point d'équilibre dans lequel il est possible qu'il pleuve, si le mercure y est venu en descendant; par conséquent aussi, le tems peut être beau si la colonne s'y soutient après y être arrivée de plus bas.

Le mercure ayant été stationnaire au variable, monte-t-il d'une seule ligne, il indique alors le passage au beau tems. Continue-t-il de monter, l'indication devient aussi plus certaine, et annonce la durée du beau tems. Celui-ci même ne changera point sans que la colonne ne prenne une marche rétrograde, et qu'elle ne soit descendue de quelques lignes.

Ce que nous venons de dire relativement à l'ascension au-delà du variable, doit s'appliquer à la descente au-dessous de 28 pouces pour le mauvais tems.

La seule règle certaine à suivre dans l'observation est celle-ci : plus le mercure monte, plus le tems sera beau ; plus il descend, plus il y a craindre de mauvais tems.

En été, les changemens n'arrivent pas aussi vite que dans l'hiver ; c'est au tems des équinoxes qu'ils se succèdent avec le plus de rapidité.

Les changemens d'élévation ou d'abaissement qui se font avec le plus de lenteur, sont ceux qui annoncent le plus de durée dans le tems indiqué.

Dans les pays septentrionaux, le baromètre souffre plus de variations que dans les pays du midi ; cela tient à la grande différence qui existe entre la température de l'hiver et celle de l'été dans le nord, car ces climats n'ont que deux saisons. Vers l'équateur, la température est constante, et l'état de l'atmosphère se ressent de cette permanence : aussi y a-t-il à peine 5 lignes de variation ; elle s'effectue de 26 pouces 6 lignes, à 26 pouces 11 lignes.

Il est certain que la pression que la colonne d'air exerce sur celle de mercure, soutient celle-ci dans le tube; mais il reste à déterminer la cause qui fait diminuer ou augmenter cette pression, et par conséquent fait varier la hauteur de la colonne. Les physiciens, Hadley entre autres, en reconnaissent deux : *les vents, et l'absorption des vapeurs aqueuses par l'atmosphère.*

Lorsque la colonne atmosphérique contient le plus de parties d'air, elle exerce sa plus grande pression, le mercure s'élève et le tems passe au beau. Si cette colonne a dissout des parties aqueuses, ce qui ne peut se faire que par une addition de matière de la chaleur (*le calorique*) alors il se trouve un mélange d'air et de vapeurs. Celles-ci sont spécifiquement plus légères que les molécules d'air qu'elles ont déplacées; elles exercent donc une moindre pression; le mercure descend, la pluie est annoncée. En effet, à la longue, l'atmosphère se surchargeant de ces vapeurs, leur accroissement formera des nuages : ceux-ci, s'élevant dans une région plus froide, y perdront de leur calorique, et se résouderont en pluie.

La seconde cause indiquée de l'abaissement du mercure est due aux vents. Aussi double-t-on l'inscription; elle porte pluie ou vent. En effet, ces vents violens sont des courants plus ou moins étendus, chassant devant eux toute la portion d'atmosphère qui se trouve sur leur passage, leur effort combat la pression perpendiculaire, elle en diminue la puissance. Hauxbée a démontré par une expérience directe, que l'on répète dans les cours de physique, qu'un violent courant d'air faisait baisser la colonne de mercure. Au moyen de l'appareil qu'il a imaginé, il la fit descendre de 2 pouces, dans deux baromètres placés à trois pieds de distance l'un de l'autre. Cet effet, il est vrai, est bien plus considérable que celui des abaissemens accoutumés du baromètre par cette cause, mais ceux-ci s'effectuent sur une plus grande quantité de points. La vîtesse des vents varie de 35, 4 m. à 39 m. par seconde, c'est-à-dire de 109 pieds à 129, et leurs effets, toutes choses étant d'ailleurs égales, sont en raison directe de leur puissance et de leur nature.

En effet, le vent du N.-E., ceux d'est, produisent

un moindre abaissement que ceux d'ouest et de sud-ouest; lorsqu'un vent de tempête a soufflé, la colonne qui s'est trouvée très-comprimée, remonte avec beaucoup de promptitude. C'est ce qui prouve la réalité de la théorie de cette dépression considérable, déduite de l'expérience d'Hauxbée. L'influence des vents sur l'atmosphère doit faire prendre en grande considération la partie de l'horison dont ils soufflent. En Hollande, celui de nord-est fait monter le baromètre tandis que ceux d'ouest et de sud-ouest, le font descendre. Cette même observation s'applique au climat de Paris. L'effet dépend de la propriété que l'air a de se charger des vapeurs aqueuses. Les vents d'ouest et de sud-ouest ne nous arrivent qu'après avoir traversé un immense amas d'eau, tout l'océan atlantique. Celui de sud-ouest, plus invariablement chargé de nous verser des déluges d'eau, est sorti desséché et brûlant des déserts de l'Afrique; traversant ensuite l'océan, il trouve à s'y saturer d'eau. A son arrivée sur les côtes, il est forcé de s'élever sur les terres, de passer au-dessus des forêts et des montagnes. Il ne peut s'élever ainsi sans perdre de la chaleur, et par conséquent de la force dissolvante; l'eau qu'il a apportée fond en pluie et par torrens, parce qu'il n'a pas encore parcouru un grand espace sur le continent; le vent de nord-est et celui d'est, ne nous parviennent qu'après s'être desséchés sur l'immense étendue de terre qui existe entre la mer Noire et nous. Je puis citer, comme une preuve de ce fait, ce qui se passa en 1802 et 1803, pendant les longues sécheresses que la France ressentit ; les gazettes ne parlaient, pendant cette époque, que des inondations qui affligeaient Vienne, et des débordemens qui ravageaient l'Allemagne.

Les vents de nord et de nord-est amènent cependant aussi des pluies, mais elles ont en général pour caractère d'être froides, très-fines et continues ; elles durent quelquefois plus de vingt-quatre heures. On les regarde comme l'effet d'un reflux de nuages, que les vents du sud ou du sud-ouest ont accumulés vers le pôle.

Ce que j'ai dit de la manière dont les vents se dépouillent des vapeurs dont ils sont surchargés, peut être prouvé par un fait très-connu des habitans de Paris. La montagne de Meudon est placée à-peu-près au sud-ouest de la capitale ; couverte à son sommet par de grands arbres, par des bois qui se prolongent assez loin derrière elle, l'atmosphère s'y dépouille d'une partie de son humidité, il s'y forme un brouillard plus ou moins épais, suivant la constitution atmosphérique. C'est ce brouillard que le Parisien nomme le chapeau de Meudon. Il est certain que la journée ne se passera pas sans pluie ou même qu'elle arrivera en peu d'heures, si le chapeau est très-noir.

L'abaissement du mercure provient alors de ce que l'air est chargé de vapeurs. Les physiciens ont déterminé de combien la pesanteur spécifique de l'air, diminue par sa combinaison avec cette vapeur aqueuse. Toutes choses étant égales, la pesanteur de l'air est à celle de la vapeur, comme 14 est à 10 (1); la conclusion à tirer de ceci est toute simple, c'est que plus il y aura dans un volume donné de cette vapeur, et moins il s'y trouvera d'air, et par suite moins de pression, donc plus d'abaissement.

Ne perdons pas de vue que c'est seulement avec les pressions de l'atmosphère que les variations sont exactement en rapport; les indications portées du 26 au 29e pouce sont uniquement des inductions, en sorte qu'elles pourraient indiquer pluie ou vent et cependant qu'il fît beau. Il est vrai qu'alors le mercure ne serait à ce point qu'après y être venu de plus bas, et encore serait-il vrai que s'il y demeurait stationnaire, que le mauvais tems ne tarderait pas à se manifester. C'est qu'il y a un dernier phénomène dont nous n'avons pas encore parlé, et qui explique cette anomalie, c'est l'existence simul-

---

(1) Haüy, Trait. de Physique.

DE MÉTÉOROLOGIE. 549

tanée de deux vents dont l'un est supérieur à l'autre. Cette double action produit des dérangemens qui sont en rapport direct avec sa puissance. Si le vent supérieur est nord et que l'autre souffle du sud, il arrive assez souvent qu'il pleut, et le baromètre est cependant élevé. Supposez l'inverse, et quoique le mercure soit bas, le tems sera beau. Cela dépend aussi de l'épaisseur de la couche occupée par chacun de ces vents.

C'est en général l'heure de midi qui est la plus favorable pour les observations barométriques.

TABLE

De la Hauteur moyenne du Mercure pour les villes ci-après :

PAYS.	CAPITALES.	HAUTEURS.		
Somme.	Abbeville.	27 pouc.	11 lign.	1/2
Finlande.	Abo.	27	10	1/2
Hérault.	Agde.	27	10	
Bouches-du-Rhône	Aix.	27	6	1/2
Franconie	Altorf.	27	6	
Hollande.	Amsterdam.	28	6	
Cantal.	Aurillac.	27	9	
Manche.	Avranches.	27	6	
Pyrénées - Orient.	Arles.	26	»	
Pas-de-Calais.	Arras.	27	»	
Moscovie	Archangel.	26	»	
Suisse.	Bâle.	26	10	
Gard.	Beaucaire.	28	3	

550 INSTRUMENS

PAYS.	CAPITALES.	HAUTEURS.	
Prusse.	Berlin.	27 pouc. 5	lign.
Suisse.	Berne.	27	4
Finistère.	Brest.	27	11
Hérault.	Béziers.	27	6
Suède.	Betna.	27	11
Hollande.	Breda.	28	10
Gironde.	Bordeaux.	28	1
Haute-Marne.	Bourbonne-les-Bains.	27	2
Dyle.	Bruxelles.	27	11

N. B. Cette hauteur moyenne peut être sujette à rectification ; car l'observation faite à l'allée Verte, le long du canal qui conduit à Anvers et celle qui auroit lieu au parc ou à la préfecture donneraient plusieurs lignes de différence.

Inde.	Calicut.	17 pouc.	1	lig.
Nord.	Cambrai.	28		
Pyrénées.	Canigou.	19	10	
Afrique.	Cap de Bonne-Esp.	28	2	
Inde.	Chandernagor.	27	9	
Eure-et-Loir.	Chartres.	27	9	
Amérique.	Chimboraço.	8	2	
Indre-et-Loire.	Chinon.	28		
Italie.	Chioggia	27	10	
Puy-de-Dôme.	Clermont	26	9	
Danemark.	Copenhague	28	3	
Pérou.	Cordillières.	14	4	
Suisse.	Coire.	26	6	
	Mont Darcus	17	4	
Côte-d'Or.	Dijon	27	3	
Seine-Inférieure.	Dieppe	28	1	
Nord.	Dunkerque.	28		

D'après le chevalier Schuckburg, sur les bords de la mer rapportée par M. Biot. . . . . 28 pouc. 2 lign. 1/2

Ecosse.	Edimbourg.	28	6	1/2
Afrique.	Ephis	16		
Italie.	Florence	27	8	
Frise.	Franeker.	27	11	

DE MÉTÉOROLOGIE. 551

PAYS.	CAPITALES.	HAUTEURS.	
Léman	Genève	26 pouc.	10 lign.
	Haut stey.	22	10
Suède.	Hudik Swvall	27	9
Charente.	Isle d'Oléron	28	
Allier.	Issoire.	26	6
Tartarie russe.	Irutsk.	25	1
Orne.	Laigle.	27	2
Hollande.	La Haye	28	
Charente-Inf.	La Tremblade.	28	3
Hollande.	Leyde	27	11
Frise.	Lewarden	27	8
Nord.	Lille.	27	9
Angleterre.	Londres.	28	8
Vendée.	Luçon	28	3
Suède.	Lunden.	27	11
Rhône.	Lyon.	27	
Basses-Alpes.	Manosque	27	11
Bouches-du-Rhône	Marseille.	28	2
Moselle.	Metz	27	6
Lot-et-Garonne	Mézin	27	10
Loiret.	Montargis	27	9
Lot.	Montauban.	27	5
Puy-de-Dôme.	Mont-d'Or.	20	4
	Montagnes du Piémont	24	9
	Mont-Cénis.	21	4
	Montchoussay.	17	10
	Mont-Jura.	23	4
	Mont-St.-Bernard.	20	10
	Mont-St.-Gothard.	21	8
	Mont-Torps.	18	10
Pyrénées-Orient.	Mont-Louis.	27	11
Héraut.	Montpellier.	28	
Asie.	Mont-Taurus	15	
Haut-Rhin.	Mulhausen	26	8
Aveyron.	Mur-de-Barrez.	28	7
Meurthe.	Nancy.	27	3
Loire-Inférieure	Nantes.	28	1
Suisse.	Neufchâtel	26	7
Allemagne	Nuremberg.	26	8
Bas-Rhin.	Obernheim.	27	8
Loiret.	Orléans.	27	6
Italie.	Padoue.	27	10
Seine.	Paris.	27	10 $\frac{1}{4}$

INSTRUMENS

PAYS.	CAPITALES.	HAUTEURS.	
Pyrénées-Orient.	Perpignan. . . .	28 pouc.	1 lign.
Russie.	Petersbourg . .	29	
. . . . .	Pic-du-Ténériffe .	18	4
. . . . .	Pichincha. . . .	19	2
Vienne	Poitiers	28	1
Doubs.	Pontarlier. . . .	28	1
. . . . .	Pyrénées. . . .	24	
Nouv.-Grenade. .	Quindiu. . . .	16	2
Pérou.	Quito.	19	8
Ardennes. . . .	Rhétel-Mazarin. .	27	10
Aveyron. . . .	Rhodès	26	1
Italie.	Rome.	28	11
Seine-Inférieure .	Rouen.	28	1
Bouches-du-Rhône	Salon.	28	
Espagne. . . .	Sarragosse . . .	25	
. . . . .	St-Mar.-aux-Neig.	23	9
Aisne	Soissons. . . .	27	9
Hollande. . . .	Sparendam . . .	27	10
Côtes du Nord. .	St. Brieux. . . .	28	1
Golfe du Mexique.	St.-Domingue. .	28	3
Basses-Pyrénées .	St.-Jean-de-Luz. .	27	8
Charente-Inf. .	St-Jean-d'Angely.	28	1
Ille-et-Villaine. .	St.-Malo. . . .	28	2
Pas-de-Calais. .	St.-Omer. . . .	27	10
Aine.	St.-Paul-aux-Bois.	27	6
. . . . .	Sommet de la Rigy.	22	5
Bas-Rhin. . . .	Strasbourg . . .	27	9
Suède.	Stockolm. . . .	27	9
Bouche-du-Rhône.	Tarascon. . . .	27	4
Italie.	Tivoli.	26	7
Var	Toulon	28	1
Aube.	Troyes.	27	11
Piémont. . . .	Turin.	27	
Haute-Garonne. .	Toulouse . . .	27	6
Italie.	Udine.	27	4
Russie.	Upsal.	27	9
Hollande. . . .	Utrecht. . . .	27	6
Italie.	Venise.	28	3
Seine-et-Oise . .	Versailles . . .	27	8
Isère.	Vienne.	27	9
Autriche. . . .	Vienne.	27	2
Calvados. . . .	Vire.	27	6
Rhône.	Villefranche . .	27	4
Ardèche. . . .	Viviers.	27	8

PAYS.	CAPITALES.	HAUTEURS.
Pologne. . . .	Varsovie. . . .	26 pouc. 10 lign.
. . . .	Wisna.	27 5
Allemagne . . .	Wirtemberg . .	27 6
Suisse.	Zurich. . . .	26 10

Nota. Cette table a eu pour base celle publiée il y a 25 ans par M. Goubert; mais j'y ai ajouté les hauteurs moyennes qui ont été depuis constatées par les savans, et qui paraissent généralement consenties.

MESURE DES HAUTEURS.

L'horreur de la nature pour le vide, était toute la théorie acquise au 17e siècle sur l'élévation de l'eau dans les pompes. Toricelli la renversa par une seule expérience, dont toute l'Europe savante s'occupa à l'instant même. La France possédait alors un homme qui s'étoit fait connoître comme savant, dans l'âge où les autres s'occupent à peine à étudier. Pascal, en un mot, déduisit de l'expérience de Toricelli la pesanteur de l'air, sa densité, sa résistance, et conclut que toutes ces conditions devaient se trouver en rapport direct avec la longueur de la colonne atmosphérique. Il proposa à M. Perrier, son beau-frère, qui habitait à Clermont auprès du Puy-de-Dôme, de constater par une expérience ce qui n'était encore que soupçonné. M. Pascal la rapporte dans son Traité de l'équilibre des liqueurs, ouvrage très-recherché. Elle eut lieu le 19 septembre 1648. Le résultat en fut concluant : le Puy-de-Dôme est élevé de 500 toises au-dessus de Clermont, le baromètre porté au sommet de la montagne, s'abaissa de 47 lignes et demie ; on verra que la hauteur conclue approchait de la vérité (1).

Cette méthode ingénieuse de mesurer les hauteurs, fut employée par tous les savans ; mais la conclusion de leurs travaux multipliés, dont il ne peut entrer dans mon plan de rendre compte, fut qu'elle présentait une telle diversité de résultats, que l'on ne pouvait guères l'employer avec certitude, puisque l'abaissement *ne suivait aucune progression uniforme* (2).

Les savans regrettaient extrêmement qu'une opération aussi facile éprouvât de telles irrégularités, aussi fut-elle reprise à plusieurs fois ; on la tourmenta, enfin on lui arracha la vérité.

M. Deluc découvrit, après de longues recherches, dont on peut voir les immenses dé-

---

(1) MM. Cassini et Lemonnier ont mesuré cette montagne en 1740 ; ils l'ont trouvée de 557 toises. L'abaissement du mercure fut de 3 pouces 3 lignes 2/3.

(2) M. Cassini de Thury.

tails dans son bel ouvrage des *Modifications de l'atmosphère*, les véritables causes de ces irrégularités. Convaincu, comme je le suis, que les savans n'ont pas besoin de cette dissertation, et que je ne satisferais pas au goût de ceux auxquels je l'offre en leur présentant toutes les recherches qu'il a fallu faire pour pénétrer dans les secrets de la nature, je me bornerai à emprunter à MM. Deluc, Haüy et Biot, le petit nombre de faits dont je croirai devoir les occuper. Puissé-je, en leur indiquant mes sources, leur donner le goût d'y aller puiser de plus grandes lumières.

M. Deluc vit d'abord qu'il était impossible de déterminer d'une manière absolue ; quelle est la hauteur d'une colonne d'air qui tient en équilibre une ligne de mercure, cela même au niveau de la mer, parce que cette hauteur dépend du dégré de chaleur de l'air, et du poids variable de la colonne supérieure. Il étudia donc les observations en elles-mêmes ; elles lui apprirent quel rapport il y avait entre la température et la correction qu'elle nécessitait, et la méthode d'observation acquit une précision inconnue avant lui. M. Mariotte avait à la vérité constaté précédemment que l'air devient plus dense selon qu'il est chargé d'un poids plus grand ; mais il ne vit pas qu'il est nécessaire pour que cela arrive que la température reste la même, et bien loin de là, le fait est qu'elle varie dans les différens points d'une même colonne ; les portions supérieures étant plus froides que celles qui sont plus basses. Halley, qui avait calculé le décroissement de densité des couches atmosphériques, n'avait point admis dans son calcul, les accidens causés par la variation dans la température, et son travail n'avait pas rendu plus certaines les hauteurs prises barométriquement.

M. Deluc ayant parfaitement constaté qu'il était indispensable de tenir compte de la dilatation de l'air par conséquent de la température qui en est la cause, chercha quelle correction elle nécessitait. Nous ne nous arrêterons point à détailler sa méthode, parce qu'elle a reçu un dégré de perfection si étonnant, entre les mains de M. Delaplace, que c'est en parlant de cette même perfection acquise, que nous nous étendrons sur la méthode elle-même.

M. Deluc, reconnaissant l'absolue nécessité d'une correction pour l'action de la température sur l'air, sentit promptement qu'il fallait en admettre une seconde, pour la dilatation du mercure ; car l'effet thermométrique a lieu dans le baromètre, et l'été, la raréfaction qu'il éprouve par la chaleur, soutient le mercure plus haut que ne le ferait la colonne atmosphérique agissant seule. Chaque dégré du thermomètre au-dessus d'un point de départ, où il est reconnu qu'il n'y aurait pas lieu à correction, donne occasion à en faire une. M. Deluc appelait température normale celle où il ne fallait aucune correction, et c'était à 10° du thermomètre au-dessus de zéro. L'allongement de la colonne de mercure, par chaque dégré de Réaumur, est de 0,075 de ligne.

Les savans ayant reconnu qu'ils devaient enfin à M. Deluc ce qui, depuis près de 160 ans, avait été l'objet des recherches les plus pénibles et des plus profondes méditations, s'occupèrent à employer sa méthode; chacun d'eux tenta d'y apporter quelques perfections qu'ils crurent lui pouvoir donner encore. Elle était sûre, mais elle n'avait pas assez de simplicité; des observations faites dans des voyages fatiguans, sur des hauteurs où l'on ne gravit qu'avec peine, opposent par elles-mêmes assez d'obstacles, sans en rencontrer encore dans l'application même de la méthode.

M. Delaplace, si cher à ceux qui aiment les sciences, lui fit acquérir tout ce qui lui manquait; il invita M. Ramond à multiplier des observations, d'où l'on pût conclure le rapport existant entre le poids d'un volume déterminé de mercure et celui d'un volume égal d'air, à la température de la glace fondante, la hauteur moyenne étant 28 pouc.; à-peu-près 76 centim. Ces observations devaient faire connaître le nombre qui servirait de multiplicateur constant aux Logarithmes (1) dont M. Deluc avait introduit l'emploi. C'est ce que l'on nomme coéfficient constant. M. Ramond trouva que ce nombre était 18,336 mètres sur le 45ᵉ parallèle de la division nonagésimale. Ce résultat, acquis par la seule pratique, se vit presque entièrement confirmé par la théorie, puisque le coéfficient ou multiplicateur donné par des expériences rigoureuses ne diffère que de quatre mètres, ce coéfficient constant étant de 18,332 mètres.

Il était assuré, par l'expérience de M. Deluc, que l'air augmentait ou diminuait de $\frac{1}{215}$ par chaque dégré du thermomètre.

M. Biot détermina ensuite, par une expérience d'une rigoureuse précision, que le poids de l'air est à celui de l'eau distillée comme 1 est à 770,30. Le même savant, dans un travail entrepris avec M. Arrago, a constaté que le rapport de l'air avec le mercure était comme 1 à 10475,68.

Ces rapports sont établis à la température de la

---

(1) Si je ne me suis pas étendu sur la méthode de M. Deluc, c'est qu'il est impossible de la dégager dans l'explication même des termes et des formules de la science; et si j'emploie ici le terme de logarithmes, c'est que sa définition ne seroit gères plus facile à saisir que le mot même, pour ceux qui ne sont pas familiers avec les mathématiques; et il abrége.

glace fondante, l'air étant soumis à une pression d'une colonne de 28 pouces de mercure.

M. Delaplace, dans sa méthode, réunit toutes ces données; bien plus, il les complète en y ajoutant la dilatation du mercure d'après un travail qu'il avait entrepris avec Lavoisier sur la dilatation des corps. Elle est de $\frac{1}{5412}$ par chaque dégré du thermomètre centigrade, ou de $\frac{1}{4510}$ par chaque dégré du thermomètre de Réaumur, dont l'échelle est de 80 dégrés; ce qui fait que chacun d'eux est d'un cinquième plus grand que dans l'échelle centigrade. Deux conditions, quoique d'une importance moins grande, manquaient encore, le génie de l'auteur de cette méthode, ne laisse rien d'imparfait; il achève donc de remplir tout ce qui est nécessaire pour éloigner la moindre inexactitude : c'est premièrement la différence que l'humidité de l'air introduit dans la densité de la colonne; cette même vapeur qui est plus légère que l'air dans le rapport de 10 à 14 : enfin c'est le moyen de faire coïncider les observations, quoiqu'elles soient faites avec des baromètres dont les tubes ont des diamètres différens. M. Delaplace a démontré que les différences de hauteur du mercure appartenaient à la capillarité des tubes, il en a formé la table.

C'est sur cette méthode que M. Biot a travaillé, il a publié un ouvrage qui en renferme l'exposition, et dans lequel il trace la route à suivre par ceux qui, versés dans l'algèbre, en peuvent faire usage ; en outre, il indique aux personnes qui ne sont pas familières avec cette partie des mathématiques un moyen de s'en passer. Il a terminé son travail par des tables faciles à porter sur soi en voyage, elles réduisent toute l'opération à un calcul arithmétique très-simple. Je me permettrai, parce que l'on me questionne souvent sur cette matière, d'indiquer quelle est la marche de l'opération en la dégageant de tout appareil de recherches scientifiques : je renverrai à l'ouvrage de ce savant et à ses tables, les personnes qui auraient besoin d'applications plus multipliées : je ne donnerai donc qu'un seul exemple.

On suppose que le baromètre qui reste fixe a une station inférieure comme point de comparaison se soutient à 750 millimètres. Le thermomètre exposé à l'air libre marque 18^d au-dessus de o ; c'est-à-dire du terme de la glace fondante. Le baromètre que l'on porte sur la montagne, s'abaisse au point que le mercure ne marque plus que 598 millimètres 89 centièmes; la température est à 8^d au-dessus de o. Il faut réunir les deux températures, prendre leur différence, et ajouter la correction qui est de 1 plus $\frac{10}{5472}$, la petite hauteur donne 600 mill. Alors, cherchant dans la table, le long de la première colonne qui contient les élévations du mercure en millimètres, et qui commence par 765 en se terminant précisément par ce nombre 600, c'est-à-dire depuis 28 pouces 3 lignes jusqu'à 22 pouces 2 lignes. Vous trouverez, en gagnant sur la même ligne à droite jusqu'à ce que vous arriviez à la colonne qui porte en tête le nombre 26, somme des deux températures, inscrit le nombre 1986 mètres 4 décimètres.

Vous reprenez ensuite la hauteur du baromètre resté à la station inférieure, il marquait 750 millimètres; cherchant à la sixième rangée de la première colonne où ce nombre est inscrit, vous suivez la ligne correspondante jusqu'à la croisure des deux lignes, dans la colonne portant 26 en tête; là est le nombre 111 millimètres 3 décimètres, le nombre 26 est le résultat des températures 18 et 8, données par les deux thermomètres; il faut alors déduire 111 millimètres 3 déc. des 1986 millimètres 4 déc. il reste pour hauteur 1875 millimètres 1 déc.

Si vous voulez porter l'exactitude jusques où elle peut parvenir, il faut soustraire $\frac{1}{2030}$ pour la latitude, c'est-à-dire 9 décimètres, et la différence de niveau sera 1874 mètres 2 décimètres. Le peu que je viens de dire doit exciter la curiosité pour approfondir cette opération, et c'est dans l'ouvrage de M. Biot, intitulé

Tables barométriques portatives, et dans le *Traité élémentaire de physique* de Haüy, qu'il faut aller puiser des connaissances plus étendues.

Pour que les observations aient toute leur certitude, il faut que les circonstances dans lesquelles on opère ne les contrarient pas. Ce que nous avons dit précédemment de l'effet des vents sur la colonne de mercure, prouve qu'un tems calme, ou qui du moins approche du calme, est nécessaire. Le matin et le soir, les hauteurs sont estimées plus faibles; entre midi et trois heures, sur-tout s'il fait chaud, elles le seront trop fortes. Enfin, d'après l'observation de M. Biot, le baromètre à syphon se tient toujours plus haut que celui à cuvette.

BAROMÉTOGRAPHE.

L'utilité des observations étant bien connue, on a cherché à en diminuer les soins; elles exigent en effet de l'assiduité et des veilles; on a donc construit des instrumens avec lesquels la marche du mercure fût toujours connue, quoique l'observateur se trouvât absent; il est possible en effet qu'il retrouve la colonne au point où il l'avait laissée à sa dernière observation, et cependant que dans l'intervalle elle ait éprouvé une variation qui par conséquent demeurait ignorée.

Plusieurs machines plus ou moins compliquées, ont été employées pour obtenir ce résultat; une des plus simples est celle de Keith. Elle consiste dans un baromètre à syphon, à-peu-près semblable à ceux de construction primitive; il en diffère cependant par son extrémité supérieure, qui est recourbée à angle droit et forme un réservoir de 8 pouces de long et de 3/4 de pouce de diamètre. A la surface du mercure, dans la petite branche, se trouve un flotteur qui porte à son extrémité un fil de laiton courbé à angle droit. Le long d'une échelle portant les divisions barométriques, est attaché un fil d'or très-mince; il passe au travers de deux petits morceaux de taffetas noir gommé. Ces petites pièces de taffetas peuvent être mises en mouvement par une puissance moindre que deux grains. Lorsque l'on veut tenir compte des mouvemens de la colonne, on rapproche les deux petits index de la pointe recourbée du fil de fer. S'il se fait un mouvement, le flotteur le suit, il entraîne la petite pointe qui alors fait marcher l'index; celui-ci reste vis-à-vis l'un des degrés inscrits sur l'échelle, et l'observateur l'y retrouve à son retour. La marche des index suit donc celle du mercure; l'on sait que dans le baromètre à syphon elle a lieu en sens contraire, le mercure s'abaissant dans la petite branche lorsque le tems marche au beau, et s'élevant lorsque la colonne atmosphérique devient plus légère et indique le mauvais tems.

On a aussi, au lieu de ces index, employé un cylindre mis en mouvement par un ressort d'horlogerie; le fil, au lieu d'être terminé par une pointe, porte un petit crayon dont les traces s'impriment sur un papier blanc dont le cylindre est recouvert. Celui-ci est divisé pour recevoir les traces pendant les 31 jours du mois.

CHAPITRE II.

THERMOMÈTRES.

Les faits exposés dans le chapitre précédent sur les usages du baromètre, nous conduisent naturellement à traiter à leur suite de ceux du thermomètre. Ces instrumens semblent avoir des rapports plus directs et plus usuels avec l'économie domestique, que n'en a le baromètre même. Les phénomènes que présente la chaleur dans ses modifications diverses, ont une telle influence sur le corps humain, que s'attacher à les bien connaître, c'est pour ainsi dire s'occuper de soi-même, et de ce qui peut servir à notre propre bien-être. L'agriculture ne saurait pour plusieurs de ses opérations se passer de son secours. Nous avons vu aussi combien il est pour la physique, indispensable de l'employer; mais la chymie, l'astronomie et la météorologie n'en font pas un usage moins étendu; la médecine s'en est servi pour déterminer la chaleur du corps humain; et par suite, pour connaître quel accroissement la fièvre faisait acquérir à celle-ci. Elle a déterminé par son moyen la température qui, en général, lui a paru la plus convenable pour les bains. D'aussi nombreuses applications nous font espérer que l'on ne verra pas sans intérêt ce que nous allons dire de cet instrument.

La connaissance du thermomètre remonte à vingt ans plus haut que celle du baromètre. Les anciens ne paraissent pas avoir eu de moyens assurés pour déterminer les degrés d'intensité de la chaleur. On attribue à Drebel cette utile découverte, on la fixe à l'année 1622. Elle est cependant réclamée par plusieurs autres personnes, mais cette discussion historique étant étrangère à mon sujet, je n'en occuperai pas mes lecteurs.

La forme du thermomètre même, n'a pas éprouvé autant de variations que celle du baromètre; l'échelle seule qui sert à mesurer les degrés de la chaleur, a été l'objet de nombreux changemens. Je traiterai de ceux qu'il est important de connaître, et qui sont de l'usage le plus ordinaire. En effet, si je voulais les décrire tous, je m'éloignerais de mon but, car il y a eu vingt-huit divisions différentes, et pour les détailler, il serait nécessaire de traiter des points de doctrine sur lesquels on les a fondé, et discuter leur valeur; mais comme en général il n'y en a plus que quatre en usage, nous laisserons les autres dans les ouvrages consacrés aux recherches de la science, celui-ci n'étant destiné pour ainsi dire, qu'à servir de manuel.

Il n'y a eu que deux classes bien distinctes de thermomètre : celle du thermomètre à air, et celle dans laquelle on employe toute autre fluide que l'air. Ceux qui ont été mis en usage sont l'esprit-de-vin, le mercure, et les huiles soit grasses, soit essentielles, enfin les solutions de sel dans l'eau. Le thermomètre à air n'étant plus employé que pour les recherches de science, nous nous bornerons à dire qu'il consiste en un tube recourbé, semblable à celui du baromètre à syphon. Ici la petite branche est terminée par une boule qui contient un volume d'air, la portion inférieure est remplie par du mercure qui remonte dans la grande branche à près de moitié de sa hauteur. L'air qui s'échauffe et se dilate dans la boule, repousse le mercure dans l'autre branche; s'il est au contraire réfroidi, occupant alors un moindre volume, le mercure redescend. Amontons est l'auteur de ce thermomètre. L'emploi d'un pareil instrument ne pouvait convenir qu'à un physicien, exercé dans l'art de s'en servir. La branche la plus longue conservait son extrémité supérieure ouverte, et par conséquent supportoit tout le poids de la colonne atmosphérique. Le mercure éprouvait donc une action baromètrique, dont il fallait tenir compte dans l'observation thermométrique. Je ne donne tous ces détails qu'en raison d'une expérience de M. Gaylussac que j'aurai besoin de citer plus loin; et, en outre, parce que je décrirai un instrument analogue, quant à plusieurs principes de la construction. On le doit à Keith, déjà cité par moi, dans l'article du Barométographe.

Le thermomètre de Drebel consistait dans un tube terminé à sa partie supérieure par une boule, l'autre extrémité plongeait dans un vase plein d'une liqueur colorée. En échauffant la boule, l'air dilaté sortait en bulles par l'orifice plongé dans le vase, et se trouvait remplacé par un volume de liqueur correspondant. Une division placée à côté du tube indiquait la marche suivie par la liqueur en plus ou en moins d'élévation. C'est l'enfance de la découverte. Les académiciens de Florence l'améliorèrent considérablement ; entre leurs mains, le thermomètre devint un tube scellé hermétiquement par le haut et terminé en boule par le bas. Ils le remplirent en partie avec de l'esprit-de-vin coloré, et une échelle divisée en cent dégrés, fut placée à côté du tube. Chacun pouvait déterminer journellement la marche de son thermomètre, mais il était impossible d'établir des points de comparaison, ensorte que des observateurs éloignés les uns des autres pussent s'entendre réciproquement. Ils ne pouvaient reconnaître à quel degré de chaleur identique leurs thermomètres s'étaient élevés, puisque nul de ces instrumens n'avait la même marche : ils manquaient tous d'un point fixe de départ.

L'immortel Newton sentit que pour rendre cet instrument aussi utile qu'il le pourrait être, il était indispensable de donner plusieurs points fixes à sa division. Il construisit un thermomètre avec de l'huile de lin, et prit pour premier point, *la neige qui se fond.* Il supposa que ce volume de la liqueur qui, dans le tube marquait ce point, était de dix mille parties, et ce premier point devint son zéro. Le second point déterminé par lui, fut celui de la chaleur du corps humain et l'augmentation de ce volume, il le marqua douze dégrés. Enfin, il détermina deux autres points, celui de *l'eau très-bouillante* et celui de *l'étain se réfroidissant*. Le premier devint le dégré 34, le dernier fut le 72e; c'est en établissant une règle de proportion qu'il fixa les termes de ces dégrés. Le génie n'arrive pas toujours à la perfection des ses premières tentatives ; mais loin de s'y égarer, il devient au contraire le guide que tous devront suivre.

Après Newton, ce fut l'esprit-de-vin et enfin le mercure que l'on employa le plus généralement pour remplir les tubes; il y avait donc plus de cent ans que cet instrument était connu, lorsque Farenheit en 1724 se servit du mercure. Presque à la même époque, le célèbre de Réaumur s'occupait en France, à découvrir une formule certaine pour donner au thermomètre une marche comparable et des principes assurés de construction ; mais il employa l'esprit-de-vin.

Farenheit prit pour terme fixe inférieur, un froid produit artificiellement par un mélange de sel ammoniac et de glace, il l'appela, *la congellation forcée*. Supposant que le volume de mercure contenu dans le thermomètre était divisé à ce dégré de congellation forcée en 11,124 parties, que sa dilatation jusques à l'eau bouillante donnait une augmentation de 212 parties égales; il établit sa division, elle fut employée presque généralement par les physiciens allemands et anglais.

M. de Réaumur prit son point inférieur lorsque l'eau commence à se geler, c'est-à-dire *congellation commencée*; à ce dégré de température, il supposait le volume de l'esprit-de-vin contenu dans le tube, comme 1000, et son augmentation de volume jusques au point supérieur, comme 1080. Ce point supérieur sur lequel on inscrivait *eau bouillante*, ne doit pas être entendu comme spécifiant celui que prend l'eau lorsqu'elle bout fortement, mais seulement comme désignatif du volume acquis par l'esprit-de-vin dans le tube, lorsqu'il commence à y donner des bulles; ce qui est un point très-différent. C'est en 1730 que M. de Réaumur donna son thermomètre.

Depuis lui, il s'est s'introduit un changement très-important dans le point supérieur; on a pris le dégré vrai de l'eau bouillante, et l'on a continué la division en 80 dégrés; ceux-ci sont par conséquent devenus beaucoup plus grands que n'étaient ceux de l'échelle vraie de M. de Réaumur. Ce changement a introduit une grande confusion dans les observations faites d'après l'échelle primitive de M. de Réaumur. Un savant distingué, dont les travaux nous ont déjà souvent guidé (M. Deluc) a consacré ses recherches a cet objet : elles l'ont conduit à prescrire une méthode sûre pour que tous ceux qui s'occupent à confectionner ces instrumens pussent les offrir au Public, dans un état propre à fournir des observations exactes et correspondantes. En décrivant, ainsi que je vais le faire, les principes qui me guident et les moyens que j'emploie, je me plais à convenir que ce sont les siens, mais je les dépouillerai dans mon exposé de tout ce qui tient à l'appareil de la science : on sait que je m'occupe de l'art.

M. Deluc a constaté et décrit la marche que les différens fluides suivent dans leurs dilatations et leurs condensations, pour indiquer les divers rapports de la chaleur. La première propriété qu'il exige d'un fluide, est que ses dégrés de dilatations soient égaux entre eux; et, en outre, qu'ils le soient encore avec ceux de condensation. Si les uns deviennent plus petits tandis que les autres se trouvent être plus grands, l'on ne peut avoir une idée juste des dégrés de chaleur, soit en plus, soit en moins. Une seconde propriété non moins indispensable, c'est que le fluide employé ne se solidifie, ou ne se vaporise que le plus tard possible, afin de pouvoir donner une échelle d'autant plus étendue.

L'eau se gèle et devient solide au premier

dégré de froid, par conséquent elle ne peut servir à mesurer tous ceux qui sont au-delà, et il y en a de considérablement plus grands qu'il est très-utile de bien déterminer. La marche qu'elle suit est en outre irrégulière, ses dégrés ne sont point égaux, et lorsqu'elle devient solide, elle se dilate et prend plus de volume, c'est-là l'extrême de l'irrégularité. En outre, dans son abaissement, sa marche prouve que la cause qui la fait se dilater lorsqu'elle se gèle, forme sans cesse une puissante résistance à la régularité des dégrés, à proportion surtout qu'elle approche du terme de la congellation.

Le sel marin ou sel commun se dissout dans l'eau dans la proportion du quart du poids de celle-ci. Une pareille solution ayant été tentée, M. de Reaumur a prouvé qu'elle pouvait supporter 22° de froid sans se solidifier. Ses degrés sont plus égaux entre eux, non-seulement que ne le sont ceux indiqués par l'eau, mais même par l'esprit-de-vin; d'où résulte la confirmation de cet axiome, que moins une liqueur est susceptible de se geler et plus ses condensations successives se rapprochent entre elles de l'égalité : en sorte que le meilleur thermomètre serait évidemment celui dont les dilatations seraient toujours égales et correspondraient à des augmentations égales de chaleur.

Newton ayant employé l'huile de lin, M. Deluc a cru devoir comparer la marche de plusieurs espèces d'huile, mais l'expérience lui a prouvé que ce fluide ne peut servir pour des recherches. Il contient toujours des particules d'air qui se dégagent d'entre les molécules, gagnent la partie supérieure de la boule, et soulèvent la colonne dans le tube. Il faut le régler très souvent en le condensant dans la glace; et ses indications seraient remplies d'erreurs.

L'esprit-de-vin, employé long-tems et de préférence à tout autre fluide, a donné lieu à M. Deluc de faire sur sa marche de nombreuses observations. Je devrai m'y arrêter aussi. Il est nécessaire que je motive mon opinion sur l'usage de ce liquide dans les thermomètres. Je ne m'écarterai point de celle de M. Deluc, elle est aussi celle de tous les savans, mais je dois en exposer les motifs : je le dois d'autant plus, qu'il est encore des personnes qui préfèrent se procurer des thermomètres à l'esprit-de-vin, au lieu de thermomètres au mercure.

Il faut convenir, en faveur de l'emploi de l'esprit-de-vin, que ce fluide est d'une moindre valeur, et que, pour le constructeur, il se manie avec bien plus de facilité que le mercure, en sorte qu'il paraît justifier la préférence. C'est à cela que se réduisent ses avantages.

Considérons-le d'abord dans sa composition et ensuite dans sa marche. Il y a une grande difficulté à se procurer de l'esprit-de-vin qui soit toujours au même dégré de rectification, et, selon la quantité plus ou moins grande d'eau qu'ils contient, sa marche éprouve des différences plus ou moins considérables. Ajoutez à cela que l'esprit-de-vin très-rectifié se vaporise plus facilement que celui qui est plus phlegmatique ; que par conséquent, si on a commencé à l'employer à 36 dégrés, il arrivera qu'après un tems de travail plus ou moins long, il n'aura pas conservé cette même pesanteur spécifique ; donc que les instrumens cesseront d'être comparables entre eux. La méthode même pour remplir les tubes apporte un nouvel obstacle : on chauffe la boule pour en chasser l'air, l'on plonge rapidement l'autre extrémité dans le vase qui contient l'esprit-de-vin ; lorsque celui-ci touche au fond de la boule, elle est encore chaude et certainement elle vaporise une partie du fluide, et c'est toujours celle qui en est le plus susceptible ; par conséquent la liqueur du thermomètre devient plus aqueuse que celle du vase : il faut souvent répéter cette opération plusieurs fois pour remplir convenablement le tube, il en résulte que la répétition ajoute à l'infidélité de la marche.

En effet, l'esprit-de-vin affaibli résiste comme l'eau, et dans une proportion relative, aux derniers dégrés de condensation dont il est susceptible. M. de Réaumur faisait usage d'un mélange de cinq parties d'esprit-de-vin et d'une d'eau; mais cet esprit-de-vin affaibli n'en était pas moins susceptible d'éprouver tous les affaiblissemens dont je viens de parler. Il faut donc en conclure, que plusieurs thermomètres faits au même instant pourront bien ne pas conserver une marche identique, et certes c'est un grand inconvénient.

Si nous considérons actuellement la marche qui appartient en propre à l'esprit-de-vin, nous verrons que, s'il est très-rectifié, ses dégrés de condensation se soutiendront plus égaux entre eux, que ne le font ceux de l'esprit-de-vin-affoibli. Ils seront cependant toujours affectés d'une irrégularité de décroissement assez remarquable, pour que l'on puisse juger raisonnablement que ce fluide ne nous fait pas connaître l'état réel de la chaleur. M. de Maupertuis et ses confrères, lorsqu'ils furent en Laponie mesurer un arc du méridien, trouvèrent, le 16 janvier 1737, le thermomètre de mercure à 37 dégrés au-dessous de zéro, tandis que celui à l'esprit-de-vin n'en marquait que 29 ; ce fait confirme ce que nous avons dit sur l'irrégularité de la condensation de ce liquide ; le lendemain il était gelé, et sa dilatation l'avait fait remonter jusques à la température des caves de l'Observatoire, presqu'à tempéré. Plus les abaissemens deviennent considérables, plus cette force de résistance, qui nuit à la régularité de la marche, devient puissante. Ici les deux thermomètres différaient de 9 deg. Les savans qui se sont occupés de déterminer la cause de cette augmentation de volume, l'attribuent à la réunion des molécules d'air qui sont interposées entre celles du fluide, et notamment de l'eau. L'esprit-de-vin très-rectifié supporte le plus grand froid sans se geler, et M. Deluc conclut de quelques expériences, qu'un semblable esprit-de-vin pourrait même ne jamais se geler. Il est certain que, dans ce cas, la marche ne serait pas aussi irrégulière dans les dégrés inférieurs, mais les dilatations seraient bien plus croissantes, car plus la liqueur s'élèverait dans le tube et plus les dégrés indiqués seraient en trop grand nombre. La même erreur se trouverait dans la marche rétrograde, c'est-à-dire quand la liqueur s'abaisserait pour revenir au terme de glace fondante.

Depuis 10 dégrés au-dessous de zéro jusques à 30 dégrés au-dessus ; les dégrés indiqués par l'esprit-de-vin sont plus petits que ceux donné par le mercure ; mais de 30 dégrés à 80 ils deviennent bien plus grands, ou il marque 93 dégrés lorsque le mercure n'en indique que 80, et c'est cette dernière indication qui est la seule véritable. Les nombreuses expériences faites par M. Deluc, de savans calculs, et des tables très-bien dressées, qu'il a publiés dans l'ouvrage que j'ai déjà cité, ne permettent plus de mettre en question, s'il est à propos toutes les fois que l'on veut posséder un thermomètre exact et comparable, de le choisir à l'esprit-de-vin. Eclairé dans l'exercice de mon art par les recherches des savans, j'ai dû rendre compte des motifs qui me font souvent donner le conseil d'acheter de préférence un instrument un peu plus couteux, et prouver que l'intérêt personnel n'était pas mon guide.

L'intensité de la chaleur se mesurant par l'augmentation du volume que les fluides sont capables d'acquérir, il faut préférer celui d'entre eux dont la marche est la plus régulière; il serait à désirer qu'il y en eût un, dont les dilatations en plus ou en moins, fussent non-seulement égales entre elles, mais, ainsi que nous avons eu occasion de le dire, fussent égales avec les portions de chaleur acquises ou perdues. Nous ne connaissons point encore de fluide qui possède cette rigoureuse précision de marche; le mercure est cependant celui qui, jusqu'à présent, semble en approcher de plus près, en sorte que les additions faites à son volume sont simples, lorsqu'il n'y a point de cause concurrente qui les rendent plus fortes qu'elles ne doivent l'être réellement par les augmentations de la chaleur, d'où l'on est porté à conclure avec justesse, qu'elles sont en proportion avec celles-ci.

Le mercure est en outre le fluide qui se met le plus promptement en rapport avec la température environnante, et cette propriété facilite la connaissance des variations, à mesure qu'elles ont lieu. L'esprit-de-vin a une sensibilité six fois moindre que le mercure; malgré la plus grande régularité de la marche de celui-ci, si on la compare à celle des autres fluides, elle s'écarte encore de 7/10 de dégrés de l'exacte précision qu'elle devrait avoir, pour indiquer les réelles augmentations de la chaleur. Ajoutons, que tout mercure qui est bien pur a une marche identique. Nous avons vu dans le chapitre précédent, la manière de l'obtenir dégagé de tout corps étranger.

A tous ces avantages, le mercure en joint un bien précieux, c'est celui d'offrir une échelle très-étendue. Sa congellation était encore inconnue au milieu du dernier siècle; ce fut à Saint-Pétersbourg que cette expérience se fit en 1759, pour la première fois : Braun en est l'auteur. Il produisit un froid artificiel qui fit prendre au mercure une consistance solide. La température était déjà très-basse puisque le thermomètre marquait 29 dégrés au-dessous de l'échelle de Réaumur. Les mélanges employés produisirent un froid d'environ 170 dégrés de la même échelle ; et le mercure se congela. Il paraîtrait cependant, d'après un Mémoire de M. Pepis, sur la production du froid artificiel, que Gmelin avait vu, en 1759, le mercure se solidifier, et que, en 1736, M. Delisle, professeur d'astronomie à Saint-Pétersbourg, avait aussi aperçu ce phénomène. Mais la première expérience directe appartient à Braun. M. Pepis, dans le mois de décembre 1798, a solidifié de fortes quantités de ce métal à une température de 126 dégrés au-dessous de zéro de l'échelle de Réaumur ; ces curieuses expériences ont aussi été répétées plusieurs fois à Paris, depuis quelques années, par les savans français. M. Gmelin, que nous venons de citer, rapporte qu'en 1735, à Jenisci, en Sibérie, le thermomètre descendit à 60 dégrés. M. Deluc a pensé que si les condensations du mercure ne se faisaient pas trop subitement, il arriverait que sa solidification se reporterait beaucoup plus loin. Il me semble que depuis la publication de son ouvrage l'expérience a prouvé contre cette opinion ; au surplus, le mercure soutient des abaissemens tels que nous en avons besoin pour mesurer ceux du froid atmosphérique. Le froid artificiel sort des bornes de la météorologie. M. Pepis rapporte deux faits importans sur cette congellation. Le premier est que le mercure se solidifie du centre à la circonférence à la manière de la cire et des résines, et il n'annonce point l'avoir vu se raréfier. Le second est la violence avec laquelle le métal congelé, enlève aux corps qui sont en contact avec lui la chaleur qu'ils contiennent. M. Pepis ayant par inadvertance, touché un morceau de ce mercure, à l'instant même sa main perdit toute espèce de sensation, se décolora et présenta l'aspect de la mort; la douleur qu'il ressentit fut pareille à celle qu'il eût éprouvée si on lui eût percé la main avec un fer pointu et barbé, aussi le jeta-t-il promptement comme s'il eût été un morceau de fer rouge.

Nous venons de déterminer quels sont à peu-près les bornes auxquelles les condensations du mercure s'arrêtent par l'effet de la congellation. Si elles ne sont pas indiquées ici d'une manière absolue, c'est que dans plusieurs expériences, les extrêmes limites de la fluidité ont paru varier, puisque d'une part le thermomètre descendit à Torneo à 37 dégrés, et que les expériences de Cavendish déterminent cependant la congellation à 31 dégrés et demi à peu-près.

Je dois me borner à établir que les abaissemens de la colonne de mercure suffisent, ainsi que je l'ai dit, aux mouvemens atmosphériques. C'est actuellement l'autre extrémité de l'échelle qu'il faut reconnaître. Nous trouvons à 80 dégrés au-dessus de zéro l'indication de l'eau bouillante. Le mercure est susceptible d'indiquer sans erreurs des augmentations de chaleur beaucoup plus fortes, telles par exemple que celles acquises par presque toutes les espèces de fluides. Les alliages de plomb, d'étain et de bismuth mis en fusion, le thermomètre de mercure en indique le dégré de chaleur ; il montre de même celui de l'étain fondu, des huiles bouillantes, *il supporte aisément*, dit M. Deluc, une chaleur de 275 dégrés audessus de zéro, c'est-à-dire une chaleur environ trois fois et demi plus forte que celle de l'eau bouillante. (rigoureusement 3,4357). Braun, cité par le même savant, pense que le mercure peut souffrir une chaleur égale à 300 dégrés sans donner des signes d'ébullition. Ces hautes températures excèdent encore tellement les mouvemens atmosphériques que si je les ai rapportées, c'est pour en tirer la conclusion rigoureuse que les indications se trouvant encore être exactes dans ces écarts, nous devons compter sur celles qui se rapportent à nos besoins journaliers.

L'opinion est actuellement générale chez les savans, que le thermomètre au mercure est d'un usage préférable; et ce que j'ai rapporté de leurs expériences, aura je pense, déterminé mes lecteurs à partager leur sentiment. Nous allons décrire la méthode à suivre pour obtenir le meilleur instrument possible.

CONSTRUCTION DU THERMOMÈTRE.

Pour obtenir des indications certaines et toujours comparables, il est nécessaire d'adopter la meilleure méthode de construction et qu'elle soit par-tout la même.

La forme du thermomètre est connue, c'est un tube de verre d'un très-petit diamètre; ceux que l'on nomme tubes capillaires ayant environ un quart de ligne de diamètre intérieur sont ceux que l'on doit préférer; ils exigent des boules moins grosses. On substitue quelquefois à celles-ci un cylindre long, de un à deux pouces, ou même une spirale tournée comme le sont les petits pains de bougie.

La nécessité d'avoir un tube d'un calibre parfaitement égal se fait ici sentir impérieusement. Il faut mesurer la marche d'une colonne très-déliée, avec des dégrés très-rapprochés. Le moindre changement dans la capacité intérieure du tube, altérera l'indication en plus ou en moins. L'opération par laquelle on calibre un tube est extraordinairement minutieuse. On introduit un pouce de mercure dans le tube avec un petit entonnoir de verre. La mesure étant prise au compas, et le bout de la colonne marquée sur le tube avec une liqueur colorée, ou un fil de soie gommé, on fait couler le mercure un pouce plus loin, alors une nouvelle marque est faite. Cette manipulation, aussi longue qu'indispensable, se continue dans toute la portée du tube. Se trouve-t-on arrivé dans une place où le calibre varie, il faut y couper le tube et conserver à part la portion calibrée; le surplus sera employé à d'autres usages, à moins qu'il ne se trouve être lui-même d'un calibre égal partout, et avoir seulement cessé d'être en rapport avec la portion précédente du tube. Ceux-ci sont mis dans le commerce par les verreries, ayant une longueur de trois pieds. Lorsque l'on veut se procurer un tube calibré avec une précision encore plus rigoureuse, on fait écouler un peu moins de moitié du mercure, il en reste un cylindre de plus d'un demi pouce; on le fait passer dans l'autre demi-pouce, qu'il doit excéder de la même quantité qu'il le faisait dans le premier ; la même chose est répétée sur chaque pouce, qui se trouve par ce moyen calibré sur une très-petite dimension. M. Gay-Lussac est l'auteur de cette méthode.

Feu Perica se servait d'une petite bande de papier blanc, sur laquelle il marquait des divisions égales par des lignes noires transversales. Il enfermait le cylindre de mercure entre les deux premières raies, ensuite le faisant couler de divisions en divisions, il fallait qu'il les remplît exactement sans les dépasser. C'était une autre espèce de mesure substituée à celle du compas.

Le tube calibré, il faut déterminer la longueur à donner à l'instrument ; neuf à dix pouces suffisent pour les usages ordinaires. Plus court, ils ne rempliraient pas toutes les indications jusques à l'eau bouillante, et même un peu au-dessus, ou bien les dégrés deviendraient trop petits. Dans cette dimension, il est possible de donner une ligne aux quatre-vingt divisions au-dessus de zéro, et d'en tracer vingt-quatre au-dessous. L'échelle centigrade sera de même assez distincte puisqu'elle aura en totalité seulement 26 divisions de plus que l'échelle de Réaumur.

A l'une des extrémités du tube choisi, on

souffle à la lampe, une boule ou une spirale ; quelle que soit la forme préférée, elle doit être en rapport avec la longueur du tube. Une boule est plus aisée à mettre dans une proportion exacte. L'artiste habitué à cette manipulation ne recourt point à des moyens rigoureux pour déterminer les proportions, le coup d'œil lui suffit. M. Deluc, qui a porté la même exactitude dans toutes les parties de la méthode à suivre, détermine la grosseur de la boule à trente-deux fois le diamètre du tube. Ainsi un tube capillaire d'un quart de ligne, doit supporter une boule de huit lignes de diamètre. On présente la boule dans un calibre qui peut être fait avec une feuille de cuivre laminé, il faut tenir compte de l'épaisseur du verre de la boule : quelques essais feront acquérir toute la précision nécessaire.

L'opération qui suit immédiatement, consiste à emplir le tube, du fluide qu'il doit contenir ; nous traiterons d'abord de ceux qui le sont avec du mercure. Les tubes doivent être nets et secs. En soufflant la boule il y est entré de l'humidité, en outre, il faut les purger d'air ; afin d'y parvenir, on fait chauffer fortement le tube dans toute sa longueur, la boule seule n'est pas exposée au feu, mais lorsque la chaleur acquise par le tube a dû le sécher complettement, on présente la boule au feu, on l'y chauffe brusquement, l'eau qu'elle contient en est chassée et entraîne dans sa sortie rapide, les petits corpuscules qui pourraient se rencontrer dans son passage le long du tube.

Avant de faire l'opération que je viens de décrire, on a eu le soin de souder un petit goulot ou réservoir à l'extrémité du tube, opposée à celle où l'on a placé la boule. On forme autour de ce petit goulot un entonnoir en papier, qui s'attache avec un fil ou un peu de cire à cacheter. La boule étant toujours sur le feu, on emplit de mercure le réservoir puis l'on éloigne le tout du feu. L'air se condensant dans la boule, laisse entrer le mercure, celui-ci en gagne le fond. Cette manipulation doit être répétée plusieurs fois, jusqu'à ce que l'on ait à-peu-près rempli la boule. Il y a quelques personnes qui préfèrent une autre méthode, c'est celle que l'on emploie pour remplir les thermomètres à l'esprit de-vin. Elle consiste à fortement chauffer la boule; l'air étant très-dilaté par cette forte chaleur, laisse ensuite par le réfroidissement, un grande vide dans le tube; on retourne celui-ci précipitamment et l'on plonge l'orifice ouvert dans un vase qui contient du mercure. La pression de la colonne atmosphérique force le mercure a occuper la place laissée vacante par la condensation de l'air, il monte dans le tube. Celui-ci étant remis de nouveau sur le feu, le mercure bout, il se dégage des bulles d'air, celui du tube s'échappe de même et l'on plonge de suite l'orifice dans le vase au mercure. Il ne faut pas souder de goulot au bout du tube, si l'on s'est servi de la manière précédente pour emplir la boule : j'ai adopté la première décrite, qui est celle de M. Deluc. Quel que soit le moyen que l'on ait préféré, il convient de faire bouillir le mercure dans la boule. On voit alors entre le verre et le mercure une grande quantité de petites bulles d'air ; elles sortent du tube par l'effet des bouillonnemens. Le mercure continuant d'être en ébullition remonte jusques dans le réservoir. Si alors on éloigne la boule du feu, tout le mercure s'y précipite et la remplit, il faut ou prévenir la rentrée de l'air dans le tube ou l'en expulser s'il y a pénétré. M. Deluc emploie le moyen suivant pour le chasser : il a deux fourneaux, l'un garni de feu, l'autre de cendre chaude ; il chauffe le tube très-fort, à commencer près de la boule, puis ensuite il chauffe celle-ci ; le mercure rentre dans le tube et en gagne insensiblement le haut dont la portion vide reste exposée successivement à l'action du feu du premier fourneau. Il faut avoir la précaution de ne pas faire bouillir le mercure du tube, car la colonne pourrait se diviser. Au moment où le mercure monté jusqu'au réservoir, est prêt à y entrer, on monte celui-ci avec du mercure que l'on tenait préparé dans l'entonnoir de papier. Les deux portions se rejoignent, elles entrent dans le thermomètre qui se trouve rempli en entier : il n'y a plus à craindre d'introduction d'air, ni d'humidité. L'autre moyen est un peu plus prompt, il consiste à faire cette addition de mercure peu à peu pendant que le mercure est remonté dans le réservoir avant de le laisser retomber dans la boule.

Le thermomètre étant rempli, il faut le régler; pour y parvenir, on chauffe la boule légèrement ou même seulement avec la main; il sort de l'extrémité du tube un globule de mercure, alors on tire à la lampe cette portion en pointe déliée; il faut la laisser assez longue pour qu'elle puisse être rompue et scellée plusieurs fois s'il en est besoin. Il y a encore un excès de mercure qu'il convient d'expulser sans laisser rentrer d'air. On plonge l'instrument peu à peu dans l'eau bouillante, le mercure s'élève et gagne l'orifice de la pointe et s'échappe; lorsqu'à ce dégré de chaleur il n'en sort plus, on retire le tube de l'eau, et après l'avoir essuyé promptement, on approche la boule d'un peu de feu qui a été préparé à cet effet : on l'y chauffe, il s'échappe encore des gouttes en quantité suffisante pour que le mercure condensé laisse un vide de quatre à cinq dégrés au-dessus de l'échelle que l'on y adaptera. Le mercure se soutenant très-près de la pointe, on la scelle au chalumeau et l'on éloigne l'instrument du feu.

Ceux qui ne sont pas très-exercés peuvent quelquefois faire sortir trop de mercure. Afin de s'en assurer, on plonge le tube dans l'eau bouillante, le mercure doit rester à 10 lignes à-peu-près, 22 millimètres, au-dessous du sommet du tube; lorsqu'il est réfroidi, on le plonge dans la glace, le mercure doit redescendre et se réduire à n'occuper qu'un cinquième de la grandeur totale du tube. Cette vérification faite, on fond la pointe au chalumeau, et elle forme par ce rapprochement une voûte solide à l'extrémité du tube. Si l'on avait fait sortir trop de mercure, il faudrait briser l'extrémité de la pointe après en avoir rapproché le mercure en chauffant la boule légèrement. Au moment où un globule de mercure se présente à l'extrémité, on a mis dans l'entonnoir de papier une petite quantité de mercure, cet entonnoir ayant été attaché au haut du tube avant de briser la pointe, on soutient la colonne dans le tube à la même hauteur en approchant la boule du feu; et lorsque le globule se présente à l'orifice, on ajoute la quantité jugée nécessaire puis on soude la pointe, ainsi qu'il a été dit tout à l'heure.

On voit par toutes les précautions qu'il est nécessaire de prendre pour expulser l'air d'un thermomètre, combien cela présente de difficultés, et exige de soins. Les instrumens traités de cette manière laissent descendre le mercure jusqu'au bout du tube quand on le renverse, aucune bulle d'air ne peut séparer la colonne en deux parties, ni en la soulevant produire une indication fausse. Quoiqu'il ne soit pas indispensablement nécessaire pour obtenir une marche régulière du thermomètre qu'il soit absolument purgé d'air, il résulte cependant un grand avantage d'avoir un instrument qui jouisse de cette qualité. Lorsque l'on expose le thermomètre à une très-haute température, s'il est resté de l'air dans le bout du tube, sa présence favorise le développement de vapeurs que cette température tend à faire naître dans la boule. Leur existence ne peut avoir lieu sans que la colonne ne soit soulevée ou même divisée par elles; on n'obtiendrait donc qu'une indication fautive.

Le thermomètre à l'esprit-de-vin, quoique

peu fidèle dans les siennes étant toujours en usage, je décrirai rapidement la manière de l'emplir. Elle consiste à faire chauffer fortement la boule, puis à plonger l'orifice du tube dans un vase contenant de l'esprit-de-vin coloré; on répète l'opération jusqu'à ce que le tube soit plein. Un léger mouvement de dilatation imprimé à la liqueur en échauffant la boule seulement avec la main, fait sortir celui qui se trouve y être en excès. L'espace resté vide est tiré en pointe, ainsi que je l'ai dit en traitant du thermomètre au mercure, et soudé hermétiquement. La marche croissante des dilatations de l'esprit-de-vin lorsqu'il atteint les hauts dégrés de l'échelle, ne le rend pas convenable pour des observations de cette nature; aussi, surtout depuis le travail de M. Deluc et le conseil qu'il en a donné, il est d'usage de ne pas étendre les divisions au-delà de 40 dégrés. Pour déterminer ce point, on plonge le thermomètre dans un vase d'eau dans lequel on a placé un second thermomètre au mercure, dont on connaît bien la marche et qui sert d'étalon pour tous les instrumens de ce genre que l'on entreprend de construire. L'eau est chauffée et maintenue à 40 dég. Lorsque le mercure est stationnaire, on marque avec des fils de soie enduits de gomme, le point où l'esprit-de-vin s'est arrêté dans tous les tubes à l'esprit-de-vin, que l'on a mis dans le vase pour les régler; ce point bien déterminé, il faut prendre celui de o, ou glace fondante. L'opération étant la même pour le mercure comme pour l'esprit-de-vin, je vais en reprendre la description, en la considérant comme relative à cette dernière espèce d'instrument.

Le point de zéro, dans les anciens thermomètres de Réaumur, était de près d'un dégré plus bas que celui fixé actuellement d'après la construction de M. Deluc. M. de Réaumur l'avait déterminé sur l'eau commençant à se geler. Cette indication n'est pas un point pris avec assez d'exactitude. Il savait ne s'y pas tromper. Auteur de la méthode, il y avait approprié les appareils dont il se servait, mais le commun des constructeurs ne pouvait pas s'assujétir à une telle régularité ; aussi les observations n'ont elles rien eu de comparable pendant long-tems.

Farenhait avait placé son point de départ beaucoup plus bas, il l'appelait congellation forcée, et le produisait en employant le sel ammoniac et la glace. Il est véritablement plus aisé à saisir que celui de M. de Réaumur; mais les masses employées, ou la température atmosphérique plus froide, peuvent causer quelques erreurs, qui disparaissent en adoptant celui indiqué par M. Deluc, la glace fondante. C'est un point invariable puisqu'il est identique, donné toujours le même par la nature, et sur lequel on ne peut se tromper. On prend de la glace que l'on pile, mise dans un vase, elle y entoure exactement les boules et le bas des tubes que l'on y a plongés. Il faut avoir soin que les boules ne se trouvent jamais dégarnies de glace par-dessous, et qu'il y en ait environ un pouce. Lorsque les colonnes se montrent stationnaires, on applique le fil gommé, et le point est pris d'une manière certaine. La glace se pile très-aisément en l'enveloppant dans un linge grossier, on la réduit en fragment avec un maillet. La neige peut être employée à la place de la glace : on doit prendre les mêmes précautions que pour celle-ci, afin que la boule ne se trouve jamais en contact qu'avec elle, et point avec le vase.

J'ai omis de dire, en traitant de la prise du point supérieur, celui de l'eau bouillante, qu'il y a deux soins à y apporter ; le premier, c'est que l'eau employée à déterminer le dégré de chaleur, soit bouillante dans toute sa masse ; il faut pour cela ne pas fixer le point, dès le moment où les bouillons se manifestent, il est très-essentiel de les laisser agir quelques minutes ; la seconde attention à avoir, c'est d'examiner la hauteur du baromètre. On doit donc, pour obtenir un point identique, partir du poids d'une colonne atmosphérique de 28 pouces. Sous une pression plus forte, l'eau acquiert une chaleur plus grande; nous en avons une preuve dans les pompes à feu et dans la machine à Papin, puisqu'elle y dissout les os mêmes, et les réduit en poudre. Sous une pression moindre, il est par la même raison évident, que le dégré de chaleur acquis suivra un pareil décroissement; on peut l'évaluer à un tiers de dégré dans le thermomètre, par chaque tiers de pouce du baromètre; 4 lignes de celui-ci devront faire allonger, ou raccourcir d'un tiers de dégré, la colonne du thermomètre. Cette observation est d'autant plus nécessaire que, sur de hautes montagnes, l'eau n'acquiert pas la même chaleur que dans les plaines. Ce fait reconnu par M. Deluc lui a donné lieu d'en établir les conditions dans une belle série d'expériences.

Lorsque l'on a déterminé avec soin les points inférieurs et supérieurs, il faut les reporter sur la planchette qui servira de monture au tube. Ceci exige une grande exactitude. En effet, si les points ont été pris avec précision, mais qu'ils ne soient pas inscrits avec régularité, si la division de l'échelle entre eux n'est pas faite avec un soin scrupuleux, ou si l'on se borne à prendre une monture peinte et graduée à-peu-près au hasard, sans qu'il y ait aucun rapport avec les deux points constans, et il s'en rencontre beaucoup de tels dans le commerce ; certainement ce sera un accident très-singulier que de trouver un instrument dont l'indication soit à-peu-près juste. Il convient donc de diviser au compas l'intervalle de dix en dix, puis chacun de ceux-ci par sa moitié. Il ne reste plus à tracer que quatre traits intermédiaires qui, pouvant se diviser en deux intervalles encore égaux, produisent une échelle parfaitement exacte, puisque tous les dégrés sont égaux entre eux. Des soins pareils augmentent le prix d'un instrument qui n'a pas une valeur intrinsèque très-considérable, mais le tems est le patrimoine de l'artiste, il l'est de tous ceux qu'il dirige, et leurs fautes retombent sur lui quand il tient à honneur de garantir, tout ce qui lui est demandé.

Le sapin est en général le bois employé de préférence à faire les montures, parce qu'il est peu affecté de l'humidité et de la chaleur ; que ses fibres se tourmentent moins, et les indications s'éloignent peu par ces deux causes, des places où elles ont été rapportées, en les traçant.

En France, l'échelle généralement adoptée était celle de Réaumur, maintenant c'est la division centigrade qui doit prévaloir. Mais la première ayant été longtems en usage, et se trouvant conservée dans plusieurs pays, et même s'inscrivant encore sur les instrumens français, je vais m'y arrêter.

Le zéro y est placé au terme de la glace fondante. C'est l'échelle de Réaumur corrigée dont je traite ici. Les dégrés inférieurs pourraient descendre jusqu'à 32 dég., terme de la congellation du mercure. On a coutume de noter les froids remarquables de certaines années. Trente-deux dégrés est un froid qui n'existe point dans notre atmosphère.

Le terme ordinaire, pris pour l'extrême des dégrés supérieurs, est celui de l'eau bouillante, et on le fixe à 80 dégrés. En employant des tubes prolongés, on pourrait obtenir des dégrés bien plus élevés, tels par exemple que 252. Une pareille division ayant pour objet des expériences de recherches, se trouve étrangère à mon objet. Les 80 dég. supérieurs à zéro, renferment les diverses indications qui se trouvent être les plus nécessaires à nos besoins journaliers: telles sont celles de la chaleur dont les orangers doivent jouir, le tempéré, et la température des souterrains; notamment celle des caves de l'Observatoire qui est de 9 dégrés, 3/5 au-dessus de zéro; elle est constante et indépendante des saisons. Un autre point, qu'il est intéressant de déterminer parce qu'il a un rapport direct avec nous-mêmes, c'est celui de la chaleur que *les bains* doivent avoir. On le détermine à environ 26 dégrés. J'emploie cette expression parce que l'on pose quelquefois l'indication à 25. Si l'on suivait l'opinion de M. de Rumfort, elle serait plus rapprochée de celle de la chaleur du corps humain. Ce savant conclut, d'après sa propre expérience, que le bain plus chaud qu'il n'est ici d'usage de le prendre, est plus sain et mieux approprié à nos besoins. Il serait possible de citer, à l'appui de cette assertion, l'habitude constante des peuples du Nord, qui font usage des bains de vapeurs. On sait que l'eau réduite en vapeur excède de beaucoup le dégré de chaleur, non-seulement des bains les plus chauds, mais même du corps humain.

Le thermomètre consacré à l'usage des bains, consiste dans un tube à l'esprit-de-vin, dont l'échelle est enveloppée dans un second tube fermé hermétiquement par les deux extrémités. La boule seule est saillante et dégagée du corps de l'enveloppe. L'objet de cette construction est de la rendre plus sensible aux impressions de la chaleur, que le bain lui communique : cet instrument passe dans une planchette de liége qui lui sert de flotteur, et le soutient à la surface de l'eau. Perpétuellement exposé à l'action du fluide qui environne la boule, on est toujours à portée de suivre l'abaissement des dégrés de chaleur, et par conséquent de les soutenir au même point.

Le dégré de chaleur dans l'homme en santé a été déterminé, par M. Brisson, à 32 dégrés 1/2. Il est cependant presque généralement d'usage de l'inscrire au 30.e dégré, ce qui est trop bas. Cette habitude peut dépendre de ce que le thermomètre prend assez rapidement ce point d'élévation, et qu'il lui faut bien plus de tems, quelquefois plus d'une heure pour arriver à 32 et demi. En général, le thermomètre demande 15 à 20 minutes pour acquérir le dégré de température d'un lieu dans lequel on l'expose. Si, par exemple, on lui fait subir rapidement l'action d'une forte chaleur, il se mettra en marche à l'instant, mais les derniers dégrés seront plus lents que les premiers, à être indiqués. M. Brisson, pour connaître le dégré de chaleur du corps humain, mettait la boule du thermomètre sous son aisselle, et l'y laissait jusques à ce que le maximum fût atteint. La même méthode peut être employée pour connaître la chaleur du corps dans la fièvre. Quoique les thermomètres à l'esprit-de-vin puissent suffir pour les bains, on doit, afin d'obtenir plus de régularité dans l'indication, préférer ceux au mercure. On inscrit aussi quelquefois les dégrés de chaleur de la zône torride; enfin, l'échelle est terminée par l'eau bouillante au 80e. dégré. Je ferai remarquer, que si l'on comparait l'échelle dont nous traitons avec quelques instrumens construits par M. de Réaumur ou M. l'abbé Nollet, ou bien seulement d'après leurs étalons, il arriverait que l'indication de l'eau bouillante, ne serait pas comparable entre ces divers thermomètres. M. Deluc a prouvé que cette indication n'était dans les premiers que 63 deg. $\frac{7}{10}$ des derniers. Nous en avons dit la raison, lorsque nous avons traité des principes d'indication que M. de Réaumur avait adoptés.

L'échelle de Farenheit était employée en concurrence avec celle de Réaumur, elle était même préférée par les étrangers, ils la relataient dans tous leurs ouvrages. Son point de départ est à 14 dégrés 1/2 au-dessous du zéro de Réaumur, mais les dégrés étant infiniment plus petits, le 32e. de Farenheit répond à glace fondante, et le 212e. à l'eau bouillante. Le point d'où l'on comptait se trouvant déjà plus abaissé, nécessitait moins souvent l'emploi des expressions au-dessus et au-dessous de zéro, ce qui facilite non-seulement les indications, mais même éloigne les occasions d'erreurs.

L'échelle centigrade devenue celle que les Français emploient, porte son point de départ à la glace fondante, et ses dégrés sont d'un 5ᵉ plus petits que ceux de la division de Réaumur. Le système métrique a nécessité l'adoption de cette graduation centésimale, qui d'ailleurs n'était pas nouvelle. Le thermomètre connu sous le nom de Cristin son auteur, ou de Lyon, parce qu'il a été fait dans cette ville, n'est autre chose que notre division centigrade ; c'est le même point de départ, et le même d'indication supérieure. Il faut en dire autant du thermomètre Suèdois ou de Celsius.

Les observations météorologiques dont je m'occupe journellement, depuis beaucoup d'années, m'ont fait penser qu'il serait avantageux, non pas d'innover dans les points inférieurs et supérieurs quant à leur constitution physique, puisqu'elle est si bien déterminée, mais seulement dans leur chiffraison. Le 6 juin 1807, je lus, à la société académique des sciences, un Mémoire sur cette question. L'extrait que je vais en donner fera connaître quels étaient mes motifs.

« Les météorologistes seuls, disais-je, sa-
» vent l'attention qu'il faut apporter pour ins-
» crire, sans commettre aucune erreur, les dé-
» grés de dilatation ou de condensation qui,
» dans certaines saisons, passent quelquefois
» d'heure en heure de dessus au-dessous de
» zéro. Si le terme de glace fondante est donné

» par la nature, l'expression de zéro est pure-
» ment de convention. Nous en avons l'exem-
» ple dans le déplacement que les auteurs de
» plusieurs divisons thermométriques lui ont
» fait subir. Farenheit, dont j'ai déjà parlé, en est
» un exemple recommandable, puisque sa di-
» vision est encore généralement reçue. Si nous
» connaissions un dégré de froid absolu, néga-
» tif de toute chaleur, l'indication zéro lui ap-
» partiendrait d'une manière exclusive, on ne
» pourrait l'en déplacer. Mais, outre les diffé-
» rens hivers, les découvertes de la chimie nous
» ont fait connaître des dégrés de froid aux-
» quels l'indication zéro paraîtrait mieux conve-
» nir, s'ils étaient plus faciles à retrouver iden-
» tiques. Le terme de la chaleur de l'eau bouil-
» lante n'est aussi, qu'un point de comparaison
» choisi par la facilité de le reproduire constam-
» ment le même. Enfin, le nombre de divisions
» du terme de glace à celui de l'eau bouillante
» est également arbitraire,...... et l'on a vu
» toutes les divisions se multiplier tant en plus
» qu'en moins.

» Delille seul paraît avoir senti qu'il y avait
» de l'inconvénient, ou au moins de la gêne, à
» employer des dénominations de dégrés, mar-
» chant tantôt dans un sens et tantôt dans un
» autre. Il a placé le zéro au plus haut dégré

» de chaleur facilement mesurable, celui de
» l'eau bouillante; tous les autres croissent,
» en sorte que, à 150, il répond au terme de
» glace fondante (1), et 187 est le 20ᵉ dégré au-
» dessous de zéro de l'échelle de Réaumur.

» Je propose donc aux physiciens observa-
» teurs de choisir un nouveau point de départ,
» que l'on n'ait jamais besoin de dépasser. Celui
» pris par Delille n'avait pas cet avantage. Je
» ne choisirai pas le mien dans la plus forte
» chaleur que les dilatations du mercure nous
» puissent donner, ceci peut exiger de nom-
» breuses expériences qu'il faudrait vérifier;
» c'est dans les dégrés de concentration que je
» le détermine. Nous n'avons jamais dépassé,
» au moins jusqu'à présent, le 49ᵉ dégré en
» moins du thermomètre centigrade qui répond
» à $39\frac{2}{10}$ de la division de Réaumur, corrigée
» par Deluc.

» Il me semble donc que sans s'écarter de
» la division centesimale, on jetterait beaucoup
» de clarté sur toutes les observations, en sup-
» posant que le zéro est placé à 50 dégrés au-
» dessous de la glace fondante. Alors ce terme
» moyen, entre la liquidité et la solidification
» de l'eau, se trouverait placé au tiers juste de

---

(1) Je parle de son thermomètre de 1733.

» la progression, puisque les 100 dég. établis
» jusqu'à l'eau bouillante resteraient les mêmes,
» et ce dernier terme de l'échelle porterait 150.

» Alors, les colonnes d'observations pren-
» draient une netteté bien remarquable, puis-
» qu'elles seraient constamment de deux chif-
» fres dans tous les abaissemens au-dessous de
» glace, sans employer aucun signe accessoire.
» Quant aux dilatations, 99 dernier nombre
» de deux chiffres, répond à-peu-près à 39
» dégrés de Réaumur, et se trouve au-delà de
» nos plus fortes chaleurs atmosphériques; en
» sorte que toute la course thermométrique
» usuelle, serait contenue entre 25 et 95 dégrés.
» Le zéro ne se trouvant pas même exprimé
» dans aucune des parties, l'imagination ne
» serait point affectée par un point, qui réelle-
» ment est de pure convention puisqu'il n'ex-
» prime point de froid absolu. Aurait-on besoin
» d'exprimer la fusion de la cire, l'ébullition
» de l'eau, celle même du mercure, on se
» trouverait dans les nombres de trois chiffres,
» 110, 150, 365, qui répondent à 48, 80,
» 252 de Réaumur. Cette échelle suffirait aux
» expériences pyrométriques, et s'étendrait
» aussi loin qu'on pourrait le désirer. La fusion
» de l'or sera 2697, la fonte 10,020, c'est-à-
» dire 2315 et 7976 de Réaumur, d'après les

» expériences rapportées dans la *Physique mé-*
» *canique.*

« Cette échelle est réellement celle de la
» division centigrade, placée à un étage plus
» commode et débarrassée de cette gêne qu'y
» répand une apparence d'élévation ou d'abais-
» sement, relative à un niveau qui n'existe
» point.

» Si j'osais donner un nom à cette notation,
» je l'appellerais échelle directe ; ainsi l'on di-
» rait, le thermomètre est à 60 dégrés directs,
» égalant 12 de Réaumur, ou à 48^d ; c'est-à-dire
» 1 dégré $\frac{6}{10}$ au-dessous de glace.

» Ceux qui se servent journellement d'un ins-
» trument, savent que l'on ne peut trop en sim-
» plifier l'usage ; cela tient de près à la certitude
» des observations. Afin d'être mieux compris,
» j'ai fait graver la figure de cette échelle di-
» recte, comparée avec celle de Farenheit, de
» la division centigrade et de Réaumur, suivant
» la correction de Deluc. *Voy. pl.* 14. Celle de
» Farenheit est en dehors de la centigrade, et
» celle de Réaumur, en dehors de la directe. »

Je terminerai ce chapitre par donner les rapports qui existent entre ces divisions ; il se peut
en effet qu'une seule d'entr'elles se trouve notée
dans un ouvrage, et il peut devenir agréable de
trouver la formule de leurs proportions.

Neuf dégrés de Farenheit égalent quatre de Réaumur, cinq de l'échelle centigrade, et par conséquent de l'échelle directe que je propose.

Pour la réduire en division centigrade, il n'y a qu'à supprimer 50. Par exemple, je dis le mercure est à 45 dégrés; 50 étant le dégré zéro, j'exprime que l'abaissement est de 5 dégrés au-dessous de glace.

L'échelle centigrade donne les dégrés de Réaumur, en en retranchant un cinquième, et cette dernière devient l'échelle centigrade en y ajoutant cette même quotité; 10 dégrés de Réaumur font 12 1/2 de l'échelle centigrade; 15 dégrés de Delille égalent 8 de Réaumur, 10 de l'échelle centigrade, et 18 de Farenheit. 150 est, chez lui, le point de congellation.

M. Déluc a cherché à rendre la marche de l'esprit-de-vin comparable avec celle du mercure. Le moyen qu'il emploie est de tracer les divisions de l'échelle dans une proportion inégale, mais relative aux accroissemens de dilatation, ou à leur décroissement. C'est une nouvelle preuve de l'infidélité de l'instrument lorsqu'il est construit avec ce fluide.

Je dois arrêter l'attention sur un fait relatif à la congellation du mercure; elle se trouve, d'après les expériences faites à Paris, déterminée à 32 dégrés, et cependant, *page* 575, j'ai rapporté l'observation des académiciens français à Torneo, dans laquelle ils virent le mercure descendre à 37 dégrés, sans cependant énoncer qu'il fût congelé. M. Deluc a expliqué l'anomalie apparente de ce fait. Le mercure, dit-il, auquel on soustrait rapidement par des mélanges artificiels la chaleur qu'il renferme, se congèle à un moindre dégré d'abaissement, que si lentement et par succession de tems cette même chaleur lui est soustraite. Il a même indiqué une expérience de Braun, dans laquelle ce savant, ayant enduit la boule avec de la cire, afin que la glace n'y adhérât point, fit descendre le mercure à 640 dégrés de Delille, qui répondent à 52 dégrés de Réaumur.

Les observations météorologiques présentent quelques règles à suivre. Les thermomètres que l'on y destine ne doivent être affectés que par les effets généraux de l'atmosphère, et non par des accidens particuliers, tels que l'incidence directe des rayons solaires, ou même leur reflet par quelque corps voisin. L'exposition au nord est donc la plus convenable ; ceux dont le tube ne s'étendrait pas au-delà de 60 dégrés de Réaumur, ne doivent jamais être exposés au soleil, la raréfaction ferait casser la boule.

La plus grande chaleur se fait en général

ressentir vers les trois quarts du jour; c'est-à-dire, entre deux et quatre heures, comme le froid le plus vif, au point du jour.

Lorsqu'il a plu sur un thermomètre exposé à l'air libre, ou s'il a reçu de la rosée, et que le vent ou la chaleur de l'air sèchent la boule et fassent évaporer l'humidité, la colonne s'abaisse au-delà du terme vrai. L'évaporation soustrait de la chaleur au thermomètre, et lui fait présenter une fausse indication. Avant d'observer, il faut essuyer l'instrument et le laisser se fixer ensuite.

L'œil doit se placer très-exactement de niveau.

La marche du thermomètre a un rapport assez direct avec celle des vents.

Ceux du nord à l'est le tiennent dans l'hiver, au-dessous de zéro.

Ceux du sud à l'ouest indiquent le dégel, et le font remonter.

En été, son abaissement rapide indique que le vent passera du nord, à l'est. Si, au contraire, il s'est élevé, les vents tourneront du sud à l'est, le tems sera chaud et sec.

L'importance des observations météorologiques est reconnue depuis long-tems, mais leur multiplicité seule peut conduire à former un corps de doctrine, ensorte qu'il devienne possible de tirer des inductions à-peu-près certaines de l'état de l'atmosphère. Il ne suffit pas que des observations pour ainsi dire éparses, soient faites, il en faudrait former une chaîne. La science ne fera pas de progrès marqués, si par exemple, un météorologiste observe à Paris, un autre à Milan, et un troisième à Vienne. Mais si, au contraire, entre ces trois stations, il a été fait par dix personnes, dans chaque direction, des observations concurrentes, alors on peut espérer qu'il n'y aura rien qui reste sans avoir été aperçu. Les grandes bandes de vents, les météores, les orages, les abaissemens du mercure dans le baromètre et le thermomètre, seront toujours saisis et publiés. J'ai plusieurs fois invité les personnes qui voudraient se livrer à cet intéressant travail, à m'adresser leurs observations; il en serait formé un corps, qui serait publié dans les journaux destinés à être le dépôt des sciences, et leur multiplicité accroissant leur importance, elles pourraient un jour fournir au génie, des matériaux qu'il saurait mettre en œuvre.

La similitude dans la manière d'observer peut seule rendre l'observation utile ; voici la forme dans laquelle mes feuilles météorologiques sont dressées :

Elles sont divisées en douze colonnes. La première contient les jours du mois.

Les trois suivantes, intitulées en tête thermomètre, renferment les observations au lever du soleil, à 2 heures, et à 9 heures du soir.

Les trois autres ont pour titre : baromètre. Les heures sont : matin, midi, soir.

La huitième est destinée à l'hygromètre.

Les vents et l'état du ciel sont contenus dans les colonnes 9, 10 et 11, et les observations sont désignées, aux mêmes heures que pour le baromètre.

La douzième est consacrée à la hauteur des eaux. Sur les bords de la mer, elle pourrait l'être aux marées.

L'intérêt de la science est évidemment que l'on s'occupe de généraliser les observations.

CHAPITRE III.
HYGROMÈTRE.

La vapeur aqueuse dissoute par l'air, joue un si grand rôle dans les phénomènes atmosphériques, que les physiciens se sont occupés de les étudier soigneusement; divers instrumens ont été créés pour y parvenir. Je ne me propose point d'en donner la description, parce qu'elle se trouve dans les ouvrages des auteurs qui se sont livrés à ces recherches. Ces recherches mêmes sont aussi du domaine de la science, et peu de personnes, excepté celles qui se livrent à des études suivies, s'occupent de l'hygromètrie. Je me bornerai donc à parler très-brièvement de l'hygromètre à cheveu de M. de Saussure. Cet instrument jouit d'une extrême sensibilité, il paraît être préféré généralement.

Le principe de sa construction est fondé sur ce que le cheveu jouit de la propriété de s'alonger par l'humidité, et de se raccourcir par la sécheresse. On prend un paquet de cheveux longs de 12 à 15 pouces ; ce paquet ne doit point excéder la grosseur d'une plume à écrire : on le fait bouillir dans de l'eau chargée, par chaque once, de six grains de carbonate de soude. Cette lessive dépouille les cheveux d'une sorte d'onctuosité ou graisse, qui altèrerait leur sensibilité.

Les cheveux préparés convenablement, sont nets, doux, transparens ; s'ils n'étaient pas dans cet état, c'est que l'action de la lessive aurait été trop forte. On choisit un cheveu de 12 à 14 pouces de long, on attache l'une de ces extrémités à un point fixe, et l'autre à la circonférence d'un cylindre très-mobile, qui porte à l'un des bouts le l'axe une aiguille extrêmement légère. Celle-ci marque sur un cadran gradué, en 100 parties, les dégrés relatifs d'humidité et de sécheresse. Le grand hygromètre de M. de Saussure est divisé en 360 parties. Dans l'hygromètre portatif, il y a de la sécheresse, à l'humidité extrême, cent dégrés.

Ces deux points sont déterminés d'une manière réellement absolue; ainsi, dans celui de sécheresse, il ne serait pas possible de soustraire au volume d'air dans lequel on a exposé l'instrument pour le régler, une plus grande quantité d'humidité. Il en a perdu tout ce qu'il lui était possible d'en perdre, car il en retient toujours une petite portion; *ce minimum* au reste, est tel que l'on peut regarder le point de sécheresse comme absolu.

L'humidité extrême n'est pas moins bien déterminée. On expose le cheveu à une humidité qui surpasse celle que l'air peut acquérir dans sa condition atmosphérique. L'allongement pris alors par le cheveu, devient donc encore un point absolu. L'ouvrage de M. de Saussure, vraiment classique, doit être consulté par ceux qui se livrent aux observations météorologiques. Se dissimuler l'étendue de leur utilité, ce serait ne pas vouloir connaître celle de nos besoins. La physique ne peut sans elles compléter quelques-unes de ses théories. L'agriculture ne peut pas plus s'en passer, que nous ne pouvons nous-mêmes nous passer de l'agriculture; elle y puisera des ressources pour prévenir des mlaheurs et s'éviter des revers. La médecine et surtout l'hygiène réclament ses secours. L'habitant des campagnes, en s'occupant de la météorologie, y trouve une occupation amusante et utile; je le répéterai encore ici, la multiplicité des observations peut seule faire connaître toute leur importance. Les petits instrumens construits avec une corde à boyau n'étant nullement comparables, sont de jolies décorations d'appartemens ou une plaisanterie du moment, puisque celle-ci en fait varier la forme, et d'un ermite fait une cendrillon. Je ne m'y arrêterai donc pas.

ARÉOMÈTRE,

ou

PÈSE-LIQUEUR DE COMPARAISON.

Cet instrument sert à connaître le dégré de pesanteur des liquides. C'est un cylindre, creux, fait de verre, d'argent ou d'autre matière, et qui se termine par un tube long, cylindrique, fermé hermétiquement et divisé par degrés, depuis 10 jusqu'à 37 ou 40. Au-dessous du cylindre est un petit globe contenant le mercure nécessaire pour fixer le tube dans une position verticale, quand l'aréomètre est plongé dans la liqueur dont on cherche la pesanteur.

Il est démontré qu'un corps s'enfonce dans un fluide jusqu'à ce qu'il occupe dans ce fluide la place d'un volume qui lui soit égal en pesanteur. Plus un fluide est dense, et plus le corps solide qu'on y plonge perd de son poids, parce que le poids qu'il perd, est toujours égal au poids du volume de fluide qu'il a déplacé.

On appelle densité d'un corps, la quantité de matière de ce corps considérée relativement à son volume, c'est-à-dire à l'espace occupé par ce corps. La dilatation ou raréfaction est opposée à la densité.

Ce premier principe posé, on connaîtra la pesanteur de la liqueur où l'on plongera l'aréomètre, par le plus ou moins de profondeur à laquelle il descendra, et qui sera indiquée par les degrés marqués sur le tube.

La liqueur où il descendra le plus bas, sera la plus légère, et celle où il descendra le moins bas, sera la plus pesante. C'est ainsi que l'eau-de-vie étant plus légère que le vin, et ce dernier plus léger que l'eau, l'aréomètre s'enfoncera plus dans l'eau-de-vie que dans le vin, et plus dans le vin que dans l'eau.

Il faut observer aussi que la température influe sur les liquides : la chaleur les raréfie, et le froid les condense.

L'eau distillée est le terme moyen que l'on a pris pour l'usage de l'aréomètre, et l'on est convenu de lui donner le nombre 10 au lieu de zéro.

En conséquence, les vins laisseront descendre l'aréomètre à 11, 12 ou 13 degrés.

Les eaux-de-vie simples, de 15 à 20.

Les eaux-de-vie rectifiées, de 21 à 33.

Les alkools ou esprits de vin, de 34 à 45.

Enfin, les éthers de 46 à 58, suivant que les liquides seront plus ou moins dégagés de flegme, ou partie aqueuse.

Pour observer ces dégrés, il faut avoir le soin, avant de se servir de l'aréomètre, de bien l'essuyer afin qu'il plonge librement. On doit prendre garde surtout à ce qu'il soit purgé de toute partie grasse qui s'opposerait à son enfoncement.

Il est nécessaire, aussi, que le liquide soit versé dans un bocal assez haut pour que l'aréomètre n'en touche pas le fond en descendant ; et c'est pour cela que je me sers, dans cette opération, de cylindres de cristal à patte, d'environ 4 centimètres (un pouce et demi) de diamètre, sur deux décimètres (7 à 8 pouces) de haut ; je ne les emplis de liquide qu'aux trois quarts, afin que l'aréomètre, en plongeant, ne le fasse pas déborder, et que cependant il s'élève près de l'orifice du vase, où il est plus commode de faire les observations.

Lorsque la surface du liquide n'est plus agitée, après l'immersion de l'aréomètre, je regarde à quelle division de l'instrument elle répond, en tenant compte des demi-dégrés, même des quarts de degrés, dans le cas où la surface de la liqueur se trouve exactement entre deux divisions, ou plus près de l'une que de l'autre.

Ces degrés, il est vrai, ne sont point établis sur des points de comparaison bien constatés en physique; mais la grande réputation des aréomètres que M. Cartier, mort en 1780, fabriquait pour les aides et pour le commerce, en a fait une sorte d'échelle commune, à laquelle se sont accoutumés tous ceux qui achètent des eaux-de-vie.

L'eau-de-vie à 18, à 20, à 27; l'esprit de vin à 33, 35, 40 dégrés de l'aréomètre de Cartier, sont aussitôt appréciés par le distillateur, le receveur des droits, le gourmet et le commerçant. Il n'y aurait même rien de plus simple que cette appréciation, si la variation de température de l'atmosphère ne venait pas la troubler.

En effet, la chaleur dilatant, comme nous l'avons dit, tous les corps, et principalement les fluides, les rend nécessairement moins denses, sans changer pour cela leur forme apparente; et la même eau-de-vie qui n'aurait marqué que 31 degrés quand le thermomètre est à 4 au-dessus du zéro, marquera 34 quand le thermomètre sera à 22. Elle n'est cependant pas plus rectifiée dans un moment que dans l'autre; et c'est réellement de l'eau-de-vie à 32 dégrés à la température moyenne.

On conçoit facilement qu'on ne peut établir de véritables comparaisons qu'à une température égale; aussi ai-je soin en construisant mes instrumens de les adapter à l'état le plus commun de l'atmosphère, c'est-à-dire 10 degrés du thermomètre de Réaumur qu'on est à peu près sûr de retrouver en tout tems dans les caves profondes. On peut d'ailleurs, ramener à cette température le liquide qu'on veut estimer, en faisant usage, soit d'un bain-marie, soit d'un bain de glace ou d'eau salpêtrée. Il est donc nécessaire de plonger le thermomètre dans le liquide, pour n'examiner le dégré de l'aréomètre qu'à l'instant où le premier de ces deux instrumens marque 10. J'emploie, pour faire ces observations, des thermomètres au mercure à tube isolé, parce que j'opère dans des vases étroits; les personnes qui se servent de vases plus larges, peuvent employer des thermomètres sur planchettes non peintes.

Il est cependant des occasions, soit en voyage, soit sur un port, où l'on n'est pas à portée de prendre toutes ces précautions, il a donc fallu chercher à se contenter de la seule inspection du thermomètre, quelqu'en fut le dégré. Ce moyen était d'autant plus important, que cette différence augmente avec celle de la température, dans un rapport qui n'est pas facile à saisir. Ainsi l'on a vu que de l'eau-de-vie à 32 dégrés marquait 34 à l'aréomètre, quand le thermomètre montait de 12 dégrés; tandis que de l'eau-de-vie à 24 ne marquerait que 25 1/2 à la même température, et qu'il lui faudrait un surcroît de 14 dégrés au thermomètre pour monter à 26.

Il était difficile de donner une méthode qui s'appliquât exactement à tous les cas. On a essayé d'y suppléer par des tables toutes faites pour les différens dégrés du thermomètre et de l'aréomètre; mais j'ai cru reconnaître que tous ceux qui font usage d'un instrument de physique pour des opérations de commerce, répugnent à chercher avec une sorte d'embarras dans des tables où, en définitif, ils ne trouvent pas tous les dégrés dont ils ont besoin.

Je dois donc prévenir ceux qui se servent d'aréomètre, que dans le cas où la température ferait monter ou descendre le thermomètre de quelques dégrés, il faudrait diminuer ou augmenter le calcul à proportion, suivant la qualité des eaux-de-vie ou esprits. Par exemple, une eau-de-vie dont la température aurait fait monter le thermomètre au 15e. dégré, et qui marquerait à l'aréomètre 16 dégrés 1/2, ne serait que de 16 dégrés justes, ramenée à la température.

La même eau-de-vie, dont la température aurait fait descendre le thermomètre à cinq dégrés au-dessus de zéro, ou cinq dégrés au-dessous du mot tempéré, et qui ne marquerait à l'aréomètre que 16 dégrés 1/2, serait de même une eau-de-vie de 16 dégrés justes, ramenée à la température, parce que 10 dégrés de température, en plus ou en moins, augmentent ou diminuent l'enfoncement de l'aréomètre d'un dégré, dans les eaux-de-vie de cette qualité.

Mais il faut observer, je le dis encore, que la quantité de dégrés de température diminue progressivement à mesure que la force des liqueurs augmente, et à tel point, que dans les esprits-de-vin rectifiés à 36 dégrés, cinq dégrés de température augmentent ou diminuent l'enfoncement de l'aréomètre d'un dégré.

On ne peut donc obtenir par le moyen que j'indique, que des résultats approximatifs, et il vaut toujours mieux, si l'on en a la possibilité, ramener le liquide à la température commune fixée par la loi, c'est-à-dire à 10 dégrés au-dessus de zéro du thermomètre.

Je dois prévenir aussi que, pour plus d'exactitude dans ces expériences, il faut absolument employer des thermomètres au mercure, et non à l'esprit-de-vin; la différence qui existe entre la justesse de ces instrumens a été développée à l'article *thermomètre*.

Les arts et le commerce employent l'aréomètre pour des fluides de diverses densités, tels que les sirops et les acides. L'échelle de ces instrumens doit donc varier selon l'emploi auquel ils sont destinés. Mais de quelque manière que soit disposée cette échelle, le zéro, c'est-à-dire l'eau distillée, est toujours l'unité.

Le zéro est placé près du cylindre, au pied de la tige, dans les aréomètres destinés aux eaux-de-vie et aux esprits-de-vin, parce que ces liquides ayant moins de densité, l'aréomètre s'y enfonce d'avantage.

Le contraire a lieu dans les aréomètres destinés à peser les sirops, les acides et tous les fluides plus denses que l'eau. L'unité ou zéro est placé à l'extrémité de l'échelle, au haut de la tige, parce qu'il s'agit alors de déterminer de combien ces fluides sont plus denses que l'eau, et qu'à proportion de la densité, la tige s'élève au-dessus de la liqueur.

L'acide sulfurique donne l'échelle la plus étendue, elle va jusqu'à 66 dégrés, et il est d'usage de la graduer jusqu'à 72.

La bonté de ces divers instrumens consiste uniquement en ce qu'ils se rapportent à ceux dont se servent tous les commerçans et les percepteurs de droits, et je ne puis garantir que ceux qui sont construits sous mes yeux. Pour éviter toute incertitude, j'ai soin de mettre mon nom sur les échelles de tous ces instrumens.

CAFÉOMÈTRE.

Dissertation préliminaire sur le café, et sur ses diverses propriétés.

Avant de donner la description, et d'enseigner l'usage de l'instrument que nous avons nommé *caféomètre*, on me saura peut-être gré de parler du café, d'en rappeler la découverte, et d'entrer dans quelques détails sur les propriétés de ce végétal qui procure une boisson si agréable, et si généralement en usage.

Le célèbre de Jussieu nous apprend que l'Europe est redevable de la culture de l'arbre sur lequel croît le café, et que l'on appelle cafier ou caféyer, aux soins des Hollandais qui, de

Moka, l'ont porté à Batavia, et de Batavia au jardin d'Amsterdam. La France en est redevable au zèle de M. de Ressous, lieutenant-général de l'artillerie et amateur de botanique, qui se priva, en faveur du jardin royal, d'un jeune pied de cet arbre qu'il avait fait venir de Hollande.

Le caféyer croît jusqu'à la hauteur de 25 pieds, et plus; il est de moyenne grosseur, et donne des branches qui sortent d'espace en espace de toute la longueur de son tronc, toujours opposées deux à deux, et rangées de manière qu'une paire croise l'autre. Elles sont souples, arrondies, noueuses par intervalles, couvertes de même que le tronc, d'une écorce blanchâtre très-fine, et qui se gerse en se desséchant.

Les branches de cet arbre sont chargées en tout tems de feuilles, entières, sans dentures ni cannelures dans leurs contours; elles ressemblent aux feuilles du laurier, avec cette différence qu'elles sont moins sèches et moins épaisses. De l'aisselle de ces feuilles naissent des fleurs jusqu'au nombre de cinq, soutenues chacune par un pédicule court. Elles sont toutes blanches, d'une seule pièce, à-peu-près du volume et de la forme du jasmin d'Espagne, excepté que le tuyau est moins long. Ces fleurs passent vîte et ont une odeur douce et agréable.

Le fruit qui devient à-peu-près de la grosseur et de la figure d'une cerise, se termine en ombilic, est vert clair d'abord, puis rougeâtre, ensuite d'un beau rouge, et enfin rouge obscur dans sa maturité. Sa chair est glaireuse, d'un goût désagréable, et sert d'enveloppe à deux coques minces, ovales, étroitement unies, arrondies sur leur dos, applaties par l'endroit où elles se joignent, de couleur d'un blanc jaunâtre, et qui contiennent chacune, une semence calleuse creusée dans le milieu. Une de ces deux semences venant à avorter, celle qui reste acquiert ordinairement plus de volume et occupe seule le milieu du fruit.

J'abandonne aux historiens le soin de rapporter ce qui a fait connaître les effets du café, et ce qui en a amené l'usage; c'est à eux qu'il appartient d'examiner si l'on en doit la première expérience à la curiosité du supérieur d'un monastère d'Arabie, lequel voulant tirer ses moines du sommeil qui les tenait assoupis aux offices de la nuit, leur en fit boire l'infusion, sur la relation des effets que ce fruit causait à des chèvres qui en avaient mangé; ou bien, s'il faut en attribuer la découverte à la piété d'un mufti qui, pour faire de plus longues prières, et pousser les veilles plus loin que les dervis les plus dévots, a passé pour s'en être servi des premiers.

Je me contenterai de rapporter quelques anecdotes qui mettront le lecteur au fait des révolutions qui s'élevèrent à l'occasion du café, et des préjugés qui en combattirent l'usage chez les mahométans; car on sait que le café est originaire de l'Arabie, et le royaume d'Yemen, où est situé le canton de Moka, est en possession de fournir le meilleur.

Sous le sultan d'Egypte, un gouverneur de la Mecque, nommé Khair-Beg, qui n'avait jamais pris de café, apperçut un jour, en sortant de la Mosquée, après la prière du soir, plusieurs personnes assemblées près de la porte, et qui prenaient du café.

Il fut fort étonné lorsqu'on lui fit connaître les propriétés de cette liqueur, qui disposait à la gaieté, et qu'on lui apprit qu'on en faisait déjà un grand usage à la Mecque; comme il était dans la persuasion que le café était un breuvage enivrant, il ordonna à ces personnes de sortir de la Mosquée, avec défense de s'assembler à l'avenir dans un pareil lieu pour un semblable sujet. Il convoqua, le lendemain, une assemblée où siégèrent les magistrats et les docteurs de la loi, les prêtres et les hommes les plus éminens de la Mecque, auxquels ils communiqua ce qu'il avait vu, ajoutant qu'il était informé que ces abus arrivaient fréquemment dans les cafés publics, et qu'il désirait d'avoir leurs avis sur les moyens d'y remédier.

L'illustre assemblée pensa qu'il était nécessaire d'avoir l'opinion des médecins; et ceux qui furent consultés publièrent que le café était froid, sec et nuisible à la santé.

Cette décision gagna tous les suffrages, et plusieurs des convoqués affirmèrent que le café avait troublé leur cerveau. Un d'eux avança imprudemment qu'il enivrait comme le vin, ce qui fit rire toute l'assemblée; car une pareille assertion supposait qu'il s'était mis à même de faire la comparaison, et qu'il avait conséquemment bu du vin; ce qui est expressément défendu par la loi de Mahomet. Le gouverneur lui en fit la question, et comme il eut la simplicité de répondre affirmativement, il fut condamné à la bastonade, qui est la peine d'un tel crime.

Le café fut donc prohibé à la Mecque, malgré l'opinion du mufti; mais cette rigueur ne dura pas long-temps : le sultan d'Egypte, loin d'approuver le zèle outré du gouverneur de la Mecque, lui ordonna d'annuler sa prohibition et de n'employer son autorité que contre les désordres, s'il en arrivait dans les cafés publics.

Cependant le café fut de nouveau prohibé à la Mecque, et de nouveau rétabli. Le sultan d'Egypte consulta les docteurs de la loi sur cette affaire; ils prouvèrent, par de bonnes raisons, la sottise et l'ignorance de ceux qui avaient prononcé la condamnation du café, ce qui le mit plus en vogue qu'il n'avait jamais été.

Il s'éleva encore des troubles au Caire au sujet de cette boisson : en 1525, un médecin scrupuleux soutint que le café entêtait et qu'il était nuisible à la santé ; cette opinion ne fut point partagée, mais, quelque tems après, un prédicateur fanatique se déchaîna si fort contre l'usage du café, que la populace, excitée par ses discours, se jetta avec violence dans les cafés publics, renversa les tables, cassa les tasses et les soucoupes, et maltraita les personnes qui s'y trouvaient.

L'affaire fut de nouveau portée devant le juge suprême, qui assembla tous les docteurs pour connaître leur opinion. Ils déclarèrent que cette question avait été décidée en faveur du café par leurs prédécesseurs ; et qu'ils étaient tous du même sentiment. Le juge qui présidait cette assemblée ordonna, qu'on servît du café à tous les membres qui la composaient ; il en prit lui-même, et cet exemple appaisa toutes les querelles. Le café en devint plus à la mode qu'auparavant.

On s'imagine peut-être que les bons Mahométans, après tant de difficultés renouvelées et vaincues si souvent, vont prendre en paix leur café, point du tout : les Imans et les officiers des Mosquées se plaignent que leurs temples sont déserts, tandis que les cafés publics sont toujours remplis. Les dervis et les prêtres s'élèvent avec fureur contre l'innocent breuvage, et prétendent que c'est commettre une plus grande faute d'aller dans un café, que de boire du vin. Ils dressent requête en forme, et la présentent au mufti, qui, sans se donner la peine d'examiner l'importance de la question, décide que le café est prohibé par la loi de Mahomet.

Nouvelle interdiction. Tous les cafés sont immédiatement fermés dans Constantinople, et les ordres sont donnés pour empêcher qu'on ne prenne de cette liqueur, de quelque manière et en quelque endroit que ce soit.

Cependant Amurath III, sous le règne duquel ces dernières contestations arrivèrent, toléra un peu l'usage d'une boisson qu'il trouvait fort agréable, et l'on en prit dans toutes les maisons particulières. Peu après, un nouveau mufti, moins scrupuleux que son prédécesseur, publia que la liqueur provenant du café ne pouvait pas être regardée comme contraire à la loi. D'après cette déclaration, les fanatiques, les prédicateurs, les médecins, les gens de loi et le mufti lui-même, loin de se récrier contre le café, en adoptèrent l'usage, qui fut généralement suivi par la cour et par la ville.

Quoique originaire de l'Arabie heureuse, le café était, dit-on, en usage en Afrique et dans a Perse, long-tems avant que les Arabes en eussent fait une boisson. On peut consulter à ce sujet plusieurs auteurs arabes qui ont écrit l'histoire de leur pays. Quelques enthousiastes de cette graine ont même prétendu, mais sans fondement, qu'on en connaissait les vertus et les effets dans les siècles les plus reculés. Ils ont supposé que c'était le *Népenthe* que reçut Hélène d'une dame Egyptienne, et qui est si vanté par Homère, comme propre à calmer l'esprit, dans l'état le plus violent de la colère, de l'affliction et du malheur.

Sans pousser plus loin les recherches, ce qui ferait sortir du cadre que nous nous sommes proposé, nous dirons que d'Aden, le café se répandit par toute l'Arabie et dans les autres parties de l'Empire ottoman.

L'usage du café fut donc adopté à Constantinople, en 1554, sous le règne de Soliman le Grand; et ce ne fut qu'environ un siècle après qu'on l'introduisit à Londres et à Paris. Un marchand le fit connaître dans la première de ces deux villes en 1625. Son introduction en Angleterre, sous Charles II, éprouva les mêmes difficultés qu'elle avait éprouvées en Turquie sous Amurath et Mahomet, et les cafés furent supprimés en 1675, étant regardés comme des lieux où se rassemblaient les séditieux.

Soliman Aga, se trouvant à Paris en 1669, fit goûter du café à beaucoup de personnes qui en continuèrent l'usage. Peu après, il se forma des établissemens de ces lieux publics nommés cafés, et ils s'y maintinrent paisiblement. Un Vénitien avait déjà fait connaître le café à Marseille en 1644.

Le premier café qu'on ait vu à Paris, fut établi à la foire Saint-Germain en 1672; le second s'ouvrit au quai de l'Ecole, et était fréquenté par des étrangers de distinction. Enfin, on cite comme le troisième établissement de ce genre le café de la rue Saint-André-des-Arcs, en face du pont Saint-Michel. Ces lieux de réunion publique se sont considérablement augmentés, et sont devenus, pour la plupart, le rendez-vous des personnes de bon ton.

En 1718, les Hollandais commencèrent à cultiver le café à Surinam. Après plusieurs tentatives infructueuses de la part des Français, pour porter cette plante dans les isles, M. de CLIEUX, enseigne de vaisseau, résolut de les enrichir de la culture du café. Cet officier s'étant procuré un jeune pied de caféyer élevé de graines, au jardin royal des Plantes de Paris, le transporta à la Martinique. La traversée fut fort longue et la ration d'eau se trouva tellement diminuée, qu'il en fut refusé pour l'arrosement du caféyer, en sorte que M. de Clieux se vit obligé de partager avec son précieux dépôt, la faible portion d'eau qu'on lui délivrait; la plante avait prodigieusement souffert, et, à son arrivée dans la colonie, elle ressemblait à une margotte d'œillet.

Ce faible rejeton fut planté avec soin, et gardé à vue afin de le préserver de toute atteinte; on l'environna d'une palissade, et l'on y établit une garde jusqu'à l'époque de sa maturité. Il rapporta deux livres de grains que M. de Clieux distribua aux personnes qu'il jugea les plus disposées à donner les soins convenables à la prospérité de cette plante.

La première récolte fut très-abondante; par la seconde, on se trouva en état d'en étendre prodigieusement la culture; mais ce qui favorisa son extension, c'est que, deux ans après, tous les arbres de cacao du pays, qui faisaient l'occupation et étaient la seule ressource de plus de deux mille habitans, furent déracinés, enlevés et entièrement détruits par la plus horrible des tempêtes, qui submergea tout le terrein où ces arbres étaient plantés. Ce terrein fut sur-le-champ employé avec autant de vigilance que d'habileté en plantation de caféyers, qui réussirent complètement, et mirent les cultivateurs en état de réparer leurs pertes, en étendant le commerce du café. Dès-lors, ils en envoyèrent à Saint Domingue, à la Guadeloupe et autres isles adjacentes où, depuis, il a été cultivé avec le plus grand succès.

Ce fut à-peu-près dans le même tems que le café fut apporté à Cayenne. En 1719, un transfuge de la colonie française regrettant ce pays, qu'il avait quitté pour se retirer dans les établissemens hollandais de la Guyane, écrivit de Surinam à ses compatriotes, que si l'on voulait le recevoir et lui pardonner sa faute, il apporterait des grains de café, malgré les peines rigoureuses prononcées contre ceux qui exporteraient de pareilles graines. Sur la parole qu'on lui donna, il arriva à Cayenne avec des graines récentes qu'il remit à M. d'Albon, commissaire ordonnateur de la Marine, qui se chargea de les élever et obtint le plus grand succcès. Bientôt il les propagea; et les caféyers se multiplièrent au point de devenir un objet très-lucratif.

La compagnie des Indes établie à Paris, envoya, en 1717, à l'isle de Bourbon, quelques plants de café moka. Il n'en était resté, en 1720, qu'un seul pied, mais dont heureusement le produit fut tel cette année-là, que l'ont mit en terre environ 15,000 féves de café.

En 1728, les Anglais commencèrent aussi à cultiver le café à la Jamaïque. Le premier pied y fut introduit par M. Nicolas Laws, et planté à Towuwell Estate.

Le café possède une grande portion d'acide ; un extrait gommeux, résineux et astringent ; beaucoup d'huile, du sel fixe et du sel volatil. Tel est le sentiment de *Lefevre*, *Newman*, *Lemery*, *Bourdelin* et autres savans qui l'ont soumis à l'analyse chimique. En le torréfiant, on le délivre non-seulement de ces principes, ou bien on les rend solubles dans l'eau, mais on lui donne encore une qualité qu'il ne possède pas dans son état naturel.

La crudité de son goût et la partie aqueuse de son mucilage se trouvent détruites par l'action du feu. Cet élément le dépouille de ses propriétés salines, et rend son huile empyreumatique, d'où provient cette odeur piquante et ce fumet qui excite à la gaieté.

On doit apporter les plus grandes précautions dans la manière de rôtir le café. Le bon goût et la qualité de ce breuvage dépendent de cette première opération. Bernier affirme, qu'étant au grand Caire, où le café est fort en vogue, les meilleurs connaisseurs lui assurèrent qu'il n'y avait dans cette grande ville que deux particuliers capables de bien préparer cette liqueur. S'il n'est pas assez rôti, le café perd de sa qualité, et charge l'estomac; s'il l'est trop, il devient fade, aigre, et prend un goût de brûlé désagréable. Le café, aussitôt après avoir été rôti, doit être enfermé jusqu'au moment où l'on veut l'employer; sans cette précaution, il perdrait ses vertus, sa qualité volatile et son fumet.

Bien préparé, le café agit sur l'estomac comme un excellent tonique et un très-bon fortifiant; ce qui est prouvé par l'effet immédiat qu'il produit sur ce viscère, lorsqu'il est surchargé de nourriture, affadi par de mauvaises digestions, ou affaibli par l'intempérance. Il convient particulièrement aux personnes dont l'estomac est naturellement faible. Il leur fait éprouver une sensation agréable; il accélère la digestion; il corrige les crudités, fait passer la colique et dissipe les flatuosités.

La chaleur et la force du café le rendant propre à atténuer les fluides visqueux, et à accélérer la circulation, on s'en est servi avec grand succès contre *l'hydropisie*, *les vers*, *le coma*, la suppression de transpiration et même, chez les dames, contre les écoulemens lymphatiques.

La vapeur du café est quelquefois bonne pour appaiser les douleurs de tête. Dans les Indes Occidentales, où les maux de tête violens sont plus fréquens et plus cruels qu'en Europe, le café est le seul remède auquel on ait recours. Le café a l'avantage de provoquer la transpiration; il tempère la soif et la chaleur morbifique. En Turquie, où il sert de boisson principale, la gravelle et la goutte, ces maladies cruelles et communes dans nos contrées, sont à peine connues. Si je ne craignais de dépasser les bornes que je me suis prescrites dans cet ouvrage, je pourrais, afin de démontrer les excellentes propriétés de cette boisson, m'appuyer du témoignage de tous ceux qui en ont parlé; mais je me contenterai de citer BACON, qui dit que le café soulage la tête, réjouit le cœur et aide à la digestion; le docteur WILLIS qui assure que si l'on en boit tous les jours, il éclaire, il vivifie l'ame, il dissipe le chagrin; le célèbre HARVEY qui en faisait le plus grand cas, ainsi que *Blégny*, *Lauzoni*, *Nebelius*, *Baglivi*, *Ray* et beaucoup d'autres qui ont rapporté des cures surprenantes opérées par l'usage du café.

Au moyen de cette boisson, on peut s'appliquer long-tems à une étude suivie et supporter de longues veilles. *Voltaire* prenait continuellement du café, et c'est à cette liqueur sans doute qu'il a dû cette foule de beaux vers que nous admirons. *Fontenelle* en était grand amateur, et tout le monde connaît sa réponse à un médecin qui s'efforçait de lui persuader que le café était une espèce de poison lent : « Oh ! » oui, bien lent, lui répondit Fontenelle, car » il y a près de 80 ans que j'en fais usage. » Le docteur Francklin ne connaissait que la commotion électrique ou le café pour donner la plus grande énergie aux facultés intellectuelles ; car, indépendamment des qualités que nous avons détaillées, le café possède encore une vertu électrique et vivifiante ; il dispose à la gaieté, fait naître la joie, inspire la cordialité et rétablit les désordres souvent causés par le vin, son antagoniste. Ce sont ces admirables effets qu'a si bien décrits M. Delille dans les les vers suivans :

« A peine ai-je goûté ta liqueur odorante,
» Soudain, de ton climat la chaleur pénétrante
» Agite tous mes sens ; sans troubles, sans cahots,
» Mes pensers plus nombreux accourent à grands flots :
» Mon idée était triste, aride, dépouillée,
» Elle rit, elle sort richement habillée ;
» Et je crois, du génie éprouvant le réveil,
» Boire dans chaque goutte un rayon du soleil. »

Il me reste à parler maintenant de la préparation du café et de l'utilité du CAFÉOMÈTRE.

Dans une dissertation sur le café, publiée en 1807, M. Cadet-de-Vaux, son auteur, s'est fort étendu sur les diverses manières de préparer le café. Ce chimiste expérimenté rejette l'ébullition et lui substitue l'infusion, au moyen des appareils d'office *de Belloy*, qui sont devenus communs. Voici la description qu'il donne de l'appareil et de son usage. Il consiste en un double fond destiné à recevoir de l'eau bouillante pour entretenir le café chaud. C'est un bain-marie dans lequel plonge la cafetière qui reçoit le café à mesure qu'il filtre.

Au-dessus de cette cafetière est une capsule destinée à l'infusion. Sa forme est oblongue et cylindrique; son fond est un diaphragme ou crible qui retient le café pulvérisé, et à travers lequel filtre l'infusion. Un fouloir sert à tasser le café; compression qui fait que la liqueur filtrant plus lentement se charge de plus de parties extractives du café. Une écumoire est posée à la surface de la capsule; elle a pour objet d'empêcher que le flot de l'eau ne soulève par sa chute le café comprimé.

Le tout ainsi disposé, on verse l'eau bouillante : elle traverse, plus ou moins lentement, la couche de café et filtre dans la cafetière destinée à recevoir l'infusion qui s'y tient chaude à la faveur du bain-marie.

Cette préparation si simple présente de grands avantages; elle conserve au café son arôme si fugitif, son huile essentiellement volatile; elle retient ses parties extractives si abondantes et si solubles; principes que l'ébullition dénature ou fait évaporer.

M. Cadet-de-Vaux, en se déclarant pour l'infusion, dont il démontre si bien les résultats avantageux, conseille de se servir pour cette opération d'eau chaude seulement à 50 ou 60 dégrés, ou simplement d'eau froide, ce qui, au moyen de l'appareil, réduit la préparation du café à bien peu de chose, puisqu'il ne s'agit que de verser dessus quelques tasses d'eau froide ou d'eau chaude. Cet auteur, d'accord avec tous les gourmets de café, conseille encore de le réchauffer toujours avant de le prendre, de quelque manière qu'on l'ait préparé. Cette opération contribue à le rendre beaucoup meilleur; mais elle demande des soins et de l'attention. Réchauffer le meilleur café sans soin, et souvent jusqu'à l'ébullition, c'est lui enlever son parfum et sa qualité. Il perd alors sa belle robe; si la cafetière n'est pas pleine, il prend un goût de roui, et il ne saurait plaire à un amateur.

Le café doit être fait d'avance ; et peu d'instans avant de le prendre, il faut le tenir à une certaine distance du feu, dans une cafetière bien nette et bien close. Il ne doit pas y bouillir, pas même frémir, si ce n'est au moment de le dresser pour pouvoir le servir très-chaud, qualité que l'on recherche avec raison comme préparant et facilitant la digestion.

On peut encore, au moment de prendre le café, l'exposer à un feu très-vif, et le retirer à l'instant du frémissement qui précède l'ébullition. Ces deux manières de réchauffer sont également bonnes.

D'après ce qui vient d'être dit, et les conseils donnés par M. Cadet-de-Vaux, on s'aperçoit que le bain-marie adapté à l'appareil *de Belloy* devient inutile : aussi le suprime-t-on. M. Cadet-de-Vaux recommande encore instamment de ne se servir que de vases de porcelaine ou d'argent dans la préparation du café ; et, d'après son invitation, *M. Nast, manufacturier, rue des Amandiers, faubourg Saint-Antoine*, a construit des appareils de porcelaine dont les prix modérés sont en raison de leur capacité, et n'excèdent pas ceux des appareils de fer-blanc, matière proscrite à cause des inconvéniens qu'elle présente, et dont les plus ordinaires sont de se corroder, d'altérer la saveur du café par la dissolution de la rouille qui s'attache à sa surface, et qui augmente chaque jour pendant la durée de son service.

On peut donc, en se résumant, établir en principe que le café doit être préparé par l'infusion; qu'il faut se servir à cet effet d'eau chaude à 50 ou 60 dégrés ou simplement d'eau froide; qu'on doit substituer un vase de porcelaine à ceux de métal dont on se servait pour sa préparation, et enfin, que le café est meilleur étant réchauffé, parce que c'est alors qu'il réunit toutes ses qualités.

Usage du Caféomètre.

Cet instrument dont M. Cadet-de-Vaux est l'auteur, et dont je suis le constructeur, n'est autre chose qu'un aréomètre ou pèse-liqueur; mais dont les dégrés ont une distance plus grande pour mieux apprécier les manières différentes de pondération. Dans l'eau pure, il plonge à zéro, qui est à la pesanteur ce que dans le thermomètre ce même zéro est à la congellation.

Les dégrés au-dessous de zéro, indiquent dans le *Caféomètre* les dégrés de pesanteur, comme dans le thermomètre ils indiquent ceux du froid.

Rien de plus simple que la marche et l'emploi de cet instrument : on a un tube de verre à pied de la capacité d'une tasse de café, on verse le café froid dans le tube, on y plonge le *Caféomètre* et l'on examine le dégré que le café porte.

On conçoit que, marquant zéro dans l'eau, la tige de l'instrument va s'élever et marquer un, deux, trois, quatre dégrés, plus ou moins, selon la force du café. Six dégrés divisés chacun par huitièmes, composent l'échelle.

M. Cadet-de-Vaux a fait plusieurs expériences d'après les diverses manières d'infuser, et ces expériences ont donné des résultats différens, en couleur, en arôme, en saveur, et conséquemment en qualité et sur-tout en vertu.

Infusion par l'Eau bouillante.

Cinq mesures de café, chacune du poids de demi-once, ce qui donne deux onces et demie, forment la quantité nécessaire pour obtenir six tasses de café. Cependant, on peut mettre une mesure par tasse, sur-tout si l'on ne se sert pas de café supérieur en qualité. Il faut employer pour ces cinq ou six mesures, de sept tasses à sept tasses et demie d'eau, parce que le marc, selon que le café est plus ou moins pulvérisé, absorbe du double aux deux tiers de son poids d'eau : la tasse d'eau pèse quatre onces. Les mesures de café sont mises dans la capsule ou *infusoir*, et bien foulées, car plus il est tassé, plus lente est la filtration, et conséquemment plus l'infusion se trouve prolongée. On laisse le fouloir sur le café; percé à jour, il laisse filtrer l'eau et s'oppose, comme on l'a dit plus haut, au soulèvement du café. On verse les sept tasses d'eau bouillante en deux fois, et l'on peut attendre que l'infusion commence à couler pour verser le surplus.

En suivant l'écoulement des six tasses, et en séparant chacune d'elles, on apercevra, au moyen du *Caféomètre*, la quantité des principes solubles que l'eau va successivement extraire. Voici le résultat des expériences faites à ce sujet.

Pondération au Caféomètre du café infusé à l'eau bouillante.

TASSES.	DEGRÉS.	HUITIÈMES.
1re	3	0
2	1	4
3	1	1
4	0	4
5	0	0
6	0	0
Total	6	$\frac{1}{8}$

Le mélange de ces six tasses donne un café qui pèse un dégré. On verra plus loin combien ces produits vont différer par les deux autres infusions à l'eau chaude et à l'eau froide.

D'après ce procédé, M. Cadet-de-Vaux observe que la première tasse serait de la quintessence de café; cette première et la seconde mêlées, en seraient l'essence, ayant tout le parfum, toute la saveur du café; la troisième est du bon café; la quatrième, du petit café; la cinquième en mérite à peine le nom, et la sixième est bonne à jeter; aussi propose-t-il de la remplacer par une tasse d'eau pure.

Les cinq tasses de café écoulées et une tasse d'eau pure, donnent six tasses de café suffisamment fort et bon; mais pour ne pas compliquer la manutention, on peut réunir la sixième tasse écoulée aux cinq autres, au lieu de la remplacer par une tasse d'eau.

Pondération du café infusé à l'eau suffisamment chaude.

TASSES.	DEGRÉS.	HUITIÈMES.
1re	4	3
2	1	5
3	0	6
4	0	4
5	0	2
6	0	1
Total.	7	5/8

Le mélange de ces six tasses, donne un café dont chaque tasse pèse un dégré cinq huitièmes, et c'est du café fort, encore le café n'est-il pas épuisé. On peut donc extraire le reste de ses principes solubles, en ajoutant une septième et une huitième tasses d'eau au même dégré de chaleur. La sixième qui coulait tiède, n'a donné qu'un huitième de dégré; cette septième, l'eau étant plus chaude, donnera deux huitièmes, et la huitième tasse de café, un huitième seulement. Voilà donc le café épuisé par l'eau chauffée de 50 à 60 dégrés à-peu-près; à quoi donc peut servir l'eau bouillante et sur-tout la décoction, puisque l'eau chaude suffit à l'extraction complette des principes solubles du café?

M. Cadet-de-Vaux conseille encore de ne point faire usage du marc de café fait par ébullition; ce marc, dit-il, ne contient que d'arrières principes, et rebouilli, il ne donne qu'un peu de parties gommeuses masquées par l'odeur, la saveur et l'amertume les plus désagréables. Il se résume ainsi sur la confection du café à diverses proportions.

Quatre mesures de café de demi-once chacune, mises en infusion par quatre tasses d'eau, plus une pour l'absorption produite par le marc, donneront quatre tasses écoulées que l'on pourrait appeler de la quintessence de café.

Quatre mesures de café mises en infusion par cinq tasses d'eau, plus une pour l'absorption, donneront cinq tasses écoulées qui seront de l'essence de café.

Quatre mesures de café mises en infusion par six tasses d'eau, plus une pour l'absorption, donneront six tasses de café fort bon ; c'est celui que l'on prend d'habitude après le dîner.

Les personnes qui prennent du café continuellement pour soutenir la longueur du travail ou des veilles, doivent le faire plus léger, et employer huit, dix ou même douze tasses d'eau pour les quatre mesures de café.

Si l'on se sert d'eau froide pour l'infusion du café, on obtiendra une pondération plus forte encore qu'à l'eau chaude, ce qui prouve évidemment contre l'action du calorique. En consultant les sens, on les trouve d'accord avec cette proposition. A l'œil, le café infusé à froid a la robe moins foncée ; à l'odeur, il offre tout l'arôme du café ; au goût, il a une légère amertume, mais agréable et parfumée ; enfin, ainsi préparé, le café exige moins de sucre qu'il n'en faut pour les autres préparations.

Je dois prévenir le lecteur que dans les expériences précitées, on a fait usage de café Martinique, première qualité, et qu'avec tout autre café, on doit obtenir des résultats qui offriront nécessairement quelques différences dans la pondération au *Caféomètre*.

Les avantages du café préparé par infusion, sont aussi nombreux qu'incontestables, et la préférence qu'on lui accorde lui est assignée par l'analyse, la théorie, l'expérience, le goût, et enfin par l'économie domestique.

Les consommateurs y trouveront économie dans la proportion du café, puisque cinq mesures de café donnent six tasses de café très-fort, sept de café fort, et, à la rigueur, huit de café suffisamment fort et bon.

Economie de sucre; elle est du quart à-peu-près sur la quantité qu'exige le même café par ébullition.

Enfin, économie de tems et de combustibles. Le voyageur pour qui le café est un besoin, et qui n'a quelquefois que cette ressource, peut, au moyen de l'infusion, emporter du café fait, assez chargé de parties extractives, pour qu'une seule tasse en représente quatre; alors une pinte de ce café divisée en plusieurs flacons, lui procurera trente-deux tasses, en le coupant avec trois quart d'eau bouillante.

Ce même café double peut être converti en un sirop fait à froid, et nulle préparation n'est plus agréable au goût; elle peut entrer dans le domaine de l'économie domestique, et voici ce qu'indique M. Cadet-de-Vaux pour la préparation de ce sirop de café :

Prenez six mesures de café ; sept tasses et demie d'eau.

Séparez la première tasse ; étant écoulée, elle donnera au caféomètre de cinq à six dégrés. La tasse contient quatre onces de liquide ; faites-y dissoudre quatre onces de sucre, et vous aurez le sirop de café, c'est-à-dire de l'ambroisie.

Les deux premières tasses peuvent être converties en sirop, mais ce sirop sera moins fort, parce que la seconde est déjà bien affaiblie de dégrés. On conçoit que le surplus des tasses écoulées, fera encore du café préférable à nombre de cafés qu'on rencontre par fois, et surtout à du café fait par ébullition. En Angleterre, les amateurs de café font une provision de sirop de café qu'ils mettent en bouteilles, et qui sert à la consommation de l'année.

Je crois avoir suffisamment traité cet article, et ce serait passer les bornes que je me suis prescrites que de m'étendre davantage. Si quelque lecteur désire obtenir de plus grands détails sur le café et sur ses diverses préparations, je le renvoie à l'Ouvrage de M. Cadet-de-Vaux, qui les satisfera complettement.

CHAPITRE IV.

GALACTOMÈTRE.

Si l'instrument auquel on a donné ce nom n'avait pas d'autre emploi que de faire connaître les dégrés de sophistication du lait qui est apporté dans les villes, et notamment à Paris, on pourrait le regarder comme un instrument peu nécessaire. Les marchandes font un usage si commun de l'addition de l'eau, qu'il ne peut devenir très-important de constater à quel dégré elles ont eu la main pesante, et amplifié la traite de leurs vaches. La dégustation devine leur secret, et le limbe bleuâtre qui entoure le lait recoupé, le révèle à l'œil. Tout au plus le galactomètre servirait-il à constater que le lait est plus mauvais aujourd'hui, qu'il ne l'était hier, mais cet instrument est nécessaire à l'agriculteur instruit et soigneux.

Le savant ouvrage de MM. Parmentier et Déyeux sur le lait, a établi d'une façon évidente, quelle est l'influence de la nourriture donnée aux vaches, sur le lait qu'elles fournissent. On est frappé de la délicatesse de leurs observations, et leur sagacité a su démêler, dans des circonstances très-peu faciles à saisir, tout ce qu'il importe au bon agriculteur de connaître. Le galactomètre devient pour lui un instrument usuel ; mais avant d'entrer dans quelques détails d'application, je dois rappeler que l'existence de cet instrument est due à M. Cadet-de-Vaux : ce savant consacre ses veilles à tout ce qui peut améliorer l'économie domestique, qui est la première de toutes les richesses.

L'intempérie des saisons, l'esprit même de recherche peuvent induire un cultivateur à tenter l'introduction d'un nouveau fourrage. Il est pour lui d'une haute importance, d'être averti d'une manière aussi prompte que certaine, de l'effet de sa tentative. La production plus ou moins abondante de la crême, celle de la partie caséeuse ou du sérum, doit être étudiée par lui très-soigneusement. C'est ici que le galactomètre lui devient éminemment utile. Dans les vingt-quatre heures, il peut constater si le changement de nourriture en a produit un dans la qualité du lait. L'affaiblissement de celui-ci sera apperçu à l'instant même, et il ne lui restera plus dans le cas où au contraire il aurait pu sembler devenir plus épais et meilleur, qu'à reconnaître, en le faisant crêmer et convertir en beurre, si c'est la substance huileuse ou caséeuse qui a prévalu. Cet ouvrage n'étant point un

Traité d'économie rurale, je livre aux réflexions toutes les inductions à tirer du peu que je viens de dire, et je passe aux usages de l'instrument même.

Sa forme est celle de tous les aréomètres; le principe seul de sa construction le met en rapport avec le fluide, dont il doit indiquer les diverses densités. Quoique l'on puisse en construire de métal, je préfère l'emploi du verre; car le lait est sujet à s'attacher aux corps qu'il touche, il s'y imprègne et leur donne de l'odeur. On sait avec quel soin il faut laver les vases de grès dans lesquels on le dépose. Le verre est plus lisse, les molécules de lait s'y attachent moins aisément, l'instrument peut rester plongé dans l'eau et s'y conserver très-net.

La graduation se compose de cinq dégrés, depuis zéro jusqu'à 4 dégrés. L'échelle est prise ici dans une position inverse; car zéro loin d'indiquer le point de l'eau, en exprime au contraire l'absence. Plus le numéro 1er est découvert et se rapproche de zéro, plus le lait est crêmeux; ainsi, le premier indique le lait pur; le deuxième, l'addition d'un quart d'eau; le troisième, celle d'un tiers; le quatrième marque enfin moitié d'eau, et plus il est couvert, plus la proportion d'eau est grande. Pour éprouver le lait, il suffit d'y plonger l'instrument, et, à l'instant même, on reconnaît le dégré de densité de la liqueur. Le nom de galactomètre vient de deux mots grecs qui signifient *mesure de lait*.

CHAPITRE V.

OENOMÈTRE.

De tous les instrumens d'aréomètrie celui-ci est, avec l'aréomètre de Cartier et le pèse-liqueur des sels et acides dont nous avons traité *pages* 612 *et suivantes*, un de ceux dont l'emploi est le plus recommandable. C'est encore M. Cadet-de-Vaux qui en est l'auteur, et il m'en confia, il y a près de huit ans, c'est-à-dire dès l'origine, et la confection et le débit. On ne sera donc point étonné que j'en traite avec une espèce de prédilection.

Dans sa construction primitive, l'œnomètre était divisé en deux instrumens; l'un était destiné à reconnaître l'état sucré du moût, et l'autre, celui de ce même moût fermenté. Le zéro, dans le premier, était au haut de la tige et représentait l'eau distillée, le moût devant s'éloigner de ce point suivant la richesse de ses principes; dans le second, le zéro se trouvait près de la boule, parce que celle-ci devait s'enfoncer dans la liqueur, en raison de sa spirituosité croissante et l'éloignement de l'état aqueux.

Aujourd'hui, cette même échelle est renfermée dans un seul instrument, et le zéro se trouve inscrit vers le milieu de la tige. Au-dessous de lui, on place 15 ou 16 dégrés tous égaux, et 10 ou 12 seulement au-dessus. Ces 25 dégrés suffisent aux indications que l'instrument doit donner. Quoique, pour abréger, je le nomme, d'après l'usage public, *œnomètre* son véritable nom serait *Gleuco-œnomètre* puisqu'il sert à faire connaître l'état du moût, et ensuite celui qu'il a acquis par la fermentation. *Gleucos*, signifiant en grec moût, *oinos* vin, et *metron*, mesure, de la combinaison de ces mots résulte une exposition des propriétés de l'instrument. M. Cadet-de-Vaux a publié une Dissertation sur l'art de fabriquer les vins, suivant la méthode de M. le comte Chaptal. Le *Journal d'économie rurale et domestique*, dans son article *Œnologie*, indique dans son neuvième numéro, page 196, l'emploi du pèse-liqueur des sels ou aréomètre ordinaire, afin de reconnaître les densités du moût. Les analyses chymiques avaient en effet, depuis plusieurs années éclairé les routines des vignerons; mais, plus elles avaient pu y porter de lumières, plus il devenait intéressant de rendre facile l'accomplissement des leçons qu'elles prescrivaient.

La nécessité d'un instrument commode à manier s'étoit fait sentir ; M. Cadet-de-Vaux s'occupa d'en déterminer les bases, et je construisis l'instrument sous la direction de M. C. L. Cadet de Gassicourt, son neveu, auteur d'un *Nouveau Dictionnaire de chymie*. Je ne puis que renvoyer aux profonds ouvrages d'œnologie, qui ont paru à cette époque, et depuis, pour faire connaître toute l'utilité dont il est pour les propriétaires de vignes, d'employer cet instrument à l'époque des vendanges. Je me bornerai ici à exposer brièvement l'usage de l'instrument même.

Les années amènent des récoltes bien différentes; et avec les mêmes soins de culture, les saisons introduisent des différences si marquées dans les produits, qu'il est extrêmement important pour les cultivateurs de découvrir à l'avance quel sera l'effet de la fermentation.

Le moût des petits vignobles porte, dans les années qui n'ont rien de remarquable, soit en bien, soit en mal, 8 dégrés : des expériences ont constaté que deux gros de matière sucrée par pinte de moût, faisaient monter l'œnomètre d'un dégré; dans nos climats tempérés et dans la même espèce d'année, les dégrés indiqués sont entre 11 et 13 dégrés, en moyenne proportionnelle 12 dégrés, par conséquent les récoltes du Midi sont encore plus riches, et l'œnomètre peut s'y élever jusqu'à 16 dégrés.

Toutes ces différences proviennent de ce que dans une partie aqueuse moins abondante, se trouvent suspendus des principes plus nombreux. Des agriculteurs instruits, ont observé contre l'usage de l'œnomètre comme indicateur des principes du moût, que cette liqueur renfermait outre ceux qui devaient servir à la vinosité, d'autres substances également pondérables, qui ne serviraient point à donner du vin; mais qui, dans certains cas, pouvaient par leur abondance, nuire même à la production de celui-ci ou au moins à sa bonté.

On ne sera point étonné que j'aie pris un vif intérêt à cette discussion, puisque je me trouvais avoir été chargé par l'auteur d'établir l'instrument qui en était la cause. J'ai consulté divers propriétaires de vignes, dans différens vignobles; je dois dire que le plus grand nombre des suffrages s'est réuni pour l'emploi de l'œnomètre. Un des cultivateurs auxquels je m'étais adressé avec la plus grande confiance, parce que je lui savais, outre des connaissances en agriculture pratique, l'habitude des expériences chymiques et de l'analyse, me répondit il y a quelques années, en m'envoyant un détail très-circonstancié des travaux auxquels il s'était livré pendant six récoltes, c'est-à-dire de 1803 à 1808. J'extrairai quelques passages de son Mémoire, qui ne peut trouver place ici, mais ils me paraissent décisifs, et propres à intéresser.

» .... J'ai lu, me dit-il, tout ce qui a été écrit pour et contre dans la question controversée sur l'emploi de l'œnomètre. Mon intérêt me prescrivait cette étude...... Il est certain que le moût varie chaque année dans ses proportions, mais non dans ses principes généraux. Il est encore vrai que d'un cru à un autre, c'est-à-dire des environs de Paris à la petite Bourgogne, de celle-ci aux vins de Mâcon, ou des côtes du Rhône; ou reprenant une autre bande, des vins de Loire à ceux de Champagne, il y aura des différences notables dans les proportions des principes, qui constituent le moût de chaque pays; voilà ce que j'entends en disant d'un cru à un autre. Il y aura cependant un principe éminemment diversifié pour chacun d'eux, quoiqu'il porte le même nom, c'est l'arôme, ce qu'on nomme le bouquet. . . . . Plongez l'œnomètre dans un moût, il marque douze, je suppose; suivez avec soin le sort de la fermentation de la cuvée; réservez-en des échantillons, c'est-à-dire quelques bouteilles; étudiez-les tous les six mois, et vous aurez en deux ou trois ans, la connaissance acquise de ce qu'un moût à 12 dégrés, et de telle saveur, a pu produire. La même expérience répétée pendant cinq à six récoltes, vous fera acquérir une certitude dans la dégustation du moût, qui vous fera prévoir à l'avance, les effets que la fermentation y produira. Cette marche paraîtra longue peut-être, mais, en agriculture, on ne peut répéter les expériences qu'une fois par an; et le tems n'est rien pour la nature. L'œnomètre n'est donc point un moyen à négliger. Le grand reproche qu'on lui adresse est de ne pas être analytique, mais il ne peut pas l'être. J'ai, depuis plusieurs années, fait usage de ce moyen, et je sais actuellement par l'œnomètre seul, ce que l'analyse m'apprenait d'abord..... Dans le tems des vendanges, il n'est guères possible de se livrer à des expériences de recherches, et cependant le moût fermente si promptement qu'il échappe aux recherches, puisqu'en peu d'heures il s'est formé de nouvelles combinaisons. Voici le moyen que j'emploie et qui m'a toujours réussi pour prévenir cet inconvénient.

« Le moût passé au travers d'un tamis de crin un peu serré, j'emplis des bouteilles aux trois quarts, je verse dessus un décilitre d'alcohol rectifié, à 35 ou 36 dégrés. Il y a eu des années où j'ai été obligé de porter la dose à un demi-décilitre de plus. Presque sur-le-champ, il s'opère un dépôt, c'est l'albumine végétale, principe fermentatif du moût. Je filtre, le dépôt reste, et le fluide qui a passé est mis dans des bouteilles où il se conserve pour des analyses ultérieures ; le dépôt qui est sur le filtre est lavé séché, et ensuite pesé. Ce principe reconnu, on a tout le reste de la saison pour des analyses ultérieures. J'ai omis de dire, que j'ai commencé par opérer sur une quantité de litres reconnue.

» Il reste à déterminer les principes existant dans le fluide; c'est d'abord de l'acide malique que j'obtiens, en lui présentant à dissoudre du carbonate de plomb (*le blanc de plomb*). Cette dissolution se fait dans une cornue; lorsque l'on ne voit plus l'acide réagir, on filtre; le reste de la liqueur contient la matière sucrée dont on reconnaît la quantité par le pèse-liqueur des sirops, et par une liqueur d'épreuve que l'on a dosée exprès pour les comparaisons. J'ai quelquefois aussi employé la décomposition de la matière sucrée par l'acide nitrique.

» ...... L'œnomètre est sur-tout très-utile pour diriger la fermentation des vins rouges ....

mes raisins, sont en arrivant de la vigne, jetés sur le pressoir; le grain très-écrasé est porté dans la cuve, on l'égrappe en l'y jetant; un fond est placé sur le marc et l'empêche de se soulever. Le moût exprimé étant versé sur le marc, on ferme la cuve avec un troisième fond. Un robinet placé au bas de la cuve, laisse écouler la liqueur quand on veut la peser. Le fond supérieur a une bonde par laquelle on introduit un syphon, au moyen duquel on retire la liqueur qui surnage sur le fond du milieu. On prend le dégré au premier moment; trois fois par jour, on constate la marche de la fermentation. La liqueur du bas se conserve toujours d'environ deux dégrés plus sucrée que celle du haut, il faut établir la moyenne proportionnelle entre les deux liqueurs. Lorsque le calcul approche du zéro, c'est alors qu'il faut arrêter la fermentation de la cuve pour laisser la vinification s'achever dans le tonneau. L'expérience ne peut être aussi certaine que l'œnomètre; je m'en suis convaincu par plusieurs épreuves..... »

DESCRIPTION

HISTORIQUE

DE LA TOUR DE L'HORLOGE DU PALAIS,

Suivie de quelques Observations sur les comètes.

Quelques personnes pourront trouver extraordinaire que j'entretienne le Public d'un objet en apparence aussi peu important que celui qui fait la matière de ce Chapitre; mais si je donne la description de l'édifice que j'occupe, c'est moins pour ma propre satisfaction, que pour répondre au désir de beaucoup de personnes qui m'ont demandé des renseignemens sur la Tour de l'Horloge du Palais, et pour les mettre à même de se procurer la vue d'un monument qui rappelle les premiers tems de la monarchie française.

Ce que l'orateur romain disait de la ville

d'Athènes, peut s'appliquer avec justesse à la capitale du royaume de France. *Quacumque ingredimur, in aliquam historiam vestigium ponimus.* (CICÉRON.) Quelque part qu'on marche, on trouve toujours quelque monument qui rappelle un trait historique.

En effet, pour peu que l'on soit instruit de l'Histoire de la Monarchie, Paris offre mille objets curieux : de quelque côté qu'on y jette ses regards, les événemens qui s'y sont passés semblent saillir de toutes parts pour occuper agréablement l'esprit ; et quels charmes ne trouve-t-on pas à errer ainsi dans la nuit des siècles ! pour qui sait réfléchir, les tems les plus reculés se rapprochent et se rajeunissent pour ainsi dire.

Il ne faut donc point considérer cette magnifique cité sous le jour où elle se présente actuellement à nos yeux ; il ne faut point parler de la salubrité de son climat, de l'agrément de sa situation, de la beauté de ses diverses édifices, et de mille autres avantages qui en font un des plus beaux ornemens de l'univers ; mais il faut fouiller, pour ainsi dire, dans les fondemens de cette superbe ville, et oublier ce qu'elle est pour ne penser qu'à ce qu'elle fut. Avec quel plaisir ne voit-on pas Paris rompre les obstacles que la nature même semblait avoir mis à son étendue ! Sortie des sables de la Seine, cette ville se vit d'abord resserrée entre les deux bras de cette belle rivière. Du haut de ses murs, faible digue contre les ravages des eaux, dont elle était environnée, elle ne vit pendant plusieurs siècles que des côteaux, des prairies, des bois et des marais dans cette vaste circonférence, d'où s'élèvent aujourd'hui tant de Palais, de Temples et d'édifices de toute espèce.

Si les empereurs romains laissèrent sur quelques-uns des côteaux qui la dominent d'illustres monumens de la grandeur romaine; si les premiers rois chrétiens que posséda la France, consacrèrent leur piété par les temples qu'ils érigèrent à la Divinité, ces divers édifices étaient dispersés de côté et d'autre dans une immense campagne, et ne tardèrent point à devenir l'objet de l'avidité des peuples du nord. Ces barbares portent bientôt partout le fer et la flamme; je les vois faisant les plus furieux efforts pour ensevelir la monarchie sous les ruines de la capitale. L'assaut est livré; les deux forteresses qui la défendent sont ébranlées, elles s'écroulent, la place va être emportée, mais des braves inspirés par l'amour de la patrie et animés d'un saint zèle, combattent sur les murailles, et forcent les ennemis à lever le siège. Un monarque infortuné

Charles-le-Gros, signe un honteux traité avec ces brigands; ils se disposent à aller porter leurs ravages vers les sources de la Seine. Mais c'est en vain qu'ils se flattent de longer les murs de Paris, les braves qui les ont défendus leur refuseront le passage, et leurs vaisseaux étonnés se verront obligés de tracer des sillons sur un élément qui leur est étranger. En effet, après que la paix eut été signée, les Normands voulurent passer sous les ponts de Paris; mais comme cet article n'avait point été stipulé dans le traité, les Parisiens s'opposèrent à leur passage, et ils furent contraints de transporter par terre au-dessus de Paris leurs vaisseaux, dont le nombre, suivant le P. Daniel, surpassait huit cents.

Enfin, sous le règne de Philippe-Auguste, Paris prend la figure d'une ville; peu après, elle s'étend, et reçoit dans son enceinte les collines et les bourgades que, pendant tant de siècles, elle avait eues pour perspective. Dès ce moment elle va devenir la reine des cités : les Français s'y rendront en grand nombre de toutes les parties du royaume; les étrangers sembleront, par leurs hommages, la reconnaître pour la capitale du monde; les événemens de toute espèce vont s'y multiplier et se confondre : que d'objets pour l'œil observateur !

Dans ces plaines qu'une infinité de monumens couvrent de nos jours, je vois tantôt des champions entrer en lice, tantôt des ministres du Seigneur enflammer le peuple d'un saint enthousiasme. Au rapport de Félibien, il y avait plusieurs lieux à Paris marqués pour les duels. Ces spectacles se donnaient surtout derrière Saint-Martin-des-Champs, et auprès de l'Abbaye de Saint-Germain-des-Prés. Ce fut dans ce dernier endroit que se battirent en 1359, les ducs de Lancastre et de Brunswick. Le fameux duel de Jean de Carrouge et de Jacques Legris, se fit derrière les murs de Saint-Martin-des-Champs. Plusieurs croisades furent aussi publiées à Paris, particulièrement dans le Pré aux Clercs, où l'on a bâti depuis les plus belles rues du faubourg Saint-Germain; et dans l'île Notre-Dame, alors inhabitée.

Ici, par le lâche assassinat d'un grand prince, se forment les furieuses factions des Armagnacs et des Bourguignons. En 1407, le duc d'Orléans fut assassiné dans la vieille rue du Temple, vis-à-vis celle des Blancs-Manteaux.

Là, un chef séditieux qui porta aux plus affreux excès son audacieuse insolence, prêt à livrer Paris aux ennemis de la Patrie, tombe sous les coups d'un généreux citoyen. Ce fut en 1358 qu'Étienne Marcelle, prévôt des marchands, fut tué d'un coup de hache d'armes que lui porta Jean Maillard, auprès de la porte Saint-Antoine.

Dans des lieux qui sont encore très-connus de nos jours, je vois d'illustres coupables subir la peine due à leur infame félonie. Le Connétable de France, Louis de Luxembourg, comte de Saint-Paul, fut exécuté en place de Grève en 1475; et Jacques d'Armagnac, duc de Nemours, eut la tête tranchée aux Halles en 1577, etc.

Ici, Jacques Molay, sur le point de paraître devant le souverain juge, proteste au milieu des flammes de l'innocence des Chevaliers du Temple, et laisse à la postérité un affreux problême à résoudre. L'opinion commune est que le supplice des Templiers eut lieu dans une petite île de la Seine, en 1314, à l'endroit même où l'on éleva depuis la statue de Henri IV.

Là, j'assiste à une pompe triomphale; autre part, j'admire le procédé loyal et généreux d'un de nos rois à l'égard d'un ennemi qui souvent viola la foi des traités les plus solennels.

En cet endroit, je vois un traître ouvrir une des portes de la capitale à ses cruels ennemis, qui la remplissent de meurtres et de carnage.

L'an 1418, Perrinet Leclerc ouvrit la porte Saint-Germain aux Bourguignons.

Ailleurs, Henri après avoir conquis son propre royaume, entre enfin dans Paris aux cris de joie et aux acclamations de ses sujets, forcés à aimer et admirer en lui le meilleur et le plus grand des rois. Pourquoi faut-il que d'autres lieux me retracent l'épouvantable attentat qui priva la France de son monarque chéri! que de volumes enfin ne remplirait-on pas, si l'on entreprenait de détailler ce que chaque endroit offre de remarquable!

Mais que de traits éclatans se présentent à la mémoire quand on jette les yeux sur la demeure antique de nos rois! ce fut de là que pendant tant de siècles partirent les destins de l'Europe entière.

Le Palais a été la demeure des ancêtres de Hugues le Grand, duc de France et de Bourgogne; lui-même y a logé ainsi que Hugues Capet son fils, et ses successeurs.

Tous les historiens qui ont écrit sur la ville de Paris, passent avec rapidité sur l'époque de la fondation du Palais, ce qui prouve la difficulté qu'il y a de découvrir son origine et le nom de son fondateur. Quelques-uns avancent que dès le commencement de la monarchie, il existait un Palais au lieu même où est cela que l'on voit aujourd'hui; mais cette assertion est sans preuve ni fondement, car Clovis étant arrivé à Paris en 508, il établit sa demeure au Palais des Thermes que les Romains avaient bâti hors de la ville, du côté du midi, et dans lequel Julien et Valentinien avaient demeuré. Childebert demeurait aussi dans le Palais des Thermes.

Il est plus présumable que la crainte des Normands obligea Eudes et les princes suivans de transférer leur demeure dans la Cité, et d'y bâtir ce que nous appelons aujourd'hui le *Palais*.

St.-Louis y fit faire des réparations considérables, et l'augmenta de la Sainte-Chapelle et de plusieurs salles.

Sous Philippe-le-Bel, ce Palais fut encore agrandi. Plusieurs écrivains avancent même que ce roi le fit construire à neuf, et qu'il fut achevé l'an 1313.

François Ier y demeurait en 1531, et cette même année il rendit le pain béni à St.-Barthélemy comme premier paroissien.

Jusqu'au milieu du seizième siècle à-peu-près, les murs du Palais servirent de quai entre la rivière; il n'y avait point de chemin ni de passage le long du Palais, du côté du pont St.-Michel, non plus que du côté du pont au Change; ce n'est que depuis qu'on a pratiqué sur le lit de la rivière les quais de l'Horloge et des Orfèvres.

Cet édifice, appelé aujourd'hui *Palais de Justice*, est le siége des Tribunaux civils et criminels. Il fut consumé entièrement le 7 mars 1618, et à cette époque on regarda cet événement comme surnaturel. Les uns dirent qu'une étoile enflammée descendit du ciel et mit le feu au Palais. D'autres, avec plus de vraisemblance, accusèrent les complices de la mort de Henri IV, qui, par ce moyen, prétendirent en brûlant le greffe, anéantir le procès de Ravaillac et les pièces qui les chargeaient.

Le poëte Théophile, moins politique et beaucoup plus gai que ne le comportait le sujet, fit les vers suivans sur cet incendie :

> Certes, ce fut un triste jeu,
> Quand, à Paris, dame Justice,
> Pour avoir trop mangé d'épice,
> Se mit le palais tout en feu.

Les marchands qui étalaient alors au Palais, n'eurent pas sujet de rire; car, la perte qu'ils éprouvèrent d'après le calcul exact qui fut fait, se monta à deux cent quatre-vingt-dix-neuf mille quatre cent cinquante-une livres, somme considérable pour ce tems-là.

Jacques Desbrosses, habile architecte, auteur du portail de Saint-Gervais, fut choisi pour reconstruire le Palais, et nous lui devons la magnifique salle, ouvrage majestueux dont les voûtes et les arcades sont à plein cintre et en pierre de taille.

Le clocher de la Sainte-Chapelle, brûlé en 1650 par la négligence d'un plombier, passait pour une merveille.

Le 10 janvier 1766, il y eut un autre incendie au Palais, lequel consuma toute la partie qui s'étendait depuis l'ancienne galerie des prisonniers jusqu'à la Sainte-Chapelle. Tout a été réparé avec magnificence en 1787. Au lieu de deux portes sombres et gothiques, on voit une grille de 20 toises d'étendue, qui s'ouvre par 3 grandes portes remarquables par leur richesse et leurs décorations.

Les historiens rapportent un grand nombre de particularités sur le Palais; peut-être me saura-t-on gré d'en reproduire ici quelques-unes, quoiqu'étrangères au sujet.

Louis-le-Gros mourut au Palais en 1137, et Louis-le-Jeune en 1180.

Jean Sansterre, Henri II et Henri III, roi d'Angleterre, y logèrent.

En 1314, Philippe-le-Bel fit dresser un haut

dais dans la cour, et, accompagné des princes et grands seigneurs de la cour, il demanda aux députés des principales villes qu'il avait fait venir, un emprunt d'une somme considérable, pour faire la guerre à ses ennemis.

En 1357, Marcel, prévôt des marchands, y assassina, en présence du Dauphin, Robert de Clermont, maréchal de France, et Jean de Conflans, maréchal de Champagne.

En 1400, Manuel, empereur de Constantinople, fils de Jean Paléologue, se rendit en France pour y solliciter de nouveaux secours contre les Turcs. Charles VI voulant le recevoir avec magnificence, envoya jusques sur la frontière plusieurs grands seigneurs au-devant de lui, et il y eut ordre de le défrayer le long de la route jusqu'à Paris. Le 3 juin, jour qu'il arriva, deux mille bourgeois à cheval se rendirent au pont de Charenton, et y tinrent les deux côtés du chemin. L'Empereur, après avoir passé cette première haie de la milice de Paris, trouva le chancelier de France, puis le parlement, ensuite trois cardinaux, qui tous le complimentèrent.

Peu après, parut le Roi à la tête des ducs, comtes et barons, au son des trompettes, des clairons et autres instrumens. Les deux souverains s'embrassèrent, et l'empereur, revêtu de son habit impérial de soie blanche, monta sur un cheval blanc dont le roi lui fit présenter.

Ils allèrent ensemble jusqu'au Palais, qui fut le lieu du festin, et de-là au château du Louvre, où l'appartement de l'empereur fut préparé.

En 1410, le mariage de Catherine de France avec le roi d'Angleterre, Henri VI, fut célébré dans la grande salle du Palais; l'affluence du monde était si grande à cette cérémonie, qu'un grand nombre de personnes furent étouffées. Le roi Charles VI, père de la mariée, fut lui-même très-exposé.

En 1483, Marguerite de Poissy, prieure de France, mourut de la peste au Palais. Cette peste était si maligne, que les chirurgiens qui ouvrirent le corps en furent frappés, et moururent peu de jours après.

Enfin, pendant plus de six siècles, le Palais a été le lieu où se faisaient les festins de nos rois à leur mariage et à leur entrée; où se tenaient toutes les grandes assemblées, et où se donnaient toutes les fêtes solennelles.

Autrefois les tours faisaient le principal ornement des châteaux et des habitations royales. Le Palais en avait un grand nombre, dont plusieurs ne subsistent plus, telles que celles de

Beauvais, de la *Question*, des *Joyaux*, du *Trésor*, la *Tour carrée*, la *Tour civile*, la *grosse Tour*, la *Tournelle*, etc.

La tour dite de l'Horloge du palais, flanque ce bel édifice au coin du quai des Morfondus, aujourd'hui quai de l'Horloge, et fait face au pont au Change et au quai aux Fleurs. Cette tour, d'une architecture commune et gothique, est de forme carrée et a 150 pieds de hauteur. Elle n'offre rien de remarquable dans ses dimensions.

L'an 1370, Charles V fit mettre à la tour du Palais la première grosse horloge qu'il y ait eu à Paris. Il fit venir d'Allemagne un horloger nommé *Henry-de-Vicq*, exprès pour en avoir soin. Il le logea dans cette tour, et lui assigna six sous parisis par jour, sur les revenus de la Ville. Le cadran de cette horloge était orné de quelques figures en terre cuite, par Germain Pilon. Henri III fit réparer ce cadran. On lisait sur un marbre ces deux vers latins de Passerat, poète du tems :

> *Machina quæ bis sex tam justè dividit horas,*
> *Justiciam servare monet, legesque tueri.*

Il y avait autrefois, au haut de cette tour, une grosse cloche qui fut jetée en fonte l'an 1371. On ne la sonnait que dans les réjouissances publiques. L'opinion commune est que cette cloche donna le signal de la St.-Barthélemy ; mais il est prouvé par les mémoires de ce tems, qu'on ne la sonna qu'après l'assassinat de l'amiral Coligny. Le signal de cette exécrable journée fut donné à Saint-Germain-l'Auxerrois, la nuit du 23 août 1372, par ordre de la reine Médicis.

Lors de l'incendie du Palais, arrivé en 1618, et dont nous avons parlé plus loin, un brandon enflammé, emporté par le vent, alla mettre le feu à un nid d'oiseaux qui se trouvait au haut de la tour de l'Horloge, et cet édifice eût couru le plus grand risque si on ne l'eût découvert promptement, pour couper le cours du feu.

Le pied de cette tour était autrefois surchargé de petites boutiques qui saillaient sur la voie publique et l'embarrassaient. Le gouvernement a fait abattre ces constructions ; je me suis réservé le rez-de-chaussée pour en faire ma boutique ; mes magasins sont au premier, et les autres étages de cette tour sont réservés pour mes ateliers et laboratoires. C'est sur le pied du mur qui fait face au pont au Change, que se trouve apposé chaque jour le thermomètre indicateur de la température, et autour duquel se réunissent sans cesse les observateurs et les curieux. Voyez les deux dernières planches.

Sur le mur qui fait face au quai des fleurs, j'ai fait poser, près de la fenêtre du premier, un canon solaire qui, dans les beaux jours, part au coup de midi, et règle toutes les montres et les pendules du quartier. Un grand nombre d'amateurs se réunissent aussi vis-à-vis mes fenêtres, pour entendre la détonnation du canon qui, le plus souvent, s'annonce avec le premier coup de midi à l'horloge de la Ville. Voyez les deux dernières planches.

Sur le haut de la Tour, et dans le clocher qui la surmonte, j'ai fait construire un petit observatoire dans lequel j'ai placé une lunette dont le pouvoir amplifiant est de 150, et au moyen de laquelle on peut se procurer la vue rapprochée des beaux environs de Paris. L'emplacement est très-avantageux, et les personnes curieuses, qui désirent jouir de cette agréable perspective, peuvent se présenter chez moi dans la journée; elles trouveront toujours, dans le cas où j'en serais empêché moi-même, quelqu'un pour les conduire à l'observatoire, et les guider dans l'usage de la lunette; le tout sans aucune espèce de rétribution.

Lors de l'apparition de la Comète, qui fut visible à Paris dans les derniers mois de 1811, plusieurs personnes sont venues l'examiner à mon observatoire, et m'ont demandé, sur ce phénomène, des renseignemens que je n'ai pu leur donner qu'imparfaitement. Je saisirai cette occasion de les satisfaire plus complettement en entrant dans quelques détails sur ces astres errans, dont l'apparition est toujours un sujet d'étonnement pour la multitude.

DES COMÈTES.

On appelle *Comètes* certaines apparences lumineuses qui se montrent subitement dans le ciel, et qui disparaissent de même, après avoir brillé plus ou moins long-tems. Ce nom de *Comète*, vient d'un mot grec qui signifie avoir de longs cheveux; et effectivement les comètes paraissent toujours accompagnées ou suivies d'une atmosphère nébuleuse qui se termine quelquefois par une traînée de lumière en forme de queue d'une très-grande étendue, et dont la matière est assez transparente pour que les plus petites étoiles puissent être aperçues à travers.

Les hommes ont commencé par examiner le Ciel avec toute l'attention que peut inspirer l'intérêt le plus vif. Ils y placèrent d'abord l'empire de leurs Divinités. Les astres étaient ou les habitations ou les trônes de ces Dieux, ou les Dieux eux-mêmes. Ces idées se sont conservées long-tems. Les premiers hommes, ces observateurs attentifs, qui ne contemplaient qu'avec respect le spectacle céleste, durent sans doute être saisi d'admiration et de frayeur à la vue d'un astre nouveau qui paraissait subitement avec des caractères qui lui étaient propres et particuliers. Une queue ou une chevelure radieuse ne purent être pour eux des signes indifférens.

Si les Comètes répandaient encore la terreur dans le siècle dernier, quel effet devons-nous supposer qu'elles produisirent dans ces tems reculés!

Ces astres ne sont aperçus que pendant des durées fort courtes. Les lignes qu'ils décrivent ne se laissent pas aisément reconnaître pour des courbes. Képler, en 1618, était encore persuadé que les Comètes décrivaient des lignes droites. Pour placer ces astres au nombre de ceux qui font des révolutions périodiques, il faut donc avoir reconnu qu'ils parcourent des courbes régulières et rentrantes sur elles-mêmes; il faut avoir observé leurs révolutions, calculé leurs périodes. Mais ces corps lumineux, même ceux qu'on se croit autorisé à regarder comme ayant déjà été observés plus d'une fois, présentent rarement les mêmes apparences à leur retour, ils portent rarement les mêmes caractères. On doit sur-tout à Sénèque, dit M. de la Lande

(Astronomie, T. III, Liv. 19, pag. 312), ce témoignage qu'aucun auteur n'a parlé des Comètes d'une manière aussi sublime que lui, dans le septième livre des Questions naturelles. Un astronome aurait peine à s'exprimer aujourd'hui d'une manière plus philosophique.

On a cru, dit-il, que les Comètes n'étaient point des astres, parce qu'elles n'ont point la rondeur des autres corps célestes ; mais ce n'est que la lumière qu'elles répandent qui produit cette figure allongée, le corps de la Comète est arrondi. Je suppose encore qu'elles aient une autre figure que les planètes, s'en suit-il qu'elles soient d'une nature différente ?

La nature n'a pas tout fait sur un modèle unique, et c'est ignorer son étendue et sa puissance que de vouloir tout rapporter à la forme ordinaire. La diversité de ses ouvrages démontre sa grandeur. On ne peut encore connaître leur cours, et savoir si elles ont des routes réglées, parce que leurs apparitions sont trop rares ; mais leur marche, non plus que celle des planètes, n'est point vague et sans ordre, comme celles des météores qui seraient agités par le vent.

On observe des Comètes de formes très-différentes, mais leur nature est semblable, et ce sont en général des astres qu'on n'a pas coutume de voir, et qui sont accompagnés d'une lumière inégale. Les Comètes paraissent en tout tems et dans toutes les parties du Ciel, mais principalement vers le Nord. Elles sont, comme tous les corps célestes, des ouvrages éternels de la nature. La foudre et les étoiles volantes et tous les feux de l'atmosphère sont passagers et ne paraissent que dans leur chûte. Les comètes ont leur route qu'elles parcourent ; elles s'éloignent mais elles ne cessent point d'exister.

Après des raisonnemens et des observations aussi justes que celles qui précèdent, Sénèque termine ainsi : « Ne nous étonnons pas que l'on ignore encore la loi du mouvement des comètes dont le spectacle est si rare, qu'on ne connaisse ni le commencement ni la fin de ces astres qui descendent d'une énorme distance. Il n'y a pas encore 1500 ans que la Grèce a compté les étoiles, et leur a donné des noms. Il y a encore bien des nations qui n'ont que la simple vue et le spectacle du Ciel, sans savoir seulement pourquoi ils voient la lune s'éclipser. Un jour viendra que, par une étude de plusieurs siècles, les choses qui sont cachées actuellement paraîtront avec évidence. Un jour viendra que la postérité s'étonnera que des choses si claires nous aient échappé.

Lorsque les sciences commencèrent à naître, Képler, né en 1571, Képler, dont le nom sera éternellement fameux en astronomie, crut, d'après ses observations, que les comètes décrivoient une ligne droite; il ne pouvait donc supposer leur retour, et il se rapprocha du sentiment d'Aristote, en les regardant comme des exhalaisons.

Descartes, né en 1596, pensa que les comètes étaient des étoiles fixes, de véritables soleils dans leur origine, mais que s'étant éteints et ne conservant plus leur place, ces astres avaient été entraînés par les tourbillons voisins; et que, recevant et réfléchissant les rayons du soleil, ils pouvaient redevenir visibles pour nous.

Hévélius, né en 1611, l'un des plus grands observateurs de comètes, les regardait comme des exhalaisons, et d'après la nature de la parabole qu'il leur faisait suivre, quand elles auraient été des astres permanens, il est évident qu'elles n'auraient jamais pu revenir.

Plusieurs autres astronomes célèbres donnèrent leur opinion sur les comètes, et, l'un d'eux, Jacques Bernouilly, imagina un sytême opposé à tous ceux que l'on avait donnés avant lui; mais ce système, ainsi que ceux qui l'ont précédé, sont relégués aujourd'hui dans la région des chimères.

Il appartenait à Newton, ce philosophe célèbre dont le laurier s'élève au milieu de tous ces débris, de fixer l'opinion sur les comètes, et de déterminer la vraie nature de ces corps célestes. Les comètes alors furent décidées planètes.

Le fameux Halley calcula les révolutions périodiques des astres, et donna une table de vingt-quatre comètes sur lesquelles on a fait les observations les plus importantes.

Quelque probable que soit devenu, par toutes les observations des astronomes qui ont traité du mouvement des comètes, le retour de ces astres, leur révolution n'est cependant pas encore mise au rang des vérités bien démontrées, et la question du retour des comètes, dit M. D'Alembert, (*Dict. Encyclop.* au mot *comète*) est du nombre de celles que notre postérité seule pourra résoudre.

Il ne m'appartient point de discuter les différentes opinions des savans que j'ai cités ; ce serait dépasser les bornes que je me suis prescrites, et mes trop faibles connaissances en astronomie déposeraient contre ma témérité. Je me contenterai donc, pour satisfaire la plus grande partie de mes lecteurs qui craignent, ainsi que moi, de s'enfoncer dans le dédale obscur de la métaphisique; je me contenterai, dis-je, de leur présenter, sur les comètes, les idées qui semblent s'accorder le mieux avec la saine raison, et peu de mots suffiront à mon résumé. Il est présumable que les comètes sont des corps célestes de nature à-peu-près semblable à celle des planètes. Ces corps ne sont point lumineux par eux-mêmes, et ne deviennent visibles pour nous, que par la lumière qu'ils reçoivent du soleil, et qu'ils réfléchissent à nos yeux.

La partie la plus lumineuse d'une comète est ordinairement enveloppée d'une espèce d'atmosphère qui jette une lumière moins brillante. Pour distinguer ces deux parties l'une de l'autre, on appelle la première *noyeau*, et la seconde, la *chevelure* ou la *queue*. La queue est ordinairement plus grande et plus brillante immédiatement après le *périhélie* de la comète, c'est-à-dire son plus grand rapprochement du soleil, parce que le corps de la comète étant alors plus échauffé doit exhaler plus de vapeurs.

La queue paraît plus longue vers l'extrémité qu'auprès du centre de la comète, parce que la vapeur lumineuse qui est dans un espace libre, se raréfie, se dilate, s'étend continuellement. La queue est transparente parce qu'elle n'est qu'une vapeur très-déliée.

Il existe dans le Ciel une grande quantité de comètes qui tiennent leur place dans cet espace incommensurable, ainsi que les planètes qui sont à notre connaissance; et comme l'éternel, auteur des mondes, n'a rien fait qui ne fût prévu et marqué au coin de sa prudence et de sa sagesse, c'est une erreur d'attribuer aux comètes des propriétés qu'elles n'ont jamais eues, et que raisonnablement elles ne peuvent avoir. C'est donc à tort que les anciens, et, à leur exemple, quelque modernes, ont tiré de l'apparition des comètes, des conséquences funestes pour notre globe, ils ont regardé ces astres comme autant de présages des évènemens les plus terribles, et ont effrayé le peuple par les prédictions les plus ridicules : tantôt les comètes annonçaient des maladies, des morts subites, d'autres fois, elles présageaient la sécheresse, la guerre, la peste, la famine et d'autres fléaux, non moins affreux. De nos jours, on est revenu d'une erreur si grossière, et l'on a reconnu que les comètes, créées dès le commencement du monde comme les autres planètes, tirent, ainsi qu'elles, leur lumière du soleil, et parcourent dans le vide, autour de cet astre, des ellipses fort excentriques, c'est-à-dire des cercles allongés dont le soleil n'est jamais le centre.

Les comètes dont les queues ont paru les plus longues sont les suivantes ; celle dont parle Aristote qui vers l'an 341 avant J. C., occupa le tiers de l'hémisphère ou environ 60 dégrés ; celle dont parle Justin, et qui parut à la naissance de Mithridate, 130 ans avant J. C. Elle étoit si terrible, qu'elle semblait embrasser tout le ciel.

Une autre comète, au rapport de Sénèque, couvrait toute la voie lactée, vers l'an 135. La comète de 1456 occupait deux signes ou 60 dégrés ; et celle de 1460 en occupait environ 50. Suivant Képler, la comète de 1618 avait une queue de 70 dégrés. Longomontanus soutient qu'elle avoit 104 dégrés.

Beaucoup d'autres savans ont donné l'étendue d'un grand nombre de queues de comètes, et particulièrement le Père Riccioli que l'on peut consulter. La comète de 1680 est l'une des plus étonnantes qui aient jamais paru, par l'étendue de sa queue. D'après le calcul de Newton, cette comète s'approcha du soleil le 8 décembre 1680, à une distance que le célèbre mathématicien a calculée être comme 1 à 6000, et selon ce même savant, la chaleur du corps de cette comète dut être alors deux milles fois plus grande que celle d'un fer rouge. Cette même comète de 1680 qui a reparu en 1756, comme l'avait annoncé le savant Halley, reparaîtra en 1852, le temps qu'elle met à faire sa révolution étant de 76 ans. La comète de 1744 s'est montrée avec une queue en évantail qui s'étendit le 15 février jusqu'à 24 dégrés.

Quoique depuis ce tems, de célèbres astronomes au moyens de leurs lunettes, aient découvert un grand nombre de nouvelles comètes, aucune ne s'est montrée à la vue du public aussi bien que celle dont M. Flaugergues à fait la découverte l'année dernière et qui a été visible dans les derniers mois ; c'est vers la fin de septembre qu'elle est parvenue à son périhélie, c'est-à-dire à son point le plus rapproché du soleil ; à ce moment elle était éloignée de cet astres de trente huit millions de lieues, à peu près, et sa distance de la terre était encore plus grande ; ce qui doit rassurer les esprits faibles ou crédules sur les funestes effets du voisinage de ces astres.

D'après ce léger aperçu que j'ai entièrement dépouillé de l'obscurité scientifique pour le mettre à la portée de toutes les classes de la société, il est aisé de conclure que l'apparition de ce phénomène céleste ne doit pas causer plus d'étonnement que la vue de la Lune ou des planètes qui existent dans notre système solaire.

J'appellerai particulièrement la bienveillance de mes lecteurs sur cet article et celui qui le précède. Ces deux notices paraîtront absolument étrangères à mon cadre, et je suis loin d'avoir la prétention de passer pour historien ou pour astronome ; mais si j'ai su fixer un moment l'attention du lecteur et piquer sa curiosité ; si ce hors d'œuvre, pour ainsi dire, a pu le délasser d'une lecture plus sérieuse, j'aurai atteint le seul but que je désire ; celui de plaire et d'être utile au public.

CATALOGUE

GÉNÉRAL

DES INSTRUMENS

D'OPTIQUE, DE MATHÉMATIQUES ET DE PHYSIQUE,

QUI SE FABRIQUENT ET SE VENDENT

CHEZ CHEVALLIER,

Ingénieur-Opticien de S. A. S. Mgr. le Prince de Condé, et membre de la Société Royale académique des Sciences de Paris,

A Paris, Tour de l'Horloge du Palais, N° 1.

OPTIQUE.

BESICLES, OU LUNETTES A METTRE SUR LE NEZ.

Monture en cuir avec étui............	3 fr. » c.
— d'écaille avec ressort d'acier.........	5 »
— Ressort en argent.................	6 »
— Ressort en or....................	9 »
— En argent......................	7 »
— Plus forte......................	8 »
— Plus forte......................	9 »

CATALOGUE.

BESICLES, OU LUNETTES A SIMPLES BRANCHES.

Monture en acier.	4 fr. » c.
Idem..	5 »
Idem..	6 »
Idem.	7 »
Idem.	9 »
En écaille, charnières en argent.	14 »
Idem, charnières en or.	36 »
En argent.	14 »
Idem, dorées.	25 »
En or.	100 «
Idem, plus fortes	120 ».

DOUBLES BRANCHES.

Monture en acier ordinaire.	5 »
Idem.	6 »
Idem.	7 »
Idem.	10 »
Idem, ce qu'il y a de mieux confectionné.	15 »
En écailles, charnières en argent.	20 »
Idem, charnières en or.	45 »
Monture en or.	100 ».
Idem.	130 ».
Idem.	150 »
Idem, en argent.	18 »
Idem, dorées.	30 »
Idem, à doubles verres verts et blancs, se repliant sur les tempes.	27 »
Idem, se relevant en forme de garde-vue.	30 »

Nota. Les Articles précédens sont considérés comme garnis de verres concaves ordinaires; car s'ils étaient garnis de verres concaves pour myopes, ou très-convexes pour les personnes qui ont subi l'opération de la cataracte, les premiers verres augmenteraient de *un franc*, et les autres de *trois francs*. Ces prix varieraient encore, si ces mêmes verres, au lieu de matière commune, étaient en glace choisie, en Flint-Glass, en verre vert, ou en Crystal de roche. On ne fait point mention de Lunettes à diaphragmes et à soufflets destinées aux vues louches ou extrêmement foibles, attendu que la monture seule doit en déterminer le prix.

AUTRES LUNETTES DE L'INVENTION DE L'INGÉNIEUR CHEVALLIER.

LUNETTES à *Segment*, de l'invention de l'Ingénieur Chevallier, et publiées par lui dans les journaux en 1806. Ces Lunettes réunissent l'avantage de lire de près et de voir de loin. La différence pour le prix est en plus de. . . . . 4 fr.

LUNETTES à *centre parfait*, publiées également dans les journaux de septembre 1806. Ces Lunettes ont l'avantage de faire coïncider les rayons visuels, quel que soit l'écartement des yeux, et peuvent s'adapter à une tête d'enfant de douze ans, comme au front d'un homme de soixante; la différence pour le prix en plus est de. 6 fr.

LUNETTES à *double foyer*, publiées en avril 1807, propres à des vues très-fatiguées, et pour lesquelles on ne peut trouver de Lunettes.

L'instruction détaillée dans l'ouvrage qui précède ce catalogue donne une ample explication de ces diverses Lunettes; la différence du prix en plus est de. . 15 fr.

MONOCLES.

Montés en corne avec verre concave. . . 3 fr. » c.
En écaille. . . . . 5 »

CATALOGUE.

En écaille.	7	»
Idem, avec branches d'argent	12	»
Idem en nacre à branches d'argent.	15	»
Idem. Idem. —	18	»
Idem, dorés.	30	»
Idem, branche en or.	48	»
Idem.	54	»
Petits monocles en or pour pendre au col.	24	»
Idem.	30	»
En argent.	5	»
Idem.	6	»
Idem.	7	»
Idem, en écaille.	5	»

BINOCLES.

Montés en corne.	6	»
Idem.	7	»
En écaille.	15	»
Idem.	18	»
Branches en argent.	22	»
Idem de 14 à	27	»
Idem dorés.	42	»
Montés en écaille, branches en or.	120	»
Idem.	130	»
Idem.	150	»
Idem, en nacre, branches en argent, de 30 à.	36	»
Idem.	40	»
Idem.	45	»
Idem, dorés de 55 à.	72	»
Idem, branches en or.	140	»
Idem.	150	»
Idem.	160	»

CATALOGUE.
LOUPES.

Loupes à l'usage des graveurs et horlogers, depuis 3 fr. jusqu'à............	12	»
Biloupes montées en corne ou écaille pour l'étude de l'histoire naturelle, de 9 à..	24	»
Idem, garnies en argent avec diaphragmes, de 40 à.....................	60	»
Triloupes destinées au même usage, de 24 à.........................	60	»
Loupes montées en corne et en écaille, de 5 à.........................	60	»
Loupes montées en corne et en écaille, à queue en argent ou en or, de 24 à........	180	»
Idem, de 3 pouces de diamètre, montées en écaille, à queue d'argent, sans frottement, les verres d'un foyer quelconque.....	56	»
Idem, de 2 pouces et demi............	45	»
Idem, de 2 pouces..................	27	»
Idem, de 18 lignes..................	20	»

VERRES D'OPTIQUE.

Verres pour optique de 2 pouces de diamètre..	2	»
— de 3 pouces.....................	3	»
— de 4 pouces.....................	4	50
— de 5 pouces.....................	6	»
— de 6 pouces.....................	9	»
— de 7 pouces.....................	12	»
— de 8 pouces.....................	15	»
— de 9 pouces.....................	20	»

VERRES DE LUNETTES.

Verres concaves pour myopes, depuis 2 pouces jusqu'à 5, la paire.............	3	»

CATALOGUE.

— de 4 pouces et 3 pouces et demi	3	50
— de 3 pouces et 2 pouces et demi	4 fr.	»
— de 2 pouces.	4	50
— de 18 lignes et 20 lignes.	6	»
Verres convexes pour les presbytes, depuis 72 pouces jusqu'à 5, la paire.	2	»
— de 4 pouces.	2	50
— de 3 pouces.	3	»
— de 2 pouces.	4	»
— de 18 lignes.	5	»
En matière choisie, le prix augmente de moitié.		
Le prix de ces mêmes verres, en cristal de roche ou en caillou, est, pour la paire, de	24	»
Et pour les bas numéros.	30	»
Matière de toutes nuances, numéros ordinaires, la paire.	4	»
Pour les bas numéros.	6	»
Verres oculaires de lunettes de spectacle. . . .	2	»
Idem, pour un myope.	3	»
Verres de toutes espèces pour miniature, communs ou en cristal, depuis 1 f. jusqu'à	24	»
Objectifs simples, ou verres de chambre obscure, depuis 5 fr. jusqu'à.	36	»
— acromatiques, de 72 à.	500	»
— pour lunettes de spectacle, depuis 8 fr. jusqu'à.	50	»

Nota. Les différences qui existent dans les prix des trois articles précédens dépendent du diamètre et de la qualité des verres appelés *objectifs*.

LUNETTES DE SPECTACLES.

	fr.	c.
Corps en ébène, bois des Indes, ou autres bois, de 12 lignes, simples.	5	»

CATALOGUE.

— de 15 lignes. . . . . 6 fr. »
— de 18 lignes. . . . . 8 »
Acromatiques de 12 lignes. . . . . 10 »
— de 15 lignes. . . . . 12 »
— de 18 id. . . . . 15 »
— de 21 id. . . . . 20 »
— de 24 id. . . . . 24 «
Corps en ivoire et acromatiques, de 12 lign. 12 »
— de 15 lignes. . . . . 15 »
— de 18 id. . . . . 18 »
— de 21 id. . . . . 24 »
— de 24 id. . . . . 30 »

Autres en ivoires, dont les pièces principales, telles que les coulans, bonnettes et viroles, sont en argent :

— de 12 lignes. . . . . 25 »
— de 15 id. . . . . 36 »
— de 18 id. . . . . 42 »
— de 21 id. . . . . 54 »
— de 24 id. . . . . 60 »

LUNETTES *acromatiques, et à poires en ivoire, dont les pièces principales, adaptées aux verres, sont plaquées en argent.*

DIMENSIONS.	Plaq. en argent.	Plaq. en or.
De 12 lignes.	14 fr.	18 fr.
De 15 ——.	16	21
De 18 ——.	21	28
De 21 ——.	27	34
De 24 ——.	36	42

CATALOGUE.

LUNETTES *acromatiques et simples, à corps droit, plaquées en argent.*

De 10 lign., Acromatiques, 12 fr. — Simples.   8 fr.
De 12 — 16   — 10
De 15 — 20   — 15
De 18 — 35   — 18

LUNETTES *à poires, corps verni et pièces plaquées.*

De 10 lign., Acromatiques, 10 fr. — Simples.   8 fr.
De 12 — 12   — 10
De 15 — 15   — 12
De 18 — 18   — 16
De 21 — 25   — 21

LUNETTES *acromatiques, à tirages, toutes les pièces plaquées en argent.*

DIMENSIONS.	CORPS en écaille.	CORPS VERNI.
De 12 lign., à 4 tirages.	20 fr.	18 fr.
De 14 —— à 4 *id.*	30	28
De 15 —— à 5 *id.*	36	32
De 18 —— à 6 *id.*	42	40
De 21 —— à 7 *id.*	60	54
De 24 —— à 7 *id.*	80	75
De 27 —— à 7 *id.*	100	90

Au lieu de corps vernis, les prix varient toutes les fois que les corps sont à figures ou en écaille, posés en or.

CATALOGUE.

LUNETTES *acromatiques toutes plaquées en or, à corps verni ou autres.*

DIMENSIONS.	CORPS verni.	CORPS verni, avec Ornemens en or.	CORPS d'Écaille blonde, posé en or.	CORPS d'Écaille.
De 12 lig. à 4 tir.	30 fr.	33 fr.	» fr.	30 fr.
De 15 — à 5 id.	36	40	50	38
De 18 — à 6 id.	»	60	70	58
De 21 — à 4 id.	80	84	»	80
De 21 — à 7 id.	»	95	»	90

Nota. L'Ingénieur Chevallier établit des Lunettes de Spectacle d'un grand diamètre ; mais comme elles sont plus embarrassantes, il croit inutile de détailler ici les prix, qui varient en raison du diamètre.

Il établit également des Lunettes dont les cylindres et toutes les pièces sont en or ou argent ; l'on voudra bien, en lui adressant la demande, désigner le diamètre et le nombre de tirages annoncé pour les autres Lunettes.

SUITE *des Lunettes de spectacle plaquées en or, en forme de poires, le corps en écaille blonde et noire, posé avec des étoiles d'or.*

DIMENSIONS.	En Écaille blonde.	En Écaille noire.	CORPS verni, Ornemens en or.	CORPS verni.
De 10 lign.	24 fr.	21 fr.	21 fr.	18 fr.
De 12 —	36	30	30	24
De 15 —	42	36	36	30
De 18 —	55	50	45	40
De 21 —	72	66	60	48
De 24 —	100	90	80	70

CATALOGUE.

Lunettes *droites dont les pièces principales sont plaquées en or.*

DIMENSIONS.	CORPS en Ecaille.	CORPS VERNI avec Ornem. en or.
De 10 lignes. .	24 fr.	21 fr.
De 12 — . . .	27	26
De 15 — . . .	32	30

Lunettes *acromatiques à tirages, vulgairement appelées* LONGUES VUES.

De 12 pouces de développement, corps en bois d'acajou. . . . . 50 fr. » c.
De 20 pouces. . . . . 70 »
De 27 ——. . . . . 100 »
De 40 pouces. . . . . 160 »
De 52 —— avec l'objectif de 32 lignes de diamètre. . . . . 350 »
Idem. . . . . 400 »

Nota. Les longues vues que l'on vient de citer ont des tirages en cuivre qui augmenteraient le prix s'ils étaient plaqués en or ou en argent. Il est bon d'observer que le plus grand de ces instrumens, s'il était replié sur lui-même, n'excéderait point 12 pouces de longueur. On pourra juger des autres par ce dernier.

Lunettes acromatiques de 12 pouces de long, corps en cuivre, porté sur un pied de même matière, lequel se loge à volonté dans la lunette. . . . . 60 fr. » c.
De 15 pouces. . . . . 72 »

CATALOGUE.

De 18 pouces. . . . . 110 fr. » c.

De 24 pouces. . . . . 160 »

Lunettes acromatiques, dites en bâton, pour le service de la marine. . . . . 150 »

Idem. . . . . 160 »

Idem, de nuit, avec objectif simple. . . 96 »

Lunettes composées pour le jour et la nuit. . . . . 120 »

Idem. . . . . 150 »

Idem. . . . . 200 »

Lunettes acromatiques de 3 pieds de longueur avec objectif de 25 lignes de diamètre, et plusieurs oculaires de rechange pour la terre et le ciel, et portées sur un pied en cuivre, renfermé dans une boîte. . . . . 300 »

Idem. . . . . 400 »

Idem, de 48 pouces de long, objectif de 32 lignes de diamètre, avec le pied et la boîte. . . . . 500 »

Idem, objectif de 40 lignes de diamètre. 900 »

Objectif de 48 lignes de diamètre. . . . 2,500 »

Nota. Les différences que l'on remarquera dans les prix des articles précédens, proviennent des divers degrés de perfection de ces instrumens, ainsi que de la construction des pièces sur lesquelles ils sont montés ; ce qui a lieu pour ceux de ces instrumens plus ou moins bien finis, et dont le jeu mécanique est plus ou moins compliqué.

CATALOGUE.

TÉLESCOPES GRÉGORIENS.

De 6 pouces.	50 fr. » c.
De 10 pouces.	72 »
De 16 pouces, corps couvert.	100 »
De 16 pouces, corps en cuivre. . . .	150 »
De 20 pouces, *id.*	200 »
De 32 pouces, *id.* avec engrenage. .	300 »
De 32 pouces, *id.*	500 »
De 36 pouces, *id.*	500 »
De 36 pouces, *id.*	700 »
De 36 pouces, *id.* avec engrenage. .	900 »
De 4 pieds de longueur.	1,800 »
Idem.	3,000 »
Télescope Grégorien, de 6 pieds. . .	3,000 »
— . . . . de 8 pieds. . .	8,000 »

Nota. La majeure partie de ces Télescopes, indépendamment de plusieurs oculaires de rechange renfermés dans une boîte, ont des miroirs en métal ordinaire; ceux du même diamètre, à miroirs en platine, sont à un prix plus élevé, en raison de la haute valeur commerciale de ce métal, qui a sur-tout, aussi bien que l'or, la propriété de ne point s'oxider à l'air; il en résulte que les miroirs des télescopes construits en cette matière se conservent sans altération.

MICROSCOPES.

Miscroscopes simples, ... de 12 à 70	»
Idem, pour l'inspection des toiles, mousselines et taffetas, ... de 5 à 12	»
Idem, avec micromètres divisés sur glace, pour l'inspection des laines, . . de 60 à 150	»

CATALOGUE.

	fr	c.
Microscopes selon Dellebarre, couronné par l'Athénée des Arts.	230	»
Idem.	250	»
Microscopes composés selon tous les systèmes . . . . de 200 à	500	»
Microscopes solaires de toute espèce, de 200 à.	400	»
Microscopes solaires, propres à être adaptés à un volet de croisée d'appartement.	120	»
Idem.	150	»
——	200	»
Microscope solaire complet, garni de 6 lentilles de différens foyers, et d'une collection d'objets, le tout dans une boîte avec un pied, pour servir de microscope ordinaire.	300	»
Mégascopes. . . . . de 130 à	150 fr.	» c.
Le Mégascope de M. Charles, pour voir les corps opaques au soleil, composé d'une plaque carrée en cuivre avec genoux, portant deux tuyaux garnis de leurs verres objectifs; cet instrument sert à faire voir toutes sortes d'objets opaques au soleil, avec trois miroirs plans, montés sur des genoux en cuivre, se plaçant au-dehors de la chambre, et un porte-objet mobile sur un banc d'environ 5 pieds de long.	240	»
Mégascope *idem*, avec l'objectif acromatique d'environ 32 lignes d'ouverture. . .	360	»

CATALOGUE.
VERRES ET MIROIRS A GRAND FOYER.

Loupes en verres bi-convexes de toute grandeur et de tout foyer. . . . de 18 à 500 fr. » c.

Nota. Ces loupes, exposées au soleil, peuvent enflammer des corps combustibles. Celles du prix de 500 francs et au-dessous, peuvent non-seulement produire cet effet, mais encore celui de fondre des métaux.

Lentille convexe ou concave, d'environ trois pouces de diamètre et à différens foyers, montée de même dans un demi-cercle et pied de cuivre, la pièce. . . . 36 »

Miroirs ardens de 9 pouces de diamètre sur leurs pieds. . . . . 150 »

Idem, concaves. . . . . 150 »

Miroir concave en glace, dans une bordure d'environ 8 pouces de diamètre. . 30 »

Miroir convexe, *idem* . . . . 30 »

Miroirs concave et convexe d'environ 6 pouces, montés, les deux. . . . . 36 »

Deux grands miroirs concaves en cuivre poli, montés sur leurs guéridons, l'un portant à son foyer une espèce de réchaud pour mettre des charbons allumés, et l'autre une pince mobile portant un combustible pour réfléchir la chaleur et allumer à une grande distance. . . . . 100 »

Miroirs concaves et convexes en glace étamée, montés dans un demi-cercle en cuivre, à mouvement d'inclinaison et de rotation, et sur un pied; lesdits miroirs

CATALOGUE.

	fr.	c.
d'environ 10 pouces de diamètre : les deux.	300	»
Miroirs pour la barbe. . . . . . . de 3 à	36	»
Miroirs multiplians, ... de 5 à	50	»
Miroirs paraboliques en cuivre, destinés à porter le son et le calorique à une distance, en raison de leur diamètre et de leur perfection . . . . de 100 à	600	»
Miroirs cylindriques avec leurs tableaux, ... de 18 à	60	»
Miroirs prismatiques à 4 faces, . de 30 à	75	»
Miroirs coniques, *idem*, et six cartons. . .	36	»

CHAMBRES OBSCURES.

Chambres obscures de toute forme, à verres dépolis pour dessiner et peindre la miniature, ... de 30 à	200	»
Chambres obscures pliées en livre et autres . . . . de 18 à	60	»
Chambre noire portative à tirage et à glace dépolie, d'environ 16 pouces. . .	36	»
Chambre noire, *idem*, plus grande, d'environ 20 pouces.	60	»

Chambre noire, façon anglaise, forme d'une boîte d'environ 20 pouces de longueur, se développant et se levant en pyramide et surmontée d'un tuyau en bois, renfermant un miroir plan et deux objectifs pour voir les objets près et éloignés avec engrenage ; ladite chambre noire porte deux ouvertures, dont une pour voir les objets, et l'autre pour passer le bras pour dessiner, on en fait une optique à volonté au moyen d'une seconde pièce qui se place au-dessus, laquelle pièce porte un miroir incliné et un verre lenticulaire, le tout se repliant et s'enfermant dans la boîte, et facile à monter dans un instant. . . . . fr. 150 c. »

Chambre noire se plaçant à une croisée pour voir dans la chambre tous les objets du dehors sur un plan horisontal. Ladite chambre noire est composée d'une plaque carrée en cuivre, avec genoux portant d'un côté un miroir parallèle, à mouvement, pour peindre les objets, et de l'autre deux tuyaux garnis de verres objectifs de foyer convenable. Cet instrument est placé sur une boîte en bois s'inclinant à volonté, et s'adapte au volet d'une croisée parfaitement obscure : ladite chambre noire avec le plan sur un guéridon. . . . . 240 »

La même chambre noire avec un objet acromatique d'environ 32 lignes d'ouverture. . . . . 360 »

Chambre noire à genoux, montée en acajou, avec un prisme, pour redresser les objets. . . . . 72 »

Façade d'optique garnie de trois verres d'environ 5 pouces de diamètre, pouvant s'adapter à une boîte, ou à un cabinet dans lesquels on renferme des tableaux pour faire une optique. . . . . . 60 »

CATALOGUE.

	fr.	c.
Sabot ou appareil de chambre obscure pour fixer au volet d'un appartement, de 100 à	300	»
Miroirs parallèles depuis 2 pouces jusqu'à 6 de diamètre, ... de 12 à	60	»

Nota. Ces miroirs sont indispensables pour l'exactitude des expériences sur la lumière, et non moins précieux pour la perfection des chambres obscures; ils ne diffèrent des autres miroirs de glaces étamées, qu'en raison de ce qu'ils ne doublent point les images comme ces derniers, et sont même préférables à ceux de métal, qui se détruisent promptement à l'air, à moins qu'ils ne soient en platine.

	fr.	c.
Verres bi-concaves montés en cuivre, pour la peinture et le dessin . . . . de 15 à	96	«
Miroirs noirs *idem* . . . . de 5 à	140	»

LANTERNES MAGIQUES ET FANTASMAGORIE.

Lanternes magiques ordinaires, . . de 15 à	300 fr.	c.
—— verres peints ou tableaux, . de 6 à	60	»
Fantamascopes ou lanternes magiques perfectionnées, destinées aux effets de la fantasmagorie, y compris l'appareil mégascopique pour les corps et tableaux opaques . . . . de 150 à	500	»
Tableaux mouvans, ... de 5 à	12	»

Une boîte en bois, d'environ 22 pouces carrés avec une cheminée en fer noirci, et le dessus doublé de même. Cette boîte sert à renfermer les objets que l'on veut faire voir, ainsi que les lampes dont on se sert pour les éclairer; elle est montée sur un chariot à quatre roues garnies en draps, pour éviter le bruit, le tout en bois noir, et se démontant à volonté pour être transporté facilement. . . . .   fr.   c. 90 »

Un appareil, dit Mégascope-lucernal, composé d'une plaque portant deux tuyaux en fer-blanc noirci, mobiles par un engrenage, et garnis de leurs verres objectifs pour voir les corps opaques, et se plaçant à la boîte ci-dessus . . . . . 60 »

Appareil, dit Mégascope, composé de plusieurs tuyaux, rentrant les uns dans les autres pour un engrenage, et garni de loupes et lentilles convenables pour les objets transparens, et se plaçant de même à la boîte ci-dessus. . . . . 96 »

Lampe à courant d'air, avec un réverbère parabolique pour éclairer les objets placés dans ladite boîte . . . . 24 »

Lampe semblable, vernissée . . . . 30 »

Transparens de fantasmagorie, tout préparés et tendus sur un châssis d'environ 7 pieds sur 4 . . . . 72 »

Transparens *idem*, préparés de même, d'environ 8 pieds carrés, et tendus sur un châssis. . . . . 100 »

Un petit support mobile sur une tige de fer, et pied pour suspendre les objets dans l'intérieur de la boîte . . . . 8 »

Appareil représentant un squelette sortant de son tombeau, se plaçant au même support . . . . 18 »

Autre pièce représentant une procession . 48 »

CATALOGUE. xix

	fr.	c.
Autre pièce représentant un squelette creusant sa fosse.............	36	»
Tableaux ou bas-reliefs en plâtre colorés, représentant différens sujets, la pièce..	3	»
Bustes ou petites figures en bosse, *idem*...	6	»
Appareils plus petits pour servir seulement aux objets transparens. Cette boîte est portée sur un chariot de même que la grande, et garnie de l'appareil à engrenage et de la lampe désignée plus haut.	180	»
Masques de fantômes de diverses figures pour faire voltiger dans la salle où sont les spectateurs, et la lampe pour les faire paraître et disparaître à volonté, la pièce.................	18	»
Lampe seule servant pour plusieurs...	8	»
Appareil pour produire le bruit de la grêle et de la pluie..............	18	»
Appareil pour produire le bruit du tonnerre.................	33	»
Tableaux de fantasmagorie, peints sur verre, représentant différens sujets, la pièce.	4	»

Les objets où il y a deux figures se paient double.

Tableaux *idem*, à mouvement, représentant divers sujets, tels que chouette ou tête de mort, battant les ailes ; un squelette soulevant la pierre de son tombeau, d'autres remuant les yeux, la pièce...	10	»
Tableau *idem*, représentant une femme changeant plusieurs fois de tête.......	15	»

	fr.	c.
Tableau pour imiter l'orage, représentant les effets de la foudre.	9	»
Figures découpées en carton pour l'expérience de la multiplication des ombres, dite *danse des sorciers*.	6	»
Quelques règles en bois, garnies de bobèches en fer-blanc, pour ladite expérience	8	»

Prismes.

Prismes ordinaires montés en cuivre, de 40 à	60	»
Idem en flint-glass, ... de 40 à	100	»
Idem coniques, ... de 30 à	60	»
Un prisme monté sur son pied à charnière.	36	»
Appareil à 7 petits miroirs, plans parallèles, monté à mouvement sur une même règle de métal et sur un pied à charnière, pour la réunion des 7 rayons colorés, d'après M. Charles	120	»
Prisme à eau et à angle variable, de M. Charles	95	»
Prisme en glace propre à recevoir des liquides, monté en cuivre.	48	»
Prisme à 7 compartimens, de M. Charles, pour faire voir la réfraction à travers 7 liquides de différentes densités.	36	»

Le banc de Newton, pour la démonstration des différens instrumens d'optique, monté sur un guéridon, et portant plusieurs plans mobiles sur des genoux en cuivre, lesquels plans sont garnis de lentilles concaves et convexes de différens diamètres, et foyers de verres de couleurs, avec d'autres percés de différens trous, et un châssis blanc pour recevoir l'image, le tout d'après les corrections de M. Charles................. 200 »

Prismes composés selon les principes de M. Rochon, pour démontrer la théorie de l'objectif acromatique.... de 75 à 120 »

Poly-prismes ou réunion de plusieurs tranches de verres de différente réfrangibilité pour la même théorie,.... de 50 à 100 »

Appareils sur la lumière.

APPAREIL UNIVERSEL, dit *porte-lumière*, composé d'une plaque en cuivre, portant d'un côté un miroir plan parallèle avec mouvement de rotation et d'inclinaison à engrenage ; de l'autre côté un tuyau double recevant plusieurs bouchons garnis de lentilles de différens foyers et de diaphragmes à différentes ouvertures, pour donner les rayons de lumière des expériences prismatiques et autres, d'après M. Charles. Cet appareil peut faire chambre noire........ 240 »

Une cuve en glace garnie en cuivre, portant aux deux bouts un verre concave et un verre convexe pour la réfraction de la lumière.................. 144 »

Le plan circulaire avec les miroirs, plans concaves et convexes en métal, pour faire voir l'égalité de l'angle de réflexion à l'angle d'incidence............. 110 »

	fr.	c.
Trois petites caves en glace, de différentes figures, dont une carrée, une *idem* séparée par une cloison dans la ligne diagonale, et une triangulaire	24	»
Un cône en cuivre sur son pied, d'environ 8 pouces de longueur, et 4 pouces de diamètre à sa base, garni d'un verre plan micrométrique, et au sommet d'un tuyau mobile, garni d'un verre oculaire de 8 pouces de foyer pour la vision	72	»
Double, *idem*, de M. Charles, ainsi que l'autre pour l'étendue de la vision, garni au plus grand diamètre d'une glace dépolie, et à chaque bout, d'un verre convexe de 8 pouces de foyer monté sur un pied ou sur un guéridon	96	»
L'œil artificiel monté en cuivre pour l'application des lunettes aux différentes vues du myope et du presbyte	48	»
L'œil artificiel, *idem*, monté en bois . . .	24	»

GNOMONIQUE.

	fr.	c.
CADRAN SOLAIRE de l'invention de l'ingénieur Chevallier; cet instrument, de 3 pouc. de diamètre en forme de tabatière	50	»
Idem, de 6 pouces	100	»

Nota. On observe que ces cadrans sont montés et gradués sur métal fin, imitant l'argent; la surface de cet instrument est partagée en quatre cadrans, pour les quatre hauteurs différentes de pôles. Le premier, qui est le plus éloigné du centre, forme le pourtour de la plate-forme ; il est placé pour le 52e. degré ; le second, marqué en chiffres romains, est tracé pour le 49e. degré; le troisième est tracé pour le 45e. degré, et le quatrième, qui se trouve au centre de l'instrument, est tracé pour le 41e. degré.

Boussoles.

	fr.	c.
Petite boussole en forme de tabatière, d'un pouce et demi de diamètre, montée en bois et graduée sur papier	5	»
—— de semblable diamètre graduée sur métal	12	»
Boussole de 2 pouces, dont les aiguilles sont avec suspension	20	»
—— de 3 pouces	24	»
—— d'un pouce et demi montée en argent, forme de boîte de montre, cadran d'émail et à suspension pour éviter le frottement de l'aiguille aimantée	36	»
Boussole et cadran solaire à la fois, montée en or, d'une belle construction, le fond en crystal	120	»
—— montée entièrement en or, de 150 à	200	»

Méridien a canons.

1re. force de 18 pouces à deux quarts de cercles	600	»
2e. force de 18 pouces	500	»
3e. force de 15 pouces	400	»
4e. force de 15 pouces	300	»
5e. force de 15 pouces	250	»
6e. force de 12 pouces	200	»

CATALOGUE.

7e. force de 12 pouces . . . . 150 fr.   c.
8e. force de 9 pouces canon court. . . . 100   »
9e. force de 9 pouces selon Bernier . . . 100   »
10e. force de 8 pouces, canon ordinaire. . 72   »
11e. force de 8 pouc., à un quart de cercle. 50   »
12e. force de 8 pouces 50   »
13e. force, petit méridien de 15 pouses. . 33   »

Tous ces méridiens sont susceptibles d'augmentation de prix par la grandeur des marbres et leur qualité.

Les cadrans solaires horisontaux sans canon,
    du diamètre de 9 pouces, sont du prix de   24   »

Tous ceux au-dessus augmentent du prix de 2 fr. 50 c. par pouce : le tout en marbre blanc.

Ceux en marbre noir, à division dorée, augmentent du prix de 6 fr. 50 c. par pouce.

MÉTÉOROLOGIE ET ARÉOMÉTRIE.

Aréomètre selon Beaumé, pour les sels,   fr.   c.
    sirops et acides.   4   50
— pour les sels   3   »
— pour les savons.   3   »
— pour les cidres, bierre et huile.   4   »
— pour les eaux minérales.   4   »
Galactomètre, selon Cadet-de-Vaux, servant à distinguer si le lait est ou non mélangé. Cet instrument a été publié dans les journaux par l'ingénieur Chevallier :
le prix est de.   3   »

CATALOGUE.

Galactomètre avec tube en crystal	5 fr.	c.
Idem en argent................	40	»
Gleuco-œnomètre, selon Cadet-de-Vaux et Curaudeau, annoncé également dans les journaux. Cet instrument sert à faire connaître la qualité du mout ou suc récemment exprimé du raisin ; il indique aussi le moment du décuvage : le prix est de....................	6	»
Idem en argent................	50	»
OEnomètre de l'ingénieur Chevallier, servant à indiquer la qualité des vins faits.	4	»
Idem en argent................	40	»
Aréomètre pour les eaux-de-vie et alkools.	3	»
Idem avec boîte à tube de verre......	5	»
Idem indiquant les demis et quarts de degrés....................	7	»
Idem en argent, avec thermomètre au mercure, boîte et tube en crystal......	45	»
Idem.................	50	»
Aréomètre en argent, avec thermomètre au mercure, boîte et tube en crystal...	72	»
Idem —................	150	»
Idem —................	200	»
Aréomètre pour les sirops.........	3	»
— en argent................	40	»
Idem....................	50	»
Caféomètre selon Cadet-de-Vaux, servant à faire connaître la qualité du café....	3	»
— avec boîte à tube de verre........	5	»
— en argent................	40	»

Alcalimètre et Berthollimètre de Descroi-   fr.   c.
zilles, ou Nécessaire des Blanchisseurs
Bertholliens. Cet instrument, annoncé
dans les Annales de Chimie au mois
d'octobre 1806, sert à déterminer le titre
des soudes et potasses du commerce,
ainsi que celui de l'acide muriatique oxigène liquide 16   »

THERMOMÈTRES.

Thermomètre de 6 pouces, gradué sur
   ivoire, selon Réaumur et Fahreinheit. . 18   »
— de 8 pouces 24   »
Grand Thermomètre au mercure à spirale,
   gradué sur métal, monté en acajou : cet
   instrument peut servir de pendant à un
   baromètre 150   »
Thermomètre à spirale au mercure, gradué
   sur une plaque de métal de 17 pouces de
   long sur environ 4 de large 40   »
Idem sur plaque de métal adaptée sur bois
   d'acajou 50   »
Idem de 16 pouces de long sur 4 pouces de
   large, avec ornemens plaqués en or et à
   trois échelles. 150   »
Thermomètre selon Réaumur. 120   »
Idem monté sur bois d'ébène, avec toutes
   les observations faites par les savans dans
   les divers pays 150   »
Idem de 25 pouces de haut sur 4 pouces de
   large, à deux échelles. 150   »

CATALOGUE.

	fr.	c.
Thermomètre à spirale, et gradué sur une glace de 1 pied de long sur environ 3 pouces et demi de large.	40	»

Ce Thermomètre, placé extérieurement, indique dans l'appartement ses variations.

Idem de 14 pouces	45	»
—— de 15 pouces	50	»
—— de 12 pouces	60	»
—— de 20 pouces	64	»
—— de 24 pouces.	70	»
—— de 28 pouces	72	»
—— de 30 pouces	80	»
Thermomètre alkool ou esprit-de-vin, gradué sur bois, échelle de Réaumur et de l'ingénieur Chevallier.	3	»
— échelle de Réaumur seulement.	2	50
— fermant, en bois de noyer, et par conséquent portatif	3	50
Thermomètre de bains, de 8 pouces, lesté au mercure.	3	»
— dont la boule extérieure le rend plus sensible à l'impression du calorique. . .	5	»
—— de 12 pouces.	7	»
—— simple, sans leste. Ce dernier ne pouvant se tenir droit dans le bain, doit être garni de liège.	2	»
Idem, au mercure, à l'usage des bains. . .	7	»

(Celui-ci a la propriété de servir à toute autre observation).

Idem, extérieur de 9 pouces et demi, servant aux opérations chimiques.	9	»

Idem, de 10 pouces. . . . . 10 f. » c.
Idem, de 12 pouces. . . . . 12 »
Idem, de 15 pouces. . . . . 16 »
Idem, de 16 pouces. . . . . 18 »
Idem, dit *éprouvettes*, servant à indiquer la température des liqueurs spiritueuses. . . 7 »
Idem, alkool, mais dont l'effet se fait sentir plus lentement. . . . . 2 »
Idem, au mercure, gradué sur bois. . . . . 6 »
Idem, de 12 pouces, à l'usage des cuites de bierre. . . . . 7 »
Idem, de 14 pouces. . . . . 8 »
Idem, de 15 pouces. . . . . 9 »

Nota. Lorsque le tube de ces instrumens est garanti par des plaques en fer-blanc, le prix augmente de 50 centimes.

Et lorsque ces plaques sont en cuivre ouvragé, qui facilite le libre passage du liquide, l'augmentation du prix est de 2 fr.

Thermomètre d'environ 4 pieds de longueur, avec garniture de même dimension, marquée sur papier renfermé dans le tube également gradué sur cuivre, destiné à la cuite des sucres et à d'autres opérations, et portant de 120 à 150 degrés au-dessus de l'eau bouillante. . . . . . . 150 »

Ce Thermomètre a été imaginé par l'Ingénieur Chevallier; il en existe d'autres plus courts d'un prix moins élevé.

Thermomètre au mercure, de 14 pouces, gradué sur bois, façon d'acajou avec indicateur en cuivre pour juger de l'élévation ou de l'abaissement du mercure. . . . . 8 »

—— fermant et portatif. . . . . 9 »

CATALOGUE.

—— à charnières brisées, fermant, et servant à plonger dans les liquides. . . . . 10 f. » c.
Idem, à spirales, fermant, et gradué sur bois d'acajou. . . . . 15 »
—— plus grand. . . . . 18 »
Idem. 24 »
—— à spirales et à planche, gradué sur bois d'acajou. . . . . 15 »
Idem, de 18 pouces. . . . . 18 »
—— gradué sur bois de merisier à deux faces, pouvant se voir dans l'appartement, en restant exposé à l'extérieur de la croisée. . . . . 10 »
Idem, alkool. . . . . 4 »
Idem, de 8 pouces de hauteur, gradué sur métal, garni de bois d'ébène et d'acajou, servant habituellement à placer dans l'intérieur des voitures, et à connaître également la température des appartemens. . 48 »
Thermomètre de 8 pouces, au mercure, gradué sur métal. . . . . 24 »
Idem, de 6 pouces. . . . . 16 »

Thermomètres selon tous les systèmes.

Échelle de Florence. (Grand). . . . *Publié en* 1640.
—— de Florence. (Petit). . . . . *en* 1640.
—— des missionnaires des Indes. . . . . . *en*
—— de Renaldy. . . . . *en* 1694.
—— de De Lahyre. . . . . *en* 1678.
—— de Newton. . . . . *en* 1701.
—— de Amontons. . . . . *en* 1702.

—— du docteur Hales. . . . . ⎫
—— de Poleny. . . . : . . . . ⎪
—— de Foweler. . . . . ⎬ de 1703.
—— de la Société royale. . . . . ⎪ à 1720.
—— de Cruquius. . . . . ⎭
—— de Michelly. . . . . en 1740.
—— de Delille. N°. 1. . . . . en 1724.
—— de Celsius . . . . en
—— de Cristin. . . . . en 1743.
—— de J. Patrice. . . . . ⎫
—— de Frick. . . . . ⎬ de 1723.
—— de Barnsdorf. . . . . ⎭ à 1730.
—— de Delille. N°. 2. . . . . en 1733.
—— d'Edimbourg. . . . . en 1740.
—— de Fahreinheit. . . . . en 1724.
—— de Réaumur. . . . . en 1740.
—— de M. Deluc. . . . . en 1772.
—— de Gaylussac. . . . . en
—— de Delalande. . . . . en
—— de Brisson. . . . . en
—— de Centigrade. . . . . en
—— de l'ingénieur Chevallier . . . . . . en 1807.

Nota. Les échelles le plus en usage sont celles de *Réaumur*, *Fahreinheit*, *Centigrade*, *de Lalande*, et de *l'Ingénieur Chevallier* ; ainsi, dans la construction d'un thermomètre, l'échelle de Réaumur doit toujours figurer pour servir de comparaison avec les autres échelles, en raison de son ancienneté, qui la rend utile aux savans pour l'intelligence des auteurs qui y ont rapporté leurs observations de température. Toutes les fois que l'on demandera un thermomètre, il faudra désigner les échelles que l'on désire ; par exemple, *Réaumur et Fahreinheit*, *Réaumur et Centigrade*, ou bien seulement *Réaumur*, ou enfin *Réaumur et l'Ingénieur Chevallier*.

CATALOGUE.
BAROMÈTRES.

Baromètre simple, gradué sur bois, avec thermomètre alkool.	18 f. » c.
Idem, fermant et portatif.	21 »
Idem, avec thermomètre au mercure, et Nonius, ou indicateur pour observer les variations de l'instrument, le tout adapté sur bois d'acajou, et gradué de même.	40 »
Idem, sur bois de noyer, à cuvette, avec indicateur, contenant 5 à 6 livres de mercure, avec pièce en cuivre couvrant la cuvette et arrêtant le tube.	50 »
Baromètre à plus large cuvette que le précédent.	60 »
Baromètre à large cuvette, monté sur bois de noyer à plaque de métal, divisé en pouces de France, et en parties du mètre.	120 »
—— sur bois d'acajou.	140 »
—— à plus large cuvette	150 »
—— avec thermomètre au mercure, de 4 pouces et demi à 5 pouces, adapté sur la plaque métallique.	150 »
—— portatif, avec plaque en métal et Nonius, le tout adapté sur bois d'acajou.	130 »
—— avec thermomètre de 8 pouces, adapté.	150 »
Baromètre à cuvette, construit sur bois d'acajou, avec deux thermomètres ren-	

	fr.	c.
fermés dans des colonnes de cristal, l'un alkool, et l'autre au mercure, gradué sur métal enrichi d'ornemens allégoriques, surdorés en cuivre, surmontés des armes de France, et de la meilleure confection.	600	»
—— surmonté d'une sphère, et dont les ornemens sont plus simples......	500	»
Idem.............	400	»
Les mêmes modèles, sans thermomètre..	250	»
Idem.............	300	»
Baromètre portatif à robinet, avec thermomètre au mercure, plaque mobile en métal, gradué sur bois d'acajou, avec indication des hauteurs moyennes des villes et montagnes.........	50	»
Idem, sur plaque de métal, depuis 14 pouces jusqu'à 30, avec thermomètre à deux échelles...........	120	»
Idem, dont les plaques métalliques ne portent que depuis 21 pouces jusqu'à 30..	90	»
Idem, à robinet. gradué sur bois de noyer, avec thermomètre et indicateur.....	40	»
Idem, portatif à robinet, forme de canne, renfermant un thermomètre au mercure..	50	»
Idem.............	60	»
Baromètre marin à suspension, de 200 à	400	»

BAROMÈTRES A CADRAN.

Petit médaillon ovale, avec ornemens dorés; ce Baromètre est de 32 à 33 pouces de haut sur 18 de large........	36	»
Grand médaillon d'environ 36 pouces		

CATALOGUE.

sur 25.	50	»
Idem.	60	»
Octogone, bien orné, de 36 pouces de haut sur 20 de large.	72	»
Carré, plus grand que le précédent.	84	»
Long et de forme antique.	18	»
Idem.	24	»
Idem.	30	»
Carré ou octogone, de 33 à 20 pouces, avec ornemens dans les angles.	150	»
Deux cadrans pendans, c'est-à-dire Baromètre et Thermomètre ornés avec cadran, comme ci-dessus, .. de 175 fr. à	350	»
Ovale de 19 pouces sur 17, avec ornemens.	200	»
Carré, même dimension	215	»
Baromètre de 21 pouces sur 17, avec ornemens.	215	»
Idem de 22 pouces avec ornem. étrusques.	272	»
Idem de 24 pouces.	325	»

Nota. Ces baromètres sont renfermés dans des cadres très-riches et très-beaux, et leurs cadrans, au lieu d'être écrits sur bois, le sont en lettres d'or sur glace, et recouverts par une autre glace. Ils sont de plus enrichis de figures et d'ornemens : les prix augmentent en raison de la beauté du travail.

Il est essentiel de voir par soi-même ces divers instrumens, attendu la grande différence qui peut avoir lieu quant au choix ; ou au moins d'envoyer quelqu'un digne de confiance, et capable de juger la bonne confection de ces instrumens, encore très-peu connus, et qui sont destinés à devenir un meuble précieux dans les plus beaux appartemens.

On peut aussi adapter à ces baromètres un mécanisme de l'invention de l'ingénieur Chevallier, approuvé par l'Athénée des Arts ; cela augmenterait le prix de . . . . 30 fr. »

	fr. c.
Baromètre mécanique pour corriger les frottemens, d'après l'invention de l'ingénieur Chevallier, dont il vient d'être parlé.	120 »
Idem de 15 pouces de haut, très-bien décoré, dont les pièces principales en cuivre et les graduations sur émail. . .	250 »

PNEUMATIQUE.

Machine Pneumatique à deux corps de pompe en cristal, platine en glace de 10 pouces, avec éprouvette et double manivelle montée sur sa table. . . . . . . 380 »

Nota. Cette machine et les suivantes sont construites à soupapes mécaniques, en métal, très-solides, imaginées depuis peu par M. Dumotiez.

	fr. c.
Machine Pneumatique de même grandeur que la précédente, mais dont les corps de pompe sont en cuivre.	340 »
Idem, platine de 8 pouces et sa table . . .	240 »
Idem, platine de 6 pouces et demi sans table, avec deux agraffes pour la fixer . .	180 »
Récipient en cristal, garni d'une virole et à boîte de cuir avec tige, pour agir dans l'intérieur du récipient, à laquelle se vissent divers appareils pour l'électricité dans le vide, pointe et crochet.	42 »
Idem, avec les mêmes pièces, mais plus petit.	33 »

CATALOGUE.

	fr.	c.
Un grand récipient fermé (dit à bouton), tout dressé.	12	»
— moyen.	8	»
— plus petit	5	»
— pour crever une vessie	4	»
— garni d'une virole (dite coupe-pomme.)	5	»
— pour fixer la main.	3	»

Il y a beaucoup de pièces accessoires dont le détail et les prix varient suivant les demandes.

Pompes à sein, dans leurs boîtes, garnies de deux verres, à l'usage des femmes en couche. . . . . 30 »

ÉLECTRICITÉ.

MACHINE électrique à plateau, de 36 pouces de diamètre, montée sur sa table, avec un châssis à console; ladite machine à deux conducteurs, terminée par des boules en cuivre, portées sur quatre colones de cristal, avec peignes, pistolet de Volta sur le chapiteau, et tabouret isolant.	850	»
Idem, glace de 32 pouces	650	»
— de 30 pouces	550	»
— de 24 pouces à deux conducteurs.	400	»
— de 24 pouces à conducteur simple.	360	»
— de 20 pouces.	250	»
— de 18 pouces.	180	»
— de 18 pouces sans table	160	»

Machine électrique de 18 pouces, renfer—

mée dans une boîte à compartimens, avec les accessoires, consistant en un tabouret, deux bouteilles de Leyde, deux tableaux magiques, appareil en cuivre pour la danse des pantins, le carillon, l'excitateur à charnière; deux cavaliers, une pointe et un soleil à aigrette et deux agraffes.................................. 280 »

Machine semblable à la précédente, glace de 15 pouces de diamètre dans sa boîte, avec les mêmes accessoires......... 220 »

Machine de 12 pouces de glace....... 180 »

Batterie électrique de 16 bocaux...... 120 »

— de 9 bocaux................ 75 »

— de 6 bocaux................ 54 »

— de 4 bocaux................ 45 »

Une grande bouteille de Leyde, garnie, et le crochet.................. 4 »

Une bouteille de Leyde ordinaire, moyenne grandeur................... 3 »

Electomètre de 35 millimètres, avec son pivot..................... 3 »

Nota. Il serait trop long de donner le détail des accessoires de la machine électrique, les prix étant déjà connus de la plupart des physiciens.

BRIQUETS PHOSPHORIQUES.

Briquets en boîte vernissée avec ornemens dorés, et bougie à ressort..... 11 »

— Vernissée, sans ornemens........ 10 »

— Carrée, en fer-blanc poli......... 5 »

— Vernissée................. 6 »

CATALOGUE.

Briquet ordinaire.............	3	»
Même diamètre, dont la boîte est plaquée en argent.............	8	»
Briquet pneumatique à robinet, pour allumer l'amadou dans l'air comprimé par un seul coup de piston..........	3	»
— fermant par un bouchon à baïonnette..	12	»
Briquet renfermé dans une canne.....	18	»
Idem.............	24	»
Briquet oxigéné, contenant un paquet d'allumettes préparées, avec le flacon d'acide sulphurique dans lequel elles s'allument en les y plongeant; le tout dans un étui de bois............	3	»

MAGNÉTISME.

AIMANT ARTIFICIEL de différentes formes.	»	»
Idem naturel, armé de plusieurs manières, à raison de 30 fr. par kilogramme, portant depuis 1 jusqu'à 10 kilogrammes. .	»	»
Aiguille aimantée à chape de cuivre, avec son pivot.................	2	50
Idem à chape d'agate.............	6	»
— à chape d'agate, avec pivot.......	7	»
Barreau d'acier aimanté, de 12 centimètres, dans son étui, muni de son pivot. .	6	»
Barreaux d'acier aimantés, de 30 centimètres de longueur, munis de leurs contacts dans leurs boîtes; la paire.......	30	»
— de 40 centimètres...........	40	»
— de 50 centimètres...........	50	»

Boussole carrée, de 16 centimètres, en bois de noyer, avec genou à mouvemens et à crochets, l'aiguille à chape d'agate. . . 50 fr. c.
Le même, avec une lunette à l'alidade. . . 60 »
Boussole déclinatoire, de 16 centimètres, divisée par ses extrémités, l'aiguille à chape d'agate. . . . . 24 »
Idem marine. . . . . 200 »
— ou poche de mineur, renfermant les divers instrumens propres aux opérations souterraines. . . . . 200 »

Nota. On observe que toutes les pièces de cuivre qui composent ordinairement les boussoles des graphomètres, sont en cuivre rouge, qui contient moins de parties ferrugineuses que le jaune.

Cadran horisontal en cuivre, avec son couvercle en fer-blanc, fr. c.
— de 16 centimètres . . . . 40 »
— de 20 . . . . 50 »
— de 25 . . . . 60 »
— de 30 . . . . 70 »

GÉOMÉTRIE ET ASTRONOMIE.

Alidade à pinnules, à charnières, de 54 centimètres, dans sa boîte. . . . . 40 »
Idem à lunette, de même longueur. . . 72 »
— à lunette, avec supports à colonne,

CATALOGUE.

ayant sur la lunette deux pinnules, dont fr. c.
une est mobile pour accorder lesdites
pinnules avec l'axe optique de la lunette
et, en outre, verre oculaire à double
tirage, de manière à convenir à toutes les
vues, en raison des distances à observer.   100   »
La même, avec une portion de cercle divisé pour obtenir l'angle de hauteur des
objets élevés à l'horison.   120   »
Cercle astronomique, par M. Borda, de
40 centimètres.   2,400   »
Cercle de réflexion, par M. Borda. .   400   »

	Sans vis de rappel à l'alidade, ni vis tangente.	A vis de rappel à l'alidade, et vis tangente.
Cercle répétiteur, géodésique, simplifié, dont la lunette inférieure agit sur tous les sens, avec un niveau sur ladite lunette, ainsi que sur l'alidade supérieure, en sorte qu'on peut observer les angles de hauteur jusqu'au zénith, de 12 centimètres . .	120 fr.	150 fr.
Idem de 14	130	75
— de 16.	140	200
— de 18.	150	225
— de 20.	160	230
— de 22.	170	275
— de 24.	180	300
— de 26.	190	325
— de 28.	200	350
— de 30.	210	373
— de 32.	220	400

CATALOGUE.

Cercle répétiteur à lunettes fixées parallèlement au plan de l'instrument, et dont l'usage nécessite la réduction des angles à l'horison et au centre, d'après les principes de M. Borda, pour l'application de ces cercles à la géodésie, de 12 centimètres de diamètre	SANS VIS de rappel aux alidades, ni vis tangente.	A VIS de rappel aux alidades, et vis tangente.
	200 fr.	240 fr.
Idem de 14 centimètres . . .	210	260
— de 16	220	288
— de 18	230	300
— de 20	240	320
— de 22	250	340
— de 24	260	360
— de 26	270	380
— de 28	280	400
— de 30	290	420
— de 32	300	440

Cercle répétiteur à pinnules, de 12 centimètres et de construction nouvelle, qui présente plusieurs avantages sur le graphomètre, sans en rendre le prix trop considérable	SANS VIS de rappel aux alidades, et vis tangente.	A VIS de rappel aux alidades, et vis tangente.
	60 fr.	90 fr.
Idem de 14	70	100
— de 16	80	110
— de 18	90	120
— de 20	100	130
— de 22	110	140
— de 24	120	150
— de 26	130	160
— de 28	140	170
— de 30	150	180
— de 32	160	190

CATALOGUE.

Chaîne de 10 mètres avec 10 piquets . .	15 fr. » c.
— de 20 mètres et 10 piquets	20 »
Clef pour serrer les compas, portant lime, canif et tourne-vis	4 »
Compas de division, connu sous la dénomination de *compas à cheveux*. . . .	15 »
— de réduction, à vis de rappel, de 22 centimètres	60 »
— de réduction, sans vis de rappel. . .	30 »
— elliptique ordinaire	50 »
— elliptique par M. Mauduit	240 »
— à verge de bois de poirier. Le prix varie depuis 30 francs jusqu'à 100 et plus, en observant que celui de 30 francs est du calibre le plus en usage ; la grande verge a environ 15 décimètres de longueur, et la petite 6 à 7 décimètres : la vis de rappel est commune aux deux verges	30 »
Compas à balustre de 4 centimètres . .	12 »
— à trois branches, de façon française, de 16 centimètres	12 »
— à trois branches, façon à pince. . .	20 »
— à trois branches, façon à pince, dont la troisième branche se détache, et laisse un compas ordinaire, lequel se trouve muni de sa rallonge, pointes brisées .	30 »
Compas de proportion, portant ses divisions jusqu'au centre	21 »
Double mètre rond, brisé en trois parties, en bois ordinaire et à vis simple. . .	8 »
Idem à vis et à mouvement	10 »

	fr.	c.
Idem rond, brisé en deux parties, en bois de palissandre, avec pomme et bout à vis.	20	»
Le même en bois d'ébène.	30	»

Nota. Chaque brisure en sus augmentera le prix de 5 fr.

Double décimètre pliant, en cuivre, divisé en millimètres de deux côtés, ou toute autre division d'un côté, dans son étui	12	»
Double décimètre droit, en cuivre, dans son étui	5	»
Mètre en cuivre, divisé en millimètres dans toute sa longueur, dans toute sa boîte .	80	
Idem divisé en centimètres et un des décimètres en millimètres.	55	»
Mètre en bois d'ébène, formant une canne, se démontant aux deux extrémités. . .	20	»
— en bois de palissandre, de même construction	15	»
Mètre en bois de frêne, à bouts fixes. .	4	»
Equerre d'arpenteur de 6 centimètres de hauteur, fendue en quatre parties . . .	12	»
Idem même hauteur, fendue en huit parties.	15	»
Idem de huit centimètres de hauteur, ayant quatre fentes et quatre fenêtres munies d'un cheveu	30	»
La même avec boussole.	40	»
Etui de mathématiques ordinaire, de 16 centimètres, ayant ses compas de façon française.	36	»
Le même avec pointes brisées et rallonge.	60	»

CATALOGUE. xlij

Etui de mathématiques, forme de cassette, en bois d'acajou, doublé en velours, renfermant ce qui suit;

SAVOIR :

	fr.	c.
1°. Un compas de 16 centimètres de longueur, ayant rallonge et pointes brisées.	18	»
2°. Un compas de 11 centimètres, à pointes sèches	6	»
3°. Un compas de 7 centimètres à pointes brisées.	12	»

Nota. Ces 3 compas sont à pince, et bien fournis.

4°. Un compas de proportion.	12	»
5°. Une équerre pliante, portant div. échelles.	8	»
6°. Un rapporteur en cuivre de 16 centimètres, divisé en demi-degré.	12	»
7°. Un rapporteur en corne, même divis.	5	»
8°. Un tire-ligne à piquoir et calquoir. .	5	»
9°. Une règle en bois d'ébène.	1	»
10°. Un plomb à tête, à vis, pour la facilité de mettre la soie.	1	»
11°. Enfin, la casette doublée en velours, et fermant à clef.	20	»
TOTAL des onze articles. . .	100 fr.	» c.

	fr.	c.
Echelle sur une seule règle de cuivre, divisée de 1 à 5,000	5	»
Idem divisée de 1 à 2,500	5	»
Ces deux échelles sur une seule règle de cuivre..	8	»

Goniomètre en cuivre et en acier, dont les

premiers ont été exécutés et perfec- fr. » c.
tionnés par Férat en 1780 . . . . 40 »
Le même en argent. . . . . 60 »

	A boussole en cuivre rouge.	Sans boussole.
Graphomètre à pinnules, de 14 centimètres de diamètre, avec l'aiguille à chappe d'agathe. .	55 fr.	40 fr.
Idem. de 16 centimètres.	60	45
——— de 18.	65	50
——— de 20.	70	55
——— de 22.	75	60
——— de 24.	80	65
——— de 26.	85	70
——— de 28.	90	75
——— de 30.	95	80
——— de 32.	100	85

Graphomètre à lunette, à boussole et à vis fr. c.
tangente et de rappel à l'alidade, de 16
centimètres de diamètre . . . . 180 »
Idem. de 18 centimètres . . . . 200 »
——— de 20. . . . . 220 »
——— de 22. . . . . 240 »
——— de 24. . . . . 260 »
——— de 26. . . . . 280 »
——— de 28. . . . . 300 »
——— de 30. . . . . 320 »
——— de 32. . . . . 340 »

Nota. Les aiguilles sont à chape d'agathe.

Mire brisée en trois parties, de chacune un

CATALOGUE.

mètre divisé en centimètres, avec son fr. c.
versant, lequel peut se fixer solidement
à la hauteur de la mire : 3 mètres)... 100 »

Necessaire de minéralogie, composé de
ce qui suit :

1°. Un chalumeau en argent et à réservoir, de 25 centimètres, y compris les cercles en argent............ 30 »
2°. Un tas en acier creusé, avec son pilon bien poli............ 9 »
3°. Un porte-chalumeau........ 20 »
4°. Une paire de balances ordinaires.. 8 »
5°. Un marteau............ 4 »
6°. Un étau à coupille.......... 4 »
7°. Un barreau d'acier aimanté bien poli, dans son étui, avec pivot..... 6 »
8°. Une aiguille de boussole à chape de cuivre............... 1 »
9°. Une petite spatule emmanchée... 1 »
10°. Une cuiller de platine........ 12 »
11°. Quatre flacons........... 6 »
12°. Un crayon............ 1 »
13°. Un briquet construit à cet effet et bien poli............. 5 »
14°. Une loupe............ 4 »
15°. Une lime rifloire pour le charbon.. 2 »
16°. Une bruxelle s'ouvrant en pressant. 3 »
17°. Boîte couverte en peau, renfermant le tout.............. 30 »

TOTAL des 17 articles..... 144 fr. « c.

Niveau à bulles d'air, dans son étui de 12

centimètres .. . . 8 fr. « c.
Le même de 14 centimètres. . . . . 9 »
—— de 16 . . . . 10 »
—— de 18. . . . . 11 »
—— de 20. . . . . 12 »
—— de 22. . . . . 13 »
—— de 26. . . . . 15 »
—— de 28 . . . . 16 »
—— de 30. . . . . 17 »
—— de 32. . . . . 18 »
Niveau d'eau en fer-blanc, de 14 décimètres de longueur . . . . 12 »
Niveau en cuivre de même longueur, se brisant en trois parties, avec genou et à mouvement. . . . . 140 »
Niveau à pinnules, de 32 centimètres. . . 50 »
Niveau de pente, de 32 centimètres, de l'invention de M. Chezi. . . . . 180 »

Nota. Cet instrument est divisé à l'ancienne mesure et d'après le système métrique, et l'instruction y est jointe.

Niveau à lunette et à vis de rappel, de bonne construction, avec un pied composé pour cet instrument, adopté par le conseil des ponts-et-chaussées . . . . 500 »
Pantographe de bois d'ébène, avec ses accessoires en cuivre, de 80 centimètres . 180 »
Le même en cuivre, même longueur. . . 220 »
Planchette à châssis, avec genou ordinaire, de 54 à 60 centimètres . . . . . 33 »

CATALOGUE.

	fr.	c.
Planchette à mouvement à caller et à rouleau, dite *à la Cagneau*	133	»
Pied d'instrument ordinaire de moyen calibre	12	»
Idem plus fort	15	»
— à caller, et dont la tige reçoit les différentes douilles, avec mouvement excentrique pour amener avec facilité et précision le plomb sur le plomb de la station	300	»
Idem en bois de noyer bien construit, propre à recevoir différens instrumens.	50	»
Sextant en cuivre de 35 centimètres	380	»
Sextant à lunette de 7 centimètres de diamètre, en forme de tabatière, avec ses miroirs en platine, muni de son niveau et de son horizon artificiel	180	»
Quarts de cercles et autres instrumens d'astronomie dont on ne peut détailler ici les différentes constructions ni le prix.	»	»
Rapporteur en cuivre de 8 centimètres	5	»
La même en corne, de même dimension.	2	»
Rapporteur en cuivre, de 16 centimètres, divisé en demi-degrés	12	»
Le même en corne, même dimension.	5	»

	Avis de rappel.	Simples.
Rapporteur à alidade de 16 centimètres............	60 fr.	45 fr.
Idem de 18.............	65	50
— de 20.............	70	55
— de 22.............	75	60
— de 24.............	80	65
— de 26.............	85	70
— de 28.............	90	75
— de 30.............	95	80
— de 32.............	110	85

	fr.	c.
Règle d'appareilleur de 12 décimètres de longueur, en bois de noyer........	20	»
La même en bois d'acajou..........	30	»
Règle d'ébène de deux décimètres, ayant son biseau recouvert d'une lame d'ivoire ou de cuivre, sur laquelle est gravée une division au gré du demandeur, pour éviter l'emploi du compas........	20	»
Règle de registre, à cinq branches, en cuivre,		
— de 22 centimètres.............	10	»
— de 24.................	11	»
— de 26.................	12	»
— de 28.................	13	»
— de 30.................	14	»
— de 32.................	15	»
Règle parallèle ordinaire, en bois d'ébène, de 32 centimètres............	24	»

Régle à rouleaux, avec son biseau ou chanfrein recouvert en cuivre ou en ivoire,

CATALOGUE.

	fr.	
et divisée dans sa longueur au gré des personnes	50	»
Tire-ligne à palette, à charnière, avec piquoir et calquoir.	9	»
Tire-ligne à manche d'ébène, à piquoir seulement................	3	»
Instrument portatif d'une nouvelle construction, propre à connaître le calibre des différentes bouches à feu, renfermé dans son étui de 25 centimètres de longueur sur cinq de diamètre.	150	»

Articles omis dans le Catalogue.

Hygromètre à cheveux selon Saussure, avec thermomètre au mercure, tous deux gradués sur métal, et cage pour le tenir en expérience, ainsi qu'une boîte de transport.	100	»
Idem beaucoup plus petit et sans thermomètre.	36	»
Idem formant colonne, avec thermomètre au mercure, et pouvant servir d'ornements sur une cheminée ou sur un meuble.	140	»
Hydromètre, instrument qui sert à mesurer la quantité d'eau tombée sur la terre.		

Fin du Catalogue.

TABLE

DES MATIÈRES

CONTENUES DANS CET OUVRAGE.

ABÉRATION de sphéricité, ce que c'est, pag. 14.
ACHROMATIQUE, sa signification, pag. 199.
AIR, rapport de son poids à celui de l'eau distillée, pag. 558. —De son poids avec celui du mercure, *id*.
ALBINOS, pag. 8. —Ont la prunelle rouge, et sont affectés de nyctalopie, pag. 27.
ALBUGINÉE, blanc de l'œil, pag. 7.
AMURATH III, pag. 626.
ANGLE D'INCIDENCE, pag. 81. — De réflexion, *id.* — D'incidence, pag. 389. — De réflexion, *id.* — Optique ou visuel, pag. 393.
APPAREIL *de Belloy*, pour la préparation du café, pag. 635.

ARACHNOIDE, pag. 9.
ARC DE CERCLE, son emploi pour travailler les verres, pag. 108. — Sa fabrication, pag. 109.
ATROPHIE. Ce que c'est, pag. 28. — Sa guérison, page 29. — Quelle est cette maladie, page 477.
AVEUGLE-NÉ guéri de la cataracte, pag. 35. — Son histoire, pag. *id.* et suiv.

TABLE

AXE DE LA VUE, change dans les lunettes à main, pag. 186. — Inconvénient pour la vue, *id.* — Son sens au positif, pag. 449. Au figuré, *id.*

BAROMÉTOGRAPHE, page 562. — Sa construction, pag. 563.

BAROMÈTRE, pag. 501. — Dissertation sur cet instrument, pag. 501 à 564. — Motifs de cette dissertation, pag. 501 et 503. — Découverte du baromètre, pag. 504. — Doctrine de l'horreur du vide, *id.* — Réponse de Galilée, *id.* — Expérience de Toricelli, pag. 505. — Découverte d'Ottoguerik sur les variations de la colonne du mercure, *id.* et 506. — Construction du baromètre, pag. 506. — Baromètre simple, pag. 507. Choix des tubes, *id.* — Leur préparation, *id.* — Lavage à l'esprit-de-vin doit être rejeté, *id.* — Mercure doit être pur, pag. 509. — Signes pour reconnaître sa pureté, *id.* — Purification du mercure, pag. 510. — Emploi d'une peau de chamois pour le dépouiller des impuretés, pag. 511. — Procédé de feu Assier-Périca pour remplir les tubes, pag. 512. — Procédé ordinaire, *id.* 513. — Diamètre des tubes, pag. 512 et suivante. — Cuvettes, leur forme, pag. 514. — Mouvemens atmosphériques, leur étendue, p. 514 515. — Hauteur moyenne suivant Lalande, *id.* — Procédé pour déterminer la ligne de niveau, p. 515. Echelle métrique, son étendue, pag. 516. — Baromètre lumineux, sa théorie, pag. 517. — Portatif, 517. — Est de deux espèces, *id.* — Leur description, page 518 et suivante. — Portatif à robinet est préférable, pag. 519. — Méthode pour le faire voyager, pag. 520. Baromètre à réservoir supérieur, pag. 521. — Ses effets, *id.* — Corrigé par Deluc, page 524. — Règle essentielle à suivre dans sa construction, pag. 525. — Nécessité de calibrer les tubes, *id.* — Méthode pour calculer sa marche, pag. 526. — Marin, sa description, pag. 527. — Avantages de faire les observations barométriques en mer, *id.* — Faits remarquables à ce sujet, *id.* — Les oscillations y rendent les observations difficiles, pag. 528 — Passement et Perica s'occupent l'un et l'autre d'un moyen de remédier à cet inconvénient, pag. 528 et suivantes. — Autre construction perfectionnée, pag. 529 à 532. — A angle, *id.* — Sa description, *id.* — A cadran, 533. Défauts propres à cette construction, pag. 526. — Moyen d'y remédier, *id.* — Mécanique à cadran, de l'invention de l'auteur de cet ouvrage, pag. 539.—Sa description, *id.* et suivantes. — Encouragement accordé à l'auteur pour cette invention, pag. 541. — Méthode d'observation, pag. 541 et suivantes.—Règle à étudier, pag. 543. — Causes de l'abaissement de la colonne de mercure, pag. 544 et 545. — Expérience d'Hauxbée, *id.* — Effets généraux de l'influence des vents, page 546. — Vapeur aqueuse rend l'air plus léger, pag. 548. — Hauteurs moyennes des principaux endroits du globe, pag. 555 à 560 et suivantes.

BASSINS A POLIR LES VERRES, ce que c'est, pag. 103. — De divers foyers, pag. 161.—Règle de trois employée pour connaître le foyer qu'ils donneront, pag. 162 — Pour les microscopes, *id.* — Moyen de les faire, *id.*

BEER, oculiste, pag. 59.

BERCEAU DES ENFANS, comment il faut le placer, pag. 64.

BERNOUILLY, son opinion sur les comètes, p. 676.

BESICLES A DOUBLE VERRE, pag. 349. — Leur effet, pag. 350. — Leur description, pag. 351. — A la Franklin, pag. 339. *V.* LUNETTES ET CONSERVES.

BINOCLES, pag. 185. — A cadran, pag. 191 à 395.

BOCAUX pleins d'eau, servant à accroître la lumière, pag. 54. — Nuisibles, *id.* — Bocal, son usage, pag. 467. — Ses inconvéniens, pag. 468.

BOULES DE FER pour creuser le verre, pag. 167.

BOUSSOLE, pag. 310. — Son usage, pag. 311. — Son auteur, *id.* — Sa direction, page 312. — Elle éprouve une déclinaison, *id.* — Ses changemens, *id.* — Inclinaison de l'aiguille, ce que c'est, pag. 314.

BROUILLARDS, pag. 372. — Ont peu d'effet sur le baromètre, pag. 373. — Explication de cet effet, *id.* — Leur formation, pag. 374. — Tems et lieux où ils sont fréquens, *id.* et suivantes.

CADET-DE-VAUX (M.), cité à l'occasion du café, pag. 635, est auteur du galactomètre, pag. 646, et de l'œnomètre, pag. 649.

CADRANS SOLAIRES horisontaux et universels, pag. 310. — Suspension de cardan employée, pag. 315. — Sa description, *id.* — Sont bornés à quatre champs, pag. 317. — Usage de ces instrumens, pag. 320 et suivantes. — Tables de latitude, pag. 327 à 332. — Des déclinaisons, pag. 333.

CAIRE. Troubles qui s'élevèrent dans cette ville à l'occasion du café, pag. 625 et suivantes.

CAFÉ. Dissertation sur ses diverses propriétés, pag. 620. — Sa découverte, pag. 622. — Révolutions qui s'élevèrent à l'occasion du café, pag. 623 et suivantes. — Son introduction à Londres et à Paris, pag. 627 et suivantes. — Sa culture à Surinam par les Hollandais, pag. 628. — Apporté à Cayenne en 1719, pag. 630. — Cultivé à la Jamaïque par les Anglais en 1728, pag. 631. — Son analyse chimique, *id.* — Soins à prendre avant sa préparation, pag. 631 et suivantes. — Sa préparation, pag. 635 et suivantes. — Ses propriétés, pag. 632 et suivantes. — Infusé à l'eau bouillante, pag. 639. — Infusé à l'eau chaude, pag. 641. — Infusé à l'eau froide, pag. 643. — Sa préparation au moyen de l'ébullition, rejetée par M. Cadet-de-Vaux, pag. 635. — Préparé par infusion, avantages qu'il présente, pag. 644. — (Sirop de), pag. 644 et suivantes.

CAFÉOMÈTRE, pag. 620. — Son usage, pag. 638 et suivantes.

CAFÉS. Premiers établissemens de ce genre à Paris, pag. 628.

CAFÉYER, sa hauteur, pag. 621. — Sa description, *id.* et suivantes.

CANTHUS grand, pag. 3 — 5. — Canthus petit, pag. 4 — 5, pag. 474.

CATACOMBES, leur définition, pag. 489.

CATARACTE, ce que c'est, pag. 30. — Age auquel elle se forme, pag. 30. — Et comment, *id.* — A quoi on la reconnaît, *id.* — Ses causes sont peu connues, pag. 31. — Son opération, pag. 31. — Se fait par abaissement ou par extirpation, pag. 31, 32. — Exemple de cette maladie, pag. 33. — Chez les Turcs, due aux excès d'opium, pag. 63.

CATOPTRIQUE, ce que c'est, pag. 85. — Son objet, pag. 386.

CERVEAU. Siége des sensations, pag. 11. — Son action ne peut s'expliquer, pag. 482.

CHAMBRE NOIRE, pag. 275. — Son invention *id.* — Est de plusieurs espèces, pag. 276. — Sa description, *id.* — Portatives, pag. 277. — Son usage 278.
—— CLAIRE, pag. 305. — Due aux Anglais, *id.* — Sa description, *id.* et suivantes.

CHASSIS à moule, pag. 116.

CHESSELDEN guérit un aveugle-né. — *Dito*, la Cataracte, pag. 33.

CHOROIDE., pag. 8 et 475.

CHROMATIQUE. — Son objet, pag. 386.

CILS, pag. 5 et 474.

CLIEUX (M. de), pag. 628 — Transport qu'il fait à la Jamaïque d'un jeune pied de caféyer, pag. 629.

COMÈTES (des), pag. 672. — Lignes qu'elles décrivent, pag. 673. — Leur forme, pag. 678. — Noyau des Comètes, *id.* — Chevelure ou queue des Comètes, *id.* — Périhélie des Comètes, *id.* — Détails sur quelques Comètes, pag. 680 et suivantes.

COMPARAISON du pied de roi anglais au pied français et au mètre, pag. 500.

COMPAS courbe. — Est employé à vérifier le travail des objectifs, pag. 151.

CONJONCTIVE, pag. 7. — Ce que c'est, pag. 475.

CONSERVES nommées premières. — Leur foyer, pag. 173. — Plus fortes, *id.*

CORNÉE... tunique extérieure, pag. 7. — Transparente, *id.* — Sclérotique est le fond de la cornée, pag. 475.

CORPS opaques. — Ce que c'est, pag. 80 et 81. — Transparens, pag. 80. — Transparens, pag. 288. — opaques, pag. 291.

DES MATIÈRES

COULEUR des verres ne change rien au foyer, pag. 177. — Bleu pâle est le plus favorable, *id.* — Verd semble être préféré, pag. 178.

CRISTALLIN, pag. 9. — Sa nature, *id.*

CROWN-GLASS. — Sa réfraction, pag 198 et 394.

CUIVRE pour les formes, sa fonte, pag. 120 et suivantes.

D'ALEMBERT cité à l'occasion des Comètes, pag. 677.

DARTIGUES (M.); fabrique en France du flint, glass supérieur à celui des Anglais, pag. 198 et 394.

DAVIEL, pag. 32, auteur de l'opération de la cataracte par extirpation.

DEFOUGERAIS (M.) fabrique en France de très-bon flint-glass, pag. 198.

DELILLE (M.); ses vers sur le café, pag. 634.

DELLEBARRE, auteur d'un microscope supérieur à celui des Anglais, pag. 231. — Sa mort, *id.* — Il prend des pellicules d'ognons pour micromètre, pag. 433.

DEMI-VUES, ce que c'est, pag. 26.

DESCARTES, son opinion sur les comètes, pag. 676.

DIAPHRAGME, son effet dans les lunettes, pag 195. — Dans le microscope de Dellebarre, pag. 261. — Au positif est un muscle, pag. 490. — Son sens au figuré, pag. 491.

DIFFÉRENCE des vues, pag. 15.

DIOPTRIQUE, ce que c'est, pag. 85. — Son objet, pag. 386.

DISTANCE de la retine à la prunelle, pag. 16.

DOLLON parvient à détruire les iris qui se produisaient dans les lunettes, pag. 197 et suivantes.

DOUCINS, ce que c'est, pag. 104.

EAU FROIDE, son aspersion utile, pag. 57. et 58

— Comment en faire usage, pag. 58. — Eau tiède nuisible, *id.*

ELSERUS guérit l'atrophie, pag. 29.

ECHELLE – OPTIQUE est désirée, pag. 341. — Echelle pour mesurer la vue, pag. 355. *V.* Opsiomètre.

EMÉRIL, ce que c'est, pag. 133. — s'emploie à préparer les miroirs au poli, *id.* — Sa préparation pour l'obtenir de divers degrés de finesse, pag. 134 et suivantes. — De seconde sorte, pag. 140.

ÉPANCHEMENT de sang ou de bile; leurs effets dans les chambres de l'œil, ils colorent les objets, pag. 27.

Etats sujets à la myopie, pag. 17. — Lalande, myope portée de la vue, pag. 18. — Destruction de la vue en forçant les foyers des verres concaves, pag. 18 et 19.

EULER travaille à détruire dans les lunettes l'éparpillement du rayon qui colore les objets, pag. 197.

EXTRAIT de la Gazette de Santé, sur les besicles à la Franklin, pag. 339.

FANTASCOPES, ce que c'est, pag. 288.

FANTASMAGORIE, pag. 281. — Discussion sur son antiquité, *id.* — Kirker est son inventeur, pag. 282. — Anecdote de l'empereur Rodolphe II, *id.* — Philidor la perfectionne, pag. 285. — Elle prend encore plus de perfection entre les mains de Robertson, *id.* — M. Charles trouve le moyen de transmettre les corps opaques, pag. 286. —. M. Lebreton continue avec succès de faire voir la Fantasmagorie, *id.* — Ses effets, pag. 287. — Ne souffre point de médiocrité, *id.* — Moyens employés pour les corps transparens, pag. 288. — L'harmonica y est employée, pag. 291. — Fantôme courant, ce que c'est, *id.* — Moyens employés pour les corps opaques, *id.* — Tombeau de Robertson, ce que c'est, pag. 292. — Tonnerre, pluie, grêle, appareil pour les produire, pag. 295 et suivantes. — Par réflexion, ce que c'est, pag. 299. — Ombres blanches, danse des sorciers, ce que c'est, pag. 301 et suivantes. — A la fumée, pag. 303. — Fantasmagorie, pag. 490. — Signification de ce mot, *id.* Description de ses effets chez Robertson, pag. 491.

FISTULES lacrymales ne sont pas du ressort de l'opticien, pag. 42. — Autres maladies étrangères à son art, pag. 43.

FLEURS nuisibles dans l'obscurité, pag. 52.

FLINT-GLASS, sa réfraction, pag. 198 et 394. MM. Dartigues et Defougerais en fabriquent actuellement en France, pag. 394 et 198.

FOCAL, sa signification, pag. 424.

FONTENELLE, cité à l'occasion du café, pag. 634.

FORCE pénétrante des instrumens astronomiques, pag. 459. — Ce que c'est, *id.* — Du télescope d'Herchell, *id.* — Des lunettes de nuit, pag. 466.

FORMES pour travailler les verres, leur construction, pag. 108. — Pour les miroirs, comment on les fabrique, pag. 112 et suivantes. — En sable, pag. 116. Moyens de les monter, pag. 116 et suivantes. — Manière de les travailler, pag. 122 et suivantes. — Pour les oculaires et les lentilles, pag. 159. — Moyen de la faire, pag. 159 à 161. — Faites du métal des cloches sont plus solides, pag. 163. — Pour les miroirs de télescope, pag. 269.

FOURNEAU à fondre les miroirs, pag. 119.

FOYER d'une lentille convexe, ce qu'il est, pag. 90.

— De toute lentille biconcave ou biconvexe à figure régulière, pag. 91.

FOYER, ce que c'est, pag. 170. — Ses effets sur le parallélisme des rayons, id. — des conserves, pag. 173. — Des lunettes, id. — Quelle est sa progression, pag. 174. — Se racourcit avec l'âge dans les vues longues et s'allonge dans les vues courtes, pag. 175. — Moyen d'en reconnaître l'égalité, pag. 181. — Ne pas se hâter d'en changer, pag. 183. Sa portée, id. — Virtuel ou imaginaire, pag. 388. — Virtuel ou point négatif, pag. 436. — Foyer des rayons partant d'un corps céleste n'est pas au point central, pag. 439. *V.* Lunette, Conserve, Opsiomètre.

FRANKLIN, besicles à la Franklin, pag. 339. — Cité à l'occasion du café, pag. 634.

GALACTOMÈTRE, pag. 646. — Son existence due à M. Cadet-de-Vaux, pag. 647. — Manière de s'en servir, *id*.

GLACES coulées sont préférables pour les verres, pag. 149. — Moyen pour reconnaître leur bonté, *id*. — Travail sur la forme, pag. 150.

GLACE, pag. 381. — Jouit d'une forte tenacité, pag. 382 et suivante. — Faits singuliers, pag. 383. — Méthode facile pour la piler quand on construit le thermomètre, pag. 593.

GLANDE lacrimale, pag. 5.

GLOBE de l'œil, sa description particulière, ses trois tuniques, pag. 6.

GOUTTE sereine, ne présente aucuns signes bien marquans à l'extérieur, pag. 39. — Ceux qui en sont malades aiment à fixer le soleil, pag. 40. — Complette, les secours de l'opticien sont infruc-

DES MATIÈRES.

tueux, *id.* — C'est un principe de paralysie, *id.* — L'électricité et le galvinisme employés avec succès, pag. 41. — Extirpation, dans ce cas, à rejeter, pag. 41.

HALLEY cité à l'occasion des comètes, pag. 677.

HARMONICA est employée dans la fantasmagorie, pag. 291.

HAZARD, émailleur très-habile pour les yeux artificiels, tant humains que ceux des animaux, pag. 44. — Sa demeure, *id.*

HÉVÉLIUS, son opinion sur les comètes, pag. 676.

HEMY-OPSIES, pag. 26.

HERSCHEL, pag. 387. — Construit le plus grand télescope, pag. 455. — Ses réflecteurs, pag. 456.

HUMEUR aqueuse, sa fonction, pag. 7.

HUMEUR de morgani, pag. 10. — Humeur vitrée, *id.* — Humeur aqueuse de la bécasse a guéri l'atrophie, pag. 29. — Celle des autres animaux à vue perçante peut être employée, *id.* — Humeur vitrée se régénère, pag. 33 et 476.

HYGROMÈTRE, pag. 609. — A cheveux, par M. de Saussure, pag. 610 — Utilité de cet instrument, pag. 611.

IRIS, pag. 8. — Iris s'incise quand il est fermé, p. 55.

KÉPLER, son opinion sur les comètes, pag. 676.

KHAIR-BEG, (gouverneur de la Mecque), sa décision sur le café, pag. 623.

LAMPES à double courant d'air, pourquoi nuisibles à l'œil, pag. 52, 53 et 54. — Lumière unique avantageuse à doubler, pag. 55. — Pourquoi, *id.*

LANTERNE magique, pag. 279. — Kirker est son inventeur, *id.* — Sa description, *id.* et suivantes.

LARMES dans les glaces employées à faire les verres doivent les faire rejeter, pag. 148.

LENTILLES (petites), moyen de les fabriquer, pag. 166. — De microscope d'un demi-millimètre de foyer, pag. 168. — Leur fabrication, *id.* et 169. — Ce que c'est pag. 392. — Leurs diverses espèces, *id.* et suivantes. — Progression dans leur propriété de grossir les corps, pag. 420 à 424. *V.* FOYER.

LETTRE de M. Chamseru, pag. 342.

LIEBERKUYN, inventeur du microscope solaire, pag. 226.

LOUPES, pag. 220. — Botanique, *id.* — Biloupes, *id.* — Triloupes, pag. 221. — Pour l'horlogerie, *id.* — Leurs effets, *id.* — Du microscope de Dellebarre, son usage, pag. 262. — De M. de Trudaine, pag. 468. — Sa construction, pag. 469. — Construite par M. de Bernière, *id.* — Comment elle fut moulée, pag. 470. — Ses effets, pag. 471. — Triloupe, pag. 472. *V.* LENTILLES, FOYER.

LUMIÈRE décroit en raison inverse du carré des distances, pag. 85. — Sa définition, pag. 386.

LUNE observée au télescope présente des montagnes et des creux, pag. 271.

LUNETTES à coque ou louchettes, pag. 27. — A cataracte, pag. 32. — A la douzaine; défaut de leur travail, pag. 106. — Composées, obstacle apporté à leur perfectionnement, pag. 172. — Proprement dites, quel est leur foyer, pag. 173. — Comment elles doivent être placées, pag. 175. — Planes, en verres blancs, comment nuisibles, pag. 177. — Communes, leur inconvénient, pag. 179. — Irrégularité de courbure, pag. 180. — Inégalité de foyer, *id.* — De teinte, pag. 182. — Disproportion des verres, pag. 183. — Leur imperfection, *id.* — Monocles, pag. 185. — Binocles, *id.*

DES MATIÈRES.

— A nez ou simples, pag. 187. — Leur inconvénient, *id.* — Diverses montures, *id.* et suivantes — A branches, pag. 188. — Simples, *id.* — A doubles branches, *id.* — A pivots, *id.* — A doubles verres plans de couleur, pag. 189. — A verres ovales, *id.* — A la Franklin, *id.* — Montées en X, pag. 190. — A écrou, pag. 191. — A double foyer, *id.* — De spectacle, pag. 192. — D'approche, leur invention, pag. 193. — Leur mécanisme, *id.* et suivantes. — Leur tirage varie en nombre, mais est toujours nécessaire, pag. 196. — Leur grossissement comparé aux lunettes simples, pag. 200. — Quelle est sa puissance grossissante, pag. 270. — Lunettes à verres bleus, leur avantage, pag. 358. — Lunettes achromatiques, pag. 394. — Astronomique, sa définition, pag. 446. — Forme de son objectif et de l'oculaire, *id.* — Montre les objets renversés, *id.* — Comment elles peuvent les montrer droits, pag. 447. — De spectacle, sont d'un usage difficile, *id.* — Longues-vues, pag. 446. — Forme de l'objectif et de l'oculaire, *id.* — Montrent leur objet dans leur situation véritable, *id.* — Lunette jalouse, pag. 463. — De nuit, pag. 466. — Leur force pénétrante, *id.* V. BESICLE, CONSERVE, OPSIOMÈTRE.

MACHINE de Beer pour injecter les yeux, pag. 75, et figure première, planche première. — Sa définition, pag. 75.

MARC de café, pag. 642.

MÉGALASCOPE, pag. 472. — Ce que c'est, *idem.*

MEMBRANE de Ruisch, pag. 10. — Ce qu'elle est, *idem.*

MESURE de hauteurs par le baromètre, pag. 553. — Expérience de Pascal à ce sujet, pag. 553 et 554.

— Cette méthode est abandonnée à cause de ses variations, *idem*. — M. Deluc découvre les causes d'erreurs, pag. 555. — Loi de Mariotte, *idem*. — M. Delaplace complète la découverte de M. Deluc, pag. 557. — Expériences de M. Ramond, pag. 558. — Méthode de M. Delaplace, pag. 559. — M. Biot publie un ouvrage où il donne des tables pour mesurer les hauteurs, pag. 560. — Exposition abrégée de cette méthode, pag. 560 et suiv.

MICROMÈTRE, pag. 400. — Sa division, *idem*. — Sa définition, pag. 424. — Ses espèces différentes, pag. 425. — Méthode en employant celui à vis pour trouver le point de la vision parfaite, pag. 425. — Méthode de Leuwenhoëh, pag. 426. — De Hook, pag. 427. — De Jurin, *idem*. — D'Auzout, pag. 429. — A fil, *idem* et suivantes. — S'adapte au microscope solaire, pag. 432. — De Dellebarre, pag. 433. — Observation à ce sujet, pag. 434. — De glace; sa division, pag. 434 et suiv.

MICROSCOPES, pag. 222. — Leurs effets, pag. 223 et suiv. — Solaire, pag. 226. — Sa description, pag. 226 et suiv. — Universel de Dellebare, p. 231. — L'Académie l'approuve, pag. 232. — Sa description, pag. 232 à 241. — Ses usages et combinaisons, pag. 248. — Au nombre de neuf, pag. 243, 248, 249, 250, 251, 252, 254, 255, 256. — Usage de ce microscope, perfectionné en 1796, pag. 257. — Ses quatre combinaisons, pag. 259 et 260. — Usage des diaphragmes, pag. 261. — Usage de la loupe, pag. 262. — Usage d'un miroir d'argent, pag. 263. — Pourquoi il en est traité ici par supplément, pag. 395. — De poche, pag. 396. — Sa Description, *idem*. — De Wilson, pag. 401. — Sa description, *idem* à 403. — Son usage, pag. 403.

DES MATIÈRES.

— Tube pour observer les poissons, pag. 407. — Portatif, pag. 408. — Simple à pied, pag. 411. — Sa description, *idem*. — Motif pour avoir décrit les instrumens, pag. 414. — Microscope double ou composé, pag. 416. — Marche des rayons dans cet instrument, *idem*. — Son pouvoir amplifiant, pag. 417. — Développement sur le moyen de le calculer, pag. 418.

MILIEU, sa définition, pag. 77. — Milieu, pag. 486. Sa définition, pag. 487.

MIROIRS concaves, leur nature, leurs propriétés, pag. 93. — Plans du père Kircher, pag. 94. — Son opinion sur ceux d'Archimède, pag. 94. — Polygones de M. de Buffon, pag. 96. — A quel point ils réunissent les rayons, pag. 108 et suivantes. — Grand, pag. 110. — Petit, *idem*. — Ce que c'est que leur travail, pag. 111 et suiv. — Comment se font leurs modèles, pag. 125. — Leur composition, pag. 130 et suiv. — Leur travail, pag. 137. — Ménager leur superficie, pag. 138. — Pores intérieurs, pag. 139. — Manière de les polir, pag. 141 et suiv. — Leur antiquité, pag. 201. — Leur matière, *id*. — Leur emploi, leurs formes chez les Romains, pag. 202. — Miroirs ardens, pag. 206. — Leur antiquité, pag. 220. — Buffon en a fait connaître la possibilité, pag. 207. — Emploi des miroirs plans, pag. 210. — Ses expériences, pag. 211, 213, 214 à 220. — L'existence de celui d'Archimède niée par Descartes, pag. 206. — Foyer du miroir n'est pas un point physique, pag. 208. — Miroir ardent de l'Académie, son foyer, pag. 211. — Son diamètre, *idem*. — Choix des glaces, p. 215. — Concave d'argent, pag. 234 à 240. — Inférieur

i

du microscope de Dellebare, pag. 261. — Son usage, pag. 265. — Dans le télescope, leurs ouvertures, pag. 268.

MIROIRS, leur définition, pag. 391. — Leurs diverses espèces, *idem*. — Concave employé par Robertson, son effet singulier, pag. 491 et suiv.

MONOCLES, pag. 185 et 395.

V. Besicles, Lunettes.

MORGANI, pag. 10.

MOULES de cuivre sont préférables aux moules de sable pour les miroirs, pag. 128. — Moyen de les fabriquer, pag. 128 et suiv.

MOYENS d'extraire les corps étrangers, pag. 61. — Moyens à employer pour remédier à l'introduction des corps étrangers dans l'œil, pag. 59 à 61.

MOKA, pag. 623.

MURIATE fumant d'étain, sa vapeur employée dans la fantasmagorie, pag. 303.

MUSCLES de l'œil, pag. 2 et 3. — Releveur ou superbe, abaisseur ou humble, adducteur ou liseur, ou buveur, abducteur ou dédaigneux, pag. 2 et 3. — Obliques ou trochléateurs, pag. 4. — Droits, pag. 473. — Obliques ou trochléateurs, *idem*.

MYOPES, ce que c'est, pag. 16.

NAST (M.), manufacturier, rue des Amandiers, faubourg Saint-Antoine, pour des appareils de porcelaine pour faire le café, pag. 637.

NÉPENTHE vanté par Homère, pag. 627.

NERF optique, organe essentiel à la vue, pag. 6.

NEWTON est regardé comme l'inventeur du télescope de réflexion, pag. 267. — Son opinion sur les comètes, pag. 677.

NYCTALOPIE, ce que c'est, pag. 27.

OBJECTIF, manière de le travailler, pag. 150. — Manière de le polir, pag. 154 et suiv. — De l'avoir d'un foyer déterminé, pag. 158. — Achromatique, sa construction, pag. 199. — Sa position, pag. 193. — Ce que c'est, pag. 435. — Moyen d'en reconnaître la bonté, pag. 457 et suiv.

OCULAIRE, moyen de le travailler, pag. 163 et et suivantes. — Défaut des oculaires communs, *id.* — Sa position, pag. 193. — Ce que c'est, pag. 435.

OEIL. — YEUX. — OEil, sa description, pag. 2. — OEil artificiel, sa description, pag. 11 et suivantes. — OEil trop bombé et œil trop applati n'ont qu'une vision confuse, pag. 16. — Yeux inégaux. M. Mercier de l'Institut lit de l'œil gauche à seize pouces, de l'œil droit à sept pouces, pag. 21 et 22. — Yeux, leur inégalité ; peu de personnes y prennent garde, pag. 23. — Il est très-important de s'en occuper, *idem.* — Yeux louches, pag. 23 et 24. — Remèdes, pag. 25. — OEil, ses maladies, pag. 28. — OEil qui a perdu son humeur vitrée à la vision confuse, pag. 33. — Yeux artificiels, pag. 43. — Comment les anciens imitaient les yeux, pag. 44. — Méthode des modernes, *idem.* — M. Hazard, habile artiste pour faire les yeux d'émail, *idem.* — OEil, précaution à prendre pour ne pas le fatiguer, pag. 50. — Les longues veilles lui nuisent, pag. 51. — Le trop long sommeil également, *idem.* — OEil, soins de propreté indispensables, pag. 57. — OEil, frottement nuisible, pag. 61. — Accidens qu'il cause, pag. 62. — Excès nuisibles, pag. 62, 63 et 64. — OEil des enfans supporte mal le grand jour, p. 65. — Précautions à prendre, *idem* et suiv. — Petite vérole, précautions pour l'œil, pag. 66. — Remède, pag. 66. — OEil, précautions à prendre pour le travail, pag. 68 et suiv. — Danger d'abuser des yeux, pag. 70. — OEil se fatigue moins à l'écriture qu'à la lecture, pag. 71. — Lectures des nuits sont très-dangereuses, pag. 71 et suiv. — Lecture en voiture, fatigante et dangereuse, pag. 73. — OEil, effet de la fatigue sur lui, pag. 74 et suiv. — OEil voit les images des corps au-delà de la glace, pag. 81. — Et dans une situation contraire, *idem*. — Il les voit seuls en face, *idem*. — OEil est un assemblage de pièces d'optique, pag. 98. — Sa conformation, pag. 98 et suiv. — Le point d'optique a une différence sensible entre les deux yeux, pag. 340. — N'est pas assez remarqué, pag. 349. — Ses diverses parties, pag. 473. — Son orbite, *idem*. Le blanc, pag. 475.

V. Opsiomètre.

OENOMÈTRE, pag. 649. — Son invention, due à M. Cadet-de-Vaux, pag. 649. — Sa construction primitive, *id.* — Sa construction actuelle, pag. 650. — Son usage, *id.* — Expériences au moyen de l'œnomètre sur divers moûts de raisin, *id.* — Dissertation sur les différences observées dans les principes du moût, pag. 652 et suivantes. — Extrait d'un mémoire sur l'utilité de l'œnomètre pour diriger la fermentation des vins rouges, pag. 655 et suivantes.

OPSIOMÈTRE, sa description, pag. 356. — Ses effets, pag. 357. — Opsiomètre, pag. 494. — Sa définition, *id.* — Echelle inventée par l'auteur de cet ouvrage, *id.* — Ses usages, pag. 495. — Facilite le choix des verres, *id.* — Empêche toute fatigue de l'œil, pag. 496. — Est plus commode que l'op-

DES MATIÈRES. lxix

tomètre de Joung, *id.* — Description de celle-ci, pag. 496 à 498.

OPTHALMIE, ce que c'est, pag. 41. — Elle altère la vision, *id.* — Négligée, elle peut devenir dangereuse, pag. 42. — Ses causes extérieures, *id.* — En Egypte, *id.* — Remèdes, *id.*

OPTICOMÈTRE, *V.* Opsiometre.

OPTIQUE, ses premières lois, pag. 77 et suivantes. — Ses faits sont certains, *id.* — Expérience qui le prouve, *id.* et suivantes. — Ce que c'est, pag. 84. — Sa définition, pag. 385.

OPTOMÈTRE de Jound, pag. 496 à 498.

ORBITE de l'œil, pag. 2 et 473.

ORIFICE, définition de ce mot, pag. 487.

OURAGAN du 23 août 1807, pag. 360. — Sa marche, *id.* — Ses effets dans les lieux différens où il a éclaté, pag. 362. — Autre à Luxembourg, page 365. — A Paris, *id.*, et dans divers endroits, *id.* — Nécessité de comparer les heures, pag. 368. — Effets de la foudre, *id.* et suivantes. — Rapidité de la matière électrique, pag. 367. — Eclair de chaleur, sa nature, *id.* 369 — Paratonnerre. — Ses effets, pag. 371. — Electricité, son odeur, *id.* — L'éloignement du tonnerre se calcule par le tems écoulé entre la lumière et le son, *id.*

PAPIER employé pour polir les miroirs — Son apprêt, page 141 et suivantes.

PARABOLE, sa définition, pag. 498.

PAUPIÈRE, pag. 5 et 474.

PHILIDOR perfectionne la fantasmagorie, pag. 285. — N'employait pas de chariot, pag. 290.

PLAYES de la pupille, pag. 27. — Playes de la cornée, *id*.

POLÉMOSCOPE, p. 463.— Sa description, p. 464. —Perfectionné par l'auteur de cet ouvrage, p. 465.

PONCE, son emploi, pag. 117.

PONDÉRATIONS diverses au caféomètre du café, selon ses différentes infusions, pag. 640, 641, 643.

PORTA (Jean-Baptiste). Quelques-uns lui ont attribué l'invention du télescope. — Il est l'auteur de la chambre noire, pag. 275.

PORTE-OBJET, sa description, pag. 228.

POTÉE D'ÉTAIN, ce que c'est, pag. 135. — Sa préparation, p. 136.

PRESBYTES, ce que c'est, pag. 16. *V*. OEIL, VUES.

PRISME, pag. 307—393.

PUPILLE ou PRUNELLE, trou placé au centre de l'œil, pag. 8. — Le chat l'a ovale ; elle a été de même chez quelques personnes. — Ses dimensions, ses fonctions, pag. 8. — Il est imprudent d'abuser de son énergie, pag. 9. — Elle établit la communication entre les deux chambres de l'œil, pag. 9. — Sa quantité, *id*. — Prunelle ou pupille, pag. 476. — Contractée trop vivement se paralise, pag. 485. — Expérience de M. Famain, pag. 486.

PUPITRES à la Tronchin doivent être employés, pag. 69.

RACINE carrée, sa définition, pag. 499.

RADIEUX, pag. 387.

RAYONNANT, pag. 387.

DES MATIÈRES.

RAYONS, leur définition, pag. 77. — Parallèles, divergens, convergens, ce que c'est, pag. 79 et 80. — Réfléchis, id. — Réfractés, expérience qui en prouve l'existence, pag. 83. — Autre expérience avec un bloc de verre, pag. 83. — Réfractés, loi qu'ils suivent dans la dioptrique, pag. 88 et suivantes. — Visuels, leur angle, pag. 170 et suivantes. — Réfractés grossissent les objets en proportion de l'écartement ; leur marche dans les lunettes, pag. 193 et suivantes. — en s'éparpillant présentent les couleurs de l'arc-en-ciel, pag. 197. — S'écartent de neuf degrés. — Rouge est le moins réfrangible. — Violet l'est le plus, pag. 197. — Calorifères, pag. 387. — Quels sont ceux parallèles, id. et suivantes. — Divergens, pag. 388. — Convergens, id. — Leur réflexion, pag. 388. — Incidens, pag. 389. — Se courbent en changeant, id. — Milieu, pag. 390. — Leurs faisceaux, p. 394. — Leur marche dans le microscope composé, pag. 416. — Dans le télescope, p. 435. — Tombant sur un miroir concave, p. 437. — Leur marche dans le télescope newtonien, p. 447 et suivantes. — Ne s'y colorent point, p. 451. — Comment se trouvent réfléchis dans le télescope d'Herschell, p. 458 et suivantes.

RÉFRACTION, sa définition, p. 389.

RETINE, p. 10. — Retine, les mouvemens trop brusques la fatiguent, p. 49. — Sa délicatesse est son mérite, p. 52. — Son effet au soleil, id. — p. 476.

RESSONS (M. de), p. 621.

ROBERTSON est un de ceux qui ont perfectionné la fantasmagorie avec le plus de succès, pag. 285.

ROCHON (M.) a rendu de grands services aux opticiens, pag. 169. — Emploie la platine pour les miroirs de télescope, pag. 463. — A publié d'excellens mémoires.

RONDEAUX, ce que c'est, pag. 107.

RUISCH, pag. 10.

SABLE des fondeurs, pag. 116. — Sa préparation pag. 117.

SCLEROTIDE, cornée opaque, pag. 7.

SENÈQUE, son opinion sur les comètes, pag. 673 et suivantes.

SIROP DE CAFÉ, pag. 644.

SOLEIL, son diamètre dans le ciel, pag. 208. — Observé au télescope, montre des tache, pag. 272.

SOLIMAN le grand, pag. 627.

SOURCILS, leur destination, pag. 6 et 474.

SPECTRE, pag. 387. — En optique, définition de ce mot, pag. 493.

STÉRÉOSCOPE, pag. 291, définition de ce mot, pag. 494.

STRABISME, ce que c'est, pag. 23. — Ses causes présumées, pag. 24. *V.* OEIL.

SUSPENSION de Cardan, sa description, pag. 315.

TABLE des latitudes, p. 327 à 332. — Des ouvertures et des puissances des télescopes newtoniens, p. 454. — Des dimensions et du pouvoir amplifiant du télescope réflecteur de Short, p. 457 et suivantes. — Des hauteurs moyennes du mercure, pour les principaux endroits du globe, pag 549.

TACHES fixes, p. 26. — Taches volantes, leurs causes, p. 26.

TAM-TAM, p. 488. — Son emploi, p. 489.

TÉLESCOPE, p. 265. — Sa signification, *id.*

Sa découverte, p. 266. — Astronomique, ce que c'est, p. 267. — Hollandais, de Galilée céleste, terrestre, aérien, catoptrique ou de réflexion, p. 267. — Puissance de celui-ci, *id.* — Newton est son auteur, *id.* — Grégori en a donné une description, p. 268. — Cassegrain, *id.* — Ses effets, p. 270. — Astres observés, p. 271 à 275. — A réflexion, p. 435. — Marche des rayons dans cet instrument, *id.* et suivantes. — Son point négatif ou foyer virtuel. p. 436. — Marche des rayons tombant sur un miroir concave, p. 437 à 445. — Newtoniens, leur puissance, p. 447. — Newtonien, sa construction, *id.* — Moyens de calculer la puissance amplifiante, p. 450. — Ses dimensions d'après Short, p. 451. — Ses avantages sur celui à réfraction, *id.* — Est propre à toutes les vues, p. 452. — Ne nous présente que les images des objets, p. 453 — Expérience à ce sujet, *id.* — Table des ouvertures et des puissances, p. 454. — Mesure d'un télescope de Hadley, p. 455. — Réflecteur d'Herschell, p. 456. — Sa puissance, *id.* — Moyen de la déterminer, *Id.* — Quel choix faire, p. 458. — De 40 pieds, par Herschell; de Shrader, de 36 pieds, p. 460. — Sa description, *id.*

THERMOMÈTRE, p. 564. — Intérêt qu'il y a à s'en occuper, *id.* — Époque de sa découverte p. 565. — Changemens faits à l'échelle, p. 566. — Deux classes, *id.* — A air, sa description, *id.* — Amontons en est l'auteur, p. 567. — De Drebel, sa description, *id.* — De Florence, p. 568. — Principes adoptés par Newton dans la construction du sien, — p. 569. — Farenheit est le premier qui emploie le mercure, *id.* — Détermination de ses points fixes, *id.* — Congellation forcée, ce que c'est, *id.*

— Points fixes de Réaumur, p. 570. — Congellation commencée, ce que c'est, p. 570. — Changemens survenus dans la prise des points de Réaumur, p. 570 et suivantes. — Expériences de M. Deluc, sur les propriétés thermométriques de divers fluides, p. 571 à 582. — Qualités à désirer dans un fluide, pour obtenir une échelle exacte, p. 571. — Degré auquel l'eau se congèle la rend peu propre à cet usage, *id.* et suivantes. — Solution de sel marin, ses effets, p. 572. — Huile de lin, sa marche, p. 573. — Expériences de M. Deluc sur l'esprit de vin, *id.* et suivantes. — A quoi se réduisent ses avantages, p. 573. — Quels sont ses défauts, p. 574. — Esprit-de-vin affaibli marche irrégulièrement, p. 575. — A quel degré il se gèle, *id.* — Sa dilatation ensuite, p. 576. — Très-rectifié supporte le plus grand froid, *id.* — Exemples de son irrégularité extrême, p. 576 et suivantes. — Avantages du mercure, p. 577. — Son irrégularité s'écarte peu du point réel, p. 578. — Latitude de son échelle, *id.* — Histoire de sa congellation, *id.* — Braun la découvre, *id.* — Gmelin et Delille s'en étaient aperçus, p. 579. — Expérience de Pépis, *id.* — Faits importans observés par lui, p. 580. — Hautes températures que supportent le mercure, p. 581. — Thermomètre au mercure est donc préférable, p. 582. — Sa construction, *id.* — Nécessité de calibrer, *id.* — Méthode employée, p. 583. — Celle de M. Gay Lussac, 584. — Celle de feu Périca, p. *id.* — Longueur du tube, *id.* — Proportion à donner à la boule, p. 585. — Méthode pour régler le thermomètre, p. 588. — Méthode pour emplir le tube de mercure, p. 585 à 588. — Expulsion de l'air, p. 587.

— Point supérieur. 589. — Avantages des thermomètres purgés d'air, p. 590. — Méthode pour emplir le tube avec de l'esprit-de-vin, p. 591. — Détermination du point zéro suivant M. Deluc, p. 592. — Point zéro suivant Farenheit, *id.* — Moyen pour obtenir le terme de la glace fondante, p. 593. — Soins à prendre pour bien déterminer le point de l'eau bouillante, *id.* — Méthode pour rapporter les points sur la monture, p. 594. — Pour diviser l'échelle, p. 595. — Pourquoi le sapin est à préférer pour les montures, *id.* — Echelle de Réaumur, comment se divise, p. 596. — Température des caves de l'observatoire, *id.* — Opinion de Rumfort sur la chaleur des bains, p. 597. — Thermomètre pour les bains, sa description, *id.* — Chaleur de l'homme en santé, comment elle se détermine, p. 598. — Différence de l'eau bouillante dans l'échelle vraie de Réaumur, p. 599. — Echelle de Farenheit, *id.* — Centigrade, *id.* — De Cristin, p. 600. — De Celsius, *id.* — Extrait d'un mémoire de l'auteur de cet ouvrage, pour introduire une nouvelle chiffraison, afin de faciliter les observations et supprimer les signes, p. 600 à 604. — Cette échelle serait nommée directe, p. 604. — Rapport entre les échelles de Farenheit, de Réaumur, l'échelle Centigrade et celle de Delille, p. 605 — Essais de M. Deluc pour rendre la marche de l'esprit-de-vin comparable avec celle du mercure, p. 605. — Anomalie sur la congélation du mercure p. 606. — Règle pour les observations météorologiques, p. 606. — Effets généraux des vents sur le thermomètre, p. 607. — Nécessité de lier les observations, *id.* et suivantes. — Division des feuilles météorologiques, p. 608.

TOUR de l'horloge du Palais, description historique de ce monument, p. 657 et suivantes.

TRAPÉZOIDE, ce que c'est, p. 307.

TRIPOLI, ce que c'est, p. 155. — Employé à polir les verres, *id.* — Sa préparation, p. 156.

TROU optique, p. 4 et 474. *V.* Prunelle et Pupille.

UVÉE, partie antérieure de la 2e. membrane de l'œil, dont la partie postérieure s'appelle choroïde, p. 8 et 475.

VERRES convexes réfractent les rayons sous un angle plus fort, p. 98 — Concaves sous un angle plus petit, *id.* — Leur choix et leur travail, p. 101. — Glaces coulées sont préférables aux glaces soufflées, p. 102. — Communs se rayent, p. 103. — Leur travail, p. 104. — Leur poli, p. 105. — De lunettes, manière de les polir, p. 147 à 170. — Leur diamètre doit être en rapport avec celui des bassins, p. 154. — Moyen de les égaliser, p. 157. — Oculaires, moyens d'empêcher qu'ils ne colorent les objets, p. 166. — Leur foyer, p. 170. — De couleur, p. 176. — Et achromatique, p. 196. — Verre, son origine, p. 203. — Est employé par les anciens comme ornement, *id.* — Sa fabrication à Sidon, p. 204. — Diffère de la pierre spéculaire, *id.* — Verres, leur écartement doit être régularisé dans les lunettes, p. 347. — Moyen employé par M. Chevallier, p. 348. — Communs nuisibles, pag. 352. — Leur mauvaise fabrication, p. 353. — Communs ne peuvent porter à l'œil que des rayons divergens, p. 353. — Mauvais effet qui en est la suite, *id.*

VISION, sa définition, p. 477. — Opinion des philosophes de l'antiquité à ce sujet, p. 478 et

DES MATIÈRES.

suivantes. — Celle d'Aristote, p. 480. — De Descartes, *id.* — De Newton, p. 481. — De Marivetz, *id.* — Expérience ingénieuse de Descartes, p. 483. — Loi du décroissement d'intensité, *id.* — Analogie entre les effets de la lumière et du son, p. 484. — Incertaine chez les enfans, p. 486. — Mémoire de M. Vasse à ce sujet, *id.*

VOLTAIRE, cité à l'occasion du café, p. 634.

VITESSE des vents, p. 363.

VUES BASSES, p. 16. — Vues longues, *id.* — Vues myopes ou presbytes ne sont pas des maladies, p. 17. — Vues myopes, pourquoi se rencontrent-elles plus fréquemment dans les clases aisées de la société, p. 17. — Vue des hommes s'affoiblit de générations en générations. — La cause, p. 20 et 21. — Les impressions sur du papier trop blanc avec des caractères trop déliés lui nuisent, p. 21. — Vues ordinaires ; distance pour les myopes, p. 21. — Pour les bresbytes, *id.* — Vues doubles doivent être révoquées en doute, p. 25. — Comment elles pourraient exister, p. 26. — Vues ordinaires, leur étendue, p. 99. — Vue presbyte, quelle est la sienne, *id.* — Vue myope, *id.* V. CONSERVES, OEIL, OPSIOMETRE.

YEMEN (royaume d'), p. 623.

FIN DE LA TABLE DES MATIÈRES.

TABLE

DES CHAPITRES.

Chapitre Ier. Description de l'œil, page 1
Chap. II. De la différence des vues. 15
Chap. III. Vues défectueuses. 22
Chap. IV. Maladies de l'œil. 28
Chap. V. Conservation de l'œil. 48
Chap. VI. Sur les premières lois de l'optique. 77
Chap. VII. Choix et travail des verres. 101
Chap. VIII. Des foyers des verres. 170
Chap. IX. Des verres de couleur. 176
Chap. X. Inconvénient des lunettes défectueuses. 179
Chap. XI. Des monocles et des binocles. 185
Chap. XII. Montures des lunettes. 187
Chap. XIII. Des lunettes de spectacle. 192
Chap. XIV. Des verres achromatiques. 196
Chap. XV. Des miroirs des anciens. 200
Chap. XVI. Des miroirs ardents. 206

TABLE

Chap. XVII. *Des loupes, des microscopes.* page 220

Chap. XVIII. *Microscope solaire.* 226

Chap. XIX. *Microscope de Dellebarre.* 231

Chap. XX. *Des télescopes.* 265

Chap. XXI. *De la chambre noire.* 275

Chap. XXII. *Lanterne magique.* 279

Chap. XXIII. *Fantasmagorie.* 281

Chap. XXIV. *Chambre claire.* 303

Chap. XXV. *Des cadrans solaires horisontaux et universels.* 310

Instruction *sur les bésicles à la Franklin.* 339

Lettre *de M. Chamsern, docteur-médecin, à M. Chevallier.* 342

Extrait *du Moniteur sur le moyen employé par l'auteur, pour régulariser l'écartement des verres.* 347

Instruction *sur les bésicles à doubles verres.* 349

Lettre *de l'auteur sur les verres défectueux.* 352

Idem *de M. Marie de St.-Ursin, docteur-médecin, sur l'échelle inventée par l'auteur de cet ouvrage, pour mesurer la vision.* 355

Idem *de M. Fabré, docteur-médecin, sur les lunettes à verre bleu.* 358

Note *sur l'ouragan du 23 août 1807.* 360

DES CHAPITRES.

LETTRE *sur la météorologie.* page 364
NOTE *sur les orages.* 368
Idem *sur la cause des brouillards.* 372
RAPPORT *à la société grammaticale de Paris, sur la 1re. édition de cet ouvrage.* 377
LETTRE *sur quelques propriétés de la glace.* 381
PLANCHES *de la première partie.*

SECONDE PARTIE.

DICTIONNAIRE *analytique de plusieurs mots scientifiques, contenant en outre des observations sur les instrumens de météorologie, d'aréométrie, et un supplément à quelques parties d'optique.* 385

CHAPITRE Ire. *Dissertation sur le baromètre.* 501
CHAP. II. *Dissertation sur le thermomètre.* 594
CHAP. III. *De l'hygromètre.* 609
CHAP. IV. *Aréomètre.* 612
CHAP. V. *Caféomètre.* 620
CHAP. VI. *Galactomètre.* 646
CHAP. VII. *Œnomètre.* 649

TABLE DES CHAPITRES.

Notice *sur le monument public nommé Tour du Palais.* page 657

Catalogue *et* Prix *de tous les instrumens qui se fabriquent et se vendent chez l'auteur,* se trouvent à la fin du tome II.

Table *des matières contenues dans l'ouvrage.*

ERRATA.

Discours préliminaire, page xij, ligne 14, en éclaircir, *supprimez* en.

Pag. 52, lig. 25, précieux, *lisez* pernicieux.

Pag. 115, lig. 22, modles, *lisez* modèles.

Pag. 117, lig. 10, le pousif, *lisez* la ponce.

Pag. 120, lig. 20, calamite, *lisez* calamine.

Pag. 151, lig. 28, que vous le désirez, *lisez* que vous ne le désirez.

Pag. 166, lig. 26, ne se colorent, *lisez* ne colorent.

Pag. 172, lig. 12, qu'après la vue simple, *lisez* qu'à la vue simple.

Pag. 172, lig. 27, 40,000 fois 40,000, *lisez* 40,000 fois 400,000.

Pag. 173, lig. 9, revenons-en, *lisez* revenons au simple.

Pag. 201, lig. 12, qui servaient à l'entrée des tabernacles, *lisez* qui se tenaient à l'entrée du tabernacle.

Pag. 285, lig. 1, mais il est loin d'en être l'inventeur, *lisez* mais il est loin d'en être entièrement l'inventeur.

Pag. 327, lig. 9, planche 9, *lisez* planche 10.

Pag. 627, lig. 5, a Perse, *lisez* la Perse.
Pag. 629, lig. 11, margotte, *lisez* marcotte.
Pag. 680, lig. 10, embrasser, *lisez* embraser.
Pag. 452, lig. 13, ⊢ K, *lisez* I K.
Pag. 494, 2ᵉ. note, οτιοσ μερʒν, *lisez* οτιοσ μετρʒν.
Pag. 500, lig. 13, répond 39 pouces anglais et 3781 dixmillimètres, *lisez* répond à 39 pouces anglais, 3781 dixmillièmes.
Pag. 594, *lisez* 564 au chapitre du thermomètre.

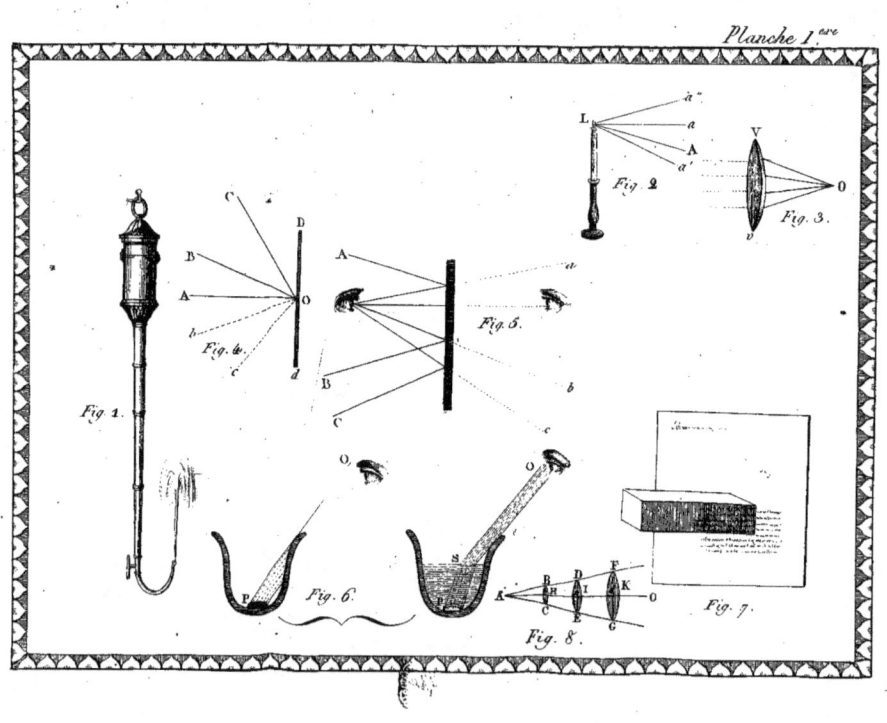

Planche 1.ère

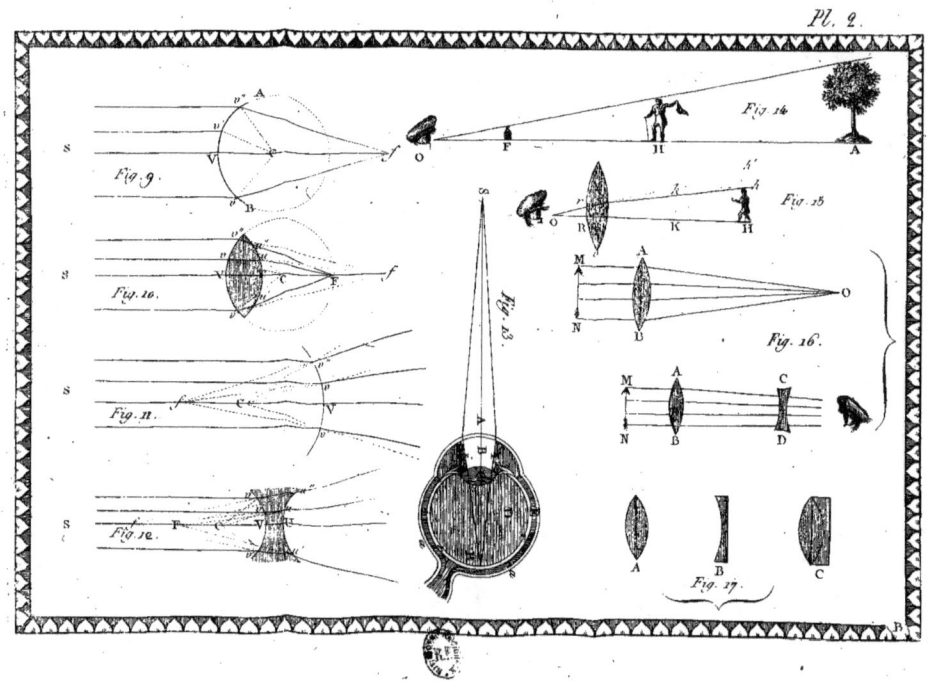

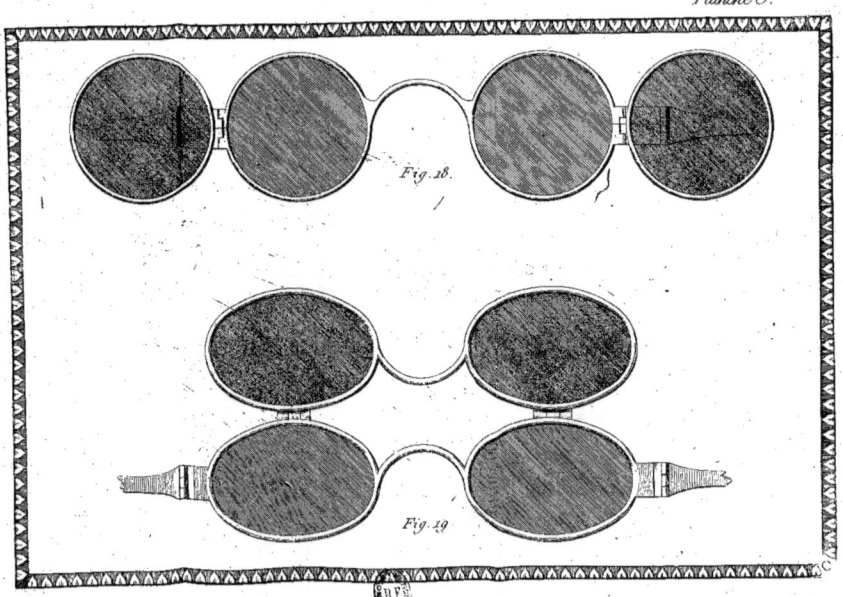

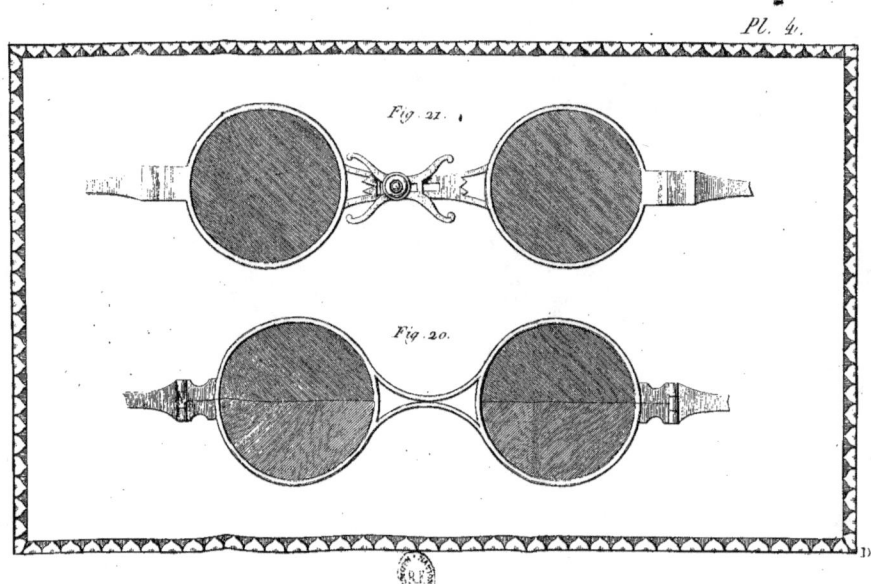

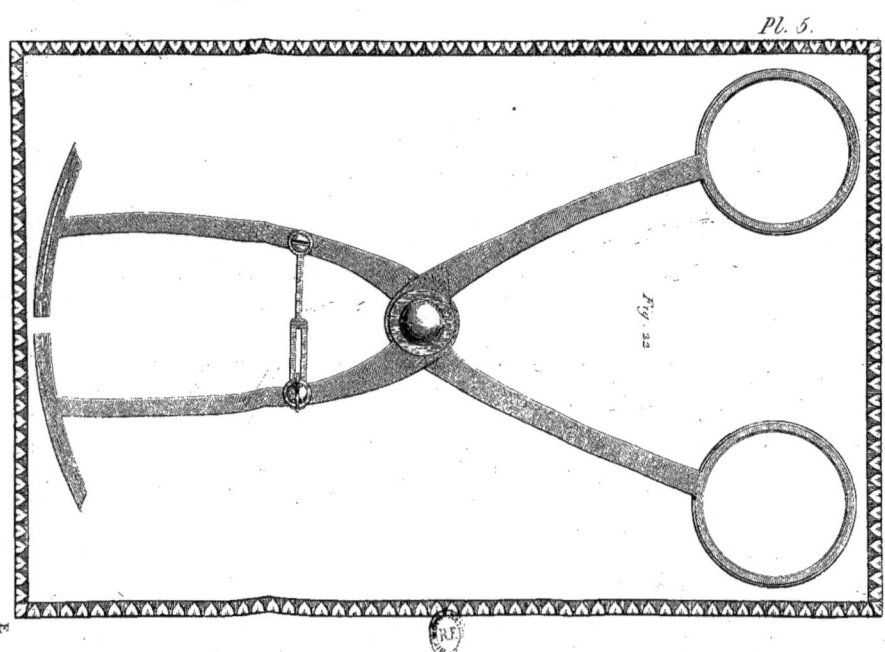

Pl. 5.

Fig. 32.

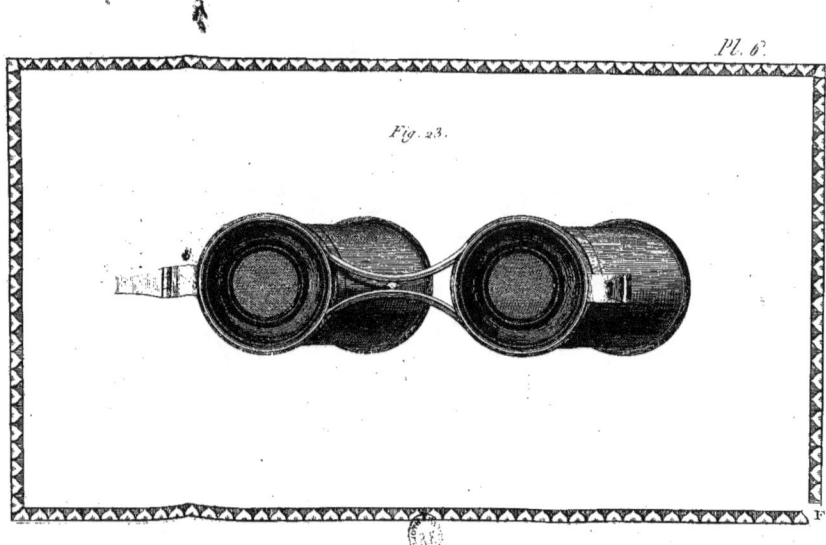
Fig. 23.

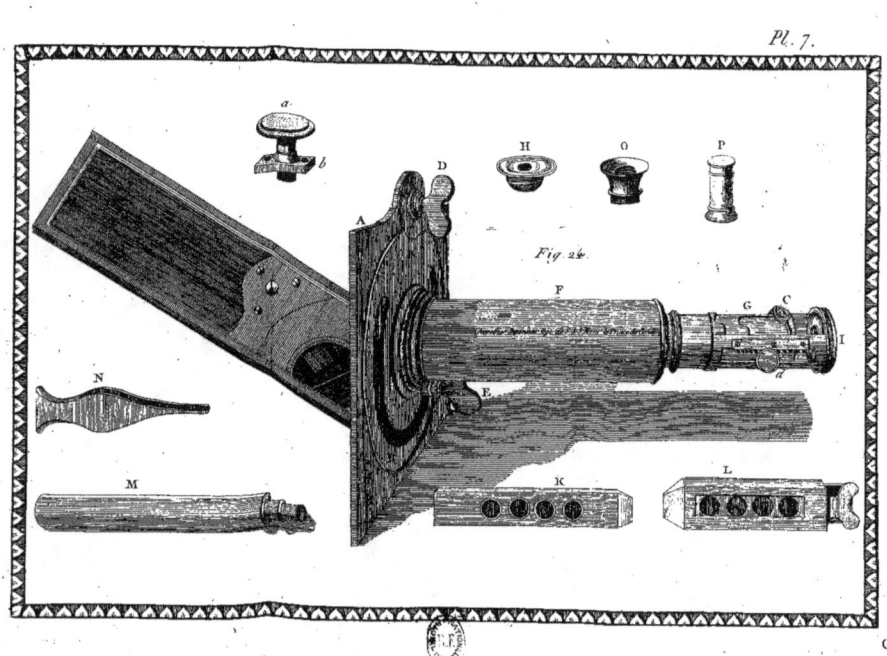

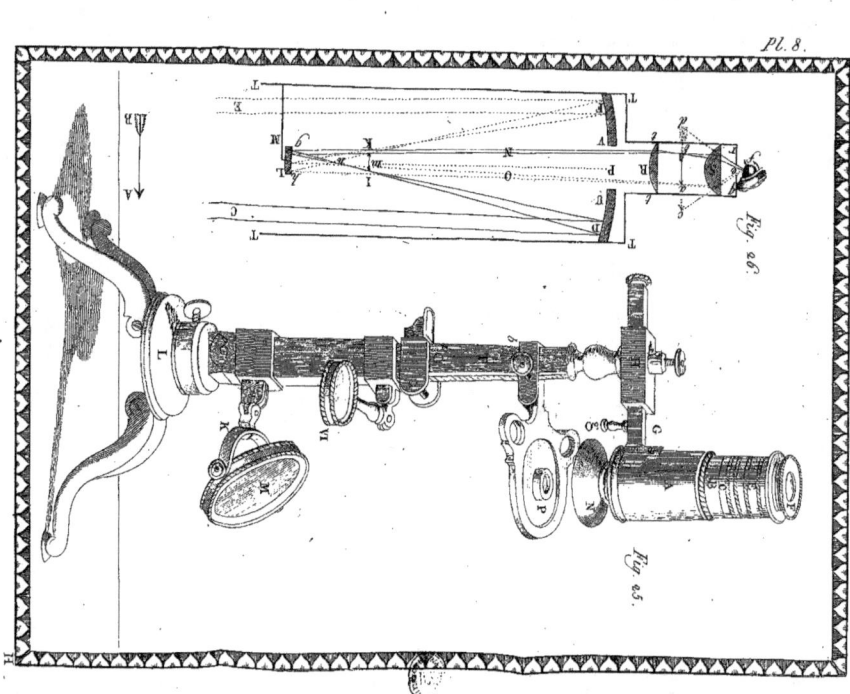

Pl. 8.

Fig. 26.

Fig. 25.

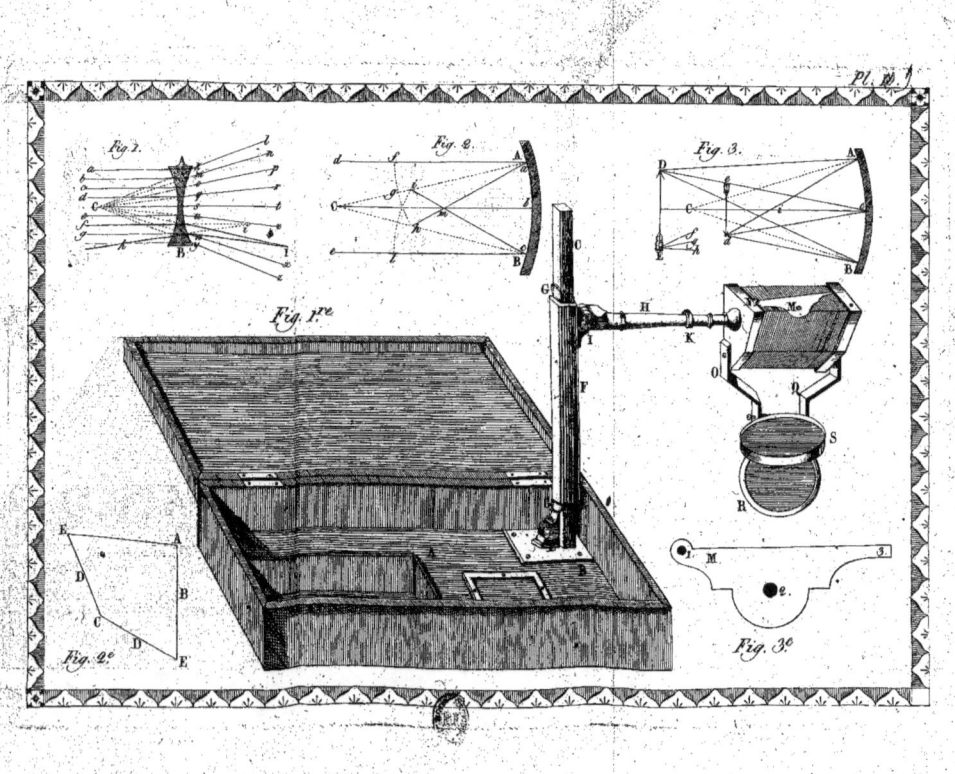

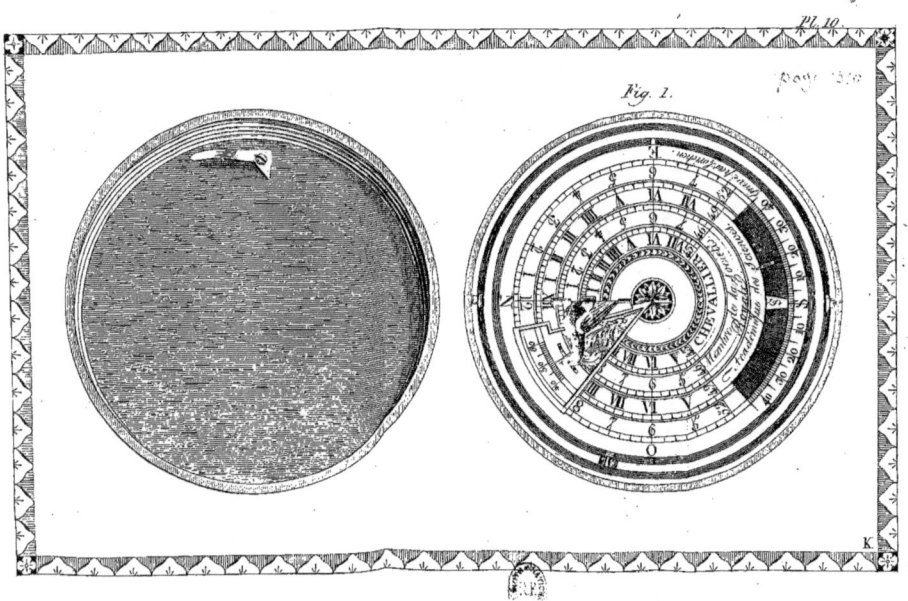

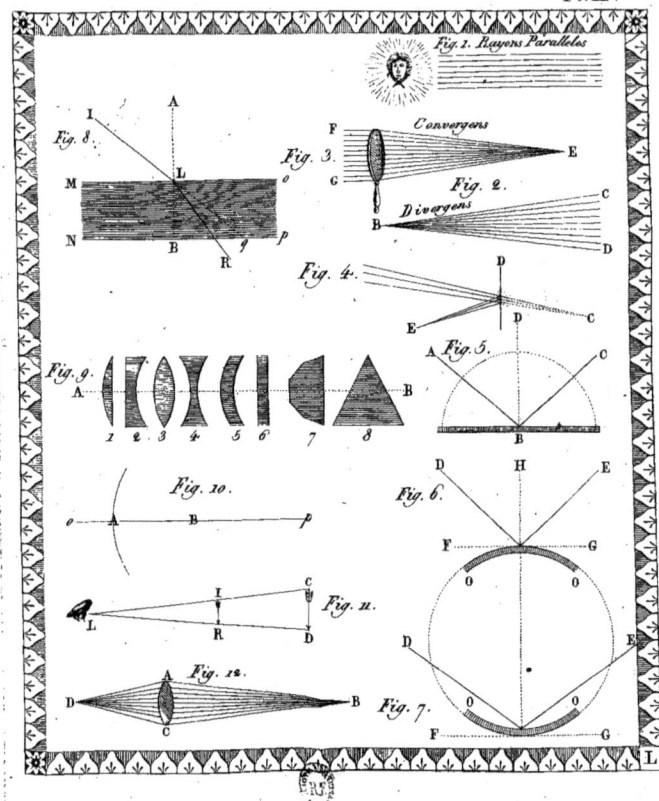

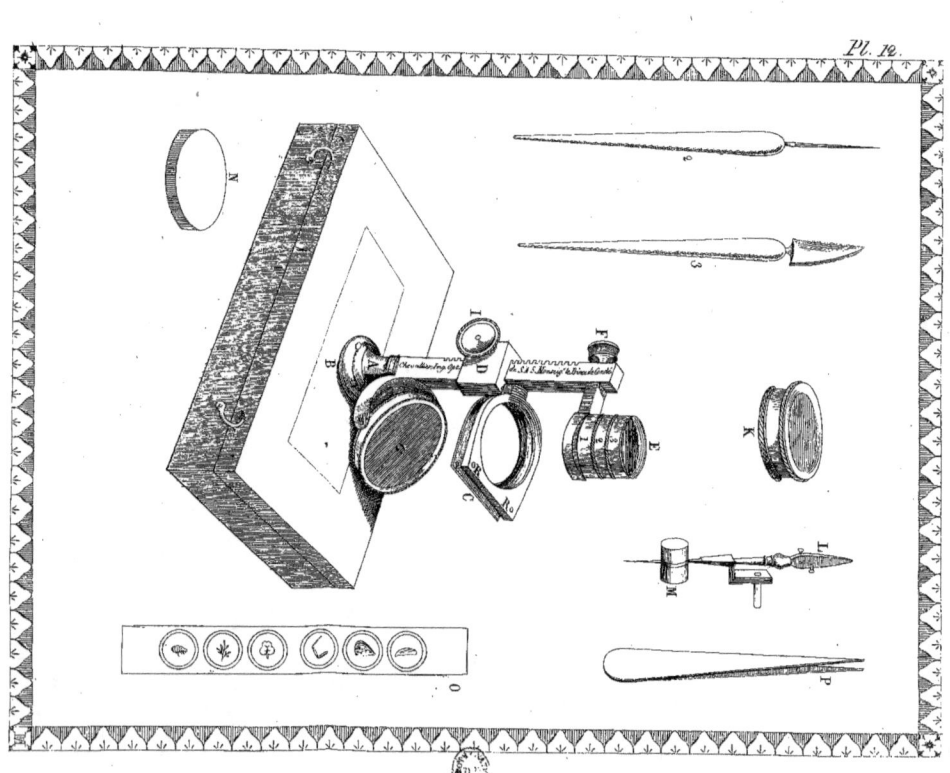

Pl. 12.

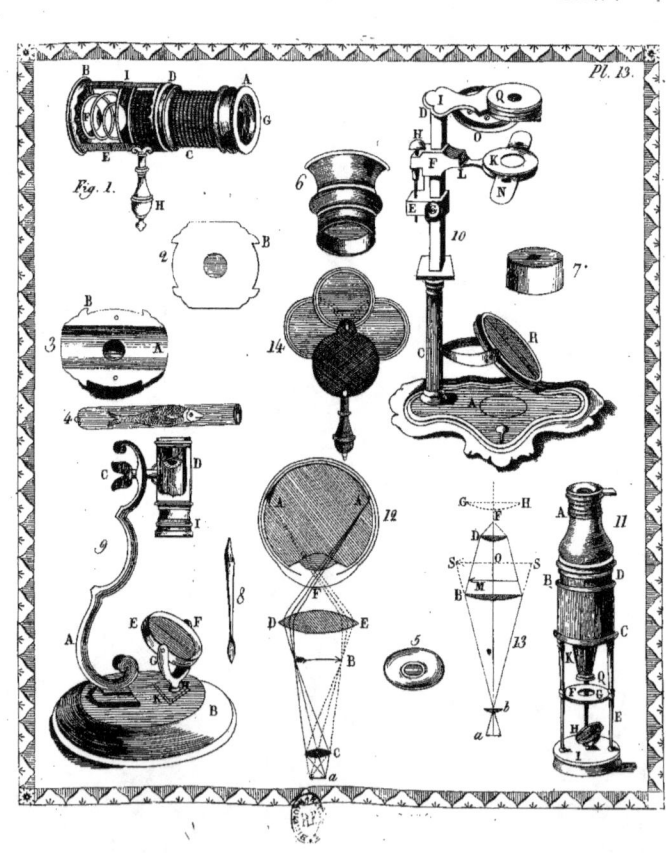

Pl. 14.

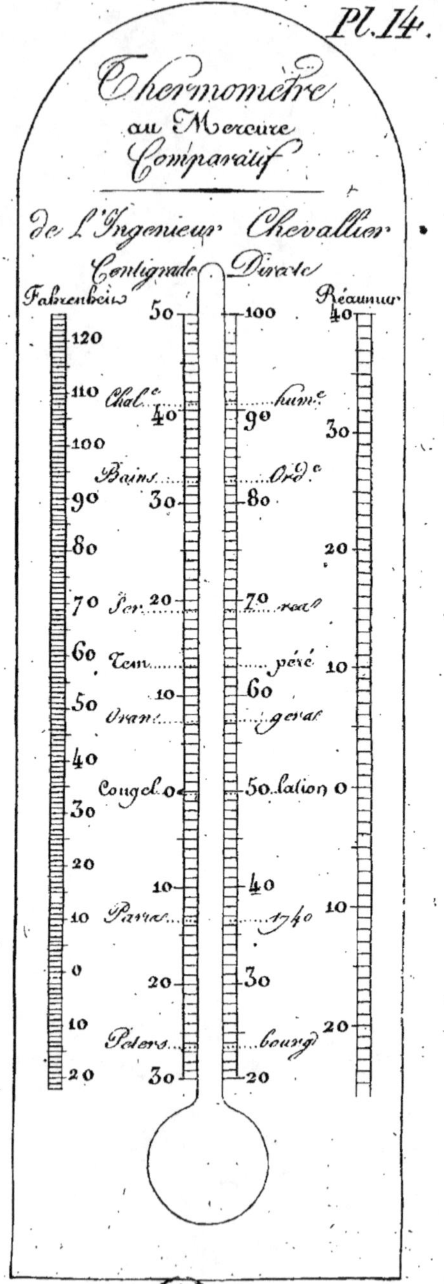

Thermomètre
au Mercure
Comparatif

de L'Ingenieur Chevallier

Centigrade   Dilaté
Fahrenheit   Réaumur
            50   100   40
120
110 Chal.c   hum.e
            40   90   30
100
     Bains.   Ord.e
90   30   80
                            20
80
70   Ser.   20   70   real
60   Tem.   péré   10
            10   60
50   Oran.   gerat
40
     Congel. 0   50 lation 0
30
20
            10   40
10   Paris.   1740   10
                    30
0
            20
10   Peters.   bourg   20
20   30   20

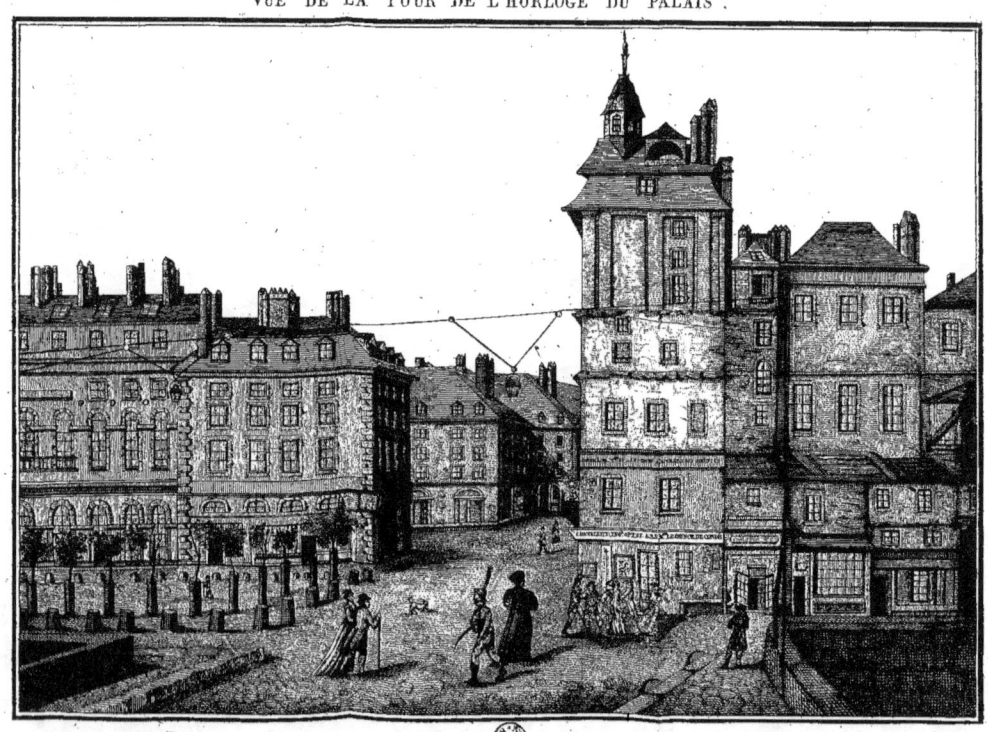

VUE DE LA TOUR DE L'HORLOGE DU PALAIS.

Côté fesant face au pont au change.

VUE DE LA TOUR DE L'HORLOGE DU PALAIS.

Coté fesant face au Marché aux fleurs.

EXTRAIT
DU JOURNAL ROYAL
Du 23 janvier 1815.

AU RÉDACTEUR.

Observations physiques et météorologiques sur l'hiver.

Tout ce qui a rapport à la Météorologie est du plus grand intérêt pour l'observateur philosophe à cause de l'influence que les météores ont sur les productions de la nature, soit animales, soit végétales. La physique d'observation est une des branches importantes de cette science, et elle ne peut que la porter à sa perfection si elle continue à être cultivée, comme elle l'est aujourd'hui, par un grand nombre de savans.

L'année a été partagée en quatre saisons analogues aux travaux de l'agriculture. Le Printemps, accompagné des doux zéphyrs, vient couvrir la terre des parfums les plus suaves, et la parer des plus riantes couleurs. Les feux de l'Été, par une heureuse métamorphose, convertissent les fleurs en légumes savoureux, en grains nourriciers, en racines salutaires, en récoltes précieuses. L'Automne bienfaisant mûrit ses immenses richesses, et transforme le parterre de la nature en un banquet magnifique, où tous les goûts, tous les besoins sont satisfaits. Enfin un sommeil de trois mois met la terre et ses végétaux en état de recommencer les mêmes services, et dispose l'homme à jouir de nouveau des mêmes bienfaits. Cette dernière saison (l'hiver) se compte depuis l'arrivée du soleil au Tropique Austral ou du Capricorne jusqu'à son retour à l'Equinoxe ascendant ou du printemps. Elle est la plus courte des quatre saisons, du moins pour les pays septentrionaux, et elle le sera encore d'ici et jusque vers l'an 6485; sa durée actuelle est de 89 jours, 0 heure, 10 minutes 14 secondes, 3.

Ce qui nous intéresse le plus pour le moment étant de connaître l'influence de cette saison sur la température de nos climats, nous observerons que la chaleur que répand le soleil ne dépend que de son élévation et de sa durée, de sa présence sur notre horizon; son changement, joint à l'intensité de sa lumière des déclinaisons, est donc la seule cause de la variété des saisons.

Pendant l'automne la hauteur du soleil sur l'horizon baissant de jour en jour, la terre perd insensiblement la chaleur précédemment accumulée à sa surface; le soleil ayant atteint sa limite australe de déclinaison, et étant parvenu au solstice d'hiver, ses rayons tombent le plus obliquement possible sur l'horizon; affaiblis alors par une plus longue route à travers des couches plus denses de l'atmosphère, absorbés ou réfléchis par elles en grande partie, ils finissent par aller se perdre dans l'espace. La terre, refroidie, se couvre de glace et de neige, pour ne se réchauffer ensuite que lentement par l'action progressive et prolongée des rayons solaires, devenus plus directs à mesure que le mouvement apparent de cet astre le ramène vers l'hémisphère boréal. Il suit de là que les plus grands froids doivent avoir lieu non au moment même du solstice, mais un mois après environ.

Le soleil est cependant plus près de la terre en hiver qu'en été d'environ un million de lieues, et il est huit jours de plus dans les signes septentrionaux du zodiaque que dans les méridionaux. Ces deux causes diminuent le froid de nos hivers, qui sans cela ne seraient pas supportables, et rendent la température de nos climats plus douce que celle de l'hémisphère méridional.

Lorsque le froid diminue subitement en hiver, c'est un présage de pluie. Ce changement de température provient quelquefois d'un changement de vent; souvent aussi il se fait en des temps où l'air paraît calme, et dans l'un et l'autre cas ce sont les vapeurs qui se répandent dans l'air, et qui communiquent aux corps insensibles et aux nôtres le feu qu'elles contiennent. Dans le passage de l'hiver à l'été l'augmentation totale de la chaleur se fait très lentement; et comme à mesure que l'air devient plus rare sa pesanteur diminue, il doit s'élever nécessairement pour se mettre en équilibre avec les parties de l'atmosphère qui ne sont pas autant échauffées par le soleil; et comme les colonnes les plus élevées se versent continuellement sur leurs voisines, cette circulation est une des principales causes des vents. C'est sans doute par cette raison que le baromètre ne baisse pas autant en été que l'exigerait le changement de température;

les colonnes d'air sont plus hautes, ce qui fait une compensation.

L'hiver de cette année ne s'était encore signalé que par des pluies abondantes ; l'année entière même a été très pluvieuse, et les observations que j'ai faites pendant son cours, et que je me propose de publier incessamment, se rapprochent beaucoup de celles de l'année 1785, où l'on a remarqué 107 jours de pluie, 16 de neige, et seulement 49 de gelée, arrivé presque tous dans les trois premiers mois. La quantité d'eau tombée en 1785 était de 15 p°. 5 l. J'aurai sans doute occasion de faire d'autres rapprochemens utiles à la science, et je m'empresserai de les communiquer par la voie de votre Journal.

J'ai l'honneur de vous saluer.

L'Ingénieur CHEVALLIER, membre de la Société Royale Académique des Sciences de Paris, vis-à-vis du marché aux Fleurs.

Paris, le 20 janvier 1815.

INSTRUCTION

SUR

L'HYGROMÈTRE

A CHEVEUX,

SELON LES PRINCIPES DE SAUSSURE,

CONSTRUIT

Par J.-G.-A. CHEVALLIER,

Ingénieur-Opticien de S. A. R. Monsieur Frère du Roi, de S. A. S. Monseigneur le Prince de Condé, et Membre de la Société Royale académique des Sciences de Paris.

Tour de l'horloge du Palais, N.º 1, en face du Pont-au-Change et du Marché aux Fleurs, A Paris.

L'hygromètre ou hygroscope est un instrument au moyen duquel on évalue la quantité d'eau contenue dans l'air. Comme la température et la densité changent continuellement dans l'air atmosphérique, il doit y avoir aussi un échange d'eau continuel entre l'air et tous les corps avec lesquels il est en contact.

L'eau, en se partageant dans un système de corps pour y établir l'équilibre hygrométrique, suit des lois semblables à celles d'après lesquelles la chaleur se propage pour arriver à l'équilibre thermométrique.

Les anciens Hygromètres étaient fondés sur les propriétés hygroscopiques des cordes à boyau qui se détordent par l'effet de l'humidité qui s'y introduit, et deviennent ainsi plus courtes parce qu'elles augmentent de grosseur. Mais parmi les instrumens de cette espèce nouvellement imaginés, un seul mérite le nom d'Hygromètre, c'est celui de Saussure.

Dans cet instrument, le corps hygroscopique est un cheveu dépouillé de toutes substances grasses par l'ébulition dans une faible dissolution de potasse. Le cheveu s'allonge par la sécheresse, et s'élargit par l'humidité.

Dans les Hygromètres que je construis, j'employe deux cheveux au lieu d'un, ayant reconnu que ce moyen donne des résultats plus satisfaisans.

Ces fils hygroscopiques sont assujettis solidement à l'une de leurs extrémités ; l'autre extrémité est attachée à une aiguille indicatrice très-mobile, qui est attirée d'un côté par ces fils, et de l'autre par un petit poids. Cette aiguille, par ses mouvemens sur un arc de cercle gradué, indique les raccourcissemens ou les allongemens des fils hygroscopiques.

En construisant cet instrument, on a cherché à lui donner deux points fixes : ceux de plus grande sécheresse et de plus grande humidité, et par suite une échelle comparable entre ces deux points.

L'ouvrage de M. de Saussure, devenu classique, doit être consulté par ceux qui se livrent aux observations météorologiques. Se dissimuler l'étendue de leur utilité, ce serait ne pas vouloir connaître celle de nos besoins. La physique ne peut sans elle completter quelques-unes de ses théories : l'agriculture ne peut pas plus s'en passer que nous ne pouvons nous passer de l'agriculture. Elle y puisera des connaissances et des ressources pour prévenir des malheurs et s'éviter des revers. La médecine, et surtout l'hygiène, réclament les secours de la météorologie, et la multiplicité des observations peut seule faire connaître toute leur importance.

L'Hygromètre est indispensable dans le commerce des soies, des laines et des cotons.

MANIÈRE

DE SE SERVIR DE L'HYGROMÈTRE.

Lorsqu'on veut mettre l'Hygromètre en expérience, il faut commencer par le tirer de sa cage, en prenant bien garde de ne toucher ni aux cheveux, ni à l'aiguille, ni à la vis A qui est en haut de l'instrument.

Il faut ensuite saisir l'instrument de la main gauche, en le tenant dans une situation verticale avec les doigts placés comme ils le sont dans la planche gravée jointe à cette instruction. Le doigt index doit s'appuyer légèrement sur l'aiguille, et l'empêcher de se mouvoir pendant qu'on la dégage de la pince B qui la tient assujettie, de peur qu'en retirant cette pince on ne donne à l'aiguille quelque mouvement trop vif qui pourrait rompre ou tirailler les cheveux.

Tandis que le doigt index est dans cette position, il faut, avec la main droite, relâcher d'abord la vis C, qui tient le poids serré, afin de lui donner sa liberté.

Quand on veut mettre l'instrument en expérience, on l'accroche dans sa cage, en ayant soin de placer à l'extérieur le côté du taffetas. Il faut aussi faire attention à ce que l'eau ne puisse tomber dessus.

De même, lorsqu'on veut le remettre dans l'étui pour le transporter, il faut le tenir dans la situation que représente la gravure, abaisser l'aiguille avec l'index, jusqu'à ce qu'elle se trouve vis-à-vis du 40.e ou du 50.e degré, afin que si les cheveux venaient à se dessécher dans l'étui, ils eussent la liberté de se contracter.

Tandis que le doigt tient ainsi l'aiguille assujettie, il faut serrer le bouton C, qui serre le poids.

Lorsque l'Hygromètre a fait quelque séjour dans son étui, et en général, toutes les fois que l'on veut ou comparer entre eux divers Hygromètres, ou connaître avec la plus grande précision le degré de l'humidité de l'air; et enfin quand on a lieu de craindre que l'instrument n'ait été dérangé, il faudra le mettre en expérience de la manière suivante :

Prenez une cloche de verre de 14 pouces de hauteur, et de 5 à 6 pouces de diamètre; mettez dans cette cloche la quantité d'eau suffisante pour la rincer et en mouiller toutes les parois. Vous jeterez ensuite cette eau dans une assiette ou tout autre vase assez creux pour contenir l'eau, et cependant assez plat pour supporter l'Hygromètre que vous y placerez, et que vous y ferez tenir au moyen d'un pied; ensuite vous couvrirez l'instrument avec la cloche humide.

Si l'aiguille se fixe au 100.e degré, c'est une preuve que l'Hygromètre est bien réglé; si elle s'en écarte, il faut ou tenir compte de cet écart dans les observations, ou faire en sorte, par le moyen de la vis de rappel A, que l'aiguille revienne exactement au 100.^{e}

degré, lorsque l'on replacera l'instrument sous la même cloche humectée.

Quant au petit bouton D qui tient la chape des cheveux, il faut se donner de garde d'y jamais toucher.

Nota. Je n'ai pas cru devoir parler dans cette instruction de ces petits Hygromètres construits au moyen d'une corde à boyau, ces instrumens n'étant nullement comparables. Ce sont de petits meubles de fantaisie auxquels on a donné des formes diverses, variées à l'infini, selon la mode ou les circonstances, et il est rare qu'on en obtienne des résultats satisfaisans.

L'Ing.^r Chevallier

DÉPOSÉ A LA BIBLIOTHÈQUE ROYALE. 1816.

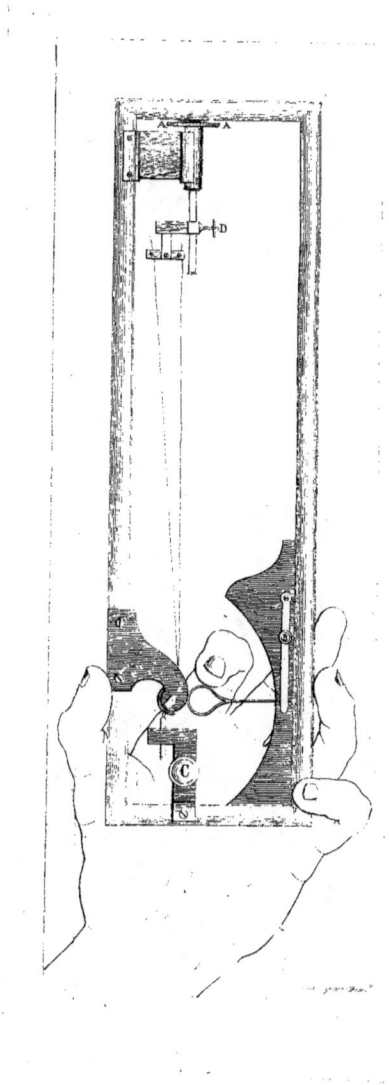

www.ingramcontent.com/pod-product-compliance
Lightning Source LLC
Chambersburg PA
CBHW071420300426
44114CB00013B/1310